本书精彩案例欣赏

第1章 视频编辑基础知识
影视中蒙太奇的运用

第2章 Premiere快速入门
预览素材

第4章 项目与素材管理
练习实例：创建颜色遮罩背景

第4章 项目与素材管理
练习实例：替换项目中的素材

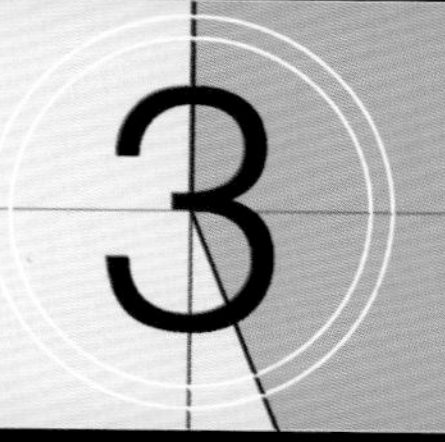

HERE
SPLICE

第4章 项目与素材管理
练习实例：创建倒计时片头

Premiere

第4章 项目与素材管理
导入常规素材

第5章 时间轴和序列
练习实例：修改素材入点和出点

Media offline
メディアオフライン
Média hors ligne
Offline-Medien
脱机媒体文件
Medios sin conexión
Oggetto multimediale non in linea

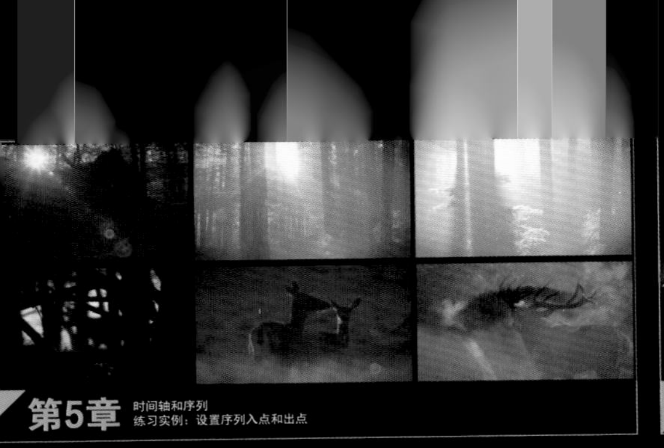

第5章 时间轴和序列
练习实例：设置序列入点和出点

第5章 时间轴和序列
在序列中拼接素材

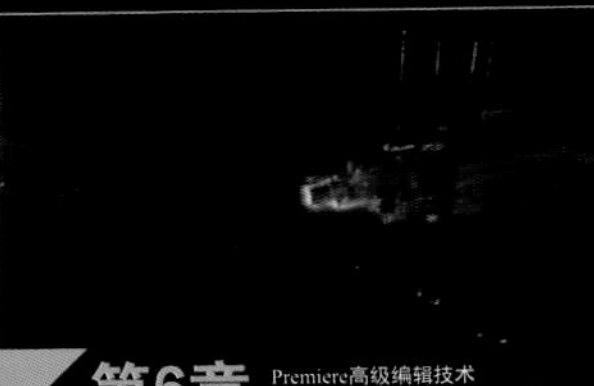
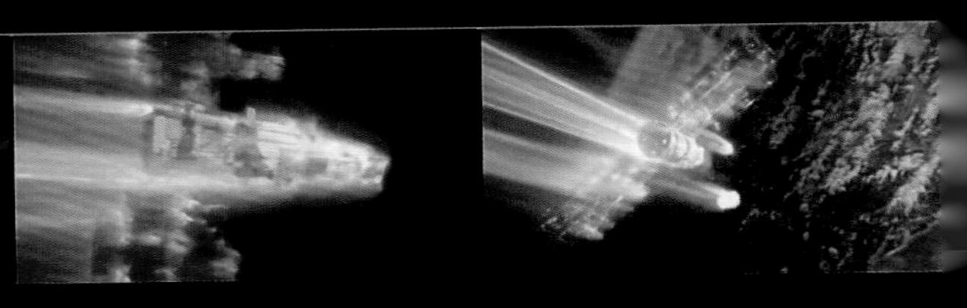

第6章 Premiere高级编辑技术
练习实例：建立多机位序列

第6章 Premiere高级编辑技术
练习实例：创建与编辑子素材

第7章 运动效果
练习实例：制作随风舞动的落叶

第7章 运动效果
练习实例：制作发散的灯光

第7章 运动效果
显示运动路径

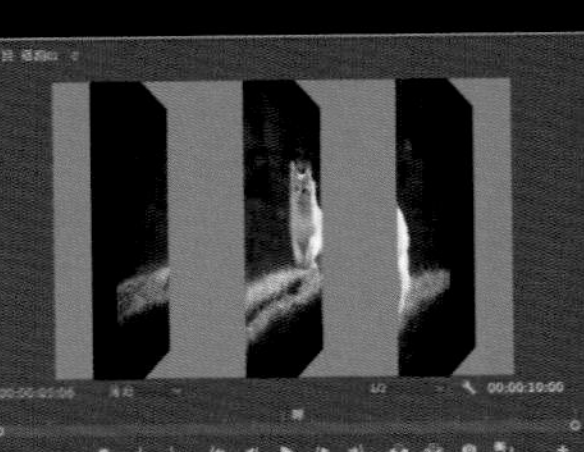
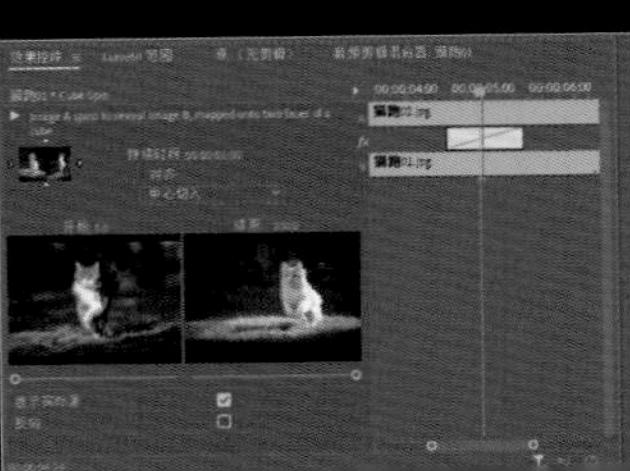

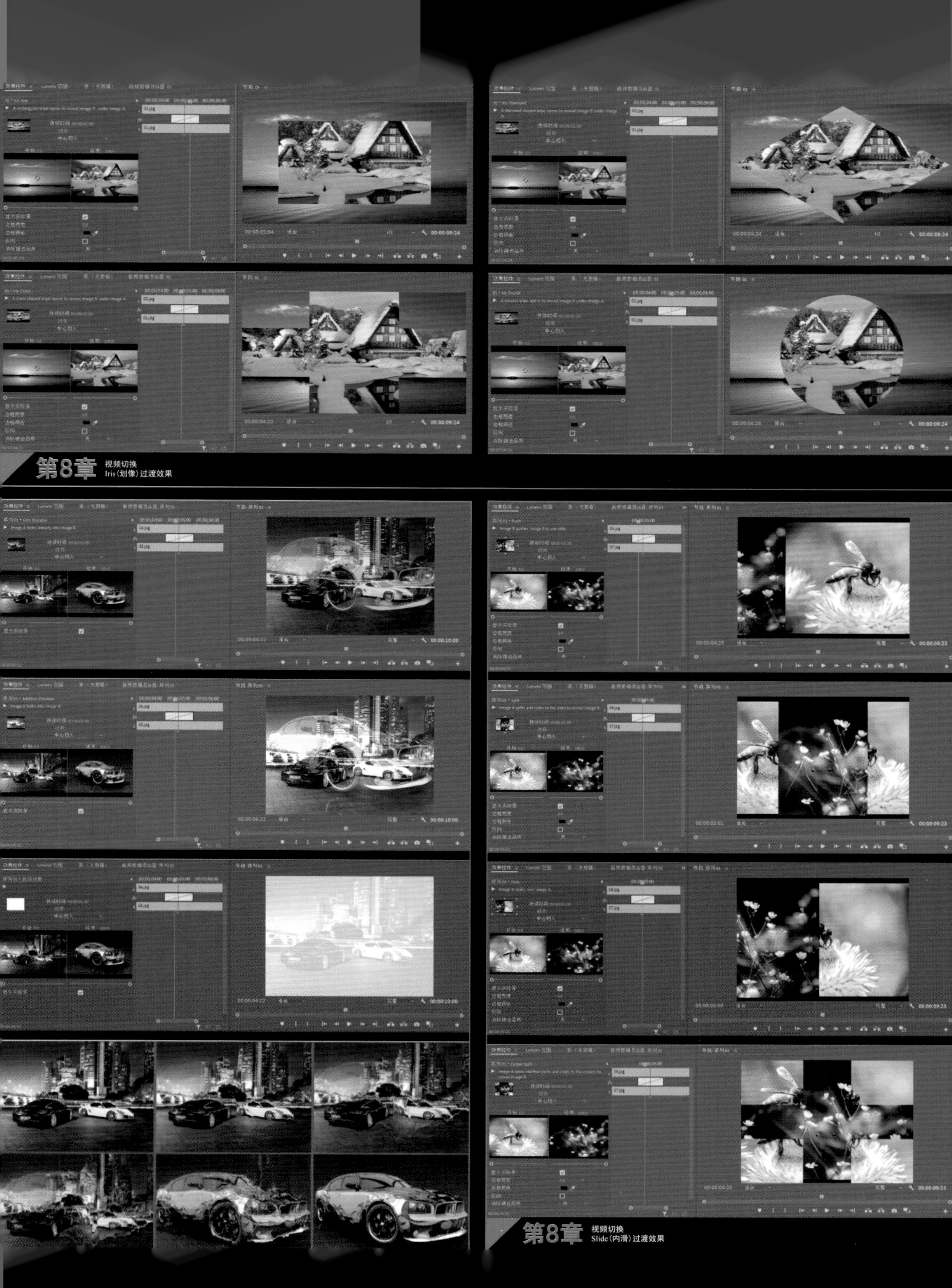

第8章
视频切换
Iris（划像）过渡效果
第8章
视频切换
Slide（内滑）过渡效果

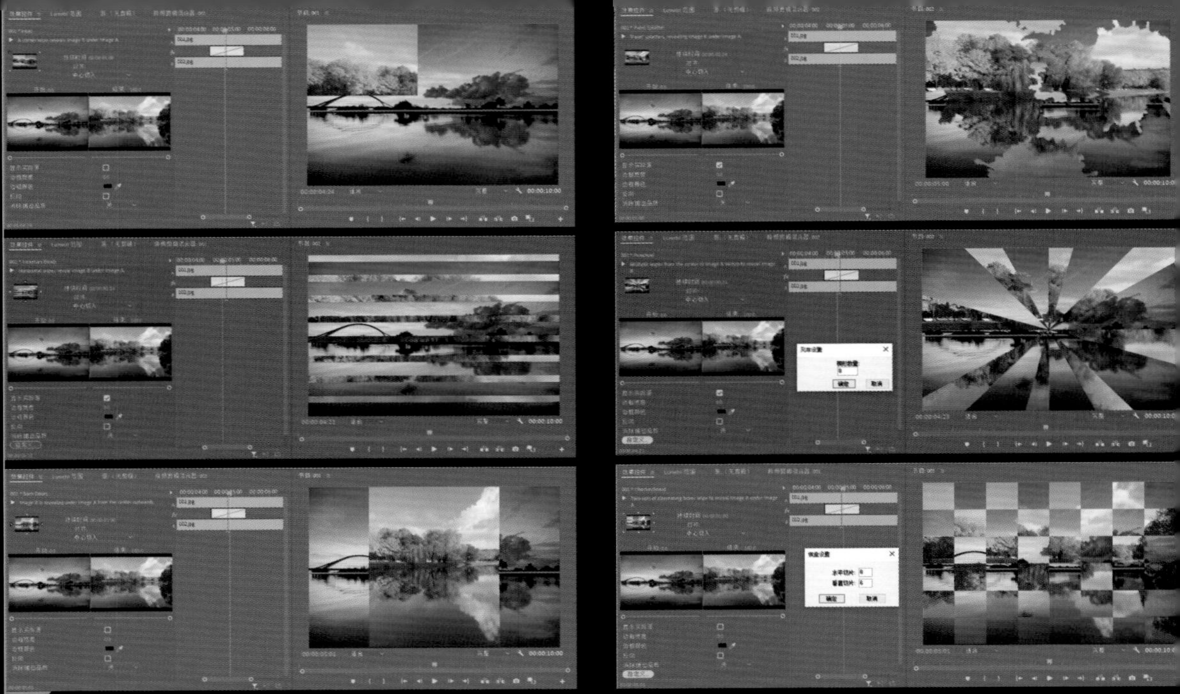

第8章 视频切换
Wipe（擦除）过渡效果

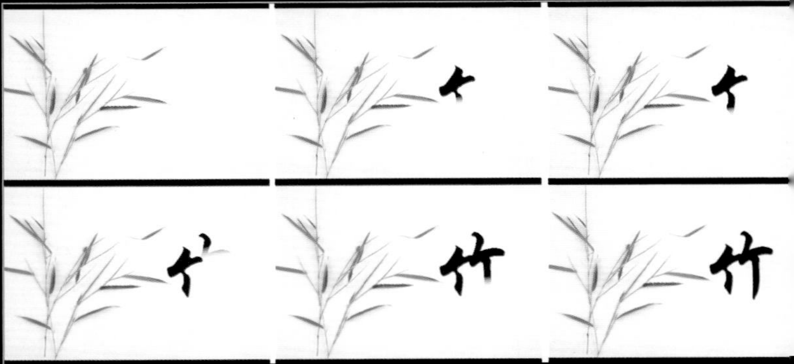

第8章 视频切换
练习实例：制作书写文字效果

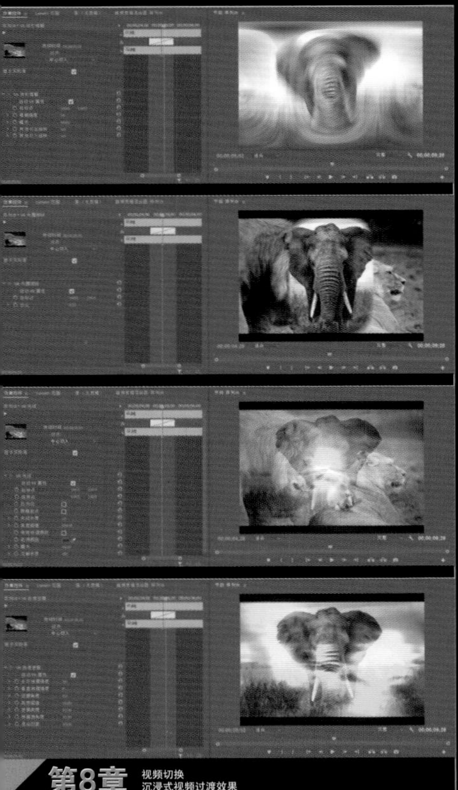

第8章 视频切换
沉浸式视频过渡效果

朱琦 魏惠茹 王婷婷 编著

Premiere Pro 2022 视频编辑标准教程（微课版）（全彩版）

清華大學出版社
北京

内 容 简 介

Premiere 是用于制作视频的编辑软件，是视频编辑爱好者和专业人员必不可少的工具。本书详细地介绍了 Premiere Pro 2022 中文版在影视后期制作方面的主要功能和应用技巧。全书共 15 章，第 1 章介绍视频编辑基础知识；第 2~14 章介绍 Premiere 的软件知识，并配以大量实用的操作练习和实例，让读者在轻松的学习过程中快速掌握软件的使用技巧，同时达到对软件知识学以致用的目的；第 15 章主要讲解 Premiere 在影视后期制作专业领域的综合案例。

本书知识讲解由浅入深、内容丰富、结构合理、思路清晰、语言简洁流畅、实例丰富，书中的所有实例配有教学视频，让学习变得更加轻松、方便。

本书适合用作相关院校广播电视类专业、影视艺术类专业和数字传媒类专业的教材，也适合用作影视后期制作人员的自学参考书。

本书配套的电子课件和实例源文件可以到 http://www.tupwk.com.cn/downpage 网站下载，也可以扫描前言中的二维码获取。扫描前言中的“看视频”二维码可以直接观看教学视频。

图书在版编目(CIP)数据

Premiere Pro 2022视频编辑标准教程：微课版：全彩版 / 朱琦，魏惠茹，王婷婷编著. —北京：清华大学出版社，2023.5

ISBN 978-7-302-63288-7

Ⅰ. ①P… Ⅱ. ①朱… ②魏… ③王… Ⅲ. ①视频编辑软件—教材 Ⅳ. ①TP317.53

中国国家版本馆CIP数据核字(2023)第059350号

责任编辑： 胡辰浩
封面设计： 高娟妮
版式设计： 妙思品位
责任校对： 成凤进
责任印制： 曹婉颖

出版发行： 清华大学出版社
网　　址：http://www.tup.com.cn，http://www.wqbook.com
地　　址：北京清华大学学研大厦A座　　邮　　编：100084
社 总 机：010-83470000　　邮　　购：010-62786544
投稿与读者服务：010-62776969，c-service@tup.tsinghua.edu.cn
质 量 反 馈：010-62772015，zhiliang@tup.tsinghua.edu.cn

印 装 者： 三河市人民印务有限公司
经　　销： 全国新华书店
开　　本： 203mm×260mm　　印　张：19.5　　插　页：4　　字　数：588千字
版　　次： 2023年5月第1版　　印　次：2023年5月第1次印刷
定　　价： 108.00元

产品编号：091319-01

Preface 前言

Premiere 是目前影视后期制作领域应用广泛的视频编辑软件之一，因其强大的视频编辑处理功能而备受用户的青睐。

本书主要面向 Premiere Pro 2022 的初中级读者，从视频编辑初中级读者的角度出发，合理安排知识点，运用简洁流畅的语言，结合丰富实用的练习和实例，由浅入深地讲解 Premiere 在视频编辑领域中的应用，可以让读者在最短的时间内学习到最实用的知识，轻松掌握 Premiere 在影视后期制作专业领域中的应用方法和技巧。

本书共 15 章，具体内容如下。

第 1 章主要讲解视频编辑基础知识，包括模拟视频和数字视频的概念、视频与音频格式、线性编辑和非线性编辑、素材采集、视频编辑中的常见术语、蒙太奇视频编辑艺术等。

第 2 ～ 6 章主要讲解 Premiere 的项目和序列，包括新建项目、素材项目的管理、序列的创建与设置、素材持续时间的修改、素材入点和出点的设置、时间轴面板和各种监视器面板的应用等。

第 7 ～ 11 章主要讲解 Premiere 的视频动画、视频效果和视频过渡相关知识，包括视频过渡的添加和设置、视频效果的添加和设置、动画效果的制作、视频色彩的调整和视频合成等。

第 12 章主要讲解 Premiere 的字幕设计，包括创建旧版标题字幕和新字幕、设置字幕文字属性、应用字幕样式、绘制与编辑图形等。

第 13 章主要讲解 Premiere 的音频编辑，包括音频基础知识、音频的基本操作、音频编辑、应用音频特效和音轨混合器等内容。

第 14 章主要讲解 Premiere 的渲染与输出，包括 Premiere 的渲染方式、项目的渲染与生成、项目输出类型、媒体导出与设置等。

第 15 章以制作企业宣传片片头和旅游宣传片为例，讲解 Premiere Pro 2022 在影视编辑中的具体操作方法和技巧。

本书内容丰富、结构清晰、图文并茂、通俗易懂，适合以下读者学习和使用。

(1) 从事影视后期制作的工作人员。

(2) 对影视后期制作感兴趣的业余爱好者。

前言

(3) 计算机培训班里学习影视后期制作的学员。

(4) 高等院校相关专业的学生。

我们真切希望读者在阅读本书之后，不仅能拓宽视野、提升实践操作技能，而且能总结操作的经验和规律，达到灵活运用的水平。

由于编者水平有限，书中纰漏和考虑不周之处在所难免，欢迎读者予以批评、指正。我们的邮箱是992116@qq.com，电话是010-62796045。

本书配套的电子课件和实例源文件可以到http://www.tupwk.com.cn/downpage网站下载，也可以扫描下方的二维码获取。扫描下方的“看视频”二维码可以直接观看教学视频。

配套资源

扫描下载

扫一扫

看视频

作　者

2023年1月

Contents 目录

目录

第 3 章 Premiere 功能设置

第 4 章 项目与素材管理

第 5 章 时间轴和序列

目录

目录

第1章 视频编辑基础知识

影视编辑技术经过多年的发展，已由最初直接剪接胶片的形式发展到现在借助计算机进行数字化编辑的阶段，影视编辑从此进入了非线性编辑的数字化时代。在学习影视编辑技术之前，首先需要对视频编辑基础知识进行充分的了解。

本章将介绍与 Premiere 视频编辑相关的基础知识，包括非线性编辑概述、视频基本概念、数字视频基础、常用的编码解码器、蒙太奇视频编辑艺术、视频编辑要素和素材采集等内容。

1.1 非线性编辑概述

非线性编辑（简称非编）系统是计算机技术和电视数字化技术的结晶。它使电视制作的设备由复杂到简约，制作速度和画面效果均有很大提高。由于非线性编辑系统特别适合蒙太奇影视编辑的手法和意识流的思维方式，因此它赋予了电视编导和制作人员极大的创作自由度。

1.1.1 非线性编辑的概念

非线性编辑 (Non-Linear Editing，NLE) 是一种组合和编辑多个视频素材的方式。它使用户在编辑过程中，能够在任意时刻随机访问所有素材。

非线性编辑技术融入了计算机和多媒体这两个先进领域的前端技术，集录像、编辑、特技、动画、字幕、同步、切换、调音、播出等多种功能于一体，改变了人们剪辑素材的传统观念，克服了传统编辑设备的缺点，提高了视频编辑的效率。

1.1.2 非线性编辑系统

非线性编辑的实现要靠软件与硬件的支持，这就构成了非线性编辑系统。非线性编辑系统从硬件上看，可由计算机、视频卡或 IEEE 1394 板卡、声卡、高速 AV 硬盘、专用板卡以及外围设备构成。为了能够直接处理来自数字录像机的信号，有的非线性编辑系统还带有 SDI 标准的数字接口，以充分保证数字视频的输入 / 输出质量。随着计算机硬件性能的提高，视频编辑处理对专用器件的依赖性越来越小，软件的作用则更加突出。因此，掌握像 Premiere 之类的非线性编辑软件，就成了非线性编辑的关键。

知识点滴：

IEEE 1394 接口是苹果公司开发的串行标准，俗称火线接口。同 USB 一样，IEEE 1394 接口也支持外设热插拔，可为外设提供电源，省去了外设自带的电源，能连接多个不同设备，支持同步数据传输。

1.1.3 非线性编辑的优势

早期线性编辑的主要特点是录像带必须按一定顺序编辑。因此，线性编辑只能按照视频的先后播放顺序进行编辑工作。

当前的非线性编辑是借助计算机来进行数字化制作的，几乎所有的工作都在计算机中完成，不再需要那么多的外部设备，对素材的调用也是瞬间实现，不用反反复复地在磁带上寻找，突破单一的时间顺序编辑限制，可以按各种顺序排列，具有快捷简便、随机的特性。非线性编辑只要上传一次就可以多次编辑，信号质量始终不会变差，所以节省了设备、人力，提高了效率。

从非线性编辑系统的作用来看，它集录像机、切换台、数字特技机、编辑机、多轨录音机、调音台等设备于一体，几乎包括了所有的传统后期制作设备。这种高度的集成性，使得非线性编辑系统的优势更为明显。因此它在广播电视界占据着越来越重要的地位。总体来说，非线性编辑系统具有信号质量好、制作水平高、节约投资、网络化等优势。

1.2 数字视频基础

模拟视频每次在录像带中将一段素材复制传送一次，都会损失一些品质，而数字视频可以自由地复制视音频而不会损失品质。相对于模拟视频而言，数字视频拥有众多优势。

1.2.1 认识数字视频

数字视频摄像机拍摄的图片信息是以数字信号存储的，摄像机将图片数据转换为数字信号并保存在录像带中，与计算机将数据保存在硬盘上的方式相同。

在 Premiere 中，数字视频项目通常包含视频、静帧图像和音频，它们都已经数字化或者已经从模拟格式转换为数字格式。来自数码摄像机的以数字格式存储的视频和音频信息可以通过 IEEE 1394 接口直接传输到计算机中。因为数据已经数字化，所以 IEEE 1394 接口可以提供非常高的数据传输速率。

知识点滴：

DV(也称作 DV25) 指的是在消费者摄像机中使用的一种特定的数字视频格式。DV 使用了特定的画幅大小和帧速率。

1.2.2 数字视频的优势

数字视频的主要优势是：使用数字视频可以非线性方式编辑视频。传统的视频编辑需要编辑者从开始到结束逐段地以线性方式组装录像带作品。在线性编辑时，每段视频素材都录制在节目卷轴上的前一段素材之后。线性系统的一个问题是，重新编辑某个片段或者插入某个片段所花费的时间并不等于要替换的原始片段的持续时间。如果需要在作品的中间位置重新编辑一段素材，那么整个节目都需要重新编排。整个过程都要注意将一切保持为原来的顺序，这无疑大大地增加了工作的复杂度。而使用数字视频以非线性方式编辑视频就可以避免这些问题。

1.2.3 数字视频量化

模拟波形在时间和幅度上都是连续的。数字视频为了把模拟波形转换成数字信号，必须把这两个量转换成不连续的值。将幅度表示成一个整数值，而将时间表示成一系列按时间轴等步长的整数距离值。把时间转换成离散值的过程称为采样，而把幅度转换成离散值的过程称为量化。

1.2.4 数字视频的记录方式

视频记录方式一般有两种：一种是以数字信号的方式记录；另一种是以模拟信号的方式记录。

数字信号以 0 和 1 记录数据内容，常用于一些新型的视频设备，如 DC、Digits、Beta Cam 和 DV-Cam 等。数字信号可以通过有线和无线的方式传播，传输质量不会随着传输距离的变化而变化，但必须使用特殊的传输设置，在传输过程中不受外部因素的影响。

1.2.5 隔行扫描与逐行扫描

在早期的电视播放技术中，视频工程师发明了这样一种制作图像的扫描技术，即对视频显示器内部的荧光屏每次发射一行电子束。为防止扫描到底部之前顶部的行消失，工程师们将视频帧分成两组扫描行：偶数行和奇数行。每次扫描都会向前显示 1/60 秒的视频效果。在第一次扫描时，视频屏幕的奇数行从右向左绘制 (第 1 行，第 3 行，第 5 行，……)。第二次扫描偶数行，因为扫描得很快，所以肉眼看不到闪烁。此过程即称作隔行扫描。

许多新款摄像机能一次渲染整个视频帧，因此无须隔行扫描。每个视频帧都是逐行绘制的，从第 1 行到第 2 行，再到第 3 行，以此类推。此过程即称作逐行扫描。Premiere 提供了用于逐行扫描设备的预设，在 Premiere 中编辑逐行扫描视频后，制片人就可以将其导出到类似 Adobe Encore DVD 之类的程序中，在其中可以创建逐行扫描 DVD。

1.2.6 时间码

在视频编辑中，通常用时间码来识别和记录视频数据流中的每一帧，从一段视频的起始帧到终止帧，其间的每一帧都有一个唯一的时间码地址。根据动画和电视工程师协会 (SMPTE) 使用的时间码标准，其格式为小时 : 分钟 : 秒 : 帧。一段长度为 00:02:31:15 的视频片段的播放时间为 2 分 31 秒 15 帧，如果以 30 帧 / 秒的速率播放，则播放时间为 2 分 31.5 秒。

知识点滴：

由于技术的原因，NTSC 制式实际使用的帧速率是 29.97 帧 / 秒，而不是 30 帧 / 秒，因此在时间码与实际播放时间之间有 0.1% 的误差。为了解决这个误差问题，设计了丢帧格式，即在播放时每分钟要丢两帧，这样可以保证时间码与实际播放时间一致。

1.3 视频的基本概念

在使用 Premiere 进行视频编辑的工作中，经常会遇到帧、帧速率、像素等概念。因此，在学习视频编辑前，首先需要了解一下视频的基本概念。

1.3.1 帧

电视、电影中的影片虽然都是动画影像，但这些影片其实都是由一系列连续的静态图像组成的，在单位时间内的这些静态图像就称为帧。

1.3.2 帧速率

帧速率是指电视或显示器上每秒钟扫描的帧数。帧速率的大小决定了视频播放的平滑程度。帧速率越高，动画效果越平滑，反之就会有阻塞。在 Premiere 中，帧速率是非常重要的，它能帮助测定项目中动作的平滑度。通常，项目的帧速率与视频影片的帧速率相匹配。

北美和日本的标准帧速率是29.97帧/秒;欧洲的标准帧速率是25帧/秒。电影的标准帧速率是24帧/秒。新高清视频摄像机也可以 24 帧 / 秒 (准确来说是 23.976 帧 / 秒) 的帧速率进行录制。

1.3.3 视频制式

大家平时看到的电视节目都是经过视频处理后进行播放的。由于世界上各个国家对电视视频制定的标准不同，其制式也有一定的区别，各种制式的区别主要表现在帧速率、分辨率、信号带宽等方面，现行的彩色电视制式有 NTSC、PAL 和 SECAM 3 种。

- NTSC(National Television System Committee)：这种制式主要在美国、加拿大等大部分西半球国家及日本、韩国等国家或地区被采用。
- PAL(Phase Alternation Line)：这种制式主要在中国、英国、澳大利亚、新西兰等国家或地区被采用。根据其中的细节可以进一步划分成 G、I、D 等制式，我国采用的是 PAL-D 制式。
- SECAM：这种制式主要在法国、东欧、中东等国家或地区被采用。这是一种按顺序传送与存储彩色信号的制式。

1.3.4 像素

像素是图像编辑中的基本单位。像素是一个个有色方块，图像由许多像素以行和列的方式排列而成。文件包含的像素越多，其所含的信息也越多，所以文件越大，图像品质也就越好。

1.3.5 场

视频素材分为交错视频和非交错视频。交错视频的每一帧由两个场构成，称为场 1 和场 2，也称为奇场和偶场，在 Premiere 中称为上场和下场，这些场按照顺序显示在 NTSC 或 PAL 制式的显示器上，产生高质量的平滑图像。

1.3.6 视频画幅

数字视频作品的画幅大小决定了 Premiere 项目的宽度和高度。在 Premiere 中，画幅大小是以像素为单位进行计算的。在 Premiere 中，也可以在画幅大小不同于原始视频画幅大小的项目中进行工作。

1.3.7 像素纵横比

在 DV 出现之前，多数台式计算机视频系统中使用的标准画幅大小是 640×480 像素，即 4 ∶ 3。因此 640×480 像素的画幅大小非常符合电视的纵横比。但是，在使用 720×480 像素或 720×486 像素的 DV 画

幅大小进行工作时，图像不是很清晰。这是由于：如果创建的是 720×480 像素的画幅大小，那么纵横比就是 3 ：2，而不是 4 ：3 的电视标准。因此，就需要使用矩形像素将 720×480 像素压缩为 4 ：3 的纵横比。

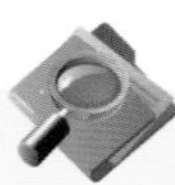

知识点滴：

在 Premiere 中创建 DV 项目时，可以看到 DV 像素纵横比被设置为 0.9 而不是 1。此外，如果在 Premiere 中导入画幅大小为 720×480 像素的影片，那么像素纵横比将自动被设置为 0.9。

1.4 常用的编码解码器

在生成预演文件及最终节目影片时，需要选择一种合适的针对视频和音频的编码解码器程序。当在计算机显示器上预演或播放时，一般都使用软件压缩方式；而当在电视机上预演或播放时，则需要使用硬件压缩方式。

1.4.1 常用的视频编码解码器

在影片制作中，常用的视频编码解码器包括如下几种。

- Indeo Video 5.10：一种常用于在 Internet 上发布视频文件的压缩方式。
- Microsoft RLE：用于压缩包含大量平缓变化颜色区域的帧。
- Microsoft Video1：一种有损的空间压缩的编码解码器，支持深度为 8 位或 16 位的图像，主要用于压缩模拟视频。
- DiveX:MPEG-4Fast-Motion 和 DiveX:MPEG-4Low-Motion：当系统安装过 MPEG-4 的视频插件后，就会出现这两种视频编码解码器，用来输出 MPEG-4 格式的视频文件。
- Intel Indeo(TM) Video Raw：使用该视频编码解码器，能捕获图像质量极好的视频，其缺点是要占用大量的磁盘空间。

1.4.2 常用的音频编码解码器

在影片制作中，常用的音频编码解码器包括如下几种。

- Dsp Group True Speech (TM)：适用于压缩以低数据率在 Internet 上传播的语音。
- GSM 6.10：适用于压缩语音，在欧洲用于电话通信。
- Microsoft ADPCM：ADPCM 是数字 CD 的格式，是一种用于将声音和模拟信号转换为二进制信息的技术，它通过一定的时间采样来取得相应的二进制数，是能存储 CD 质量音频的常用数字化音频格式。
- IMA：由 Interactive Multimedia Association (IMA) 开发的、关于 ADPCM 的一种实现方案，适用于压缩交叉平台上使用的多媒体声音。
- CCITTU 和 CCITT：适用于语音压缩，用于国际电话与电报通信。

知识点滴：

默认情况下，Premiere 支持 AVI、MEPG、WMA、WMV、ASF、MP3、WAV、AIF、SDI 等多种常见的视频和音频格式。如果用户需要在 Premiere 中导入其他 Premiere 不支持的视频格式的素材文件，就需要安装相应的视频和音频解码器软件。例如，如果在 Premiere 中导入 MOV 视频格式的素材，出现不支持该格式的提示时，就可以通过安装 QuickTime 软件来解决该问题。

1.5 蒙太奇视频编辑艺术

蒙太奇产生于编剧的艺术构思，体现于导演的分镜头稿本，完成于后期编辑。蒙太奇作为影视作品的构成方式和独特的表现手段，贯穿整个制作过程。如图 1-1 所示是电影中蒙太奇的运用。

图 1-1 电影中蒙太奇的运用

1.5.1 蒙太奇概述

蒙太奇是法语 montage 的译音。该词的原意是安装、组合、构成，即将各种独立的建筑材料，根据一幅总的设计蓝图，分别加以处理，安装在一起，构成一个整体，使它们发挥出比原来独立存在时更大的作用。结合蒙太奇的实际运用，可以将蒙太奇的完整概念归纳为如下 3 个方面。

(1) 蒙太奇是电影、电视反映现实的艺术手法，即独特的形象思维方法，我们将其称作蒙太奇思维。蒙太奇思维指导着导演、编辑及其他制作人员，将作品中的各个因素通过艺术构思组接起来。导演的蒙太奇思维对整部作品的表现效果有相当大的影响。

(2) 蒙太奇是电影、电视的叙述方式，包括镜头、场面、段落的安排与组合的全部艺术技巧。通过蒙太奇对作品的艺术处理，可以形成一种独特的影视语言。

(3) 蒙太奇是电影、电视编辑的具体技巧和技法。这一层次上的蒙太奇是在作品的后期制作中，指导编辑人员对素材进行组接的具体原理。

1.5.2 蒙太奇的作用

蒙太奇具有独特的艺术表现作用，使其在影视制作中得到了广泛应用。蒙太奇主要有叙述情节、构造时空、表达情感和渲染气氛 4 个方面的作用。

1.5.3 镜头组接蒙太奇

镜头组接蒙太奇的手法很多，主要可以分为 3 类：固定镜头之间的组接、运动镜头之间的组接、固定镜头和运动镜头之间的组接。

1. 固定镜头之间的组接

固定镜头之间的组接，简称为静接静，是最常用的镜头组接类型之一，可以很好地体现两个相对静态的画面，如图 1-2 所示。

图 1-2 固定镜头之间的组接

2. 运动镜头之间的组接

运动镜头之间的组接，简称为动接动，常用来体现动感画面，如图 1-3 所示。

图 1-3 运动镜头之间的组接

3. 固定镜头和运动镜头之间的组接

固定镜头和运动镜头之间的组接，简称为静接动，常用来体现对比的画面，如图 1-4 所示。

图 1-4　固定镜头和运动镜头之间的组接

1.6　视频编辑三大要素

使用 Premiere 进行视频编辑时，有三大要素是必须掌握的，分别是视频画面、声音和色彩。

1.6.1　视频画面

视频画面可以给观众带来视觉上的冲击，给观众最直观的感受。无论在电影还是电视，或是在其他视频形式中，视频画面都是传递信息的主要媒介，是叙述故事情节、表达思想感情的主要方式。在 Premiere 中可以通过监视器面板预览视频画面的效果，如图 1-5 所示。

1.6.2　声音

声音可以带给观众听觉上的感受，可以调节视频画面的气氛。在 Premiere 中，声音素材通常是放在音频轨道上进行编辑的，如图 1-6 所示。

图 1-5　预览视频画面

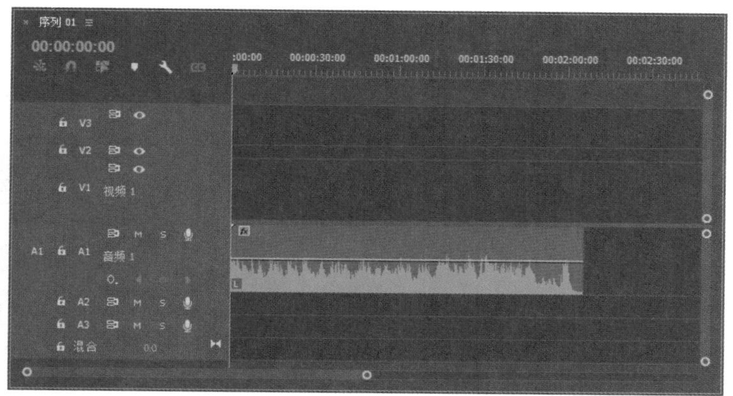

图 1-6　编辑声音素材

1.6.3 色彩

色彩是视频画面的组成部分，是传递情感的重要部分。不同的画面色彩可以使人产生不同的感受，如图 1-7 和图 1-8 所示的画面分别体现了淡雅和热情的色彩效果。

图 1-7 淡雅的色彩效果

图 1-8 热情的色彩效果

1.7 素材采集

Premiere 项目中视频素材的质量通常决定着作品的效果，而决定素材质量的主要因素之一是如何采集视频。Premiere 提供了非常高效、可靠的采集选项。

1.7.1 在 Premiere 中进行素材采集

如果计算机有 IEEE 1394 接口（如图 1-9 所示），就可以使用 IEEE 1394 连接线（如图 1-10 所示）将数字化的数据从 DV 摄像机直接传送到计算机中。DV 和 HDV 摄像机实际上在拍摄时就数字化并压缩了信号。因此，IEEE 1394 接口是已数字化的数据和 Premiere 之间的一条通道。

如果设备与 Premiere 兼容，那就可以在 Premiere 中选择“文件”|“采集”命令，然后在打开的采集窗口中进行采集启动、停止和预览操作，如图 1-11 所示。

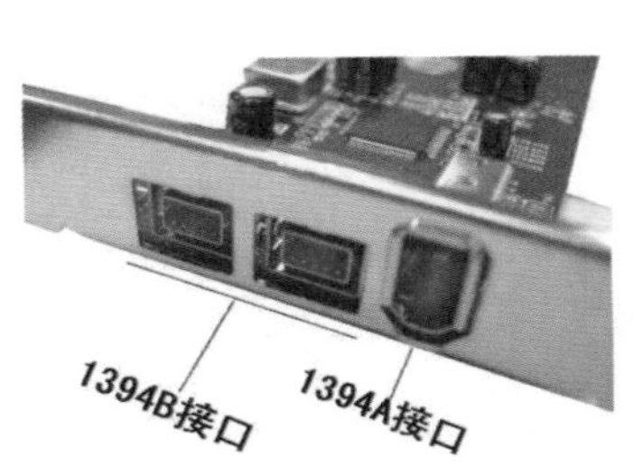

图 1-9 IEEE 1394 接口

图 1-10 IEEE 1394 连接线

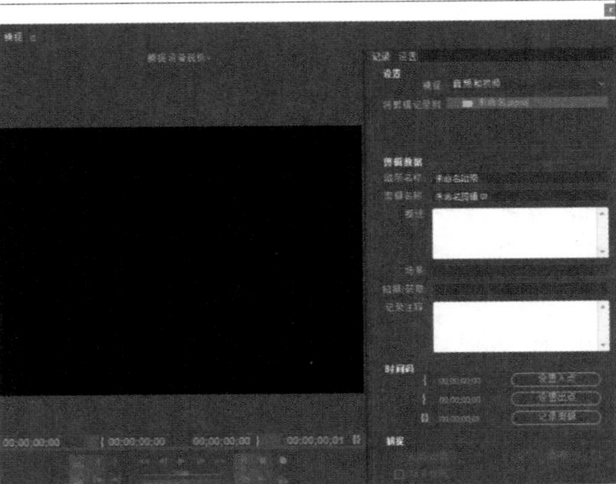

图 1-11 采集窗口

知识点滴：

1394A 自 1995 年就开始提供产品，1394B 是 1394A 技术的向下兼容性扩展。1394B 是 1394 技术的升级版本，是仅有的、专门针对多媒体而设计的家庭网络标准。

1.7.2　实地拍摄素材

实地拍摄是取得素材的最常用方法，在进行实地拍摄之前，应做好如下准备。

(1) 检查电池电量。

(2) 检查 DV 带或储存卡是否备足。

(3) 如果需要长时间拍摄，应安装好三脚架。

(4) 首先计划拍摄的主题，实地考察现场的大小、灯光情况、主场景的位置，然后选定自己拍摄的位置，以便确定要拍摄的内容。

在做好拍摄准备后，就可以实地拍摄录像了。

1.7.3　捕获数字视频

拍摄完毕后，用户可以在 DV 机中回放所拍摄的片段，也可以通过 DV 机的 S 端子或 AV 接口与电视机连接，在电视机上欣赏所拍摄的片段。如果要对所拍片段进行编辑，就必须将 DV 带或储存卡里所存储的视频素材传输到计算机中，这个过程称为视频素材的采集。

将 DV 与 IEEE 1394 接口连接，就可以开始采集文件了。具体的操作步骤可以参考硬件附带的说明书。

1.7.4　捕获模拟信号

在计算机上通过视频采集卡可以接收来自视频输入端的模拟视频信号，对该信号进行采集，将其量化成数字信号，然后压缩编码成数字视频。由于模拟视频输入端可以提供不间断的信息源，视频采集卡要采集模拟视频序列中的每帧图像，并在采集下一帧图像之前把这些数据传入计算机。因此，实现实时采集的关键是每一帧所需的处理时间。如果每帧视频图像的处理时间超过相邻两帧之间的相隔时间，就会出现数据的丢失，即丢帧现象。采集卡会对获取的视频序列先进行压缩处理，然后再存入硬盘，将视频序列的获取和压缩一起完成。

1.8　高手解答

问：非线性编辑相比线性编辑的优势是什么？

答：线性编辑的主要特点是录像带必须按一定顺序编辑。因此，线性编辑只能按照视频的先后播放顺序进行编辑工作；非线性编辑借助计算机来进行数字化制作，几乎所有的工作都在计算机中完成，不再需要那么多的外部设备，对素材的调用也是瞬间实现，不用反反复复地在磁带上寻找，突破单一的时间顺序编辑限制，可以按各种顺序排列，具有快捷简便、随机的特性。非线性编辑只要上传一次就可以进行多次编辑，信号质量始终不会变差，所以节省了设备、人力，提高了效率。

问：哪种视频格式是专门为微软 Windows 环境设计的数字式视频文件格式，这种视频格式的优点是什么？

答：AVI(Audio/Video Interleave) 格式是专门为微软 Windows 环境设计的数字视频文件格式，这个视频格式的优点是兼容性好、调用方便、图像质量好，缺点是占用空间大。

问：哪种视频格式被广泛应用于 VCD 的制作和网络上一些供下载的视频片段？

答：MPEG 视频格式被广泛应用于 VCD 的制作和网络上一些供下载的视频片段。

问：为什么安装模拟－数字采集卡后，仍然无法进行视频捕捉操作？

答：在个人计算机上，多数模拟－数字采集卡允许进行设备控制，这便可以启动和停止摄像机或录音机以及指定到想要录制的录像带位置。如果安装模拟－数字采集卡后，仍然无法进行视频捕捉操作，是因为并非所有的板卡都是使用相同的标准设计的，某些板卡可能与 Premiere 不兼容。

第2章 Premiere快速入门

Premiere 是目前流行的非线性编辑软件之一，是一款强大的数字视频编辑工具。Premiere Pro 2022 作为最新版本的视频编辑软件，拥有前所未有的视频编辑能力和灵活性，是视频爱好者们使用最多的视频编辑软件之一。本章将介绍 Premiere 入门知识，包括 Premiere 的应用领域、Premiere 的安装与卸载、Premiere 的工作界面和基本操作，以及 Premiere 影视制作流程等内容。

练习实例：卸载旧版本的 Premiere
练习实例：将面板创建为浮动面板
练习实例：打开和关闭指定的面板
练习实例：调整各个面板的大小
练习实例：改变面板的位置和对面板进行编组

2.1 Premiere 基础知识

Premiere是一款视频编辑软件，在学习使用Premiere进行视频编辑之前，首先需要了解Premiere的基础知识。

2.1.1 Premiere 的功能与作用

Premiere 拥有创建动态视频作品所需的所有工具，无论是为 Web 创建一段简单的剪辑视频，还是创建复杂的纪录片、摇滚视频、艺术活动、宣传片或婚礼视频，Premiere 都是最佳的视频编辑工具之一。如图 2-1 所示是使用 Premiere 制作的企业宣传片视频。

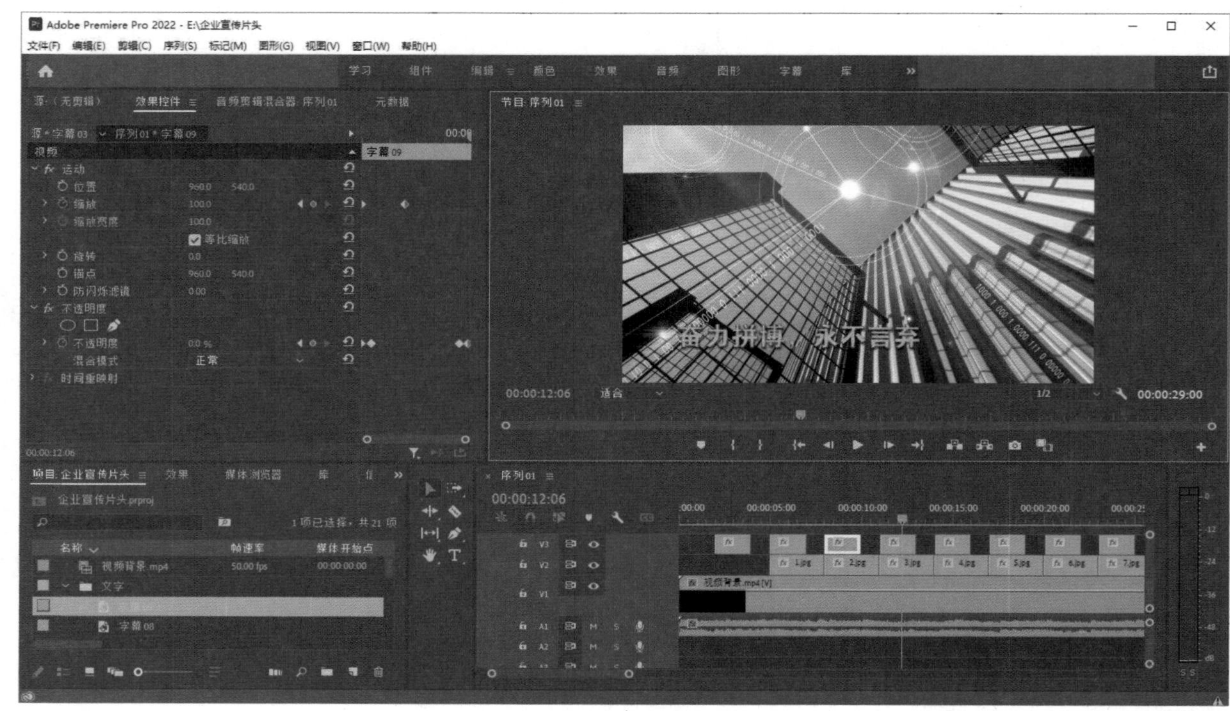

图 2-1　企业宣传片视频

下面列出了一些使用 Premiere 可以完成的制作任务。

- 将数字视频素材编辑为完整的数字视频作品。
- 从摄像机或录像机采集视频。
- 从麦克风或音频播放设备采集音频。
- 加载数字图形、视频和音频素材库。
- 对素材添加视频过渡和视频特效。
- 创建字幕和动画字幕特效，如滚动或旋转字幕。

2.1.2 Premiere 中的常见术语

Adobe Premiere 是革新性的非线性视频编辑应用软件。使用该软件对视频编辑完成后可方便、快捷地进行随意修改而不损害图像质量。用户在学习使用 Premiere 进行视频编辑之前，首先要掌握视频编辑中的常见术语。

- 动画：指通过迅速显示一系列连续的图像而产生动作模拟效果。
- 关键帧 (key frame)：素材中的一个特定的帧，它被标记是为了特殊编辑或控制整个动画。当创建一个视频时，在需要大量数据传输的部分指定关键帧，有助于控制视频回放的平滑程度。
- 导入：将一组数据从一个程序置入另一个程序的过程。文件一旦被导入，数据将被改变以适应新的程序，而不会改变源文件。
- 导出：在应用程序之间分享文件的过程。导出文件时，要使数据转换为接收程序可以识别的格式，源文件将保持不变。
- 过渡效果：用一个视频素材代替另一个视频素材的切换过程。
- 渲染：对项目进行输出，在应用了转场和其他效果之后，将源信息组合成单个文件的过程。

2.1.3 Premiere 支持的视频格式

目前对视频压缩编码的方法有很多种，应用的视频格式也就有很多种，其中最有代表性的就是 MPEG 数字视频格式和 AVI 数字视频格式。下面就介绍一下几种常用的视频格式。

1. AVI(Audio/Video Interleave) 格式

这是一种专门为微软 Windows 环境设计的数字视频文件格式，这种视频格式的优点是兼容性好、调用方便、图像质量好，缺点是占用的空间大。

2. MPEG(Motion Picture Experts Group) 格式

该格式包括 MPEG-1、MPEG-2、MPEG-4。MPEG-1 被广泛应用于 VCD 的制作和网络上一些供下载的视频片段。MPEG-4 是一种新的压缩算法，可以将 1.2GB 的 MPEG-1 压缩文件继续压缩到 300MB 左右，供网络播放。

3. ASF(Advanced Streaming Format) 格式

这是 Microsoft 公司为了和 Real Player 竞争而研发出来的一种可以直接在网上观看视频节目的流媒体文件压缩格式，即一边下载一边播放，不用将文件存储到本地硬盘上。

4. nAVI(newAVI) 格式

这是一种新的视频格式，由 ASF 的压缩算法修改而来，它拥有比 ASF 更高的帧速率，但是以牺牲 ASF 的视频流特性作为代价。也就是说，它是非网络版本的 ASF。

5. DIVX 格式

该格式可以说是一种对 DVD 造成威胁的新生视频压缩格式。由于它使用的是 MPEG-4 压缩算法，因此可以在对文件尺寸进行高度压缩的同时，保留非常清晰的图像质量。

6. QuickTime 格式

QuickTime(MOV) 格式是苹果公司创建的一种视频格式，在图像质量和文件尺寸的处理上具有很好的平衡性。

7. Real Video(RA、RAM) 格式

该格式主要定位于视频流应用方面，可以在网速较差的条件下实现不间断的视频播放，因此同时也必须通过损耗图像质量的方式来控制文件的大小，图像质量通常较差。

2.1.4 Premiere 支持的音频格式

音频是指一个用来表示声音强弱的数据序列，由模拟声音经采样、量化和编码后得到。不同的数字音频设备一般对应不同的音频格式文件。音频的常见格式有 WAV、MIDI、MP3、WMA、MP4、VQF、Real Audio、AAC 等。

2.2 安装与卸载 Premiere

本节将介绍 Premiere 的安装与卸载方法，该软件的安装和卸载操作与其他软件基本相同。

2.2.1 安装 Premiere Pro 2022 的系统需求

随着软件版本的不断更新，Premiere 的视频编辑功能也越来越强，同时文件的安装大小也“与日俱增”。为了让用户完美地应用 Premiere 的所有功能，安装 Premiere Pro 2022 时对计算机的配置就提出了一定要求，如表 2-1 所示。安装 Premiere Pro 2022 必须使用 64 位 Windows 10 或更高版本的 Windows 操作系统。

表 2-1 安装 Premiere Pro 2022 的系统需求

操作系统与硬件	要求
操作系统	Microsoft Windows 10(64 位) 版本或更高版本
处理器	英特尔 ® 第 7 代或更高版本的 CPU，或相当的 AMD
浏览器	Internet Explorer 10 或更高版本
内存	8GB RAM(建议使用 16GB RAM 或更高)
显示器分辨率	1920×1080 像素或更高
磁盘空间	安装需要 8GB
声卡	兼容 ASIO 或 Microsoft Windows 驱动程序模型

2.2.2 安装 Premiere Pro 2022

Premiere Pro 2022 的安装十分简单。如果计算机中已经有其他版本的 Premiere 软件，则不必卸载其他版本的软件，只需要将运行的相关软件关闭即可，然后打开 Premiere Pro 2022 安装文件夹，双击 Setup.exe 安装文件图标，再根据向导提示即可进行安装。

2.2.3 卸载 Premiere

如果要将计算机中的 Premiere 应用程序删除，可以通过设置面板将其卸载。卸载 Premiere 应用程序的方法如下。

练习实例：卸载旧版本的 Premiere。	
文件路径	第 2 章 \
技术掌握	卸载 Premiere

01 单击屏幕左下方的“开始”菜单按钮，在弹出的菜单中选择“设置”命令，如图 2-2 所示。

图 2-2 选择“设置”命令

02 在弹出的窗口中单击“应用”链接，如图 2-3 所示。

图 2-3 单击“应用”链接

03 在新出现的窗口的左侧选择“应用和功能”选项，如图 2-4 所示。

图 2-4 选择“应用和功能”选项

04 在窗口右侧选择要卸载的 Premiere 应用程序，然后单击“卸载”按钮，即可将指定的 Premiere 程序卸载，如图 2-5 所示。

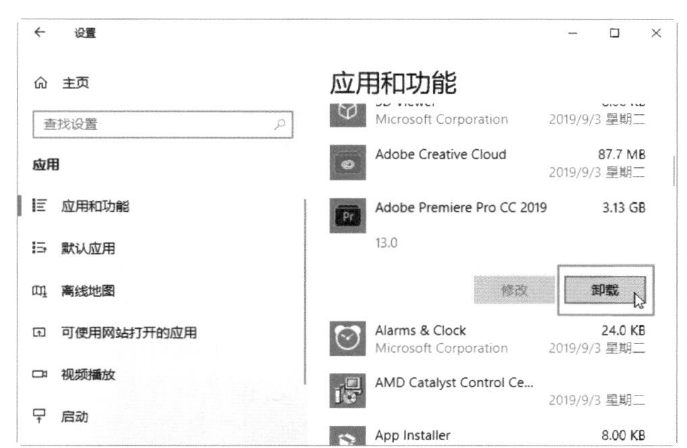

图 2-5 单击“卸载”按钮

2.3 Premiere Pro 2022 的工作界面

为了方便使用 Premiere Pro 2022 进行视频编辑，首先需要熟悉 Premiere Pro 2022 的工作界面。

2.3.1 启动 Premiere Pro 2022

同启动其他应用程序一样，安装好 Premiere Pro 2022 后，可以通过以下两种方法来启动 Premiere Pro 2022 应用程序。

- 双击桌面上的 Premiere Pro 2022 快捷图标，启动 Premiere Pro 2022。
- 在“开始”菜单中找到并单击 Adobe Premiere Pro 2022 命令，启动 Premiere Pro 2022。

执行上述操作后，可以进入程序的启动界面，如图 2-6 所示。随后将出现如图 2-7 所示的主页界面，通过该界面，可以打开最近编辑的几个影片项目文件，以及执行新建项目、打开项目等操作。

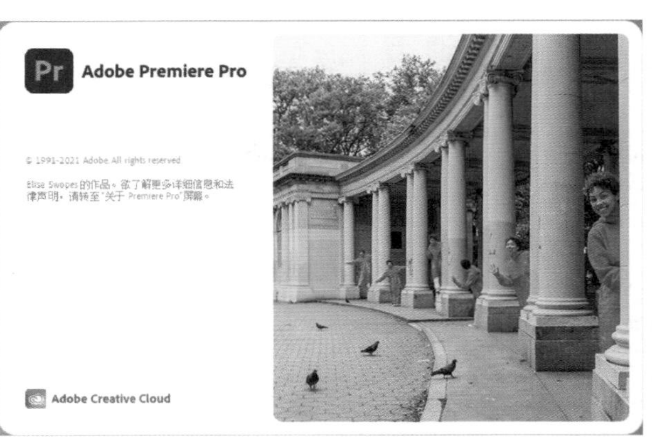

图 2-6　启动界面

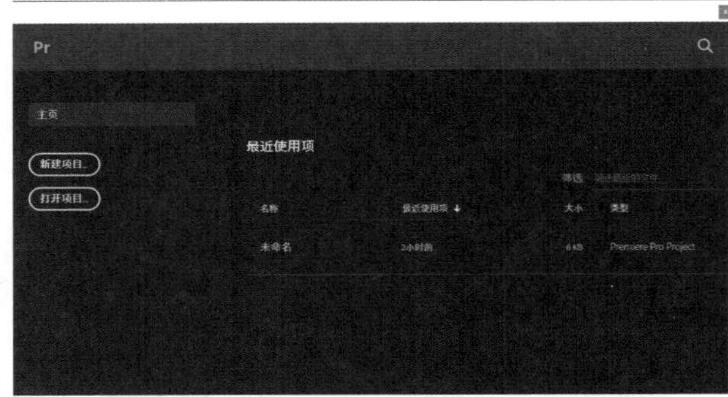

图 2-7　主页界面

- 新建项目：单击此按钮，可以创建一个新的项目文件并进行视频编辑。
- 打开项目：单击此按钮，可以打开一个在计算机中已有的项目文件。

知识点滴：

默认状态下，Adobe Premiere Pro 2022 可以显示用户最近使用过的多个项目文件的路径，它们以名称列表的形式显示在“最近使用项”一栏中，用户只需单击所要打开项目的文件名，就可以快速地打开该项目文件。

当用户要开始一项新的编辑工作时，需要先单击“新建项目”按钮，建立一个新的项目。此时，会打开如图 2-8 所示的“新建项目”对话框，在“新建项目”对话框中可以设置视频的显示格式、音频的显示格式、捕捉格式以及设置项目存放的位置和项目的名称。

在“新建项目”对话框中选择“暂存盘”选项卡，可以设置在编辑视频过程中产生的临时文件的保存位置，如图 2-9 所示。单击“确定”按钮，即可进入 Premiere Pro 2022 的工作界面。

图 2-8 “新建项目”对话框

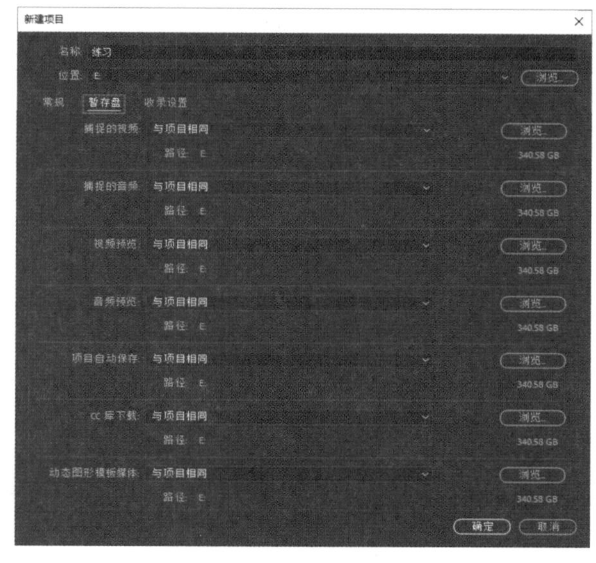

图 2-9 “暂存盘”选项卡

2.3.2 认识 Premiere Pro 2022 的工作界面

启动 Premiere Pro 2022 之后，在工作界面中会自动出现几个面板。Premiere Pro 2022 的工作界面主要由菜单栏和各面板组成，如图 2-10 所示。常用的面板包括工具面板、项目面板、源监视器面板、节目监视器面板、时间轴面板、效果控件面板、效果面板、音轨混合器面板、信息面板等。

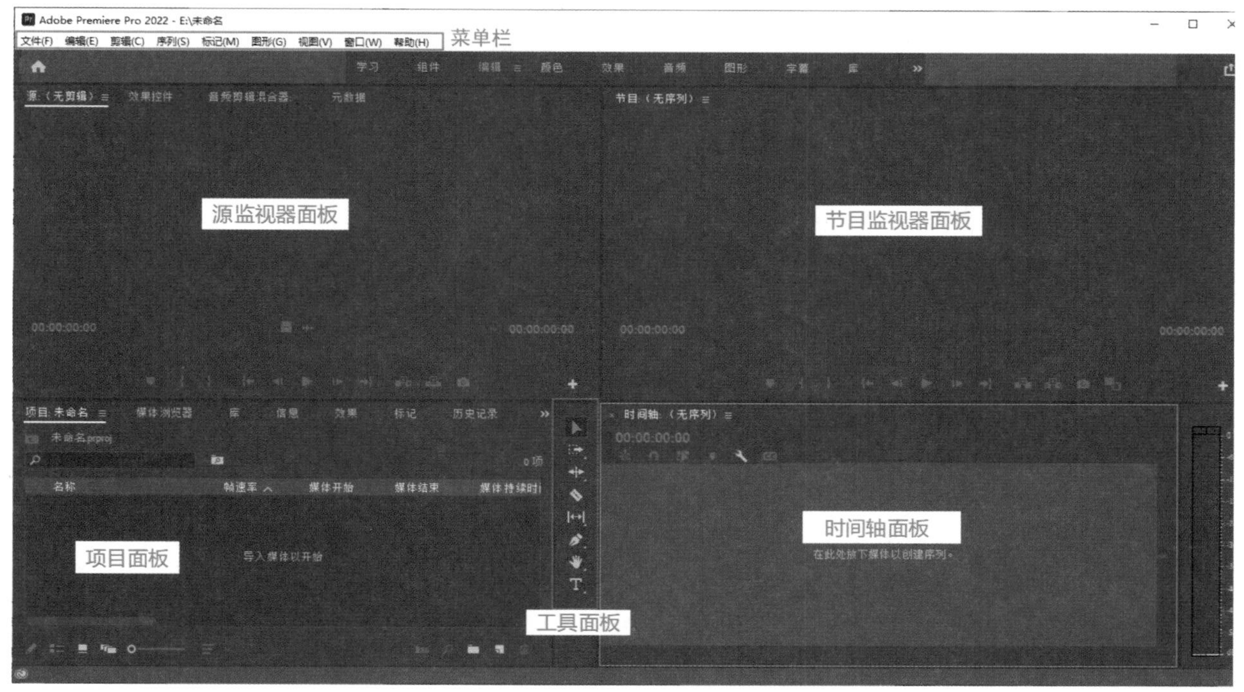

图 2-10 Premiere Pro 2022 的工作界面

知识点滴：

Premiere 视频制作涵盖了多方面的任务，完成一个作品，可能需要采集视频、编辑视频，以及创建字幕、切换效果和特效等，Premiere 窗口可以帮助用户分类及组织这些任务。

要使用 Premiere 中的工作面板，只需在“窗口”菜单中选择其名称即可。例如，如果想打开时间轴、音轨混合器、历史记录、信息或工具面板，可以选择“窗口”菜单，然后选择需要打开的面板的名称。如果面板已经打开，其名称前会出现一个 √ 号。如果面板没有打开，那么在“窗口”菜单中选择时，它将在一个窗口中打开。如果屏幕上有多个视频序列，可以选择“窗口”菜单中的“节目监视器”命令，然后在弹出的子菜单中可以查看存在的序列对象，如图 2-11 所示。

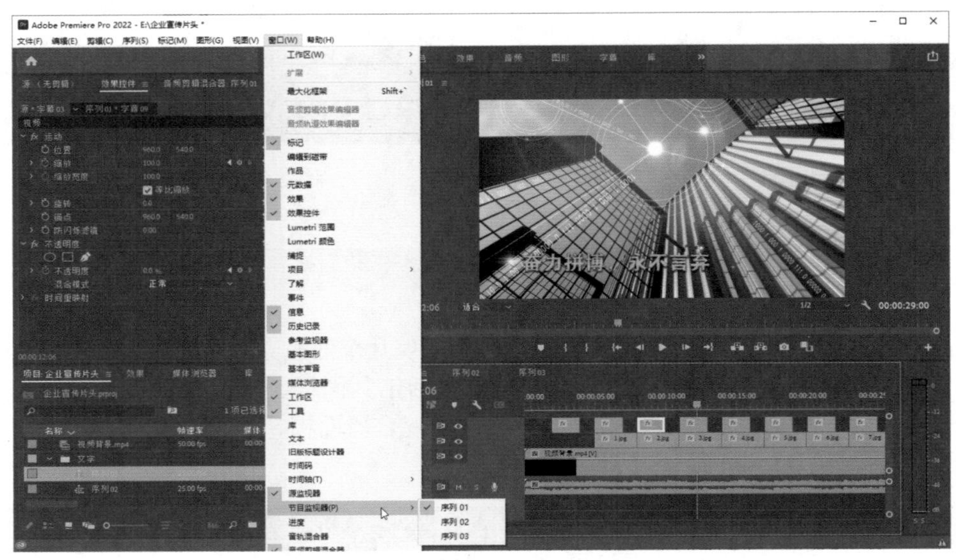

图 2-11　查看存在的序列对象

Premiere Pro 2022 的工作面板是使用 Premiere 进行视频编辑的重要工具，主要包括项目面板、时间轴面板、监视器面板等功能面板，下面将介绍其中常用面板的主要功能。

1. 项目面板

如果所工作的项目中包含许多视频、音频素材和其他作品元素，那么应该重视 Premiere 的项目面板。在项目面板中开启“预览区域”后，可以单击“播放-停止切换”按钮▶来预览素材，如图 2-12 所示。

2. 时间轴面板

创建序列后，在时间轴面板中可以组合项目的视频与音频序列、特效、字幕和切换效果，如图 2-13 所示。时间轴并非仅用于查看，它也是可交互的。使用鼠标把视频和音频素材、图形和字幕从项目面板拖动到时间轴面板中即可构建自己的作品。

3. 监视器面板

监视器面板主要用于在创建作品时对作品进行预览。Premiere Pro 2022 提供了 3 种不同的监视器面板：源监视器面板、节目监视器面板和参考监视器面板。

图 2-12　预览素材

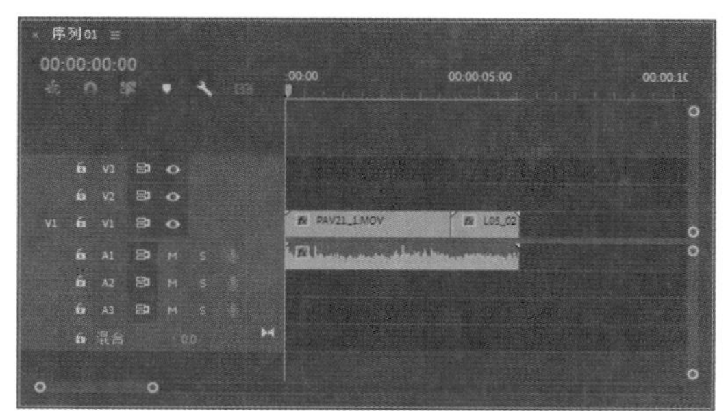

图 2-13　时间轴面板

- 源监视器面板：源监视器面板用于预览还未添加到时间轴的视频序列中的源影片，如图 2-14 所示。可以使用源监视器面板设置素材的入点和出点，然后将它们插入或覆盖到自己的作品中。源监视器面板也可以显示音频素材的音频波形，如图 2-15 所示。

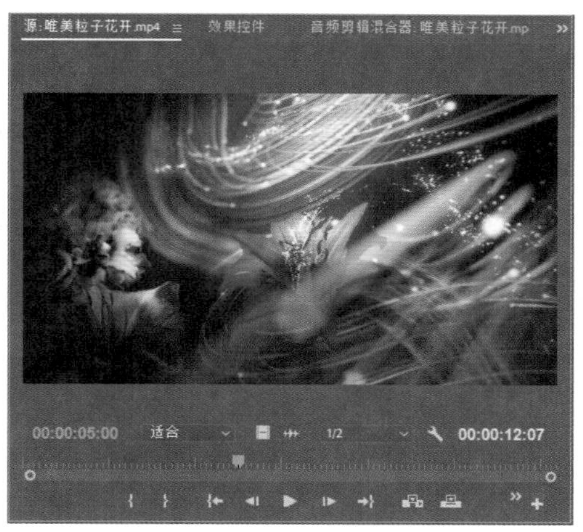

图 2-14　源监视器面板

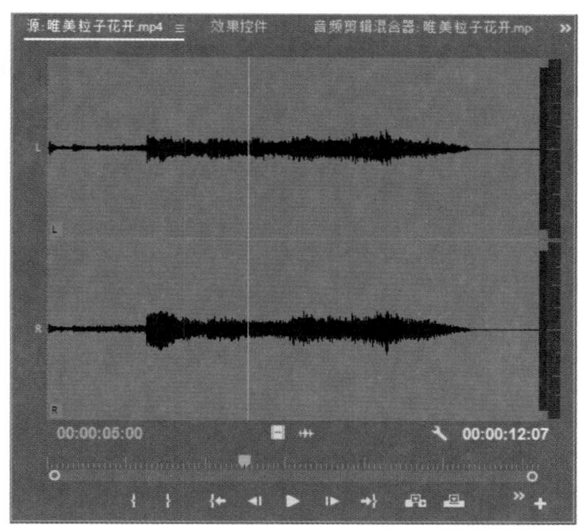

图 2-15　显示音频波形

- 节目监视器面板：节目监视器面板用于预览时间轴视频序列中组装的素材、图形、特效和切换效果，如图 2-16 所示。要在节目监视器面板中播放序列，只需单击“播放 - 停止切换”按钮▶或按空格键即可。如果在 Premiere 中创建了多个序列，可以在节目监视器面板的序列列表中选择其他序列作为当前的节目内容，如图 2-17 所示。

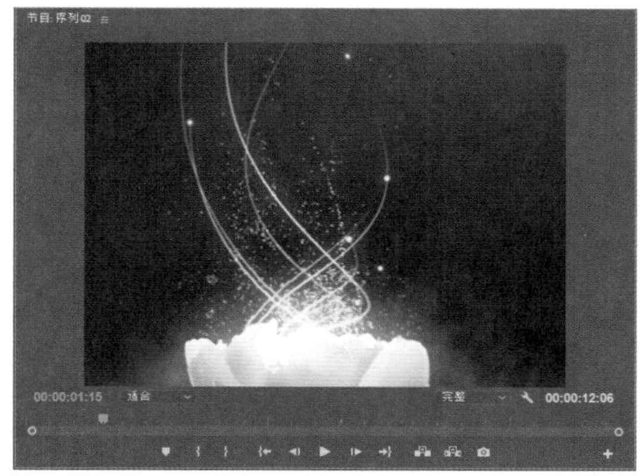

图 2-16　节目监视器面板

图 2-17　选择其他序列

- 参考监视器面板：在许多情况下，参考监视器是另一个节目监视器。许多 Premiere 编辑操作使用它来调整颜色和音调，因为在节目监视器面板中查看视频示波器 (可以显示色调和饱和度级别) 的同时，可以在参考监视器面板中查看实际的影片，如图 2-18 所示。

4. 音轨混合器面板

使用音轨混合器面板可以混合不同的音频轨道、创建音频特效和录制叙述材料，如图 2-19 所示。使用音轨混合器可以查看混合音频轨道并应用音频特效。

图 2-18　参考监视器面板

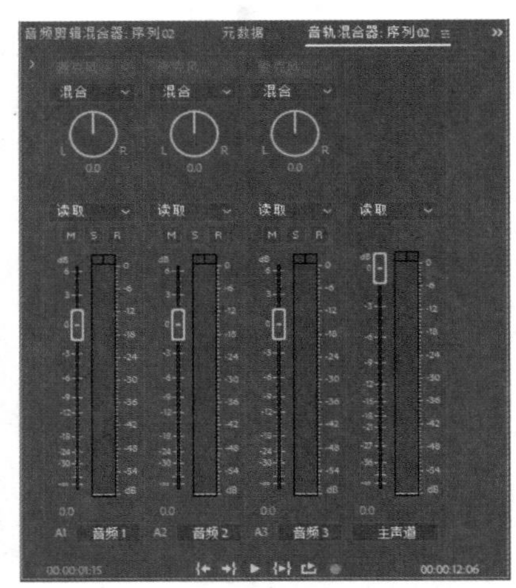

图 2-19　音轨混合器面板

5. 效果面板

使用效果面板可以快速应用多种音频效果、视频效果和视频过渡。例如，在“视频过渡”文件夹中包含了 3D Motion(3D 运动)、Dissolve(溶解)、Iris(划像) 等过渡类型，如图 2-20 所示。

6. 效果控件面板

使用效果控件面板可以快速创建音频效果、视频效果和视频过渡。例如，在效果面板中选定一种效果，然后将它直接拖到效果控件面板中，就可以对素材添加这种效果。图 2-21 所示的效果控件面板中包含了其特有的时间轴和一个缩放时间轴的滑块控件。

图 2-20　效果面板

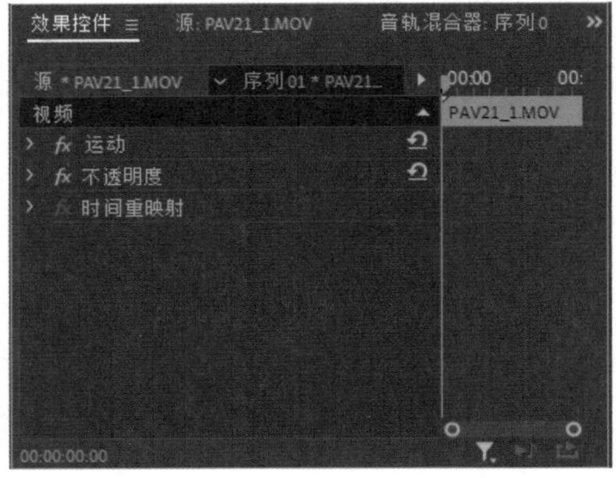

图 2-21　效果控件面板

7. 工具面板

Premiere 工具面板中的工具主要用于在时间轴面板中编辑素材，如图 2-22 所示。在工具面板中单击某工具即可激活它。

8. 历史记录面板

使用 Premiere 的历史记录面板可以无限制地执行撤销操作。进行编辑工作时，历史记录面板会记录作品的制作步骤。要返回到项目的以前状态，只需单击历史记录面板中的历史状态即可，如图 2-23 所示。

单击并重新开始工作之后，历史将会改写——返回历史状态的所有后续步骤都会从面板中移除，被新步骤取代。如果想在面板中清除所有历史，可以单击面板右方的下拉菜单按钮，然后选择“清除历史记录”命令，如图 2-24 所示。要删除某个历史状态，可以在面板中选中它并单击“删除重做操作”按钮🗑。

图 2-22　工具面板

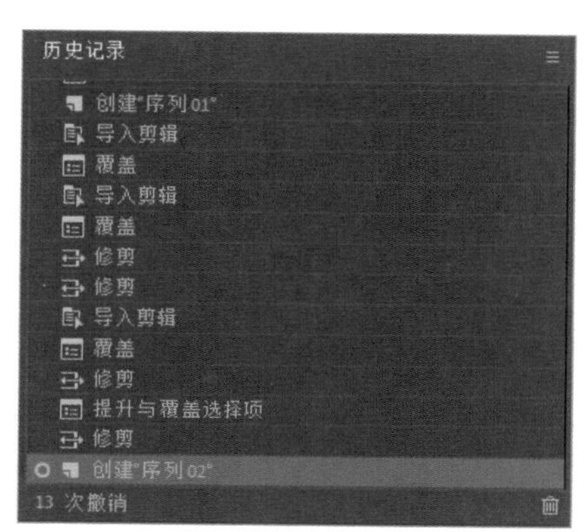

图 2-23　历史记录面板

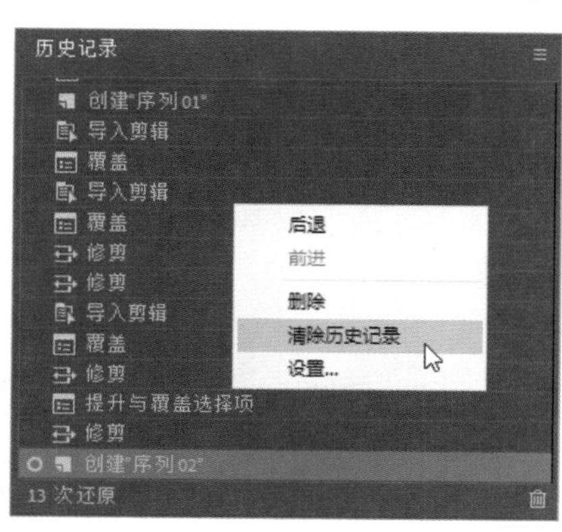

图 2-24　选择“清除历史记录”命令

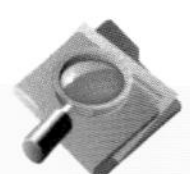

知识点滴：

如果在历史记录面板中通过单击某个历史状态来撤销一个动作，然后继续工作，那么所单击状态之后的所有步骤都会从项目中移除。

9. 信息面板

信息面板提供了关于素材和切换效果，乃至时间轴中空白间隙的重要信息。选择一段素材、切换效果或时间轴中的空白间隙后，可以在信息面板中查看素材或空白间隙的大小、持续时间，以及入点和出点，如图 2-25 所示。

10. 字幕设计器

使用 Premiere 的字幕设计器可以为视频项目快速创建字幕。选择“窗口”|“工作区”|“字幕”命令，打开“文本”面板，在“字幕”选项卡中可以创建所需字幕，如图 2-26 所示。

选择“文件”|“新建”|“旧版标题”命令，可以打开字幕设计器窗口，在该窗口中可以使用文字或图形工具创建文字或图形对象，并且可以通过旧版标题样式或旧版标题属性选项设置文字或图形的效果，如图 2-27 所示。

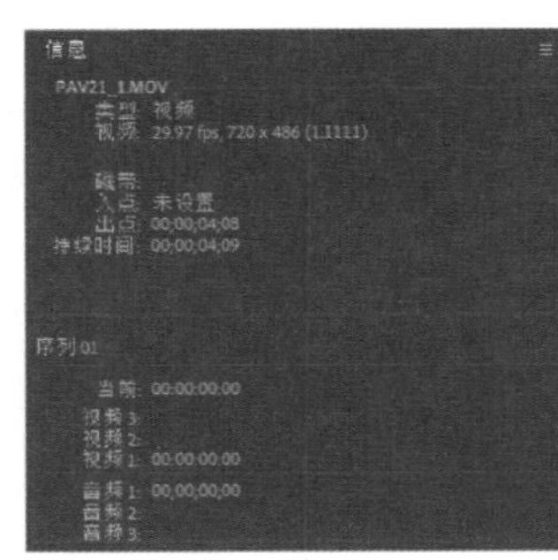

图 2-25 信息面板

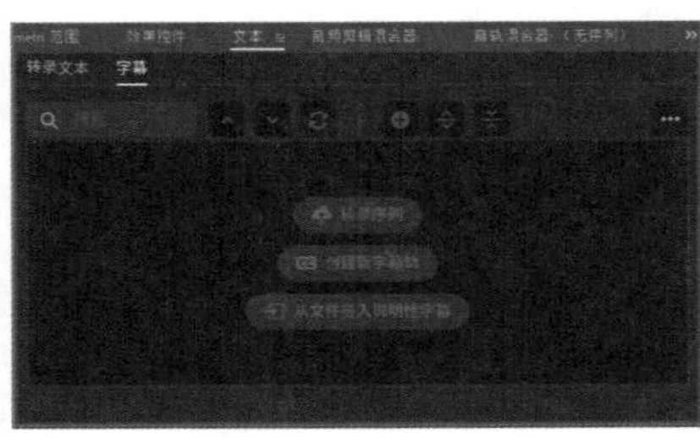

图 2-26 “文本”面板

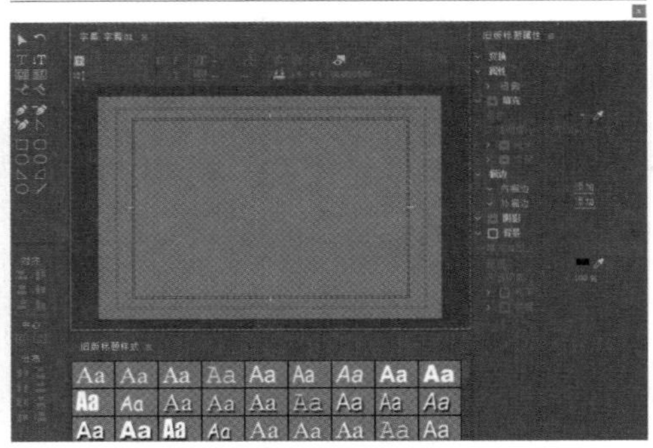

图 2-27 字幕设计器窗口

2.3.3 Premiere Pro 2022 的界面操作

Premiere Pro 2022 的所有面板都可以任意编组或停放。停放面板时，它们会连接在一起，因此调整一个面板的大小时，会改变其他面板的大小。图 2-28 和图 2-29 显示的是调整节目监视器大小前后的对比效果，在扩大节目监视器面板时，会使效果控件面板变小。

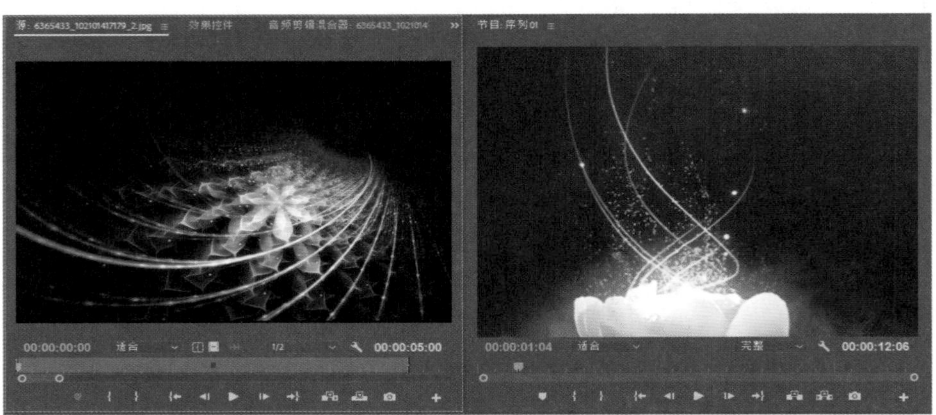

图 2-28 调整面板大小前

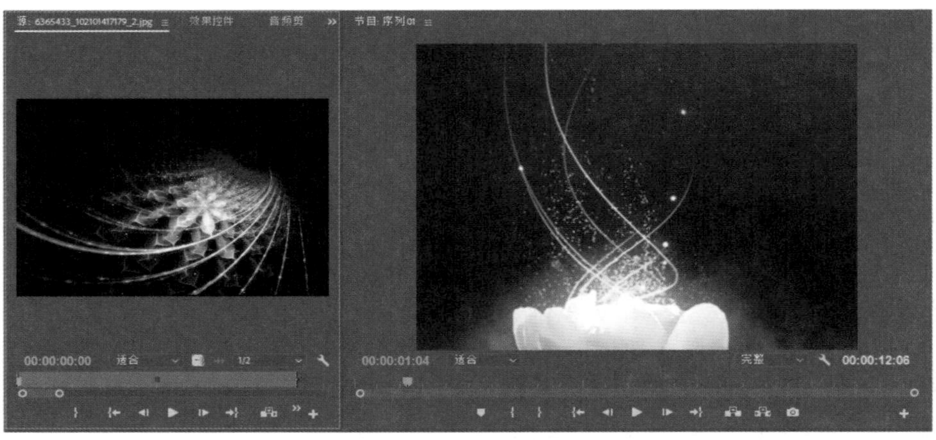

图 2-29 调整面板大小后

1. 调整面板的大小

要调整面板的大小，可以使用鼠标拖动面板之间的分隔线，可以左右拖动面板间的纵向边界，或上下拖动面板间的横向边界，从而改变面板的大小。

练习实例：调整各个面板的大小。	
文件路径	第 2 章\
技术掌握	调整 Premiere 的面板大小

01 双击桌面上的 Premiere Pro 2022 应用程序快捷图标，启动 Premiere Pro 2022 应用程序，进入“主页”界面后，单击“打开项目”按钮，如图 2-30 所示。或者在进入工作界面后，选择“文件”|“打开项目”命令，打开“打开项目”对话框，如图 2-31 所示。

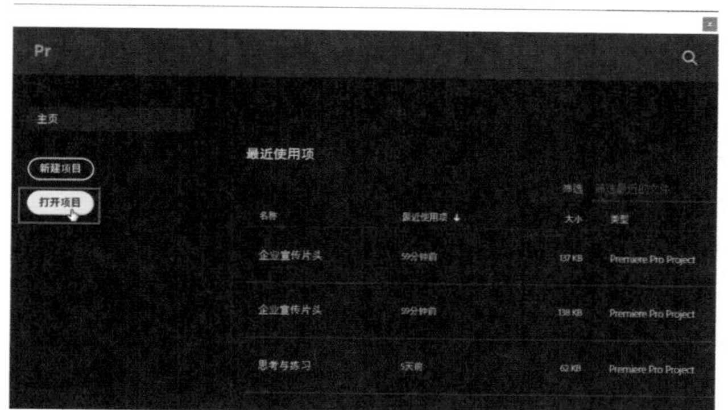

图 2-30 单击“打开项目”按钮

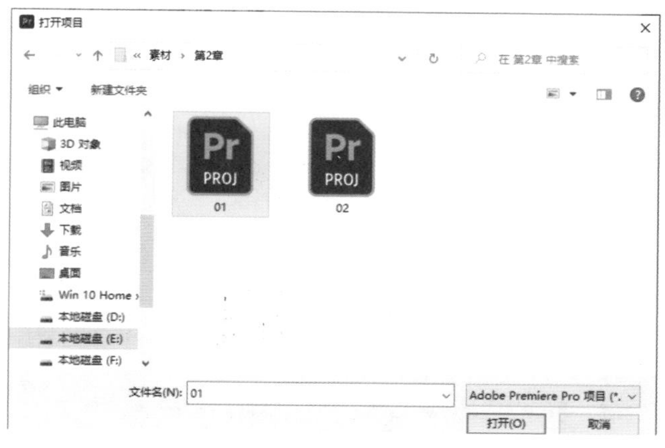

图 2-31 “打开项目”对话框

02 在“打开项目”对话框中选择“01.prproj”素材文件，然后单击“打开”按钮，将其打开，效果如图 2-32 所示。

图 2-32 打开素材文件

03 将光标移到工具面板和时间轴面板之间，然后向右拖动面板间的边界，改变工具面板和时间轴面板的大小，如图 2-33 所示。

图 2-33 左右调整面板边界

04 将光标移到监视器面板和项目面板之间，然后向下拖动面板间的边界，改变监视器面板和项目面板的大小，如图 2-34 所示。

图 2-34 上下调整面板边界

2. 面板的编组与停靠

单击面板左上角的缩进点并拖动面板，可以在一个组中添加或移除面板。如果想将一个面板停到另一个面板上，可以单击并将它拖到目标面板的顶部、底部、左侧或右侧。在停靠面板的暗色预览出现后再考虑释放鼠标。

练习实例：改变面板的位置和对面板进行编组。	
文件路径	第 2 章\
技术掌握	改变面板的位置、面板编组

01 打开“01.prproj”素材文件，单击并拖动源监视器面板到节目监视器面板中，将源监视器面板添加到节目监视器面板组中，如图 2-35 所示。

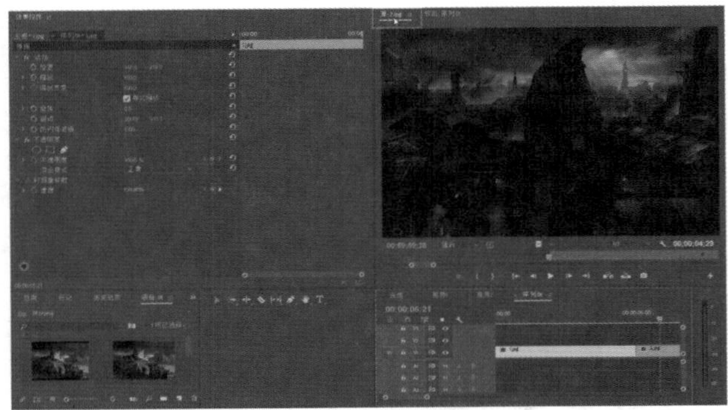

图 2-35　拖动源监视器面板

02 单击并拖动源监视器面板到节目监视器面板的右方，可以改变源监视器面板和节目监视器面板的位置，如图 2-36 所示。

图 2-36　改变源监视器面板的位置

进阶技巧：

在拖动面板进行编组的过程中，如果对结果满意，则释放鼠标；如果不满意，则按 Esc 键取消操作。如果想将一个面板从当前编组中移除，可以将其拖到其他地方，从而将其从当前编组中移除。

3. 创建浮动面板

在面板标题处单击鼠标右键，或者单击面板右方的下拉菜单按钮，在弹出的快捷菜单中选择“浮动面板”命令，可以将当前的面板创建为浮动面板。

练习实例：将面板创建为浮动面板。	
文件路径	第 2 章\
技术掌握	设置浮动面板

01 打开“01.prproj”素材文件，选中节目监视器面板，在节目监视器面板的标题处单击鼠标右键，或者单击面板右方的下拉菜单按钮，将弹出快捷菜单，如图 2-37 所示。

图 2-37　弹出快捷菜单

02 在弹出的快捷菜单中选择“浮动面板”命令，即可将节目监视器面板创建为单独存放的浮动面板，效果如图 2-38 所示。

图 2-38　浮动面板

进阶技巧：

将浮动面板拖到其他面板中，可以将其重新编组到其他面板组中。

4. 打开和关闭面板

有时 Premiere 的主要面板会自动在屏幕上打开。如果想关闭某个面板，可以单击其关闭图标；如果想打开被关闭的面板，可以在“窗口”菜单中选择相应的名称将其打开。

练习实例：打开和关闭指定的面板。	
文件路径	第 2 章\
技术掌握	打开和关闭面板

01 打开“01.prproj”素材文件，单击源监视器面板中的菜单按钮，在弹出的快捷菜单中选择“关闭面板”命令，如图 2-39 所示，即可关闭源监视器面板，如图 2-40 所示。

02 单击“窗口”菜单，在菜单中可以看到“源监视器”命令前方没有√标记，如图 2-41 所示，表示该面板已被关闭。要想重新打开该面板，再次选择该命令，即可将其打开。

图 2-39　选择“关闭面板”命令

图 2-40　关闭源监视器面板

进阶技巧：

如果改变了面板在屏幕上的大小和位置，通过选择“窗口”|“工作区”|“重置为保存的布局”命令可以返回之前保存的初始设置；如果已经在特定位置按特定大小组织好了窗口，选择“窗口”|“工作区”|“另存为新工作区”命令，可以保存此配置。在命名与保存工作区之后，工作区的名称会出现在“窗口”|“工作区”的子菜单中。无论何时想使用此工作区，只需单击其名称即可。

图 2-41　选择要打开的面板

2.4　Premiere 视频编辑的基本流程

本节将介绍运用 Premiere 进行视频编辑的流程。通过本节的学习，读者可以了解如何一步一步地制作出完整的视频影片。

2.4.1　制定脚本

要制作出一部完整的影片，必须先具备创作构思和素材这两个要素。创作构思是一部影片的灵魂，素材则是组成它的各个部分，Premiere 所做的只是将其穿插组合成一个连贯的整体。

脚本也就是通常所说的影片的剧本。在编写脚本时，首先要拟订一个比较详细的提纲，然后根据这个提纲做好尽量详细的细节描述，作为在 Premiere 中进行编辑工作的参考指导。脚本的形式有很多种，如绘画式、小说式等。

2.4.2　收集素材

在 Premiere 中可以使用的素材有图像、字幕文件、WAV 或 MP3 格式的声音文件，以及 AVI 或 MOV 格式的影片等。通过 DV 摄像机，可以将拍摄的视频内容通过数据线直接保存到计算机中来获取素材，老式摄像机拍摄出来的影片还需要进行视频采集才能存入计算机。根据脚本的内容将素材收集齐全后，将这些素材保存到计算机中指定的文件夹，以便管理，然后便可以开始视频编辑工作了。

2.4.3 建立项目

Premiere 数字视频作品在此称为项目而不是视频产品，其原因是使用 Premiere 不仅能创建作品，还可以管理作品资源，以及创建和存储字幕、添加切换效果和特效。因此，工作的文件不仅仅是一个作品，事实上是一个项目。在 Premiere 中创建一个数字视频作品的第一步是新建一个项目。

在 Premiere 项目中可以放置并编辑视频、音频和静止图像，因为它们是数字格式的。所有的素材必须先保存在磁盘上。打开 Premiere 的项目面板之后，就可以导入各种图形与声音元素，以组成自己的数字视频作品。

2.4.4 创建序列

序列是指作品的视频、音频、特效和切换效果等各组成部分的顺序集合。在序列中对素材进行编辑，是视频编辑的重要环节。建立好项目并导入素材后，就需要创建序列，随后即可在序列中组接素材，并对素材进行编辑。

2.4.5 编辑视频素材

运用 Premiere 对视频素材进行编辑是影视制作的关键环节，对视频素材的编辑决定了影视作品的最终效果。对视频素材的编辑主要包括剪辑视频素材、添加动画效果、应用视频过渡、应用视频特效、调整视频色彩等。

- 剪辑视频素材：剪辑视频素材主要是挑选所需视频片段进行组接。用户可以在一大段视频素材中通过剪切的方式选取需要的素材片段，也可以通过修改素材的持续时间和播放速度达到想要的效果。
- 添加动画效果：添加动画效果可以使原本枯燥乏味的图像活灵活现起来。
- 应用视频过渡：使用视频过渡能使素材间的连接更加和谐、自然。
- 应用视频特效：对素材使用视频特效可以使一个影视片段的视觉效果更加丰富多彩，对素材使用特效后，可以在效果控件面板中进行编辑。
- 调整视频色彩：运用 Premiere 可以对视频色彩进行调节，色彩作为视频最显著的画面特征，能够在第一时间引起观众的关注。

2.4.6 编辑音频素材

将音频素材导入时间轴面板后，如果音频的长度与视频不符合，用户可以通过编辑音频的持续时间来改变音频长度，但音频的节奏也将发生相应的变化。如果音频过长，则可以通过剪切多余的音频内容来修改音频的长度。

2.4.7 生成影片

生成影片是将编辑好的项目文件以视频的格式输出，输出的效果通常是动态的且带有音频效果。在输出影片时需要根据实际情况为影片选择一种压缩格式。在输出影片之前，应先做好项目的保存工作，并对影片的效果进行预览。

2.5 高手解答

问：为什么在安装 Premiere Pro 2022 应用程序时，总是在安装进程到 2% 时就提示失败？

答：出现这种情况通常是因为计算机中之前已经安装了其他版本的 Premiere 软件，从而发生冲突现象，用户可以将之前的软件卸载，再安装 Premiere Pro 2022 程序。

问：Premiere 视频编辑的基本流程包括哪几个方面的主要内容？

答：Premiere 视频编辑的基本流程包括制定脚本、收集素材、建立项目、创建序列、编辑视频素材、编辑音频素材、生成影片等。

第3章 Premiere 功能设置

在 Premiere 中可以进行界面外观、功能参数等设置，还可以为菜单命令、工具和面板自定义快捷键，从而提高工作效率。本章将学习 Premiere 首选项设置，以及创建自己的键盘快捷方式。

练习实例：自定义命令快捷键

练习实例：修改工具快捷键

3.1 首选项设置

首选项用于设置 Premiere 的外观和功能等，用户可以根据自己的习惯及项目编辑需要，对相关的首选项进行设置。

3.1.1 常规设置

选择“编辑”|“首选项”命令，在“首选项”子菜单中可以选择各个选项，如图 3-1 所示。在“首选项”子菜单中选择“常规”命令，可以打开“首选项”对话框，并显示常规选项的内容，在此可以设置一些通用的项目选项，如图 3-2 所示。

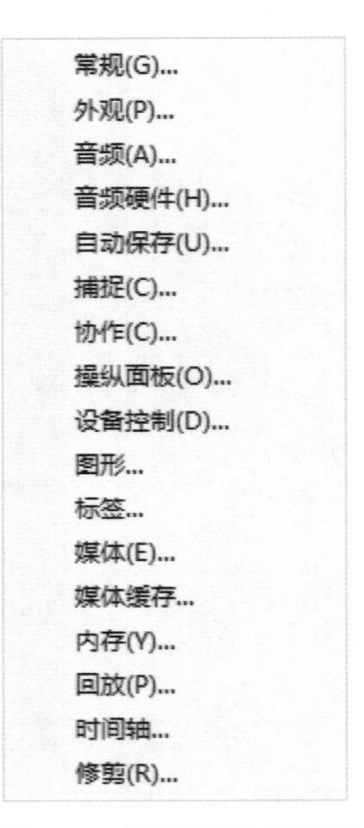

图 3-1 “首选项”子菜单

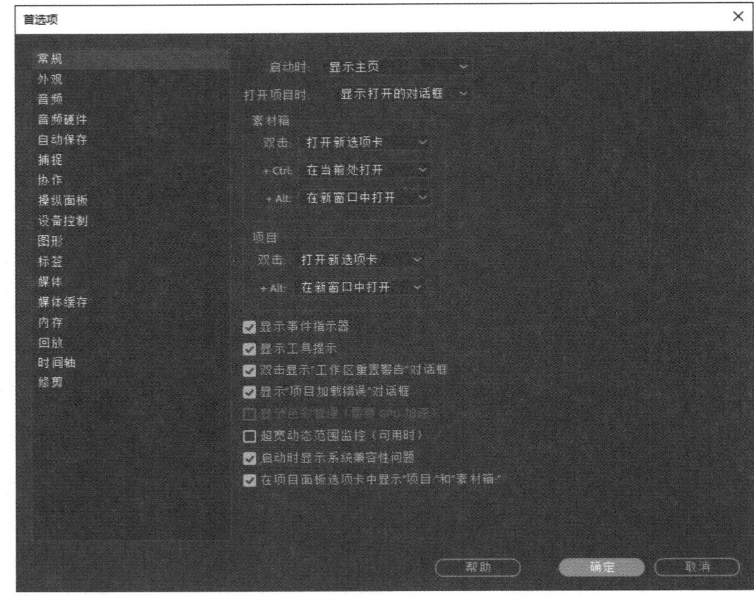

图 3-2 常规选项

常规设置中主要选项的作用如下。

- 启动时：用于设置启动 Premiere 后，是进入启动画面还是直接打开最近使用过的项目，如图 3-3 所示。
- 素材箱：用于设置关于文件夹管理的 3 组操作所对应的结果，包括“在新窗口中打开”“在当前处打开”和“打开新选项卡”，如图 3-4 所示。

图 3-3 设置“启动时”选项

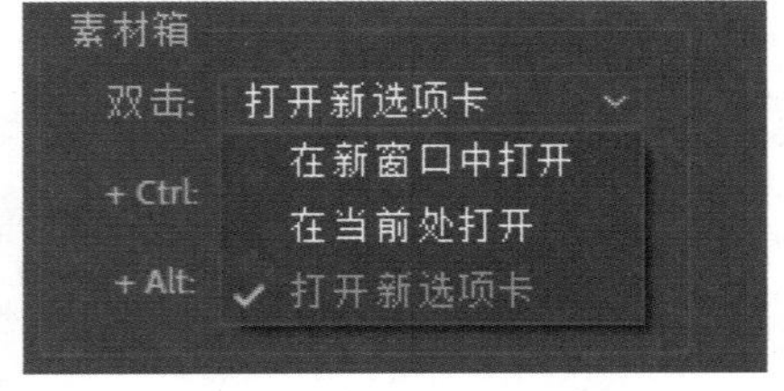

图 3-4 设置 3 组操作所对应的结果

3.1.2 外观设置

在“首选项”对话框中选择“外观”选项，然后拖动“亮度”选项组的滑块，可以修改 Premiere 操作界面的亮度，如图 3-5 所示。

3.1.3 音频设置

在“首选项”对话框中选择“音频”选项，可以设置音频的播放方式及轨道等参数，如图 3-6 所示。用户还可以在“音频硬件”选项中进行音频的输入和输出设置。

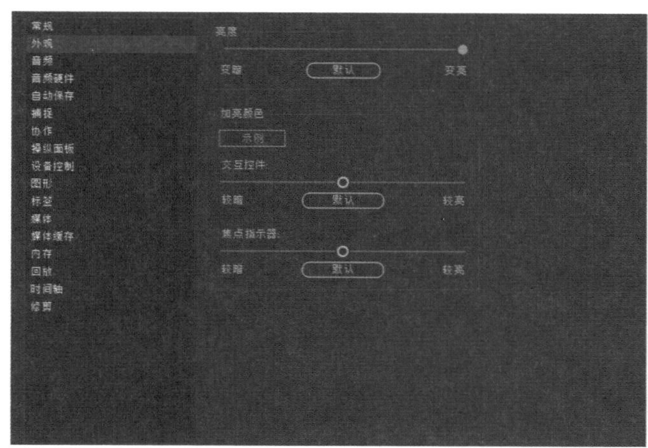

图 3-5 设置界面亮度

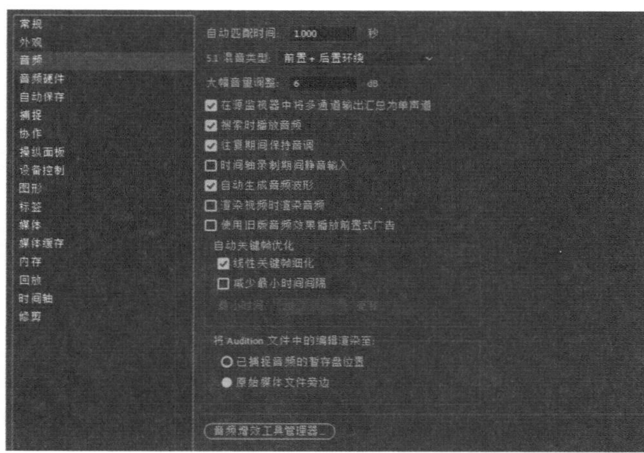

图 3-6 音频选项

音频设置中主要选项的作用如下。

- 自动匹配时间：设置声音文件与软件的匹配时长，系统默认为 1 秒。
- 5.1 混音类型：设置 5.1 音频播放声音时音频的 4 种混合方式，如图 3-7 所示。

3.1.4 自动保存设置

在“首选项”对话框中选择“自动保存”选项，可以设置项目文件自动保存的时间间隔和最大保存项目数，如图 3-8 所示。

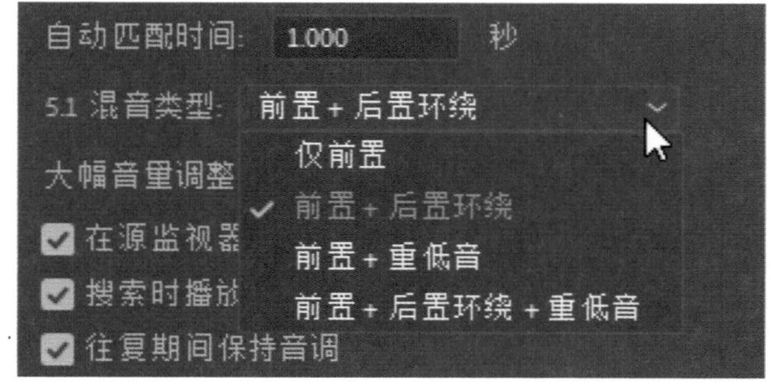

图 3-7 5.1 混音类型

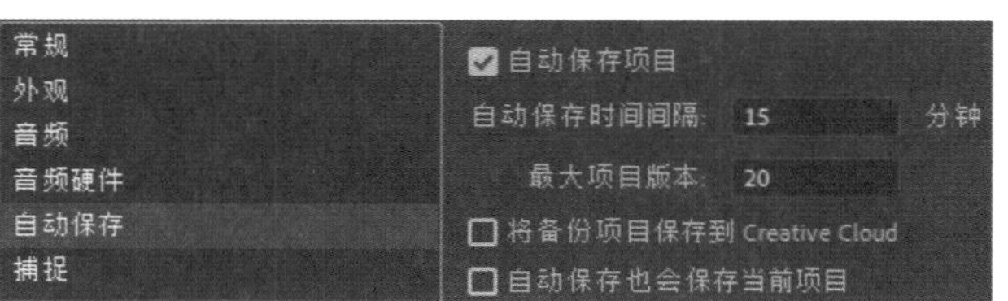

图 3-8 自动保存选项

3.1.5 捕捉设置

在“首选项”对话框中选择“捕捉”选项，可以对在视频和音频的采集过程中可能出现的问题进行设置，如图 3-9 所示。

3.1.6 设备控制设置

在“首选项”对话框中选择“设备控制”选项，可以设置设备的控制程序及相关选项。单击“设备”下拉列表，可以选择相应的对象，如图 3-10 所示。

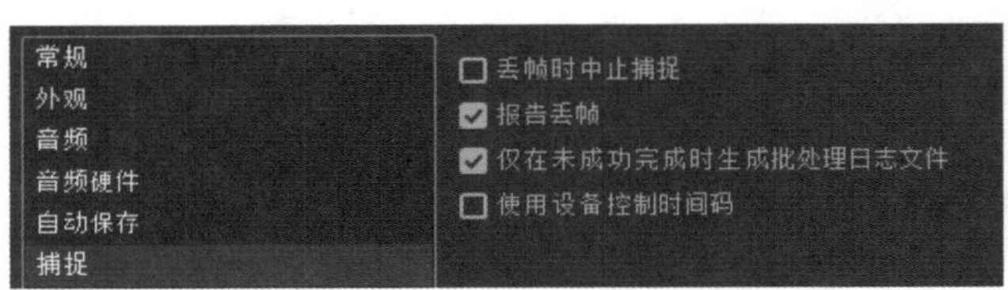

图 3-9 捕捉设置

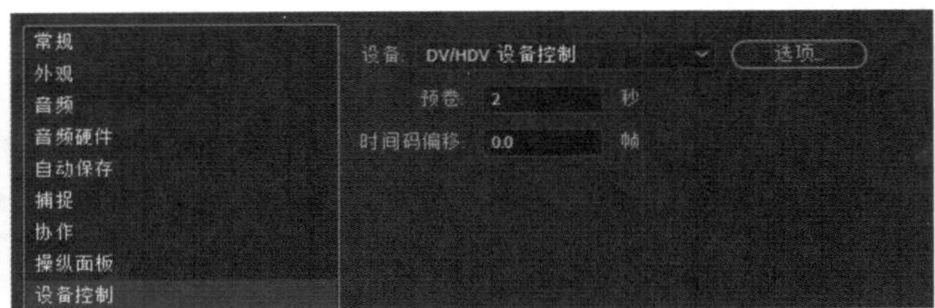

图 3-10 设备控制选项

3.1.7 标签设置

在“首选项”对话框中选择“标签”选项，可以在“标签颜色”选项组中设置标签的具体颜色；在“标签默认值”选项组中可以设置素材箱(即文件夹)、序列、视频、音频、影片、静止图像等对象所对应的标签颜色。

3.1.8 媒体设置

在“首选项”对话框中选择“媒体”选项，可以设置媒体的时基、时间码和帧数等，如图 3-11 所示。

3.1.9 媒体缓存设置

在“首选项”对话框中选择“媒体缓存”选项，可以设置媒体的缓存位置和缓存管理的相关选项，如图 3-12 所示。

3.1.10 内存设置

在“首选项”对话框中选择“内存”选项，可以设置分配给 Adobe 相关软件产品使用的内存，以及优化渲染的方式。

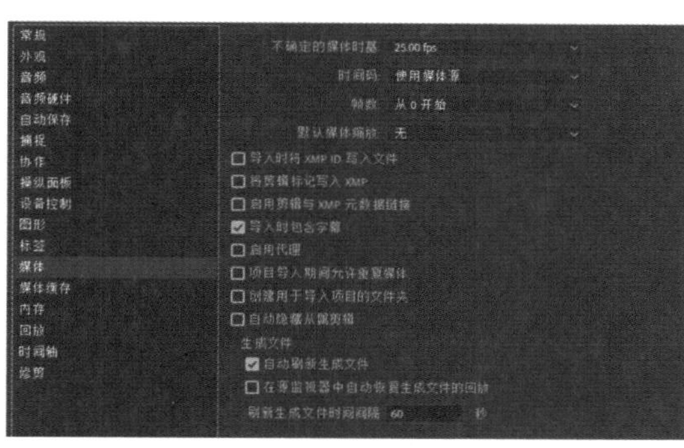

图 3-11　媒体选项

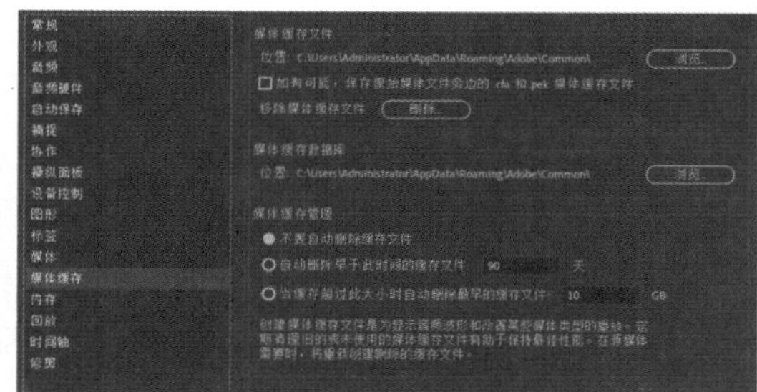

图 3-12　媒体缓存选项

3.1.11　时间轴设置

在“首选项”对话框中选择“时间轴”选项，可以设置视频和音频过渡默认持续时间、静止图像默认持续时间和时间轴播放自动滚屏方式等，如图 3-13 所示。

- 视频过渡默认持续时间：设置视频过渡的默认持续时间。
- 音频过渡默认持续时间：设置音频过渡的默认持续时间。
- 静止图像默认持续时间：设置静止图像的默认持续时间。
- 时间轴播放自动滚屏：当某个序列的时长超过可见时间轴长度时，在回放期间，可以选择不同的方式来自动滚动时间轴，包括“不滚动”“页面滚动”和“平滑滚动”3 种方式，如图 3-14 所示。

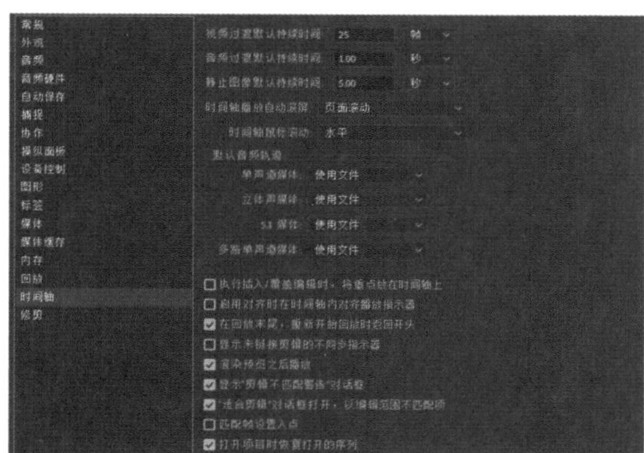

图 3-13　时间轴选项

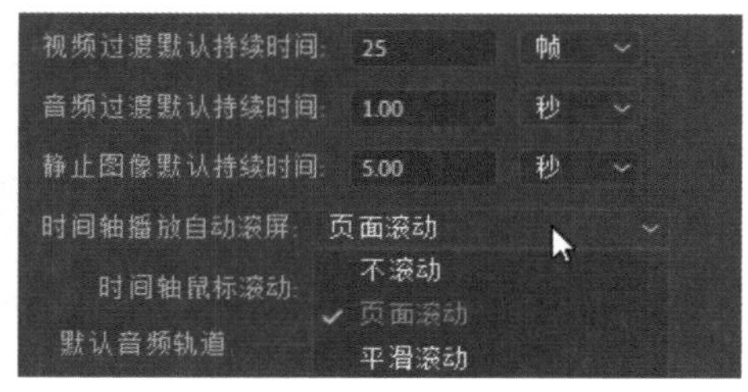

图 3-14　时间轴播放自动滚屏的方式

3.1.12　修剪设置

在“首选项”对话框中选择“修剪”选项，可以设置修剪素材时的偏移量。

3.2　键盘快捷键设置

使用键盘快捷方式可以提高工作效率。Premiere 为激活工具、打开面板以及访问大多数菜单命令都提供了键盘快捷方式。这些命令是预置的，但也可以进行修改。

选择"编辑"|"快捷键"命令，打开"键盘快捷键"对话框，在该对话框中可以修改或创建"应用程序"和"面板"两个部分的快捷键，如图 3-15 所示。

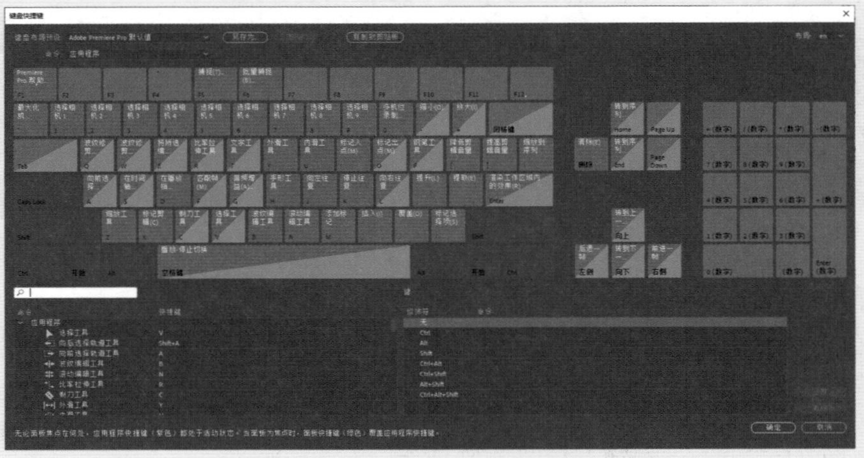

图 3-15 "键盘快捷键"对话框

3.2.1 自定义菜单命令快捷键

默认状态下，"键盘快捷键"对话框中显示了"应用程序"类型的键盘命令。要更改或创建其中的键盘设置，单击下方列表中的三角形按钮，展开包含相应命令的菜单标题，然后对其进行相应的修改或创建操作即可。

练习实例：自定义命令快捷键。

文件路径	第 3 章\
技术掌握	设置快捷键

01 选择"编辑"|"快捷键"命令，打开"键盘快捷键"对话框，在"命令"下拉列表中选择"应用程序"选项，然后在面板下方的"命令"列表框中展开需要的命令菜单。例如，单击"序列"菜单命令选项前面的三角形按钮，展开其中的命令选项，如图 3-16 所示。

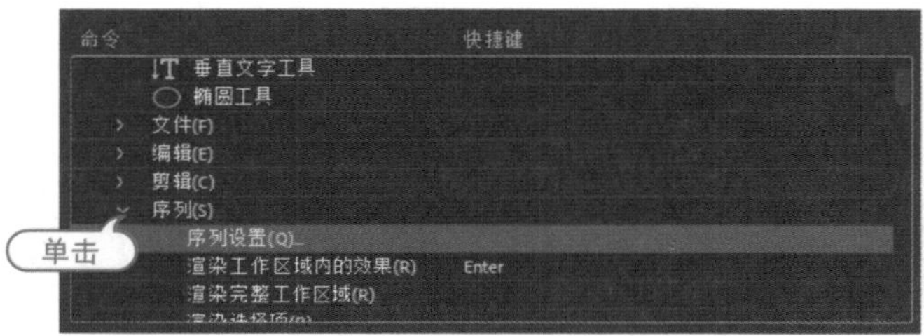

图 3-16 展开"序列"菜单

02 单击要创建快捷键的命令（如"序列设置"），然后在"快捷键"列表中单击命令后面对应的文本框，如图 3-17 所示。

图 3-17 指定要创建快捷键的命令

03 按下一个功能键或组合键（如 Ctrl+P），为指定的命令创建键盘快捷键，如图 3-18 所示。然后单击"确定"按钮，即可为选择的命令创建一个相应的快捷键。

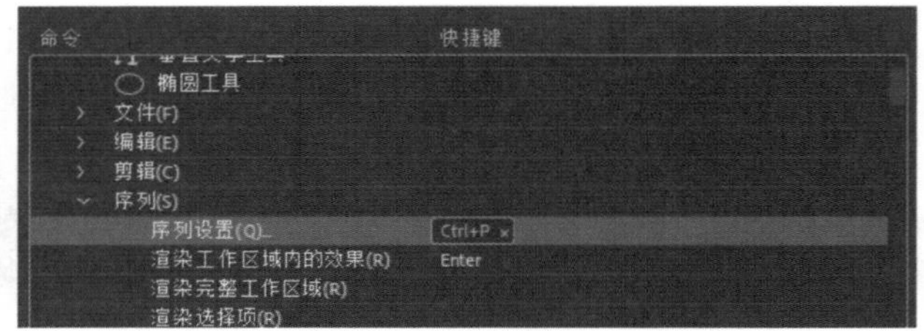

图 3-18 为命令设置快捷键

3.2.2 自定义工具快捷键

Premiere 为每个工具提供了键盘快捷键。在“键盘快捷键”对话框的“命令”下拉列表中选择“应用程序”选项，然后在下方的“命令”列表框中可以重新设置各个工具的快捷键。

练习实例：修改工具快捷键。	
文件路径	第 3 章 \
技术掌握	修改快捷键

01 选择“编辑”|“快捷键”命令，打开“键盘快捷键”对话框，在“键盘快捷键”对话框的“命令”下拉列表中选择“应用程序”选项，然后在相应工具快捷键文本框的后面单击，此时将增加一个快捷键文本框，如图 3-19 所示。

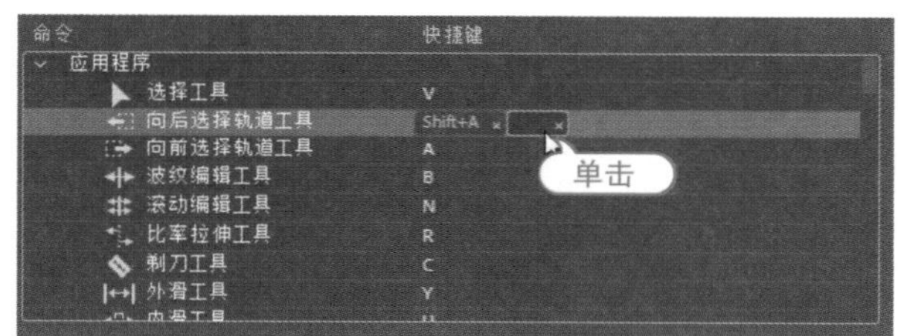

图 3-19 增加快捷键文本框

02 重新按下一个功能键或组合键(如 Alt+Shift+A)，在增加的快捷键文本框中重设该工具的键盘快捷键，如图 3-20 所示。

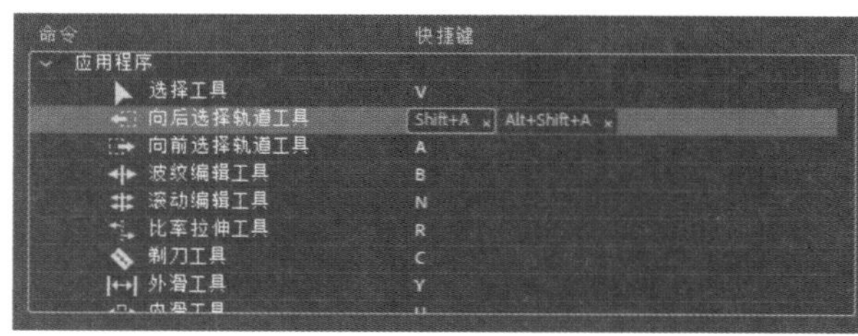

图 3-20 增加键盘快捷键

03 单击该工具原来快捷键文本框右方的删除按钮 ，将原来的快捷键删除，然后单击“确定”按钮，即可修改该工具的快捷键，如图 3-21 所示。

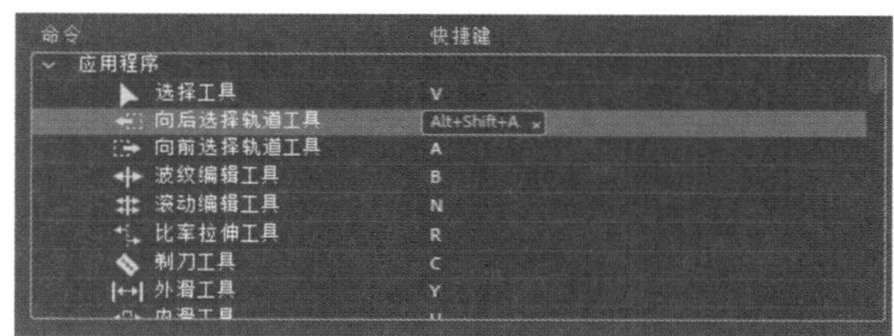

图 3-21 修改快捷键

3.2.3 自定义面板快捷键

要创建或修改面板快捷键，可以在“键盘快捷键”对话框的“命令”下拉列表中选择对应的面板选项(如“项目面板”)，如图 3-22 所示，然后在下方的“命令”列表框中对该面板中的各个功能进行快捷键设置，如图 3-23 所示。

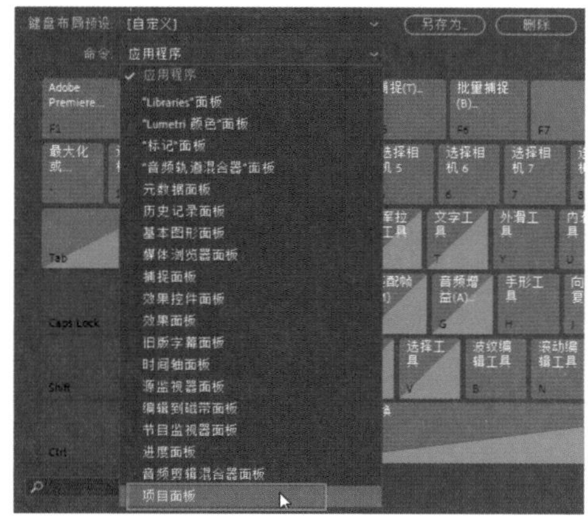

图 3-22 选择对应的面板选项

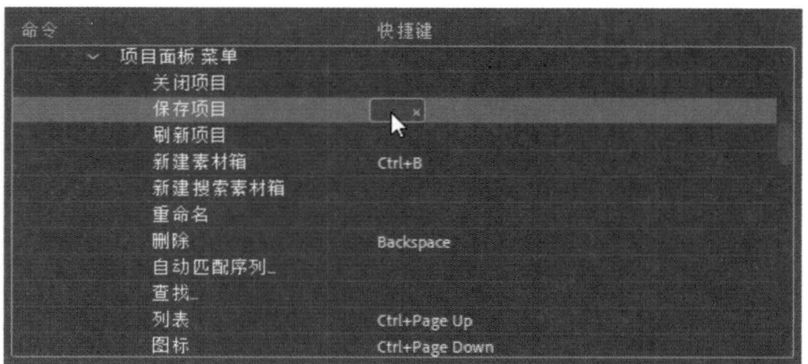

图 3-23 自定义面板快捷键

3.2.4 保存自定义快捷键

更改键盘命令后，在“键盘快捷键”对话框的“键盘布局预设”下拉列表的右方单击“另存为”按钮，如图3-24所示。然后在弹出的“键盘布局设置”对话框中设置键盘布局预设名称并单击“确定”按钮，如图3-25所示，即可添加并保存自定义设置，从而可以避免改写 Premiere 的默认设置。

图 3-24 单击“另存为”按钮

图 3-25 “键盘布局设置”对话框

3.2.5 载入自定义快捷键

保存自定义快捷键后，在下次启动 Premiere 时，可以通过“键盘快捷键”对话框载入自定义的快捷键。在“键盘快捷键”对话框的“键盘布局预设”下拉列表中选择自定义的快捷键(如“自定义 01”)选项，如图 3-26 所示，即可载入自定义快捷键。

3.2.6 删除自定义快捷键

创建自定义快捷键后，也可以在“键盘快捷键”对话框中将其删除。打开“键盘快捷键”对话框，在“键盘布局预设”下拉列表中选择要删除的自定义快捷键，然后单击“删除”按钮，即可将其删除，如图 3-27 所示。

图 3-26 载入自定义快捷键

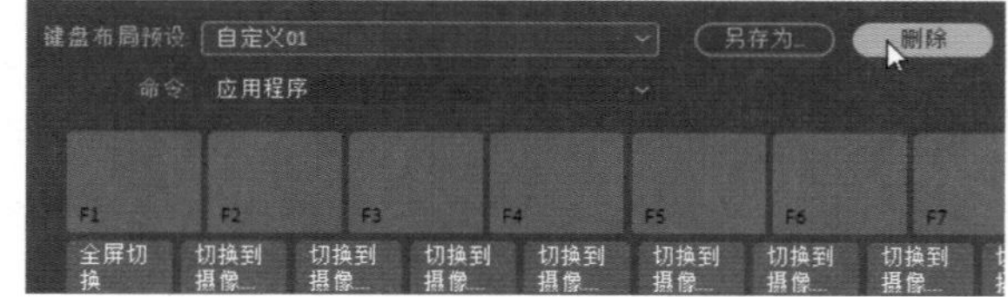

图 3-27 删除自定义快捷键

3.3 高手解答

问：如何防止在工作过程中因断电或其他意外未能及时保存当前的工作而造成损失？

答：为了防止因断电或其他意外未能及时保存当前的工作而造成损失，可以设置好自动保存间隔时间。在“首选项”对话框中选择“自动保存”选项，可以设置项目文件自动保存的时间间隔和最大保存项目数。

问：如果在设置快捷键时，错误地将一些常用的快捷键删除了，该怎么办？

答：对于这种误操作，可以通过单击“键盘快捷键”对话框中的“还原”按钮，还原默认的快捷键。

第4章 项目与素材管理

使用 Premiere 进行视频编辑，首先需要创建项目对象，将需要的素材导入项目面板中进行管理，以便进行视频编辑时调用。本章将介绍 Premiere Pro 2022 项目与素材管理，包括新建项目文件、项目面板的应用、创建与编辑 Premiere 背景元素等。

练习实例：新建项目
练习实例：导入静帧序列图片
练习实例：嵌套导入项目
练习实例：对素材进行分类管理
练习实例：替换项目中的素材
练习实例：创建彩条背景元素
练习实例：创建倒计时片头
练习实例：导入视频、图像和声音素材
练习实例：导入 PSD 图像
练习实例：在项目面板中预览素材
练习实例：链接脱机媒体
练习实例：修改影片素材的播放速度
练习实例：创建颜色遮罩

4.1 创建与设置项目

在 Premiere 中创建的视频作品都被称为项目。制作视频首先需要创建一个项目，项目中包含了序列和相关素材。

4.1.1 新建项目

新建 Premiere 项目文件有两种方式：一种是在主页界面中新建项目文件；另一种是在进入工作界面后，使用菜单命令新建项目文件。

1. 在主页界面中新建项目

启动 Premiere Pro 2022 应用程序后，在打开的主页界面中单击“新建项目”按钮，如图 4-1 所示，即可打开“新建项目”对话框，如图 4-2 所示。

图 4-1 单击“新建项目”按钮

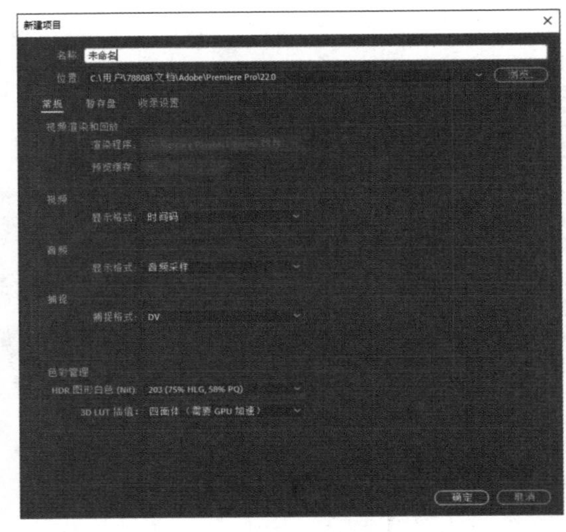

图 4-2 “新建项目”对话框

在“新建项目”对话框中选择“常规”“暂存盘”和“收录设置”选项卡，可以对其中的参数进行相应的设置。在“新建项目”对话框中完成各项设置后，单击“确定”按钮，即可进入 Premiere Pro 2022 工作界面并创建新的项目。

2. 使用菜单命令新建项目

在进入 Premiere Pro 2022 工作界面后，如果要新建一个项目文件，可以选择“文件”|“新建”|“项目”命令，打开“新建项目”对话框，创建新的项目文件。

练习实例：新建项目。	
文件路径	第 4 章 \ 新建项目.prproj
技术掌握	新建项目

01 启动 Premiere Pro 2022 应用程序，进入工作界面后，选择“文件” | “新建” | “项目”命令，如图 4-3 所示。

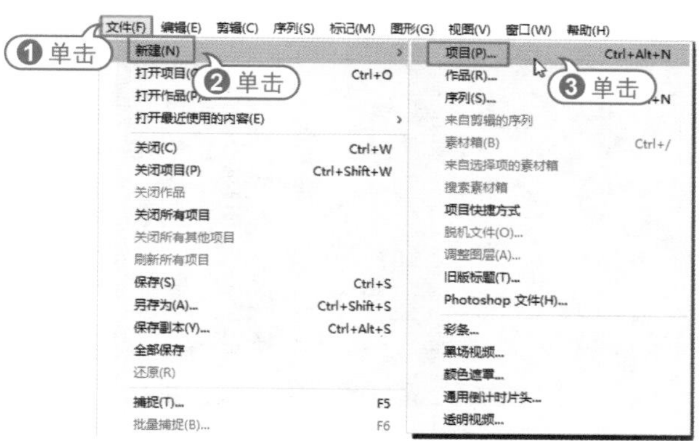

图 4-3　选择菜单命令

02 在打开的“新建项目”对话框中输入项目的名称，如图 4-4 所示。

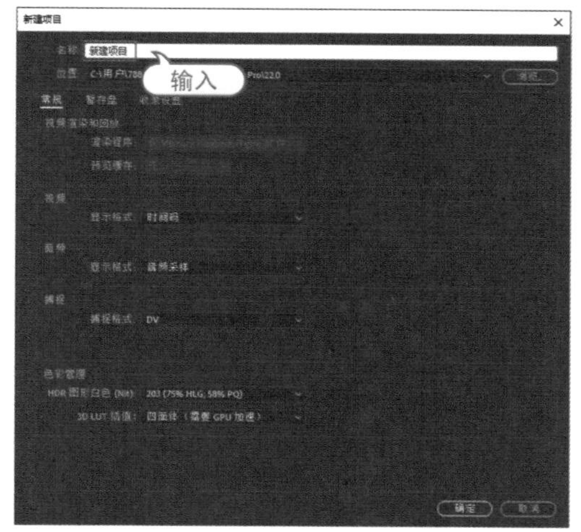

图 4-4　输入项目的名称

03 单击“位置”选项后面的“浏览”按钮，打开“请选择新项目的目标路径”对话框，然后选择要保存项目的文件夹，单击“选择文件夹”按钮，如图 4-5 所示。

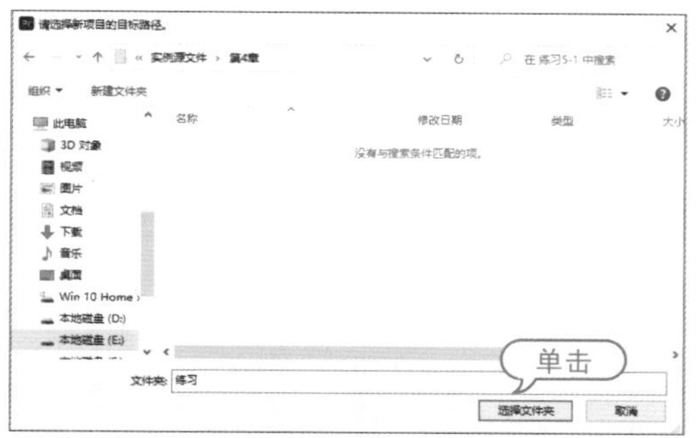

图 4-5　选择保存项目的位置

04 返回“新建项目”对话框，单击“确定”按钮，即可完成新建项目的操作。在项目面板中将显示新建项目的名称，如图 4-6 所示。

图 4-6　新建的项目

4.1.2　项目常规设置

“新建项目”对话框中的“常规”选项卡用于设置新建项目的常规参数，其中主要选项的作用如下。

- 名称：用于对新项目进行命名。
- 位置：用于选择存储该项目的位置。单击“浏览”按钮，在弹出的对话框中指定文件的存储路径即可。
- 显示格式 (视频)：本设置决定了帧在时间轴面板中播放时 Premiere 所使用的帧数，以及是否使用丢帧或不丢帧时间码，如图 4-7 所示。
- 显示格式 (音频)：使用音频显示格式可以将音频单位设置为毫秒或音频采样。就像视频中的帧一样，音频采样是用于编辑的最小增量，如图 4-8 所示。
- 捕捉格式：在“捕捉格式”下拉列表中可以选择所要采集视频或音频的格式，其中包括 DV 和 HDV 两种格式。

图 4-7　显示格式 (视频)

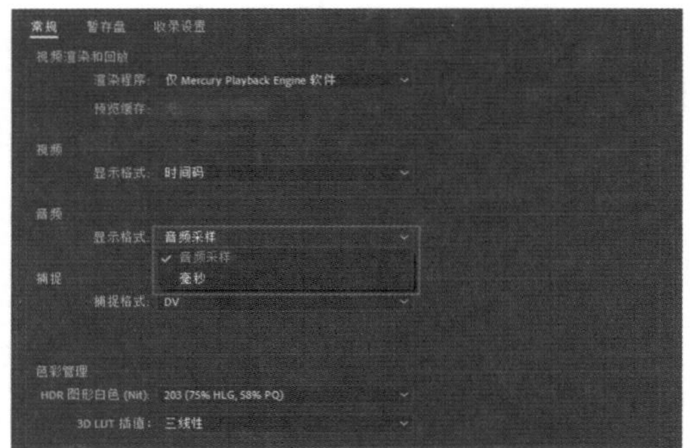

图 4-8　显示格式 (音频)

4.1.3　项目暂存盘设置

在“新建项目”对话框中选择“暂存盘”选项卡，可以设置视频和音频的采集路径，如图 4-9 所示。

- 捕捉的视频：存放视频采集文件的地方，默认为“与项目相同”，也就是与 Premiere 主程序所在的目录相同。单击“浏览”按钮可以更改路径。
- 捕捉的音频：存放音频采集文件的地方，默认为“与项目相同”，也就是与 Premiere 主程序所在的目录相同。单击“浏览”按钮可以更改路径。
- 视频预览：放置预演视频的文件夹。
- 音频预览：放置预演音频的文件夹。
- 项目自动保存：在编辑视频的过程中，项目临时文件的保存位置。

4.1.4　项目收录设置

在“新建项目”对话框中选择“收录设置”选项卡，可以对 Premiere 收录选项进行设置，如图 4-10 所示。

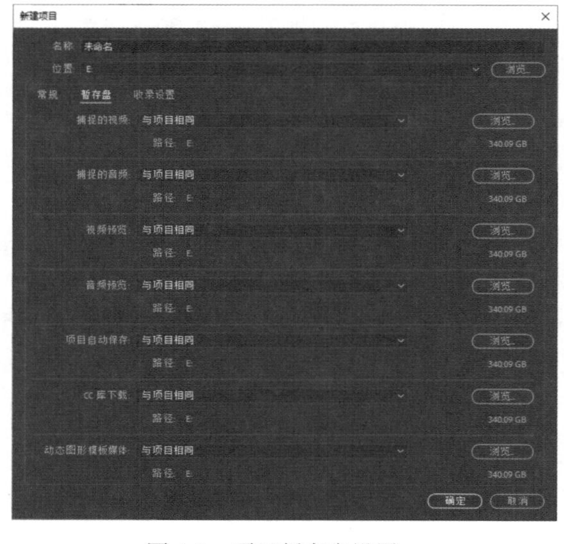

图 4-9　项目暂存盘设置

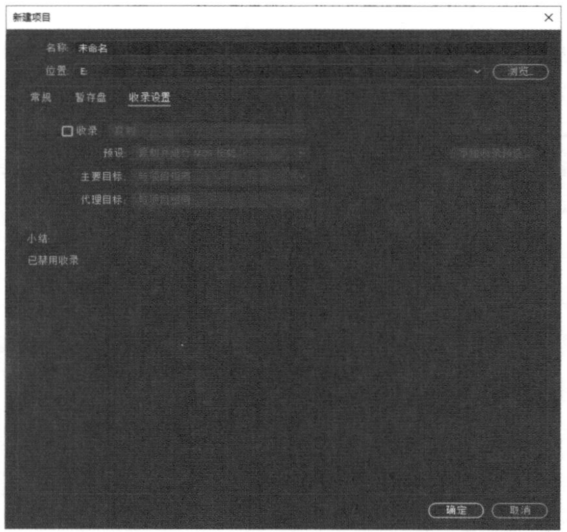

图 4-10　项目收录设置

4.2 导入素材

Premiere 是通过组合素材的方法来编辑影视作品的，因此，在进行视频编辑的过程中，通常会使用到很多素材文件，在进行影视编辑之前，就需要将这些素材导入项目面板中。导入素材可以通过菜单命令或是在项目面板中的空白处双击鼠标进行操作。

4.2.1 导入常规素材

这里所讲的常规素材是指适用于 Premiere Pro 2022 常用文件格式的素材，以及文件夹和字幕文件等。

练习实例：导入视频、图像和声音素材。	
文件路径	第 4 章 \ 导入常规素材.prproj
技术掌握	导入常规素材

01 启动 Premiere Pro 2022 应用程序，然后新建一个项目。

02 在项目面板中的空白处双击鼠标，或单击鼠标右键，在弹出的快捷菜单中选择“导入”命令，如图 4-11 所示。

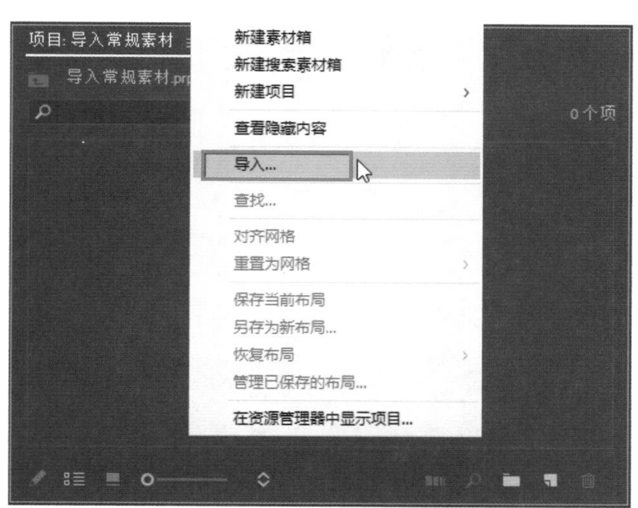

图 4-11　选择“导入”命令

03 在打开的“导入”对话框中选择素材存放的位置，然后选择要导入的素材，如图 4-12 所示。

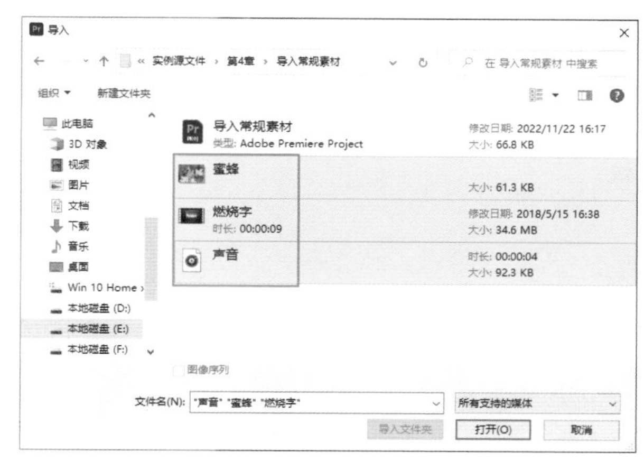

图 4-12　选择素材

04 在“导入”对话框中选择素材后，单击“打开”按钮，即可将选择的素材导入项目面板中，如图 4-13 所示。

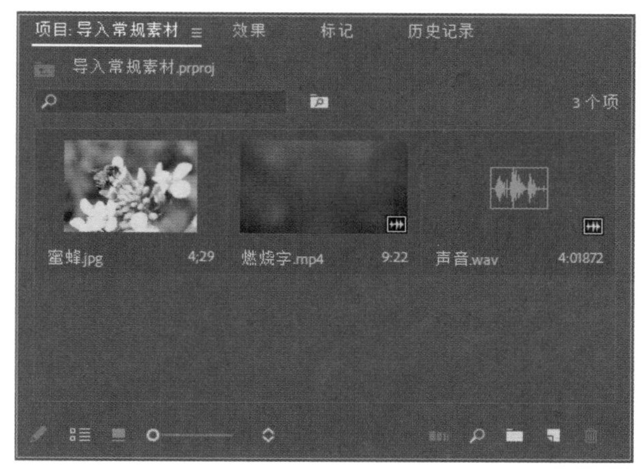

图 4-13　导入素材

05 双击项目面板中的素材，可以在源监视器面板中显示导入的素材，单击源监视器面板中的“播放 - 停止切换”按钮，可以预览视频素材效果，如图 4-14 所示。

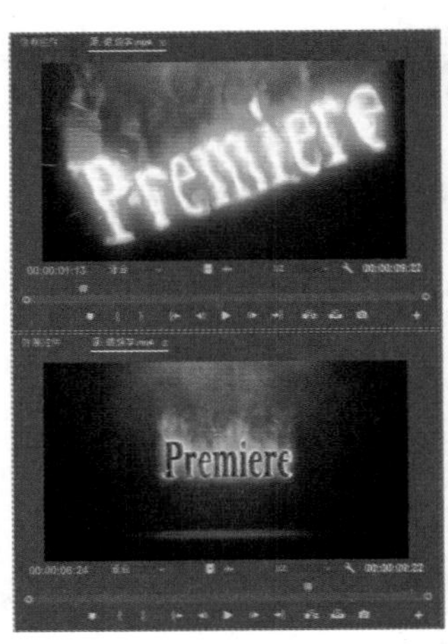

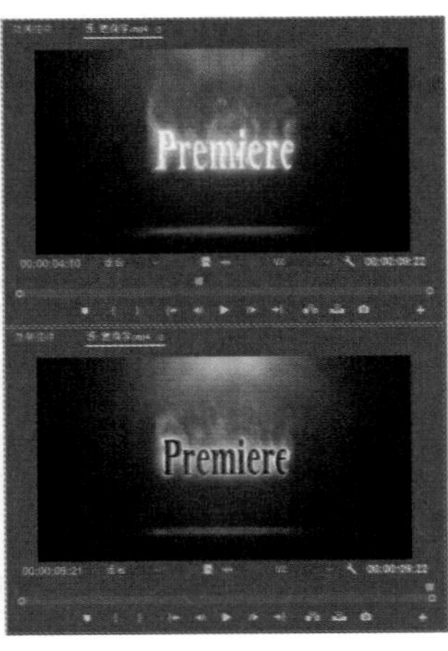

图 4-14　在源监视器面板中预览导入的素材效果

进阶技巧：

在导入媒体素材时，如果文件导入失败，通常是因为在计算机中没有安装相应的视频解码器，这时只需要下载并安装相应的视频解码器即可。例如，当出现如图 4-15 所示的情况时，只需要下载并安装 QuickTime 播放器即可。

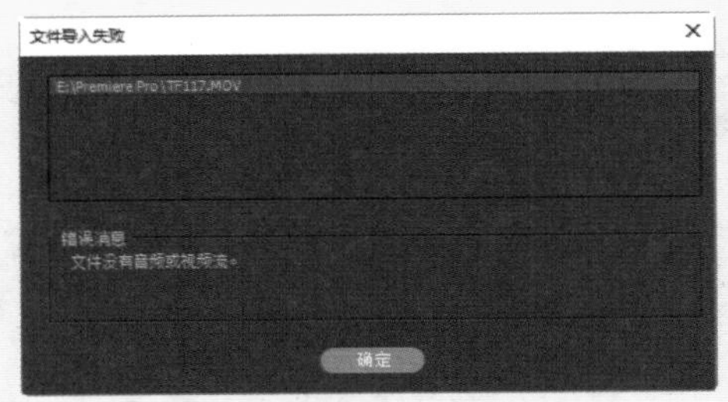

图 4-15　文件导入失败提示

4.2.2　导入静帧序列素材

静帧序列素材是指按照名称编号顺序排列的一组格式相同的静态图片，每帧图片之间有着时间延续上的关系。

练习实例：导入静帧序列图片。	
文件路径	第 4 章 \ 导入序列素材.prproj
技术掌握	导入序列素材

01 选择“文件”|“新建”|“项目”命令，新建一个项目。

02 选择“文件”|“导入”命令，在打开的“导入”对话框中选择素材存放的位置，然后选择静帧序列图片中的任意一张图片，再选中“图像序列”复选框，如图 4-16 所示。

03 在“导入”对话框中单击“打开”按钮，即可将指定文件夹中的序列图片以影片形式导入项目面板中，如图 4-17 所示。

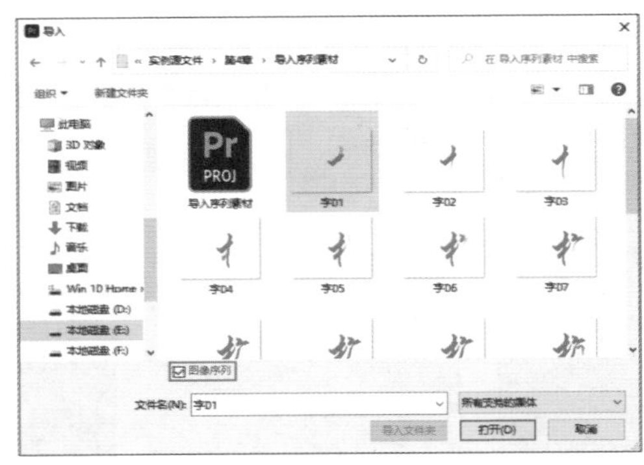

图 4-16　“导入”对话框

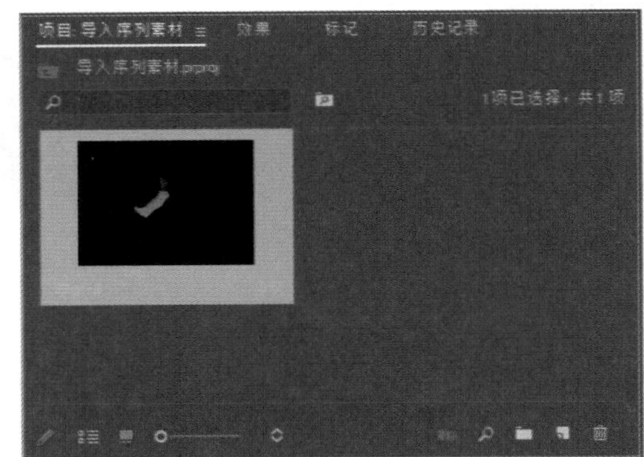

图 4-17　导入序列素材

04 双击项目面板中的素材，可以在源监视器面板中显示导入的素材，单击源监视器面板中的“播放-停止切换”按钮▶，可以预览序列图片效果，如图 4-18 所示。

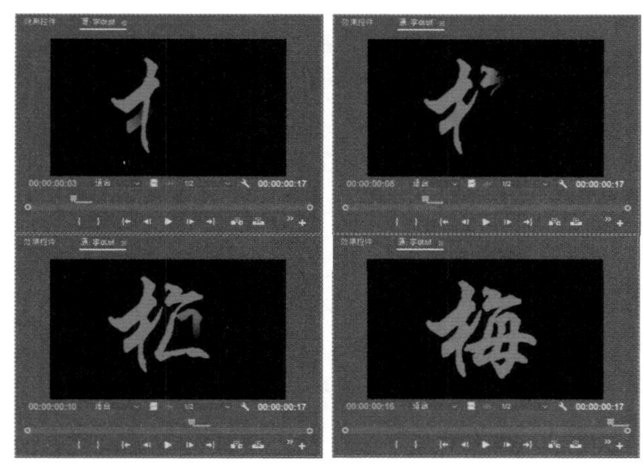

图 4-18 在源监视器面板中预览序列素材

4.2.3 导入 PSD 格式的素材

Premiere Pro 2022 支持多种文件格式，但是在导入 PSD 格式的素材时，需要指定导入的图层或者在合并图层后将素材导入项目面板中。

练习实例：导入 PSD 图像。	
文件路径	第 4 章 \ 导入 PSD 图像.prproj
技术掌握	导入 PSD 格式的素材

01 选择“文件”|“新建”|“项目”命令，新建一个项目。

02 选择“文件”|“导入”命令，在打开的“导入”对话框中选择“荷花.PSD”素材，如图 4-19 所示，单击“打开”按钮。

图 4-19 选择 PSD 素材

03 在打开的“导入分层文件：荷花”对话框中设置导入 PSD 素材的方式为“合并所有图层”，如图 4-20 所示。

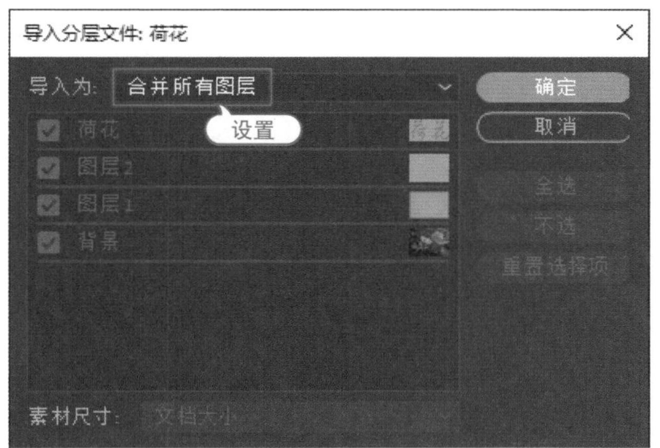

图 4-20 设置导入方式

04 在“导入分层文件：荷花”对话框中单击“确定”按钮，即可将 PSD 素材图像以合并图层后的效果导入项目面板中，如图 4-21 所示。

图 4-21　导入 PSD 素材

05 也可在“导入分层文件：荷花”对话框中单击“导入为”选项后的下拉按钮，在下拉列表中选择“各个图层”选项，如图 4-22 所示。

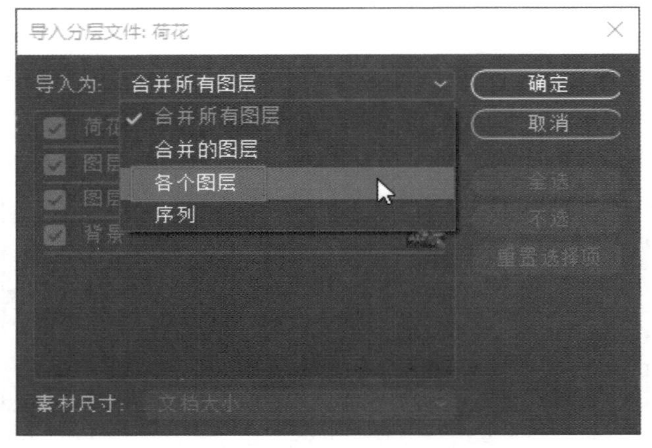

图 4-22　选择“各个图层”选项

06 在“导入分层文件：荷花”对话框中的图层列表中选中要导入的图层，如图 4-23 所示。

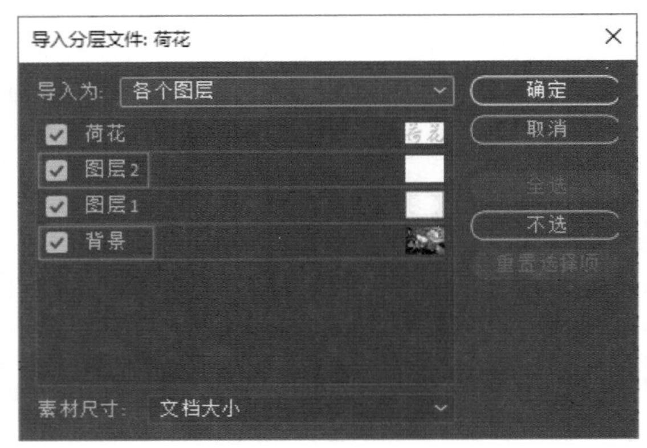

图 4-23　选中图层

07 单击“确定”按钮，即可将选中的图层导入项目面板中，导入的图层素材将自动存放在以素材命名的素材箱中，如图 4-24 所示。

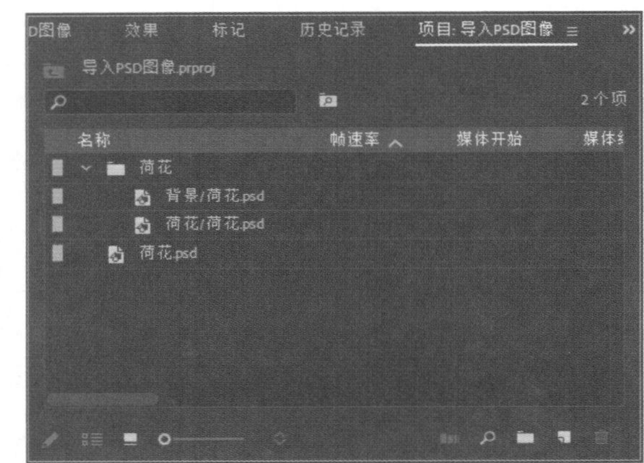

图 4-24　导入图层素材

4.2.4　嵌套导入项目

Premiere Pro 2022 不仅能导入各种媒体素材，还可以在一个项目文件中以素材形式导入另一个项目文件，这种导入方式称为嵌套导入。

练习实例：嵌套导入项目。	
文件路径	第 4 章 \ 嵌套导入项目.prproj
技术掌握	导入项目文件

01 选择“文件”|“新建”|“项目”命令，新建一个项目。

02 选择“文件”|“导入”命令，在打开的“导入”对话框中选中要导入的项目文件，如图 4-25 所示，单击“打开”按钮。

图 4-25　选中项目文件

03 在弹出的“导入项目”对话框中选中“导入整个项目”单选按钮，如图 4-26 所示。

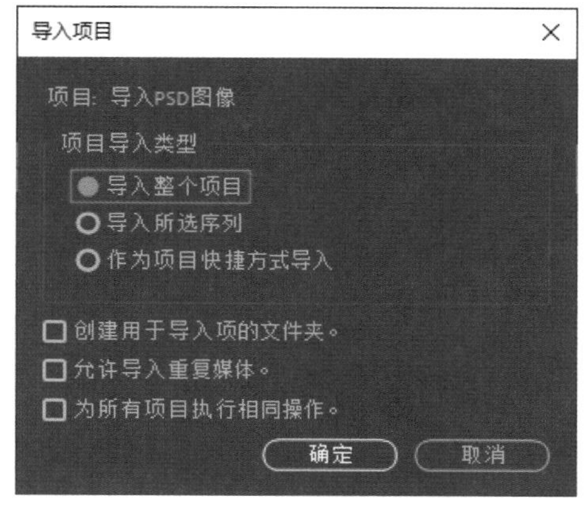

图 4-26　选择项目导入类型

04 单击“确定”按钮，即可将选择的项目导入项目面板中，导入的项目包含了其中的素材，如图 4-27 所示。

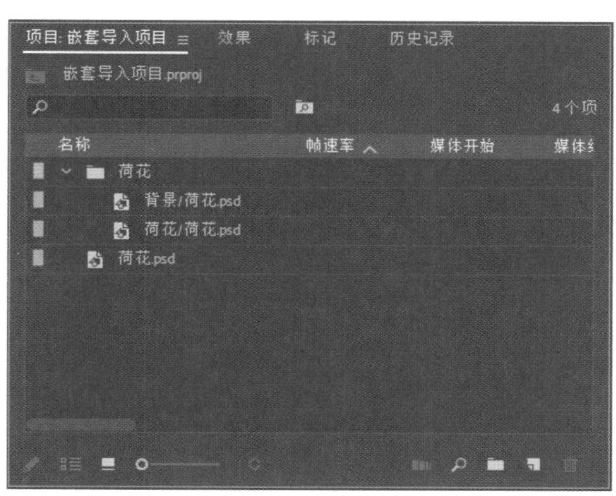

图 4-27　导入项目文件

4.3 管理素材

素材管理是影视编辑过程中的一个重要环节，在项目面板中对素材进行合理的管理，可以给后期的影视编辑工作带来事半功倍的效果。

4.3.1 在项目面板中预览素材

将素材导入项目面板中后，无须在源监视器面板中打开素材，直接在项目面板中就可以预览素材的效果。

练习实例：在项目面板中预览素材。	
文件路径	第 4 章 \ 管理素材.prproj
技术掌握	在项目面板中预览素材

01 选择“文件”|“新建”|“项目”命令，新建一个项目。

02 在项目面板中导入素材，然后在项目面板标题处单击鼠标右键，在弹出的快捷菜单中选择“预览区域”命令，如图 4-28 所示。

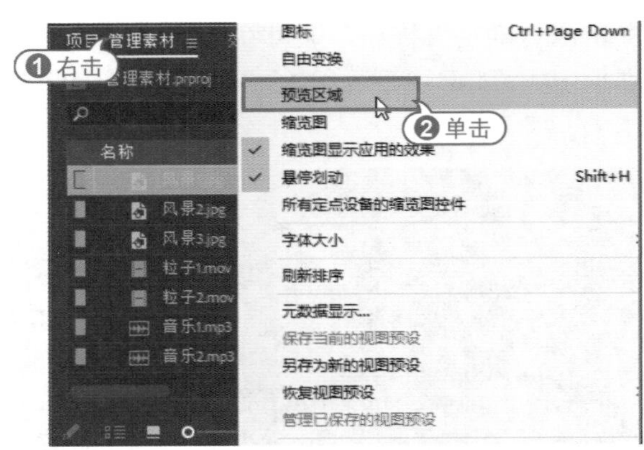

图 4-28　选择“预览区域”命令

03 此时在项目面板左上方出现一个预览区域，选择一个素材后，即可在预览区域显示素材的效果，如图 4-29 所示。

图 4-29　预览素材效果

知识点滴：

打开预览区域后，再次选择“预览区域”命令可以关闭预览区域。

4.3.2　应用素材箱管理素材

Premiere Pro 2022 项目面板中的素材箱类似于 Windows 操作系统中的文件夹，用于对项目面板中的各种文件进行分类管理。

1. 创建素材箱

当项目面板中的素材过多时，就应该创建素材箱 (即文件夹) 来对素材进行分类管理。在项目面板中创建素材箱有如下 3 种常用方法。

- 选择“文件”|“新建”|“素材箱”命令。
- 在项目面板中的空白处单击鼠标右键，在弹出的快捷菜单中选择“新建素材箱”命令，如图 4-30 所示。
- 单击项目面板右下方的“新建素材箱”按钮，即可创建一个素材箱，创建的素材箱依次以“素材箱”“素材箱 01”“素材箱 02”……作为默认名称，用户可以在激活名称的情况下对素材进行重命名，如图 4-31 所示。

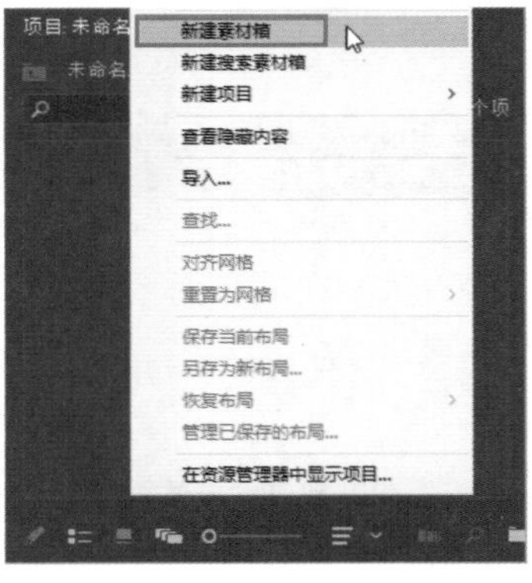

图 4-30　选择命令

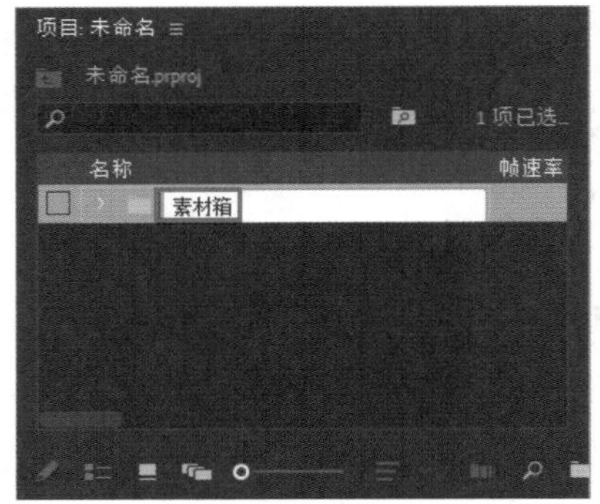

图 4-31　新建素材箱

2. 分类管理素材

如果导入了一个素材文件夹，那么 Premiere 将为素材创建一个新素材箱，并使用原文件夹的名称。用户也可以在项目面板中新建素材箱，用于分类存放导入的素材。

练习实例：对素材进行分类管理。	
文件路径	第 4 章 \ 管理素材.prproj
技术掌握	创建和管理素材箱

01 选择“文件”|“新建”|“项目”命令，新建一个项目文件。在项目面板中导入图像视频和音乐素材。

02 单击项目面板中的“新建素材箱”按钮，新建一个素材箱，如图 4-32 所示。

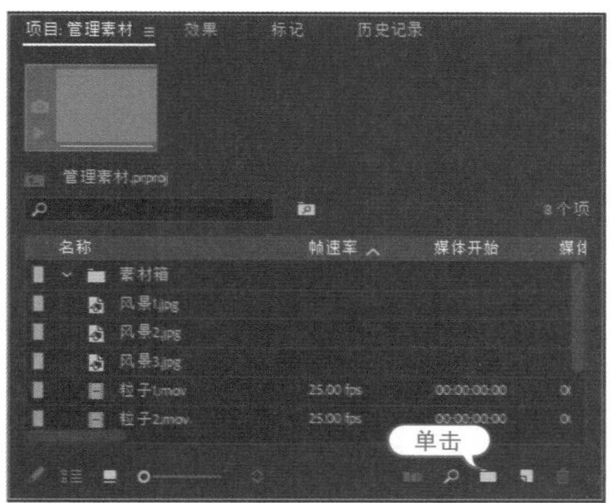

图 4-32　新建一个素材箱

03 将新建的素材箱命名为“图片”，如图 4-33 所示，然后按 Enter 键进行确定，完成素材箱的创建。

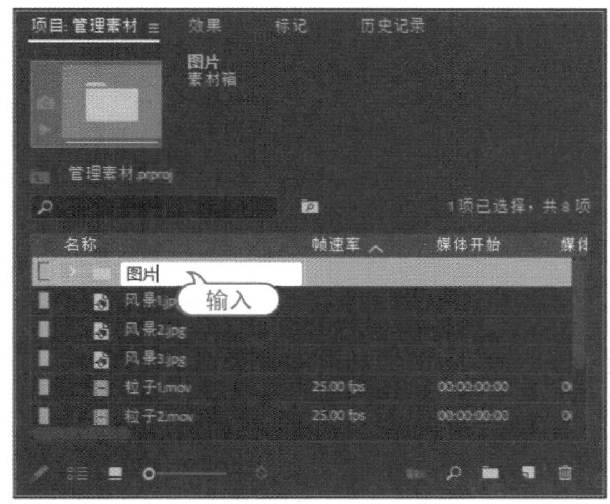

图 4-33　命名素材箱

04 选择项目面板中的风景图像，然后将这些图像拖到“图片”素材箱上，即可将选择的图像放入“图片”素材箱中，如图 4-34 所示。

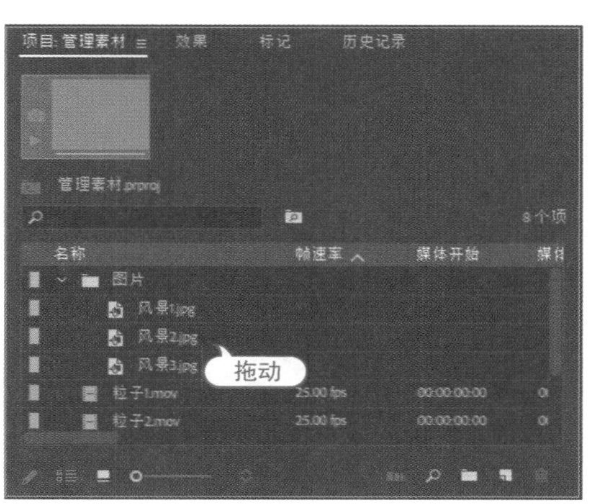

图 4-34　将素材放入素材箱中

05 继续创建名为“视频”和“音乐”的素材箱，并将素材拖入相应的素材箱中，如图 4-35 所示。

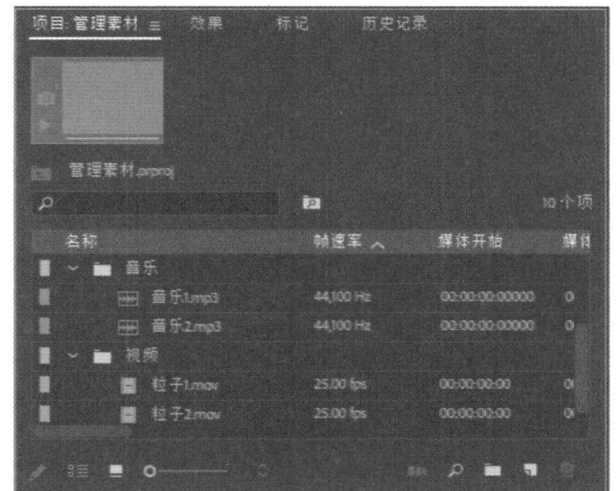

图 4-35　分类存放素材

进阶技巧：

在新建素材箱时，如果选中了其中的一个素材箱，则新建的素材箱将作为子素材箱存放在当前选中的素材箱中。

06 单击各个素材箱前面的三角形按钮，可以折叠素材箱，隐藏其中的内容，如图 4-36 所示。再次单击素材箱前面的三角形按钮，即可展开素材箱，显示其中的内容。

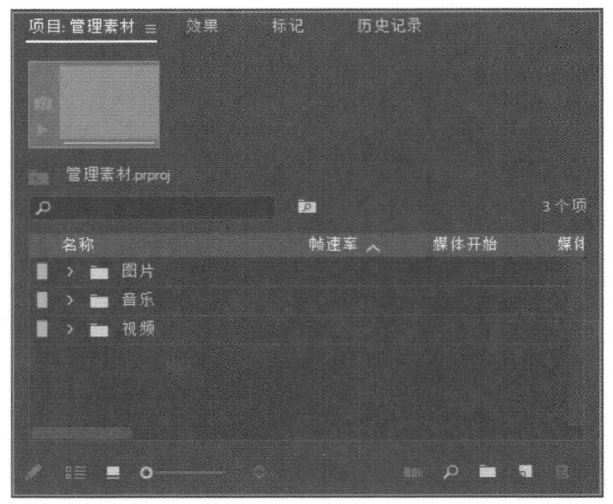

图 4-36　折叠素材箱

07 双击素材箱（如“图片”），可以单独打开该素材箱，并显示该素材箱中的内容，如图 4-37 所示。

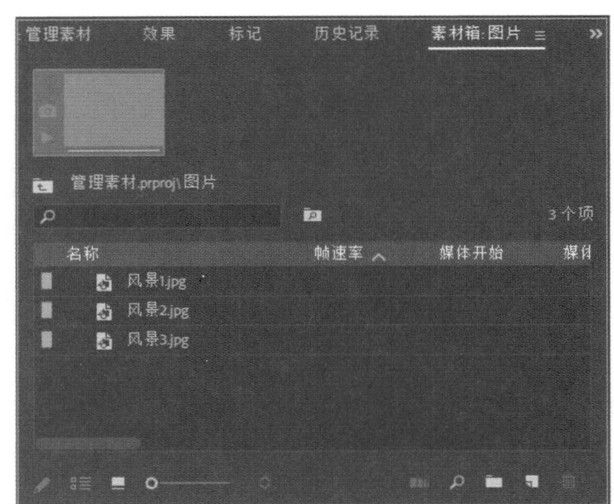

图 4-37　打开素材箱

进阶技巧：

将素材放入素材箱，可以对素材箱中的素材进行统一管理和修改。例如，在选中素材箱对象后，按 Delete 键，可以删除指定的素材箱及其内容；也可以在选择素材箱后，一次性对素材箱中素材的速度和持续时间进行修改。

4.3.3　切换图标和列表视图

在项目面板中导入素材后，可以使用图标格式或列表格式显示项目中的元素对象。单击项目面板左下方的“图标视图”按钮，所有作品元素都将以图标格式出现在项目面板中，如图 4-38 所示的是“图片”素材箱中的元素效果。单击面板左下方的“列表视图”按钮，作品元素将以列表格式出现在项目面板中，如图 4-39 所示。

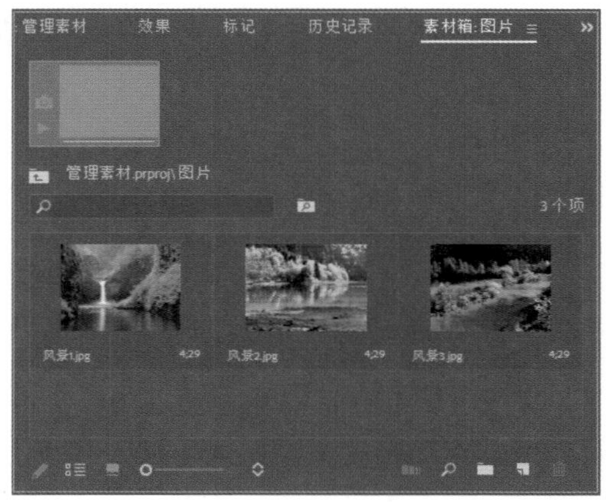

图 4-38　图标视图

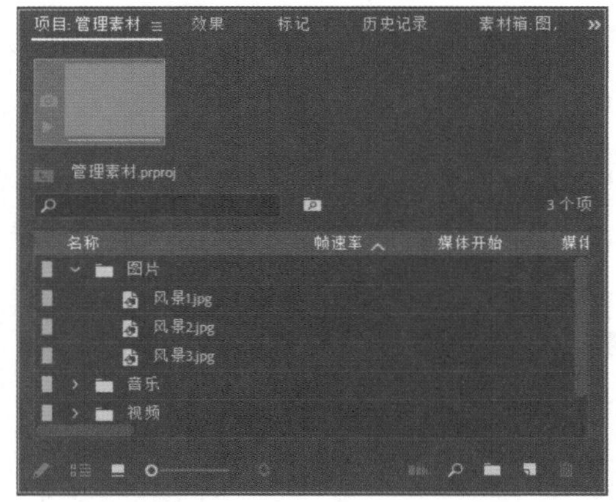

图 4-39　列表视图

4.3.4 链接脱机文件

脱机文件是当前并不存在的素材文件的占位符，可以记忆丢失的源素材信息。在视频编辑中遇到素材文件丢失时，不会毁坏已编辑好的项目文件。脱机文件在项目面板中显示的媒体类型信息为问号，如图 4-40 所示；脱机文件在节目监视器面板中显示为脱机媒体文件，如图 4-41 所示。

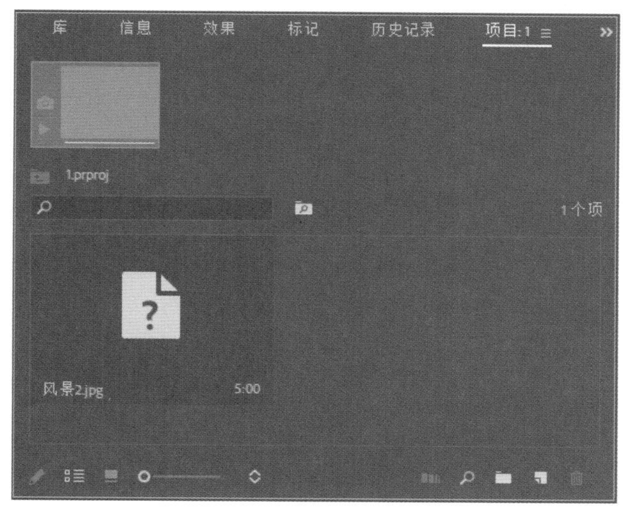

图 4-40 脱机文件

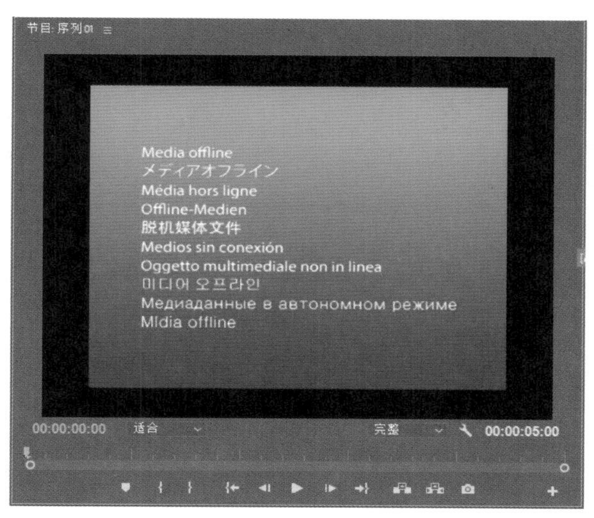

图 4-41 脱机媒体文件

知识点滴：

脱机文件只起到占位符的作用，在节目的合成中没有实际内容，如果最后要在 Premiere 中输出，则要将脱机文件用需要的素材替换，或链接计算机中的素材。

练习实例：链接脱机媒体。

文件路径	第 4 章 \ 脱机文件.prproj
技术掌握	链接脱机素材

01 打开素材“脱机文件.prproj”项目文件，项目面板中的“大海.mp4”素材显示为脱机文件，如图 4-42 所示。

02 在节目监视器面板中进行播放，可以显示素材脱机的效果，如图 4-43 所示。

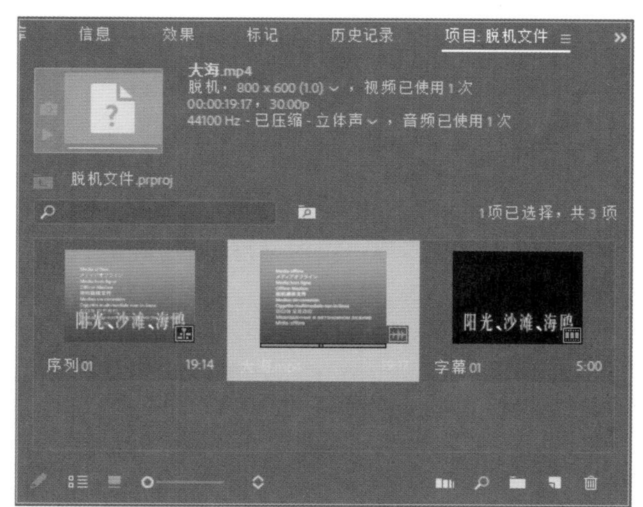

图 4-42 打开项目文件

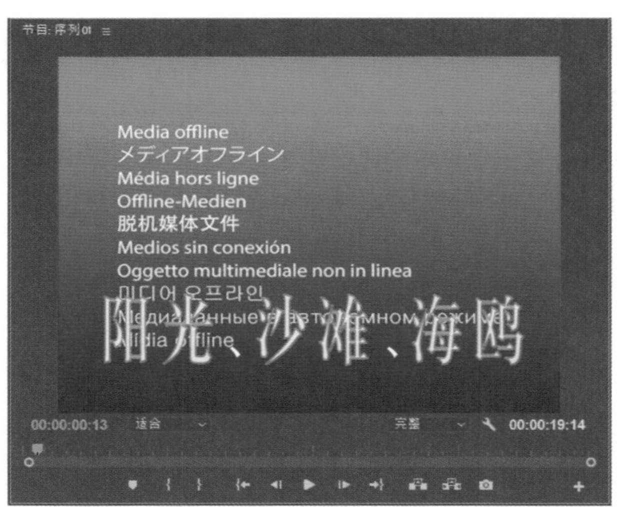

图 4-43　预览脱机效果

03 在脱机素材上单击鼠标右键，在弹出的快捷菜单中选择“链接媒体”命令，如图 4-44 所示。

图 4-44　选择命令

04 在打开的“链接媒体”对话框中单击“查找”按钮，如图 4-45 所示。

05 在打开的对话框中找到并选择“大海.mp4”素材，如图 4-46 所示。单击该对话框中的“确定”按钮，即可完成脱机文件的链接。

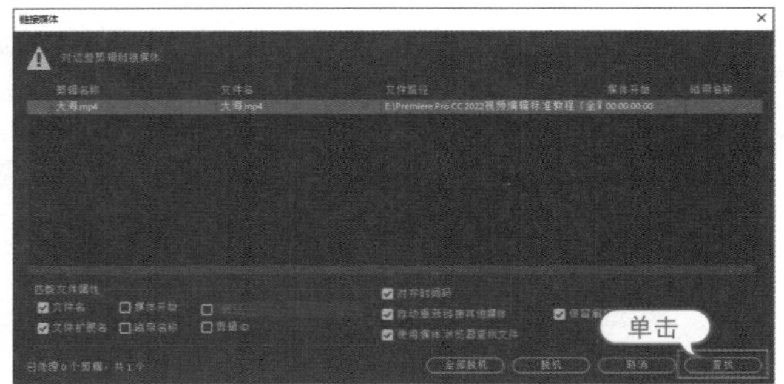

图 4-45　单击“查找”按钮

图 4-46　选择链接素材

06 在节目监视器面板中进行播放，可以显示链接素材后的效果，如图 4-47 所示。

图 4-47　预览链接素材后的效果

4.3.5　替换素材文件

在完成 Premiere 视频编辑后，如果发现项目文件中有一些素材丢失或者不适合当前的效果，用户可以通过替换其中的素材来修改最终的效果，而无须对项目文件进行重新编辑，这样可以提高工作效率。

练习实例：替换项目中的素材。

文件路径	第 4 章 \ 风景欣赏.prproj
技术掌握	替换素材

01 打开“风景欣赏.prproj”项目文件，在节目监视器面板中单击“播放-停止切换”按钮▶，对原节目进行预览，效果如图 4-48 所示。

图 4-48　原节目预览效果

02 在项目面板的“风景 01.jpg”素材上单击鼠标右键，在弹出的快捷菜单中选择“替换素材”命令，如图 4-49 所示。

图 4-49　选择命令

03 在打开的对话框中选择“建筑 01.jpg”作为替换素材，如图 4-50 所示。

04 在项目面板中显示将“风景 01.jpg”替换为“建筑 01.jpg”的结果，如图 4-51 所示。

图 4-50　选择替换素材

图 4-51　替换素材

05 使用同样的方法，将“风景 02.jpg”和“风景 03.jpg”分别替换为“建筑 02.jpg”和“建筑 03.jpg”，效果如图 4-52 所示。

图 4-52　替换其他素材

06 在节目监视器面板中单击“播放-停止切换”按钮▶，对替换素材后的节目进行预览，效果如图 4-53 所示。

图 4-53　节目预览效果

4.3.6　修改素材的持续时间

选择项目面板中的素材，然后选择“剪辑”|“速度 / 持续时间”命令，或者右击项目面板中的素材，在弹出的快捷菜单中选择“速度 / 持续时间”命令，如图 4-54 所示。在打开的“剪辑速度 / 持续时间”对话框中输入一个持续时间值并确定，如图 4-55 所示，即可对素材设置新的持续时间。

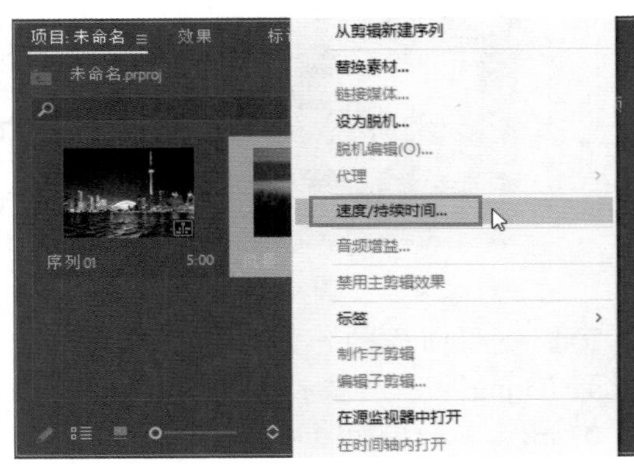

图 4-54　选择“速度 / 持续时间”命令

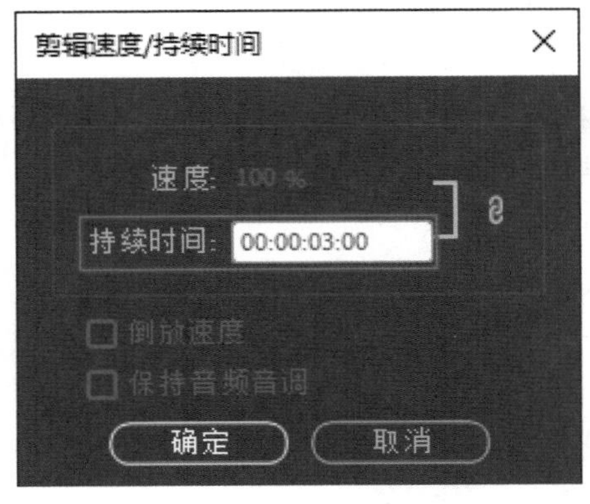

图 4-55　输入持续时间值

知识点滴:

“剪辑速度 / 持续时间”对话框中的持续时间“00:00:03:00”，表示对象的持续时间为 3 秒。单击该对话框中的“链接”按钮，可以解除速度和持续时间之间的约束链接。

4.3.7　修改影片素材的播放速度

使用 Premiere 可以对视频素材的播放速度进行修改。选择“剪辑”|“速度 / 持续时间”命令，打开“剪辑速度 / 持续时间”对话框，在该对话框的“速度”文本框中输入大于 100% 的数值会加快视频素材的播放速度，输入 0~99% 的数值将减慢视频素材的播放速度。

练习实例：修改影片素材的播放速度。	
文件路径	第 4 章 \ 修改素材播放速度.prproj
技术掌握	修改影片素材的播放速度

01 选择“文件”|“新建”|“项目”命令，新建一个项目，然后导入“虚拟季节.MOV”视频素材，如图 4-56 所示。

图 4-56　导入素材

02 选择项目面板中的“虚拟季节.MOV”视频素材，然后选择“剪辑”|“速度/持续时间”命令，打开“剪辑速度/持续时间”对话框，在该对话框中修改“速度”为 50%，如图 4-57 所示。

知识点滴：

在“剪辑速度/持续时间”对话框中选中“倒放速度”复选框，可以反向播放素材。

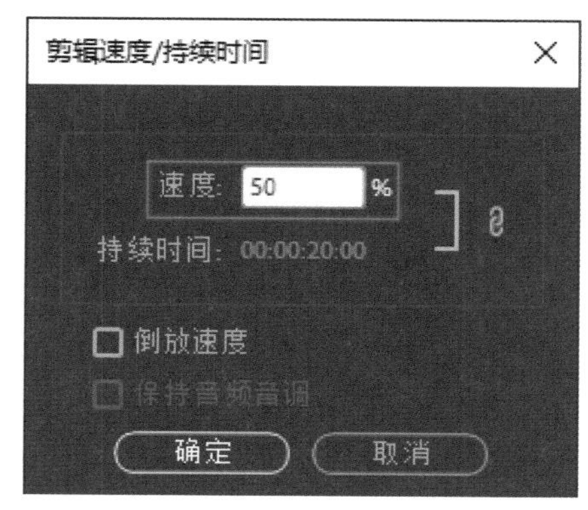

图 4-57　修改速度

03 修改速度后单击“确定”按钮，即可将素材的速度修改为原速度的 50%。由于视频的速度与持续时间成反比，因此视频速度变慢后，其持续时间将变长，如图 4-58 所示。

图 4-58　持续时间与速度成反比

4.3.8　重命名素材

对素材文件进行重命名，可以让素材的使用变得更加方便、准确。在项目面板中选择素材后，单击素材的名称，即可激活素材名称，如图 4-59 所示。此时只需要输入新的文件名称，然后按下 Enter 键即可完成素材的重命名操作，如图 4-60 所示。

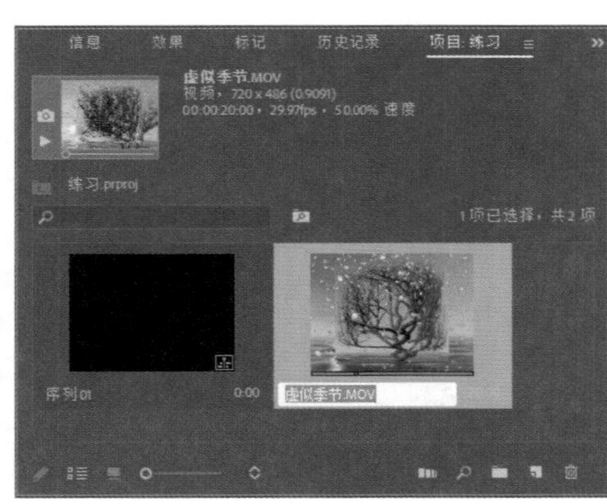

图 4-59　激活名称

图 4-60　输入新的名称

4.3.9　清除素材

在影视编辑过程中，可以清除多余的素材。在 Premiere 中清除素材的常用方法有如下 3 种。

- 在项目面板中右击素材，在弹出的快捷菜单中选择“清除”命令。
- 在项目面板中选择要清除的素材，然后单击面板右下角的“清除”按钮。
- 选择“项目”|“移除未使用的资源”命令，可以将未使用的素材清除。

4.4　创建 Premiere 背景元素

在使用 Premiere 进行视频编辑的过程中，借助 Premiere 自带的彩条、颜色遮罩等对象，可以为文本或图像创建黑场视频、彩条、颜色遮罩等。

4.4.1　创建黑场视频

黑场视频通常加在视频片头，或者加在两个素材的中间，其作用是增加转场效果。

新建一个项目文件，然后选择“文件”|“新建”|“黑场视频”命令，打开“新建黑场视频”对话框，如图 4-61 所示。在“新建黑场视频”对话框中设置视频的宽度和高度等信息后，单击“确定”按钮，即可创建一个黑场视频素材，该素材将显示在项目面板中，如图 4-62 所示。

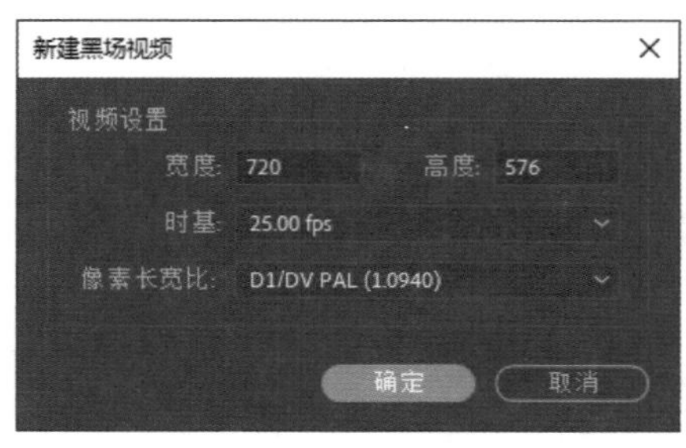

图 4-61　“新建黑场视频”对话框

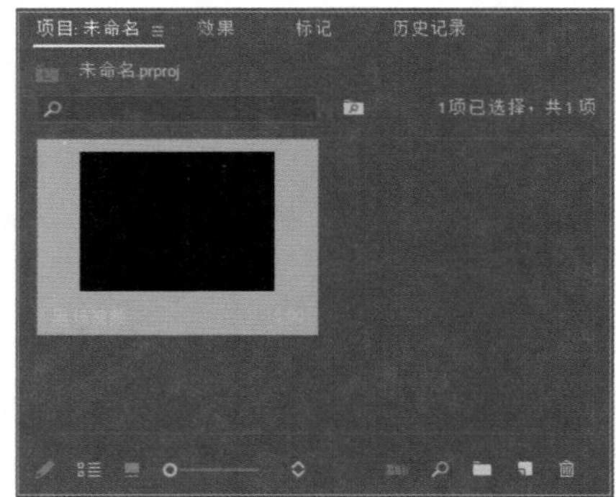

图 4-62　创建黑场视频素材

4.4.2 创建彩条

Premiere 的背景元素除了可以使用菜单命令来创建外，还可以在 Premiere 的项目面板中通过单击“新建项”按钮来创建。下面以创建彩条为例，讲解在项目面板中创建背景元素的操作。

练习实例：创建彩条背景元素。	
文件路径	第 4 章 \ 彩条.prproj
技术掌握	创建彩条

01 单击项目面板中的“新建项”按钮，在弹出的菜单中选择“彩条”命令，如图 4-63 所示。

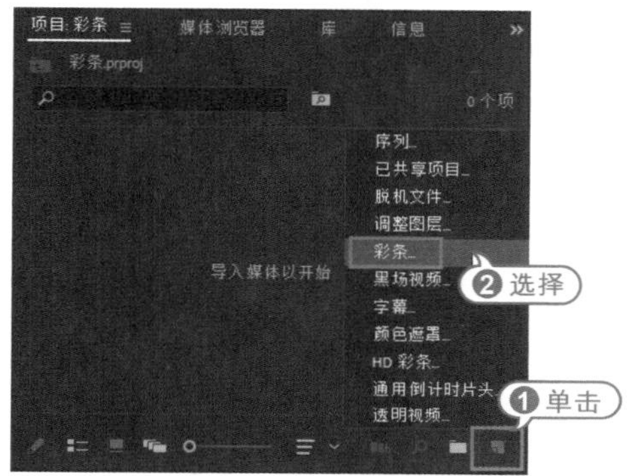

图 4-63 选择“彩条”命令

02 在打开的“新建色条和色调”对话框中设置视频的宽度和高度，如图 4-64 所示。

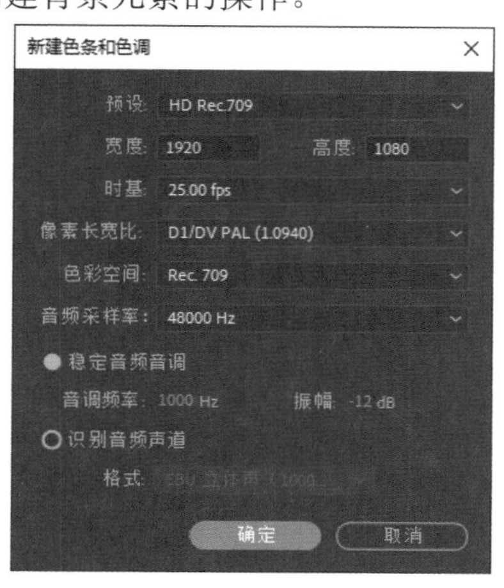

图 4-64 “新建色条和色调”对话框

03 单击“确定”按钮，即可在项目面板中创建彩条对象，如图 4-65 所示。

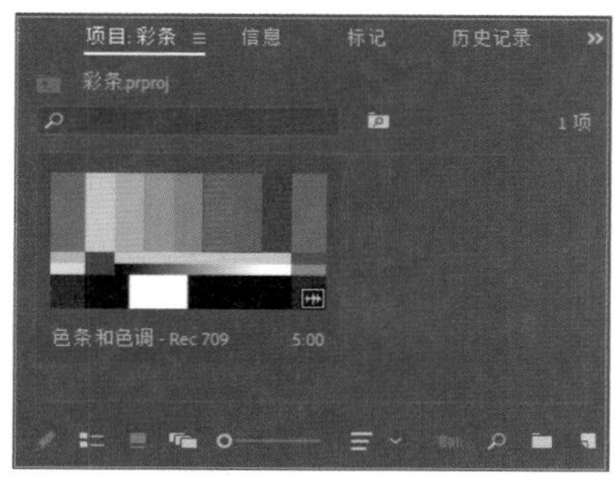

图 4-65 创建彩条

知识点滴：

彩条通常放在视频片头，其作用主要是测试各种颜色是否正确。

4.4.3 创建颜色遮罩

Premiere 的颜色遮罩与其他视频蒙版不同，它是一个覆盖整个视频帧的纯色遮罩。颜色遮罩可用作背景或创建最终轨道之前的临时轨道占位符。颜色遮罩的优点之一是它的通用性，在创建完颜色遮罩后，通过单击颜色遮罩就可以轻松修改颜色。

练习实例：创建颜色遮罩。	
文件路径	第 4 章 \ 颜色遮罩.prproj
技术掌握	创建颜色遮罩

01 打开“颜色遮罩.prproj”项目文件，在节目监视器面板中进行节目预览，效果如图 4-66 所示。

图 4-66 节目预览效果

02 选择“文件”|“新建”|“颜色遮罩”命令，打开“新建颜色遮罩”对话框，在该对话框中设置视频的宽度和高度等信息，如图 4-67 所示。

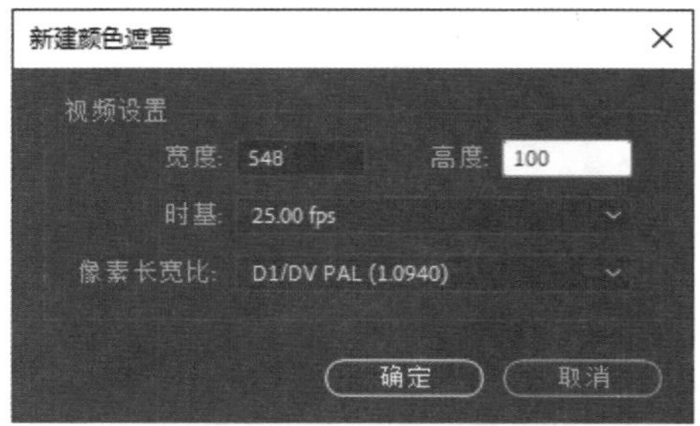

图 4-67　“新建颜色遮罩”对话框

03 单击“确定”按钮，在打开的“拾色器”对话框中选择遮罩颜色，如图 4-68 所示。

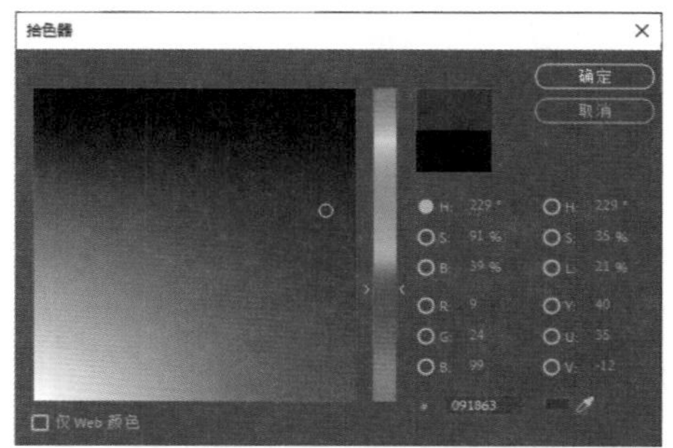

图 4-68　选择遮罩颜色

知识点滴：

如果在选择颜色后，“拾色器”对话框右上角颜色样本的旁边出现一个感叹号图标，这表示选中了 NTSC 色域以外的颜色，该颜色不能在 NTSC 视频中正确重现。单击感叹号图标，可以让 Premiere 选择最接近的颜色。

04 选择好颜色后，单击“确定”按钮，关闭“拾色器”对话框。然后在打开的“选择名称”对话框中输入颜色遮罩的名称，如图 4-69 所示。

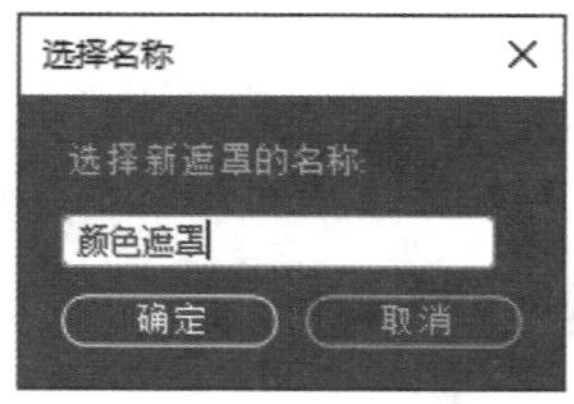

图 4-69　输入名称

05 单击“确定”按钮，颜色遮罩会自动在项目面板中生成，如图 4-70 所示。

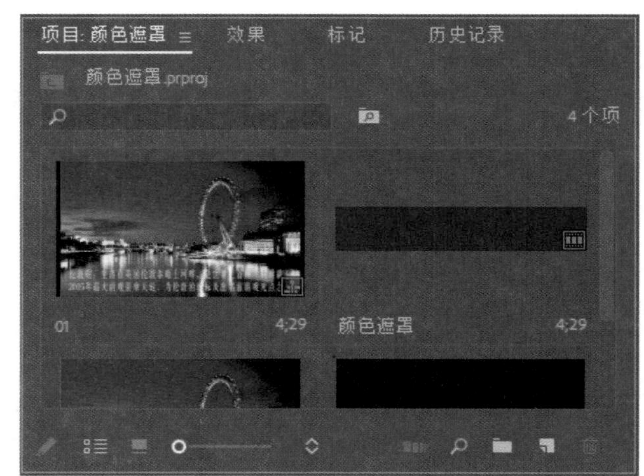

图 4-70　生成颜色遮罩

06 将颜色遮罩拖入时间轴面板的视频 2 轨道中，如图 4-71 所示。

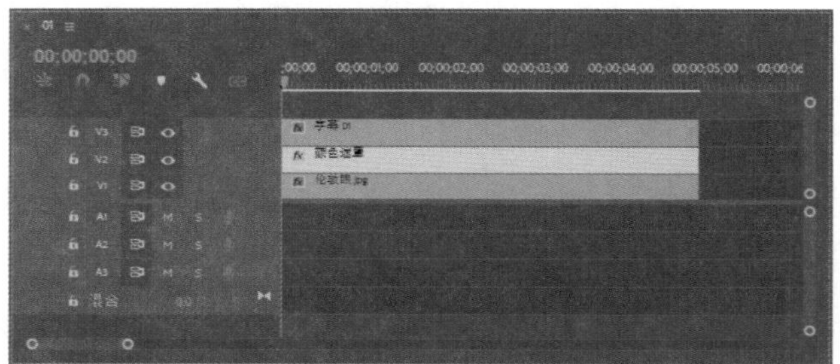

图 4-71　在时间轴中添加颜色遮罩

07 切换到效果控件面板，修改颜色遮罩的参数，如图 4-72 所示。

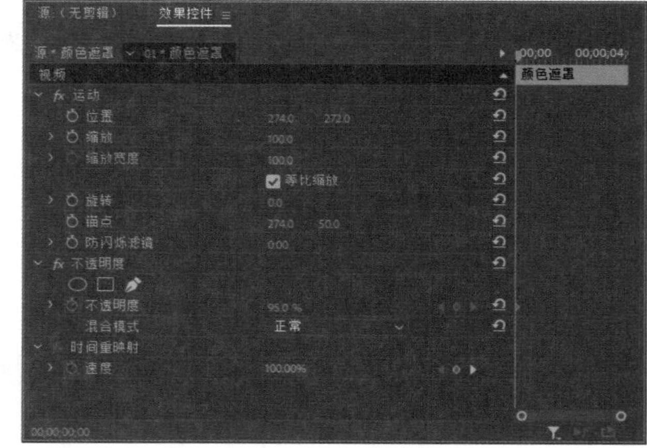

图 4-72　修改颜色遮罩的参数

08 在节目监视器面板中对创建颜色遮罩后的节目进行预览，效果如图 4-73 所示。

图 4-73　节目预览效果

4.4.4　创建倒计时片头

使用“通用倒计时片头”命令，可以创建系统预设的影片开始前的倒计时片头效果。

练习实例：创建倒计时片头。	
文件路径	第 4 章 \ 倒计时片头.prproj
技术掌握	创建倒计时片头

01 单击项目面板右下角的“新建项”按钮，在弹出的快捷菜单中选择“通用倒计时片头”命令，如图 4-74 所示。

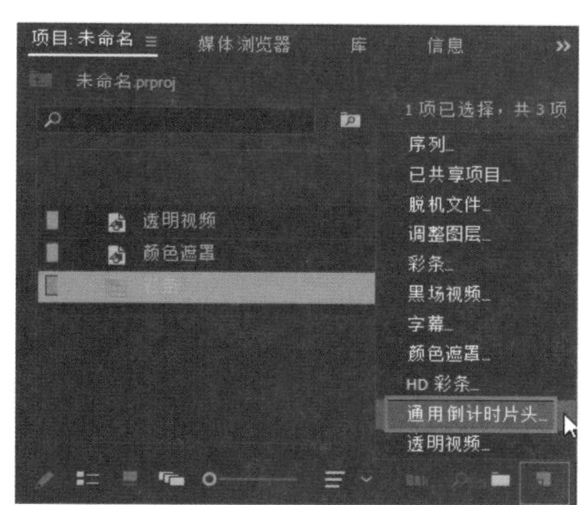

图 4-74　选择“通用倒计时片头”命令

02 在打开的“新建通用倒计时片头”对话框中设置视频的宽度和高度，然后单击“确定”按钮，如图 4-75 所示。

03 在打开的“通用倒计时设置”对话框中设置倒计时视频的颜色和音频提示音，如图 4-76 所示。

04 单击“确定”按钮，创建的“通用倒计时片头”对象将显示在项目面板中，如图 4-77 所示。

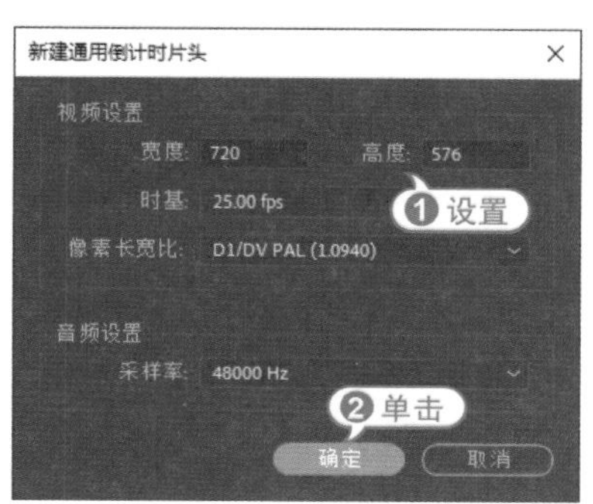

图 4-75　进行视频设置

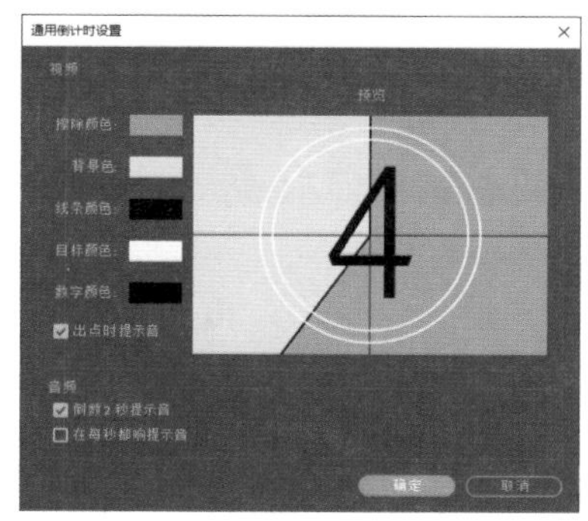

图 4-76　设置倒计时片头

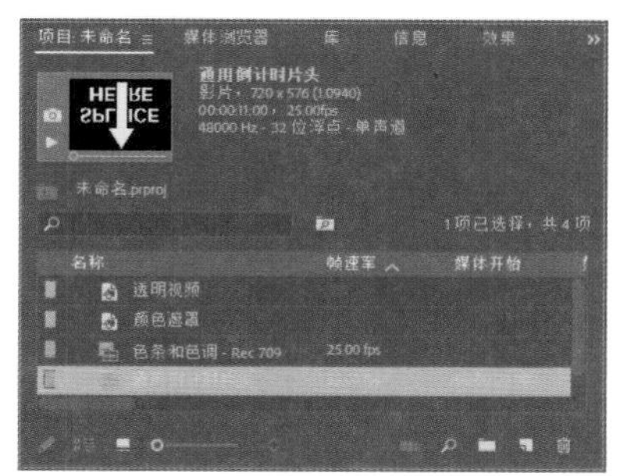

图 4-77　创建的通用倒计时片头

4.4.5 创建调整图层

调整图层在影视后期的效果处理和制作过程中具有重要的作用。调整图层的基本特性包含透明性、承载性和轨道性，这使它具备了一般素材的基本属性，可以在多视频轨道和嵌套技术处理过程中得到更为充分的应用，从而大大节省了工作人员的制作时间，提高了剪辑的效率。

选择“文件”|“新建”|“调整图层”命令，在打开的“调整图层”对话框中设置对象的宽度和高度，如图 4-78 所示。单击“确定”按钮，创建的“调整图层”对象将显示在项目面板中，如图 4-79 所示。

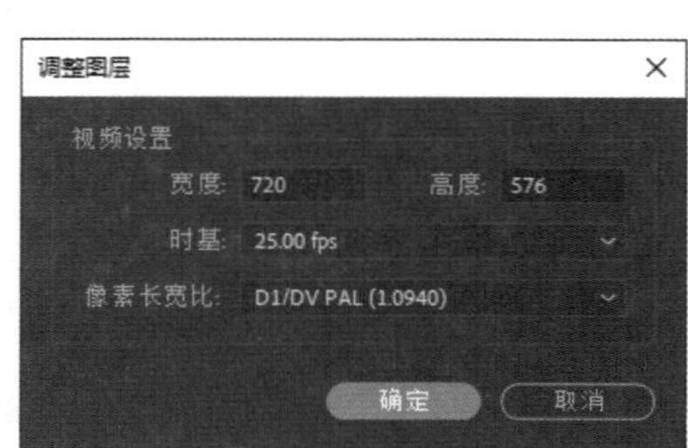

图 4-78　设置对象参数

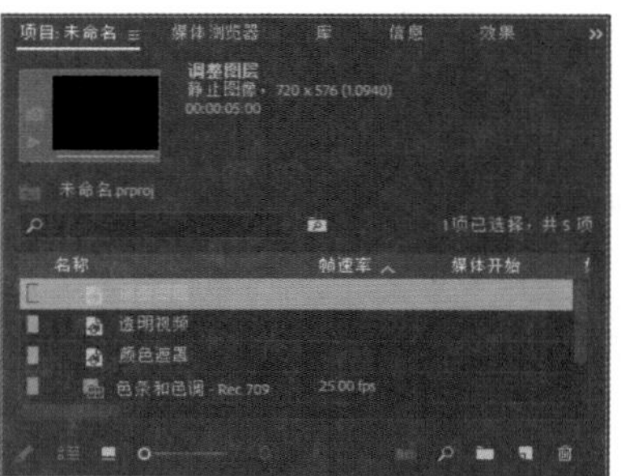

图 4-79　创建的调整图层

知识点滴：

在 Premiere 中创建自带的背景元素后，可以通过双击元素对象对其进行编辑。但是，彩条、黑场视频和透明视频只有唯一的状态，因此不能对其进行重新编辑。

4.5 高手解答

问：如果在影片制作过程中，不能使用某种类型的素材，这是什么原因，应该如何解决？

答：如果在影片制作过程中，不能使用某种类型的素材，其原因是缺少该种类型的解码器，用户只需要在相应的网站中下载并安装这些解码器，即可解决这种问题。

问：为什么项目面板中的素材显示为图标格式，且无法查看素材的信息？

答：项目面板中的素材可以显示为图标格式或列表格式。当素材显示为图标格式时，在项目面板中只能预览素材的效果，不能显示素材的相关信息；当素材显示为列表格式时，在项目面板中就不能预览素材的效果，但会显示素材的相关信息。单击项目面板左下方的“图标视图”按钮，所有作品元素都将以图标格式出现在项目面板中；单击面板左下方的“列表视图”按钮，作品元素将以列表格式出现在项目面板中。

问：在 Premiere Pro 2022 中导入大量照片素材后，发现照片的持续时间都是 4 秒，但视频编辑中需要照片的持续时间是 2 秒，怎样才能快速修改这些照片的持续时间？

答：这种情况可以通过两种方法来解决：一种方法是在项目面板中修改素材的持续时间，但是由于照片太多，这种方法会很慢；另一种方法是选择“编辑”|“首选项”|“常规”命令，打开“首选项”对话框，在左方的列表中选择“时间轴”选项，然后将视频过渡、音频过渡和静止图像的默认持续时间修改为 2 秒，再重新导入需要的照片。

第5章 时间轴和序列

Premiere 的视频编辑主要是在时间轴面板中进行的。Premiere 创建的序列会显示在时间轴面板中，在时间轴面板中对序列素材进行编辑后，再将一个个的片段组接起来，就完成了视频的编辑操作。本章将介绍 Premiere Pro 2022 时间轴和序列的应用，包括认识时间轴面板和编辑工具，以及创建序列、在时间轴面板中编辑素材、设置素材的入点和出点、轨道控制等。

练习实例：更改并保存序列
练习实例：修改素材的入点和出点
练习实例：设置序列的入点和出点
练习实例：通过插入方式重排素材
练习实例：通过覆盖方式重排素材
练习实例：自动匹配序列
练习实例：在序列中拼接素材
练习实例：使用剃刀工具切割素材
练习实例：在时间轴面板中添加轨道
练习实例：通过提取方式重排素材
练习实例：激活和禁用序列中的素材
练习实例：对素材进行编组

5.1 时间轴面板

时间轴面板用于组合项目面板中的各个片段，是按时间排列片段、制作影视节目的编辑面板。Premiere 创建的序列存放在时间轴面板中，视频编辑工作的大部分操作都是在时间轴面板中进行的。

5.1.1 认识时间轴面板

在创建序列前，时间轴面板中只有标题、时间码和工具选项，而且这些选项都呈不可用的灰色状态，如图 5-1 所示。

图 5-1 无序列的时间轴面板

将素材添加到时间轴面板中，或选择“文件”|“新建”|“序列”命令，创建一个序列后，时间轴面板将变为包括工作区、视频轨道、音频轨道和各种工具等的面板，如图 5-2 所示。

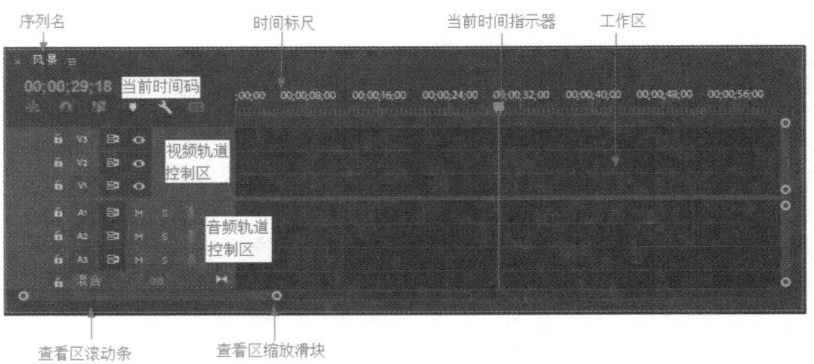

图 5-2 时间轴面板

知识点滴：

如果在 Premiere 程序窗口中看不到时间轴面板，可以通过双击项目面板中的序列图标将其打开，或者选择“窗口”|“时间轴”命令将时间轴面板打开。

5.1.2 时间轴面板中的标尺图标和控件

时间轴面板中的标尺图标和控件决定了观看影片的方式，以及 Premiere 渲染和导出的区域。

- 时间标尺：时间标尺是时间间隔的可视化显示，它将时间间隔转换为每秒包含的帧数，对应于项目的

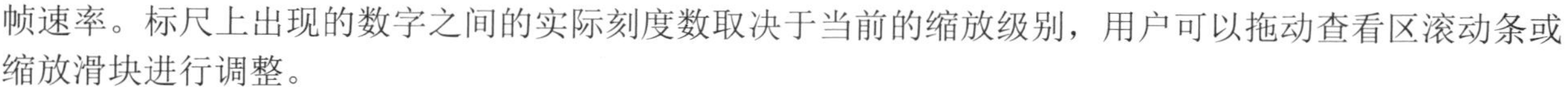

帧速率。标尺上出现的数字之间的实际刻度数取决于当前的缩放级别，用户可以拖动查看区滚动条或缩放滑块进行调整。

- 当前时间码：在时间轴上移动当前时间指示器时，在当前时间码显示框中会指示当前帧所在的时间位置。用户可以单击时间码显示框并输入一个时间，以快速跳到指定的帧处。输入时间时不必输入分号或冒号。例如，单击时间码显示框并输入 55415 后按 Enter 键，如图 5-3 所示，即可移到帧 05:54:15 的位置，如图 5-4 所示。

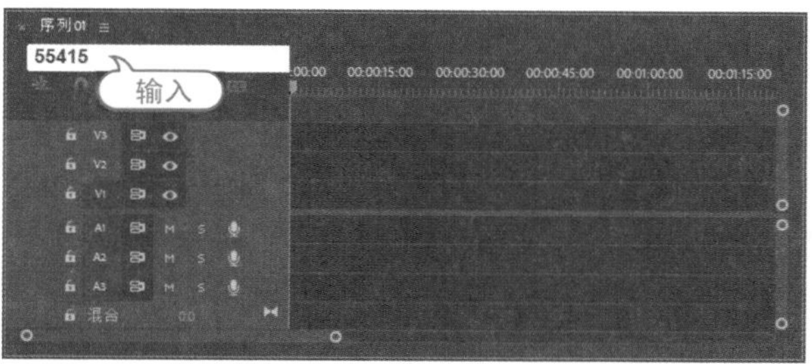

图 5-3　输入时间

图 5-4　移到指定位置

- 当前时间指示器：当前时间指示器是标尺上的蓝色三角图标。用户可以单击并拖动当前时间指示器在影片上缓缓移动，也可以单击标尺区域中的某个位置，将当前时间指示器移到特定帧处，如图 5-5 所示。
- 查看区滚动条：单击并拖动查看区滚动条可以更改时间轴中的查看位置，如图 5-6 所示。

图 5-5　拖动当前时间指示器

图 5-6　拖动查看区滚动条

- 工作区：时间标尺的下面是 Premiere 的工作区，用于指定将要导出或渲染的工作区。用户可以单击工作区的某个端点并拖动，或者从左向右拖动整个工作区。在渲染项目时，Premiere 只渲染工作区中定义的区域。
- 缩放滑块：单击并拖动查看区滚动条两边的缩放滑块可以更改时间轴中的缩放级别。缩放级别决定标尺的增量和在时间轴面板中显示的影片长度。要放大时间轴，单击查看区滚动条右边的缩放滑块并向左拖动，如图 5-7 所示；要缩小时间轴，单击查看区滚动条右边的缩放滑块并向右拖动，如图 5-8 所示。

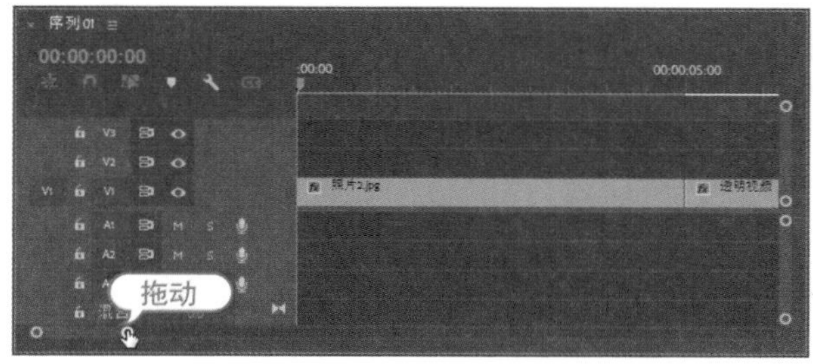

图 5-7　向左拖动缩放滑块

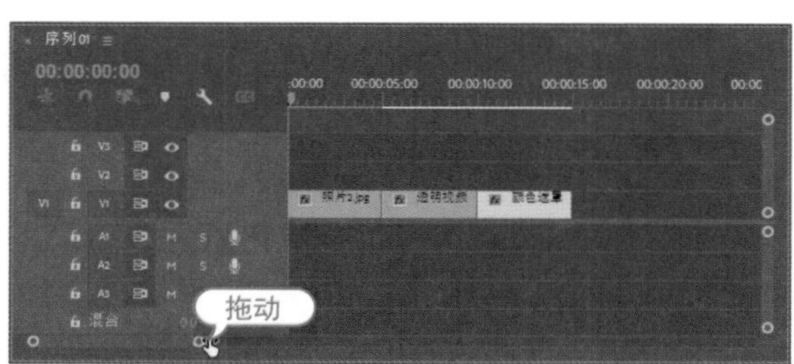

图 5-8　向右拖动缩放滑块

5.1.3 视频轨道控制区

时间轴面板中的视频轨道提供了视频影片、转场和效果的可视化表示。使用时间轴轨道选项可以添加和删除轨道，并控制轨道的显示方式，还可以控制在导出项目时是否输出指定轨道，以及锁定轨道和指定是否在视频轨道中查看视频帧。

轨道中的图标和选项如图 5-9 所示，下面分别介绍常用图标和选项的功能。

- 对齐：该按钮触发 Premiere 的对齐到边界命令。当打开对齐功能时，一个序列的帧对齐到下一个序列的帧，这种磁铁似的效果有助于确保影片中没有间隙。打开对齐功能后，“对齐”按钮显示为被按下的状态。此时，将一个素材向另一个邻近的素材拖动时，它们会自动吸附在一起，这可以防止素材之间出现时间间隙。
- 添加标记：使用序列标记，可以设置想要快速跳至的时间轴上的点。序列标记有助于在编辑时将时间轴中的工作分解。要设置未编号标记，将当前时间指示器拖到想要设置标记的地方，然后单击“添加标记”按钮 即可，图 5-10 所示为设置的标记效果。

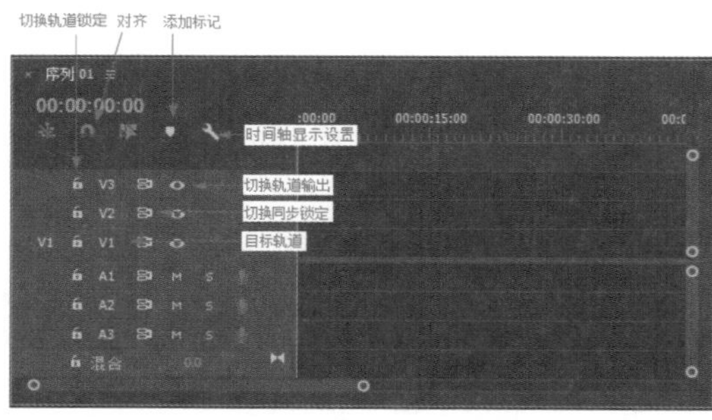

图 5-9 轨道中的图标和选项

图 5-10 设置标记

- 目标轨道：当使用源监视器插入影片，或者使用节目监视器或修整监视器编辑影片时，Premiere 将会改变时间轴中当前目标轨道中的影片。要指定一个目标轨道，只需单击此轨道左侧的“目标轨道”图标即可。
- 时间轴显示设置 ：单击该按钮，可以弹出用于设置时间轴显示样式的菜单，如图 5-11 所示。例如，选择“显示视频缩览图”选项后，在展开轨道时，可以显示素材的缩览图，如图 5-12 所示。

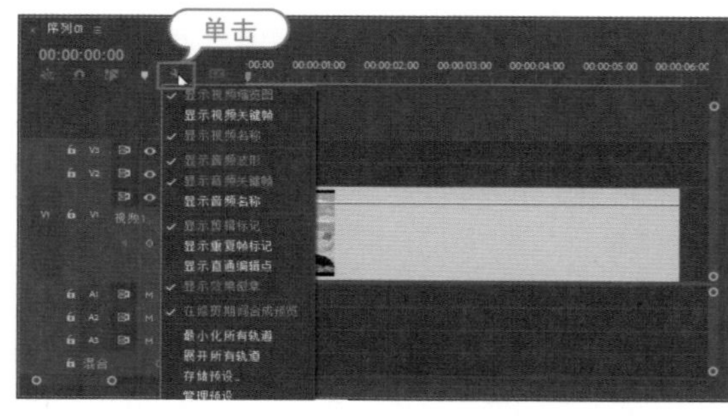

图 5-11 时间轴显示设置菜单

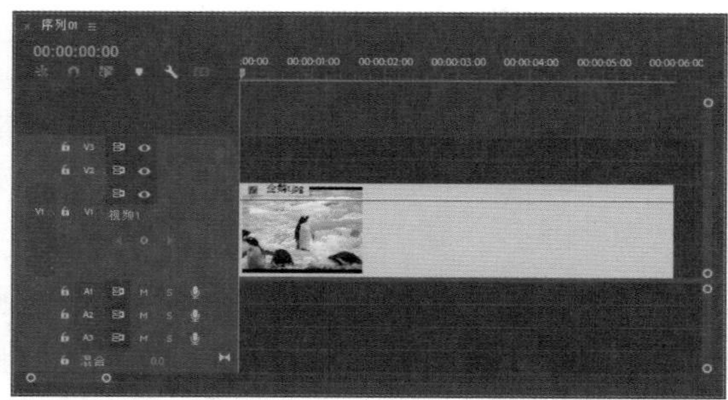

图 5-12 显示视频缩览图

- 切换轨道输出：单击“切换轨道输出”眼睛图标可以关闭轨道输出，这可以避免在播放期间或导出时在节目监视器面板中查看轨道。要再次打开输出，只需再次单击此按钮，眼睛图标会再次出现，指示导出时将在节目监视器面板中查看轨道。
- 切换轨道锁定：轨道锁定是一个安全特性，可以防止意外编辑。当一个轨道被锁定时，不能对轨道进

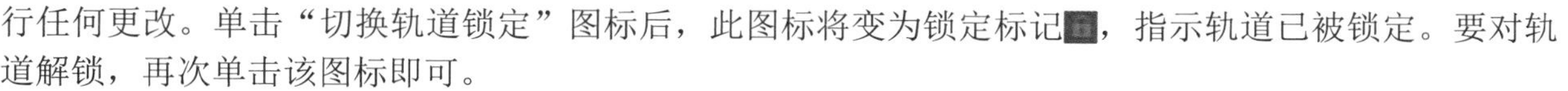

行任何更改。单击“切换轨道锁定”图标后，此图标将变为锁定标记，指示轨道已被锁定。要对轨道解锁，再次单击该图标即可。

5.1.4 音频轨道控制区

音频轨道中的时间轴控件与视频轨道中的时间轴控件类似。音频轨道提供了音频素材、转场和效果的可视化表示。

- 目标轨道：要将一个轨道转变为目标轨道，单击其左侧的 A1、A2 或 A3 图标即可。
- M/S：单击 M 按钮，转换为静音轨道；单击 S 按钮，转换为独奏轨道。
- 切换轨道锁定：此图标控制轨道是否被锁定。当轨道被锁定后，不能对轨道进行更改。单击“切换轨道锁定”图标，可以打开或关闭轨道锁定。当轨道被锁定时，将会出现锁形图标。

知识点滴：

Premiere 可以提供各种不同的音频轨道，包括标准音频轨道、子混合轨道、主音轨道及 5.1 轨道。标准音频轨道用于 WAV 和 AIFF 素材。子混合轨道用于为轨道的子集创建效果，而不是为所有轨道创建效果。使用 Premiere 音轨混合器可以将音频放到主音轨道和子混合轨道中。5.1 轨道是一种特殊轨道，仅用于立体声音频。

5.1.5 显示音频时间单位

默认情况下，Premiere 以帧的形式显示时间轴间隔。用户可以在时间轴面板的标尺处单击鼠标右键，然后在快捷菜单中选择“显示音频时间单位”命令，如图 5-13 所示，即可将时间轴单位更改为音频时间单位，如图 5-14 所示。

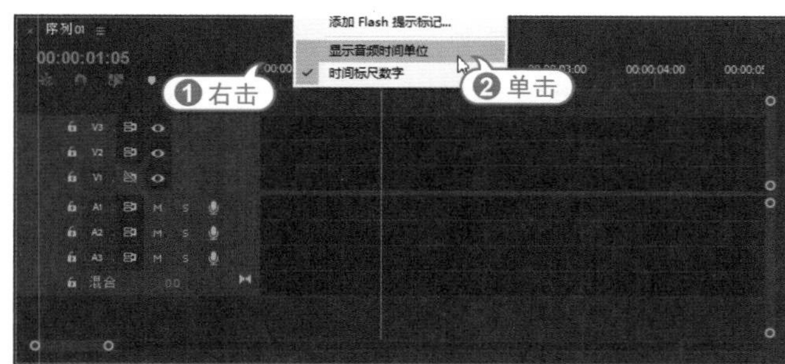

图 5-13　选择“显示音频时间单位”命令

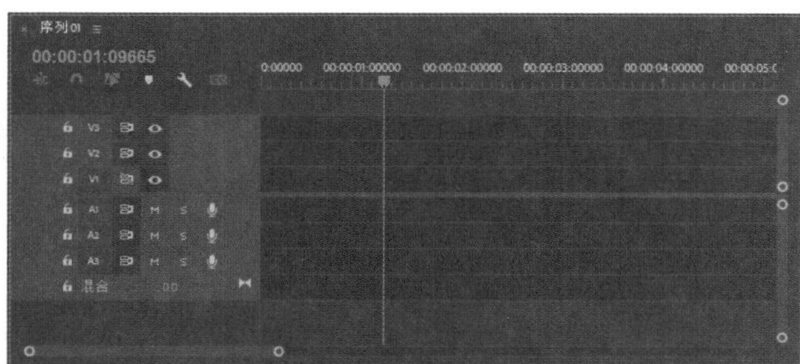

图 5-14　显示音频时间单位

5.2 创建与设置序列

将素材导入项目面板后，需要将素材添加到时间轴面板的序列中，然后在时间轴面板中对序列素材进行编辑。将素材按照顺序分配到时间轴上的操作就是装配序列。

5.2.1 创建新序列

将项目面板中的素材拖到时间轴面板中，即可创建一个以素材名命名的序列。用户也可以通过“新建”命令，在时间轴面板中创建一个新序列，并且可以设置序列的名称、视频大小和轨道数等参数，新建的序列会作为一个新的选项卡自动添加到时间轴面板中。

选择“文件”|“新建”|“序列”命令，打开“新建序列”对话框。在该对话框的“序列名称”文本框中输入序列的名称，如图 5-15 所示，在“序列预设”“设置”和“轨道”选项卡中设置好需要的参数，然后单击“确定”按钮，即可在时间轴面板中新建一个序列，如图 5-16 所示。

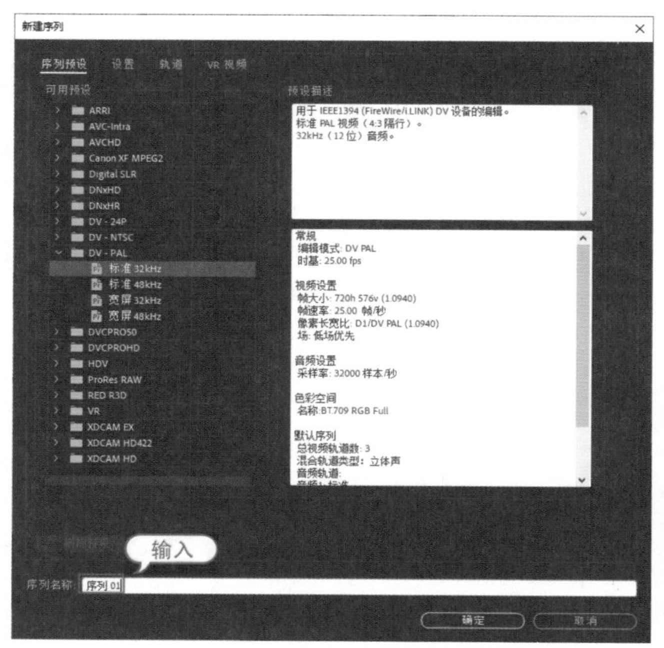

图 5-15 输入序列名称

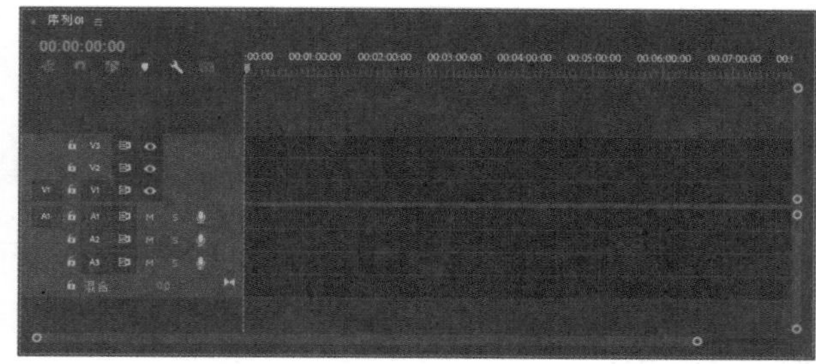

图 5-16 新建序列

5.2.2 序列预设

在“新建序列”对话框中选择“序列预设”选项卡，在“可用预设”列表中可以选择所需的序列预设参数，选择序列预设后，在该对话框的“预设描述”区域中，将显示该预设的编辑模式、帧大小、帧速率、像素长宽比以及音频设置等，如图 5-15 所示。

Premiere 为 NTSC 和 PAL 标准提供了 DV(数字视频) 格式预设。如果正在使用 HDV 或 HD 进行工作，也可以选择预设。用户还可以更改预设，同时将自定义预设保存起来，用于其他项目。

- 如果所工作的 DV 项目中的视频不准备用于宽银幕格式 (16 ∶ 9 的纵横比)，可以选择“标准 48kHz”选项。该预设将声音品质设置为 48kHz，它用于匹配素材源影片的声音品质。
- DV-24P 预设文件夹用于以 24 帧 / 秒拍摄且画幅大小是 720×480 像素的逐行扫描影片 (松下和佳能制造的摄像机在此模式下拍摄)。如果有第三方视频采集卡，可以看到其他预设，专门用于辅助采集卡工作。
- 如果使用 DV 影片，无须更改默认设置。

5.2.3 序列常规设置

在“新建序列”对话框中选择“设置”选项卡，在该选项卡中可以设置序列的常规参数，如图 5-17 所示。

- 编辑模式：编辑模式是由“序列预设”选项卡中选定的预设所决定的。使用编辑模式选项可以设置时间轴播放方法和压缩方式。选择 DV 预设，编辑模式将自动设置为 DV NTSC 或 DV PAL。用户还可以从“编辑模式”下拉列表中选择一种编辑模式，选项如图 5-18 所示。

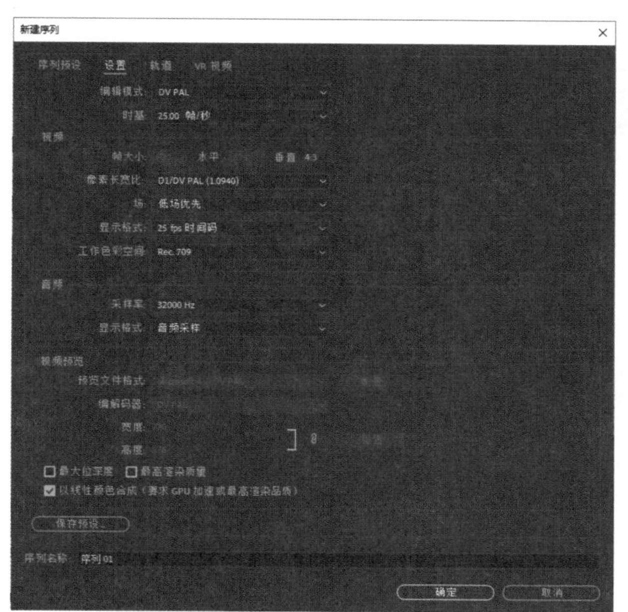

图 5-17 选择“设置”选项卡

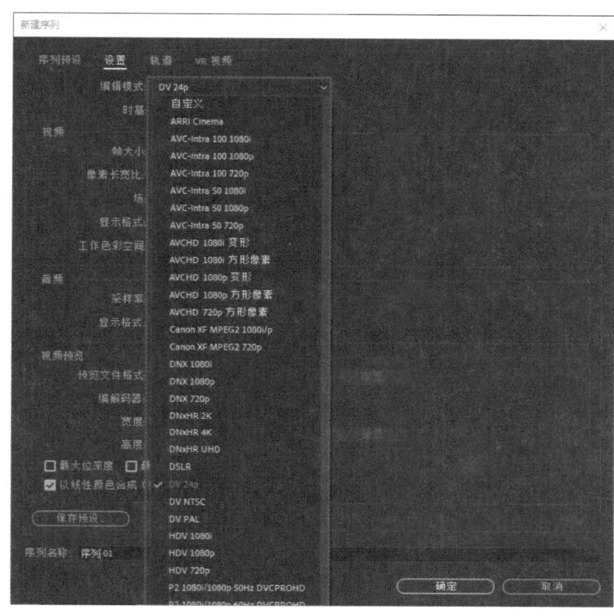

图 5-18 “编辑模式”下拉列表

- 时基：时基也就是时间基准。在计算编辑精度时，“时基”选项决定了 Premiere 如何划分每秒的视频帧。在大多数项目中，时间基准应该匹配所采集影片的帧速率。对于 DV 项目来说，时间基准设置为 29.97 帧 / 秒并且不能更改。应当将 PAL 项目的时间基准设置为 25 帧 / 秒，影片项目的时间基准设置为 24 帧 / 秒，移动设备的时间基准设置为 15 帧 / 秒。“时基”设置也决定了“显示格式”区域中哪个选项可用。“时基”和“显示格式”选项决定了时间轴窗口中的标尺核准标记的位置。
- 帧大小：项目的画面大小是其以像素为单位的宽度和高度。第一个数字代表画面宽度，第二个数字代表画面高度。如果选择了 DV 预设，则画面大小设置为 DV 默认值 (720×480)。如果使用 DV 编辑模式，则不能更改项目画幅大小。但是，如果是使用桌面编辑模式创建的项目，则可以更改画幅大小。如果是为 Web 或光盘创建的项目，那么在导出项目时可以缩小其画面。
- 像素长宽比：本设置应该匹配图像像素的形状——图像中一个像素的宽与高的比值。对于在图形程序中扫描或创建的模拟视频和图像，请选择方形像素。根据所选择的编辑模式的不同，“像素长宽比”选项的设置也会不同。例如，如果选择了“DV 24p”编辑模式，像素长宽比可以从 0.9 和 1.2 中进行选择，此格式用于宽银幕影片，如图 5-19 所示。如果选择“自定义”编辑模式，则可以自由选择像素长宽比，如图 5-20 所示，此格式多用于方形像素。如果胶片上的视频是由变形镜头拍摄的，则选择“变形 2 ： 1(2.0)”选项，这样镜头会在拍摄时压缩图像，但投影时，可以反向压缩变形放映镜头以创建宽银幕效果。

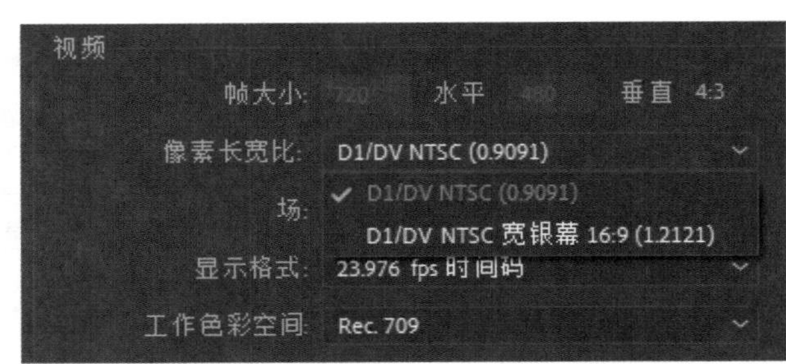

图 5-19　选择用于宽银幕影片的格式

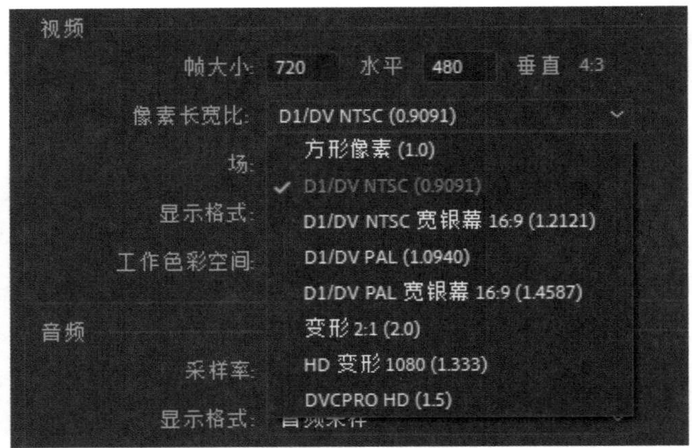

图 5-20　自由选择像素长宽比

知识点滴：

如果需要更改所导入素材的帧速率或像素长宽比（因为它们可能与项目设置不匹配），请在项目面板中选定此素材，然后选择“剪辑”|“修改”|“解释素材”命令，打开“修改剪辑”对话框。要更改帧速率，可在该对话框中选中“采用此帧速率”单选按钮，然后在文本编辑框中输入新的帧速率；要更改像素长宽比，则选中“符合”单选按钮，然后从像素长宽比列表中进行选择。设置完成后单击“确定”按钮，项目面板即指示这种改变。如果需要在纵横比为 4 ∶ 3 的项目中导入纵横比为 16 ∶ 9 的宽银幕影片，那么可以选择“运动”视频效果的“位置”和“比例”选项，以缩放与控制宽银幕影片。

- 场：在将项目导出到录像带中时，就要用到场。每个视频帧都会分为两个场。在 PAL 标准中，每个场会显示 1/50 秒。在“场”下拉列表中可以选择“高场优先”或“低场优先”选项，这取决于系统期望什么样的场。
- 采样率：音频采样率决定了音频品质。采样率越高，提供的音质就越好。最好将此设置保持为录制时的值。如果将此设置更改为其他值，就需要更多处理过程，而且还可能降低品质。
- 视频预览：用于指定使用 Premiere 时如何预览视频。大多数选项是由项目编辑模式决定的，因此不能更改。例如，对 DV 项目而言，任何选项都不能更改。如果选择 HD 编辑模式，则可以选择一种文件格式。

5.2.4　序列轨道设置

在“新建序列”对话框中选择“轨道”选项卡，在该选项卡中可以设置时间轴面板中的视频和音频轨道数，也可以选择是否创建子混合轨道和数字轨道，如图 5-21 所示。

在“视频”选项组的数值框中可以重新对序列的视频轨道数量进行设置；在“音频”选项组的“混合”下拉列表中可以选择主音轨的类型，如图 5-22 所示，单击其下方的“添加轨道”按钮，则可以增加默认的音频轨道数量，在下方的轨道列表中还可以设置音频轨道的名称、类型等参数。

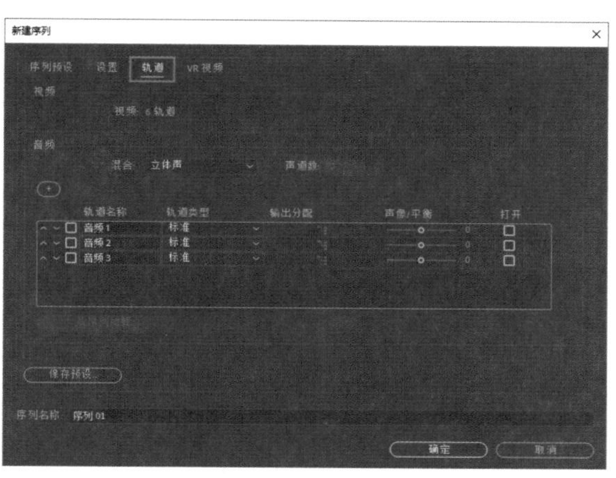

图 5-21 “轨道”选项卡

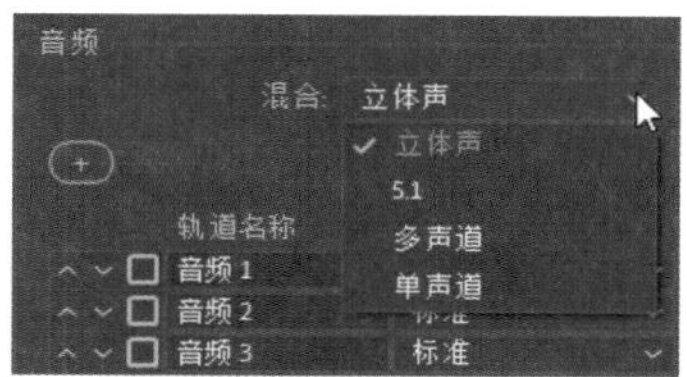

图 5-22 选择主音轨类型

知识点滴：

在“轨道”选项卡中更改设置并不会改变当前时间轴，如果通过选择“文件”|“新建”|“序列”命令的方式创建一个新序列后，则添加了新序列的时间轴会显示新设置。

练习实例：更改并保存序列。	
文件路径	第 5 章\
技术掌握	更改序列参数、保存序列

01 选择“文件”|“新建”|“序列”命令，打开“新建序列”对话框，在“新建序列”对话框中选择“设置”选项卡，设置“编辑模式”和“帧大小”参数，如图 5-23 所示。

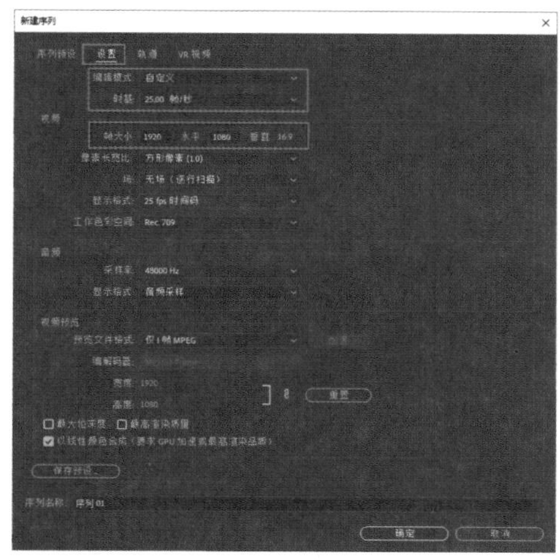

图 5-23 设置常规参数

02 选择“轨道”选项卡，设置视频轨道数量，如图 5-24 所示，然后单击“保存预设”按钮。

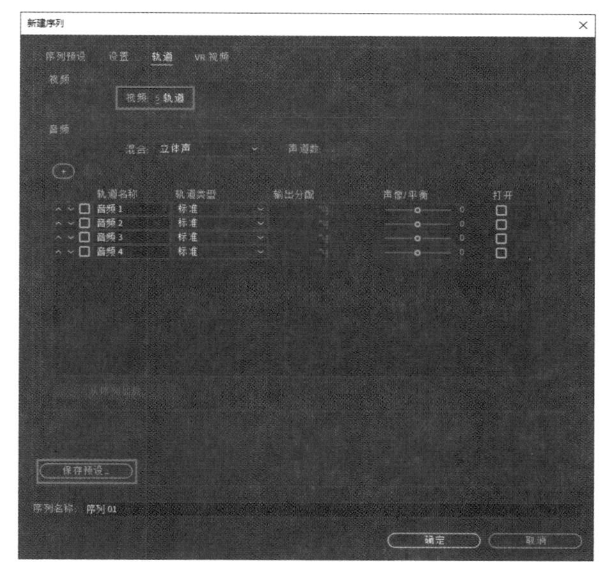

图 5-24 设置轨道参数

03 在打开的“保存序列预设”对话框中为该自定义预设命名，也可以在“描述”文本框中输入一些有关该预设的说明性文字，如图 5-25 所示。

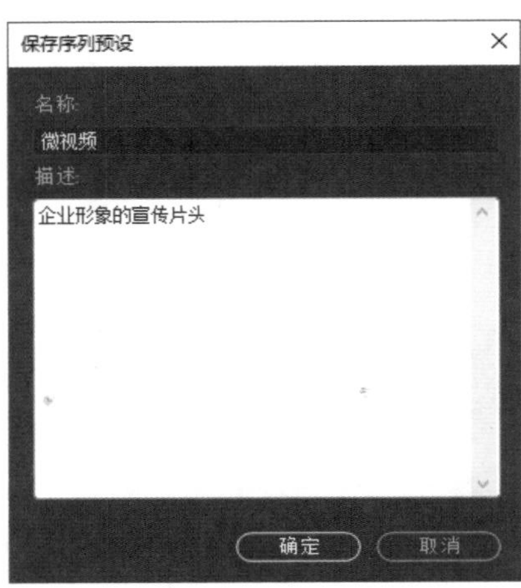

图 5-25　命名自定义预设

04 单击“确定”按钮，即可保存设置的序列预设参数，保存的预设将出现在“序列预设”选项卡的“自定义”文件夹中，如图 5-26 所示。

图 5-26　新建的预设序列

5.2.5　关闭和打开序列

创建序列后，序列会在项目面板中生成。在时间轴面板中单击序列名称前的“关闭”按钮，可以将时间轴面板中的序列关闭；关闭时间轴面板中的序列后，双击项目面板中的序列项目，可以在时间轴面板中重新打开该序列。

5.3　在序列中添加素材

在项目面板中导入素材后，就可以将素材添加到时间轴的序列中，这时便可以在时间轴面板中对素材进行编辑，还可以在节目监视器面板中对素材效果进行预览。

5.3.1　在序列中添加素材的方法

在 Premiere 中创建序列后，可以通过如下几种方法将项目面板中的素材添加到时间轴面板的序列中。

- 在项目面板中选择素材，然后将其从项目面板拖到时间轴面板的序列轨道中。
- 选中项目面板中的素材，然后选择“素材”|“插入”命令，将素材插入当前时间指示器所在的目标轨道上。插入素材时，该素材被放到序列中，并将插入点所在的影片推向右边。
- 选中项目面板中的素材，然后选择“素材”|“覆盖”命令，将素材插入当前时间指示器所在的目标轨道上。插入素材时，该素材被放到序列中，插入的素材将替换当前时间指示器后面的素材。
- 双击项目面板中的素材，在源监视器面板中将其打开，设置好素材的入点和出点后，单击源监视器面板中的“插入”或“覆盖”按钮，或者选择“素材”|“插入”或“素材”|“覆盖”命令，将素材添加到时间轴面板中。

5.3.2 在序列中拼接素材

将素材添加到序列中以后，便可以使用“移动”工具根据需要对素材进行移动，完成素材间的拼接。

练习实例：在序列中拼接素材。	
文件路径	第 5 章 \ 在时间轴拼接素材.prproj
技术掌握	在序列中添加素材、将素材缩放为帧大小

01 新建一个项目文件，然后在项目面板中导入两个素材对象，如图 5-27 所示。

图 5-27 导入素材

02 选择“文件” | “新建” | “序列”命令，新建一个序列。

03 在项目面板中选择并拖动一个素材到时间轴面板的视频 1 轨道中，即可将选择的素材添加到时间轴面板的序列中，如图 5-28 所示。

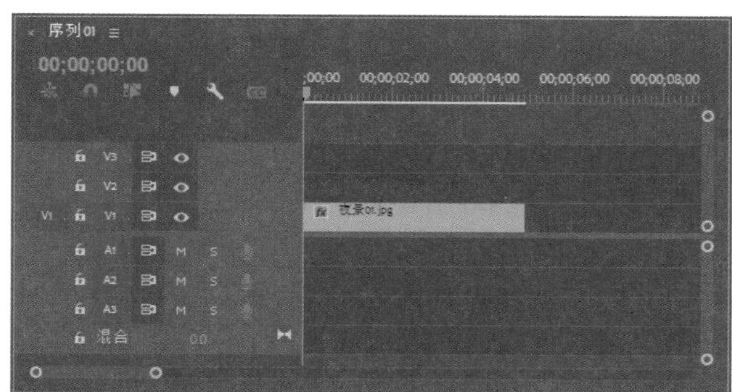

图 5-28 添加素材

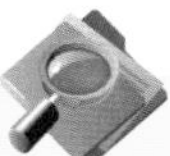

知识点滴：

在时间轴面板中添加素材时，如果素材与序列设置不匹配，会弹出“剪辑不匹配警告”对话框，此时只需直接单击其中的“保持现有设置”按钮即可。

04 在时间轴面板中将时间指示器移到素材的出点处，在项目面板中选择并拖动另一个素材到时间轴面板的视频 1 轨道中，将其入点与前面素材的出点对齐，效果如图 5-29 所示。

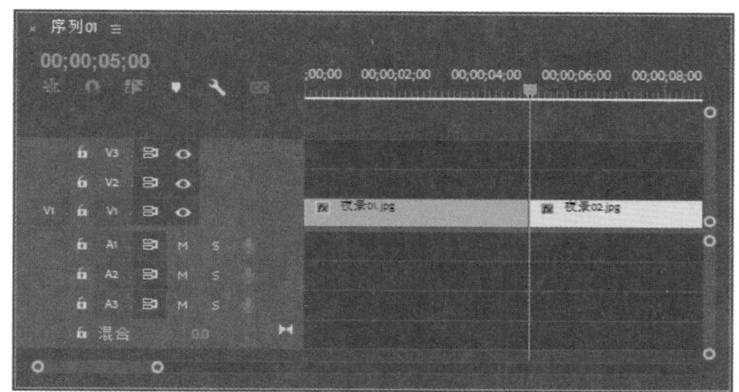

图 5-29 添加另一个素材

05 在时间轴面板中右击添加的素材，在弹出的快捷菜单中选择“缩放为帧大小”命令，如图 5-30 所示。

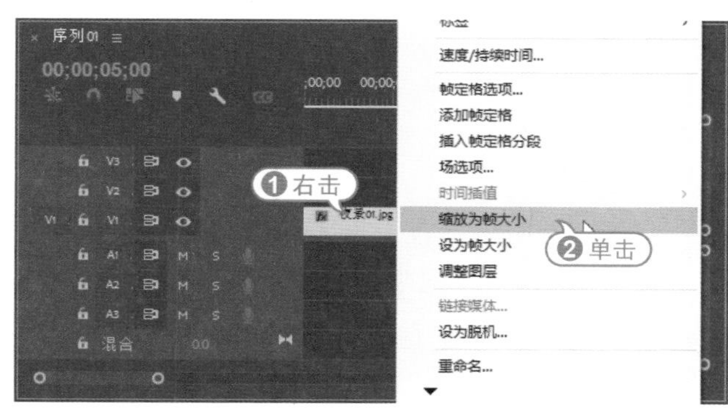

图 5-30 选择“缩放为帧大小”命令

06 在节目监视器面板中单击“播放 - 停止切换”按钮，可以预览节目效果，如图 5-31 所示。

图 5-31　预览节目效果

进阶技巧：

在添加素材之前，首先将时间指示器移到要添加素材的入点处。在添加素材时，素材入点可以自动对齐到时间指示器的位置（首先要确认时间轴面板中的“对齐”按钮处于开启状态）。

5.4　设置入点和出点

在 Premiere 中，用户可以通过选择工具或使用标记命令为素材设置入点和出点。

5.4.1　选择和移动素材

将素材放置在时间轴面板中进行编辑时，素材的位置可能还需要重新排列。用户可以选择一次移动一个素材，或者同时移动几个素材，还可以单独移动某个素材的视频或音频。

1. 使用选择工具

在时间轴面板中移动单个素材时，最简单的方法是使用工具面板中的选择工具 选择并拖动素材。使用工具面板中的选择工具 可以进行以下操作。

- 单击素材，可以将其选中。然后拖动素材，可以移动素材的位置。
- 按住 Shift 键的同时单击想要选择的多个素材，或者通过框选的方式也可以选择多个素材。
- 如果想选择素材的视频部分而不要音频部分，或者想选择音频部分而不要视频部分，可以在按住 Alt 键的同时单击素材的视频或音频部分。

2. 使用轨道选择工具

如果想快速选择某个轨道上的多个素材，或者从某个轨道中删除一些素材，可以使用工具面板中的“向前选择轨道工具” 或“向后选择轨道工具” 进行选择。

选择“向前选择轨道工具” 后，单击轨道中的素材，可以选择单击的素材及该素材右侧的所有素材，如图 5-32 所示；选择“向后选择轨道工具” 后，单击轨道中的素材，可以选择单击的素材及该素材左侧的所有素材，如图 5-33 所示。

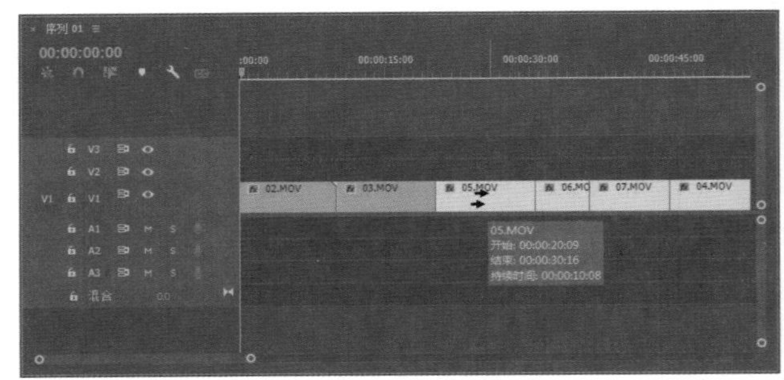

图 5-32　向前选择素材

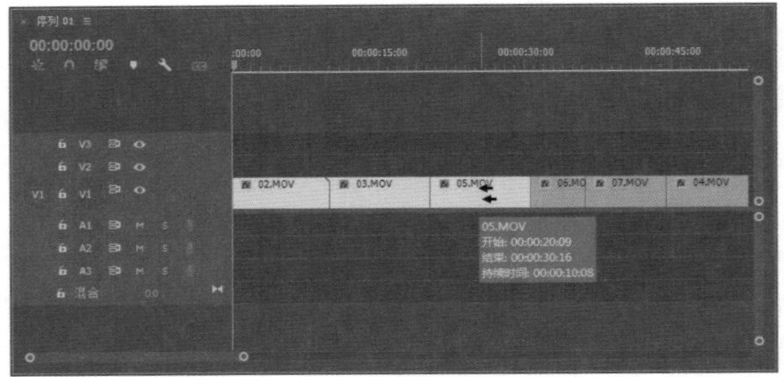

图 5-33　向后选择素材

5.4.2 修改素材的入点和出点

在时间轴面板中修改素材的入点和出点，可以改变素材输出为影片后的持续时间，使用选择工具可以快速调整素材的入点和出点。

练习实例：修改素材的入点和出点。	
文件路径	第 5 章 \ 自然风景.prproj
技术掌握	修改素材的入点和出点、在时间轴中移动素材

01 新建一个项目文件和一个序列，然后在项目面板中导入素材，并将项目面板中的素材添加到时间轴面板的视频 1 轨道中，如图 5-34 所示。

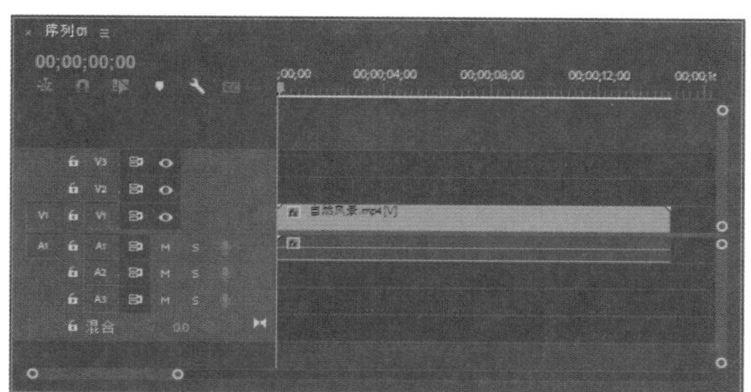

图 5-34　在时间轴中添加素材

02 将时间指示器移到素材的入点处，在节目监视器面板中预览素材的效果，如图 5-35 所示。

图 5-35　素材的入点效果

03 这里修改素材的入点：单击工具面板中的“选择工具”按钮，将光标移到时间轴面板中素材的左边缘 (入点)，选择工具将变为一个向右的边缘图标，如图 5-36 所示。

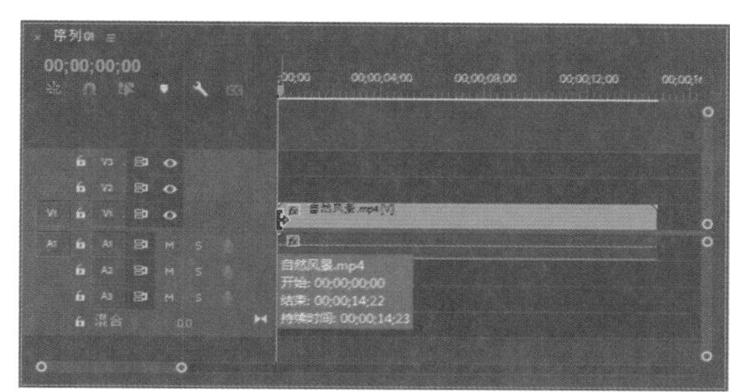

图 5-36　移动光标到素材左边缘

04 单击并按住鼠标左键，然后向右拖动鼠标到想作为素材入点的地方，即可修改素材的入点。在拖动素材左边缘 (入点) 时，时间码读数会显示在该素材下方，如图 5-37 所示。

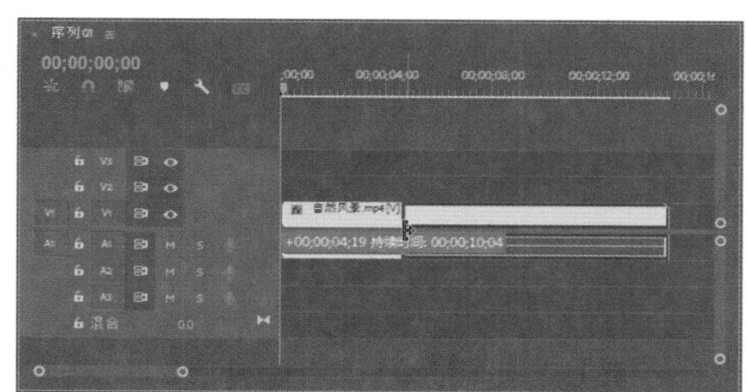

图 5-37　拖动素材的入点

05 松开鼠标左键，即可在时间轴面板中重新设置素材的入点，如图 5-38 所示。

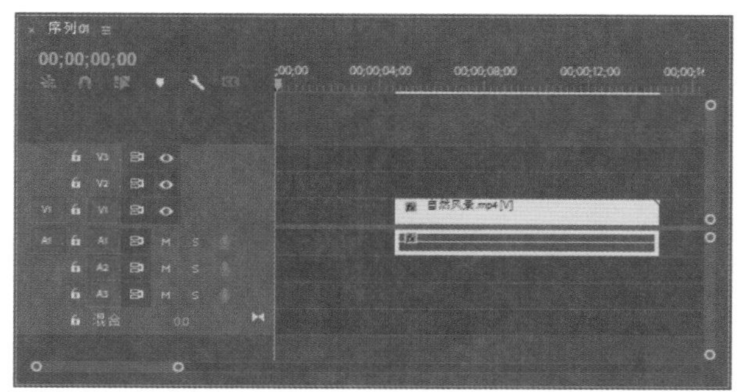

图 5-38　更改素材的入点

06 将时间指示器移到素材的新入点处，在节目监视器面板中预览素材新的入点效果，如图 5-39 所示。

图 5-39　素材新的入点效果

07 这里设置素材的出点：首先在时间轴面板中将素材向左拖动，使新的入点在第 0 秒的位置，如图 5-40 所示。

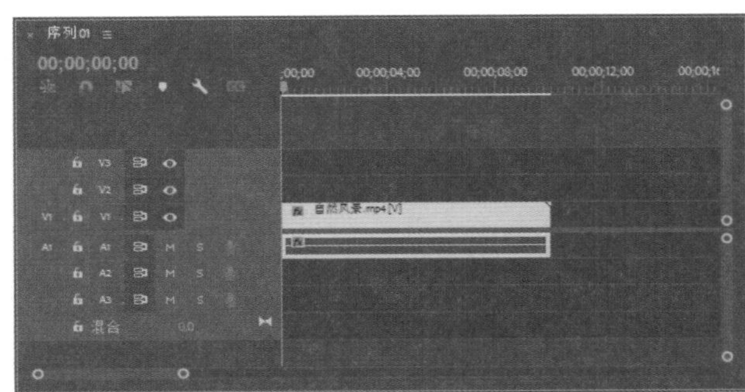

图 5-40　拖动素材

08 将时间指示器移到素材的出点处，然后在节目监视器面板中预览素材的效果，如图 5-41 所示。

09 选择“选择工具” 后，将光标移到时间轴面板中素材的右边缘 (出点)，此时选择工具变为一个向左的边缘图标。

10 单击并按住鼠标左键，然后向左拖动鼠标到想作为素材出点的地方，即可设置素材的出点，如图 5-42 所示。松开鼠标左键，即可在时间轴面板中重新设置素材的出点。

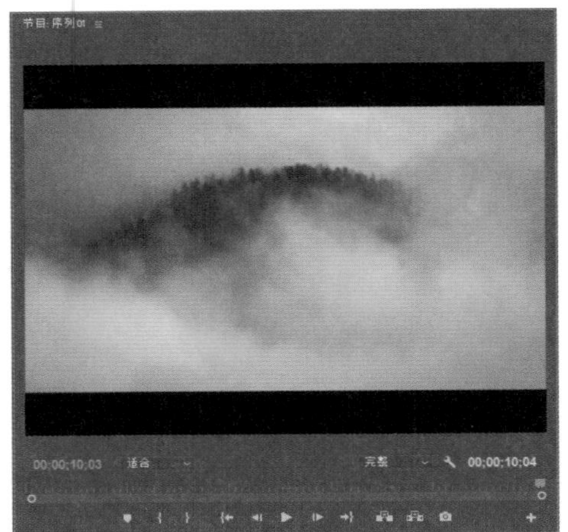

图 5-41　预览素材出点效果

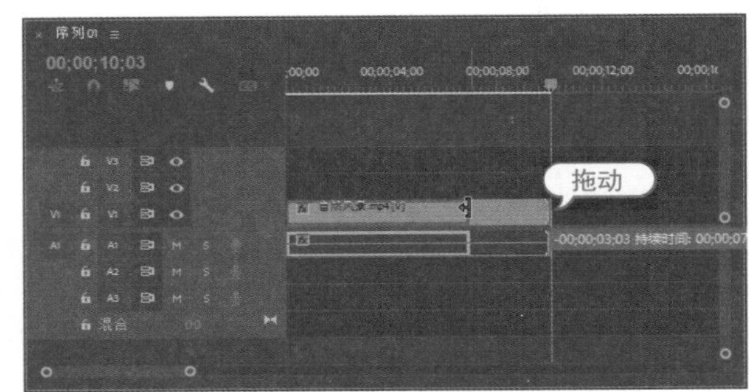

图 5-42　拖动素材的出点

11 将时间指示器移到素材的新出点处，然后在节目监视器面板中预览素材新的出点效果，如图 5-43 所示。

图 5-43　预览新的出点效果

5.4.3　切割并编辑素材

使用工具面板中的“剃刀工具” 可以将素材切割成两段，从而快速设置素材的入点和出点，并且可以将不需要的部分删除。

练习实例：使用剃刀工具切割素材。	
文件路径	第 5 章 \ 自然风景.prproj
技术掌握	切割素材、删除素材

01 新建一个项目文件和一个序列，并在项目面板和时间轴面板中添加素材。

02 在时间轴面板中按下“对齐”按钮，即可在时间轴面板中开启“对齐”功能。

03 将当前时间指示器移到想要切割素材的位置，在工具面板中选择“剃刀工具”，在时间指示器的位置单击，如图 5-44 所示。

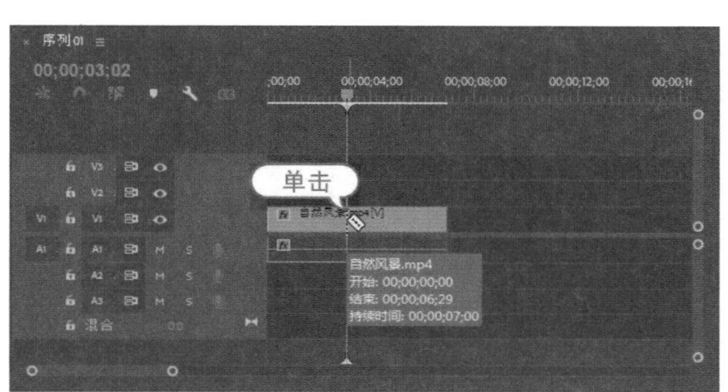

图 5-44　单击切割素材

04 在时间指示器的位置将素材切割为两段后，当前时间便是前一段素材的出点，也是后一段素材的入点，效果如图 5-45 所示。

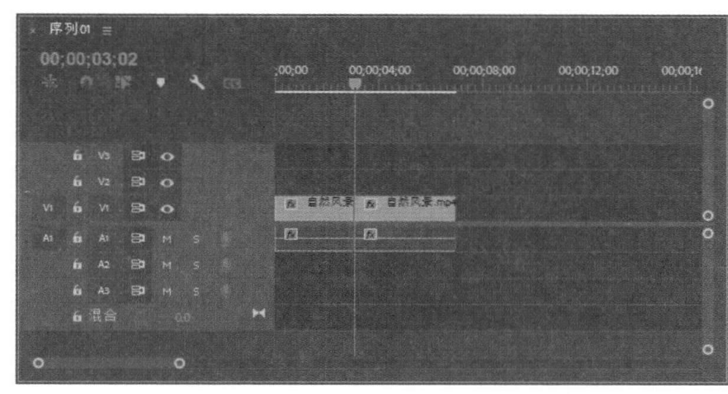

图 5-45　将素材切割为两段

05 在工具面板中选择“选择工具”，然后在时间轴面板中选择其中一部分素材，按 Delete 键，可以将选择部分的素材删除，如图 5-46 所示。

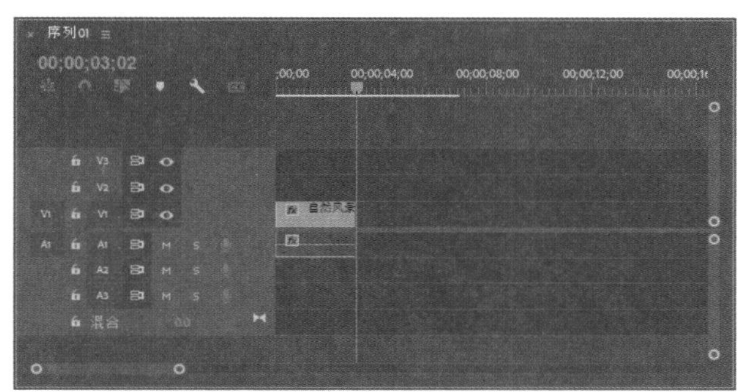

图 5-46　删除后面的素材

5.4.4　设置序列的入点和出点

对序列设置入点和出点后，在渲染输出项目时，可以只渲染入点到出点间的内容，从而提高渲染的速度。使用菜单中的“标记”|“标记入点”和“标记”|“标记出点”命令，可以设置时间轴面板中序列的入点和出点。

练习实例：设置序列的入点和出点。	
文件路径	第 5 章 \ 设置序列的入点和出点.prproj
技术掌握	设置序列的入点和出点、渲染入点到出点的效果

01 新建一个项目文件和一个序列，在项目面板和时间轴面板中添加素材。

02 将当前时间指示器拖到要设置为序列入点的位置。

03 选择“标记”|“标记入点”命令，在时间轴标尺线上的相应时间位置即可出现一个“入点”图标，如图 5-47 所示。

04 将当前时间指示器拖到要设置为序列出点的位置，选择“标记”|“标记出点”命令，在时间轴标尺线上的相应时间位置即可出现一个“出点”图标，如图 5-48 所示。

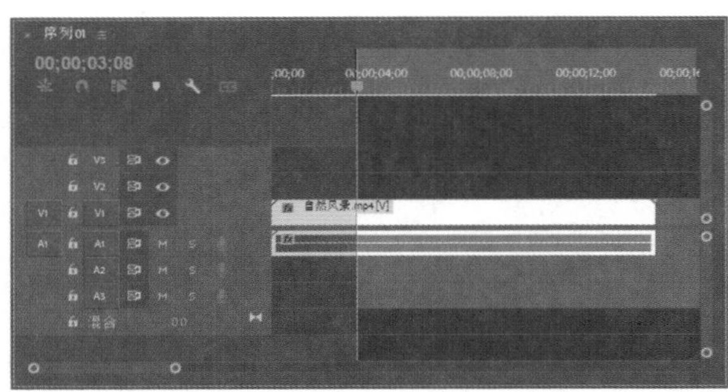

图 5-47　标记入点

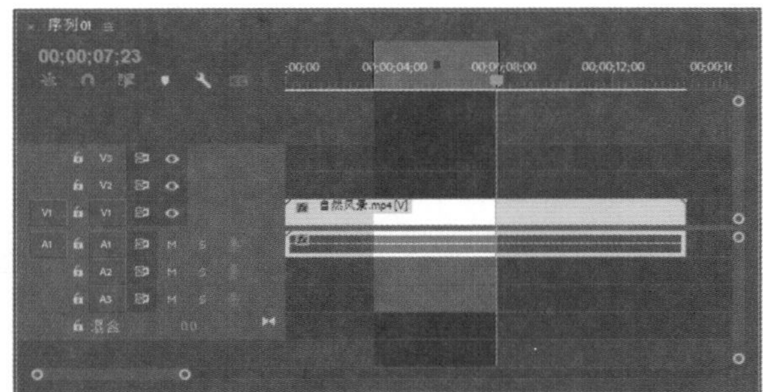

图 5-48　标记出点

05 为当前序列设置好入点和出点之后，可以通过在时间轴面板中拖动入点和出点对其进行修改，如图 5-49 所示为修改出点标记的效果。

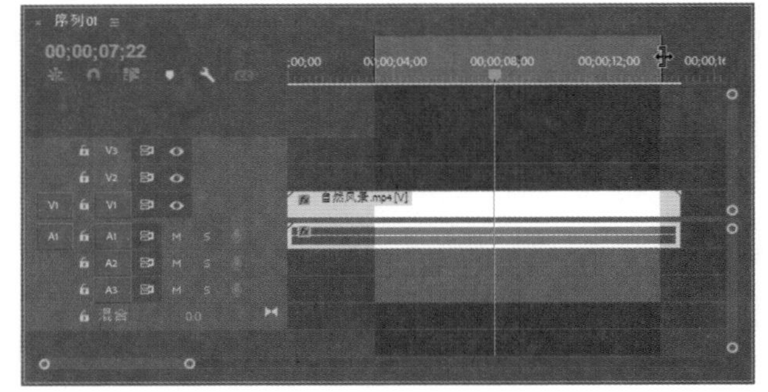

图 5-49　修改出点标记

06 选择“序列”|“渲染入点到出点的效果”命令，或按 Enter 键，可以在节目监视器面板中预览序列入点到出点的渲染效果，如图 5-50 所示。

图 5-50　序列入点到出点的预览效果

5.5　轨道控制

在视频编辑过程中，通常需要添加、删除视频或音频轨道等。本节就介绍一下添加轨道、删除轨道、重命名轨道和锁定与解锁轨道的方法。

5.5.1　添加轨道

选择“序列”|“添加轨道”命令，或者右击轨道名称并在弹出的快捷菜单中选择“添加轨道”命令，可以在打开的“添加轨道”对话框中设置添加轨道的数量，以及选择要创建的轨道类型和轨道放置的位置。

练习实例：在时间轴面板中添加轨道。	
文件路径	第 5 章 \ 世界风光.prproj
技术掌握	在时间轴面板中添加轨道

01 新建一个项目文件，然后在项目面板中导入“世界风光.psd”素材中的各个图层，如图 5-51 所示。

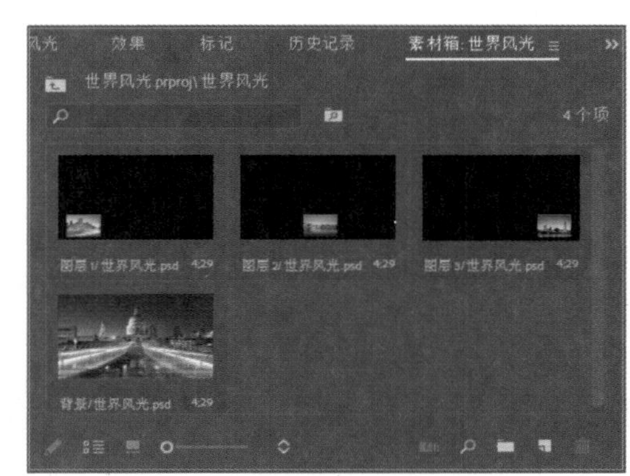

图 5-51　导入素材

02 新建一个序列，并保持默认的序列设置，创建的序列将包含3个视频轨道，如图5-52所示。

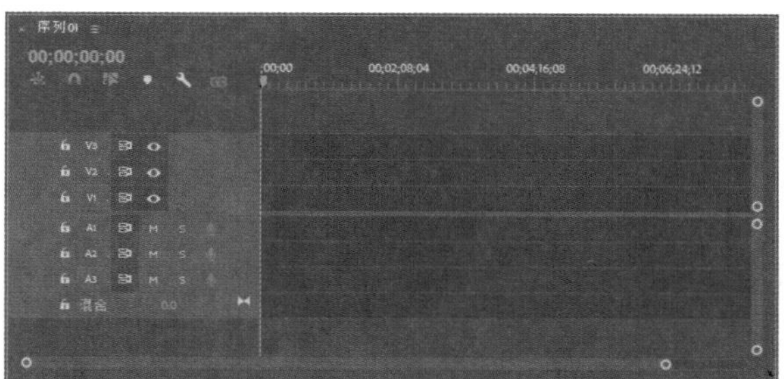

图 5-52 新建序列

03 将“背景”“图层1”和“图层2”素材分别拖入时间轴面板的视频1~视频3轨道中，如图5-53所示。

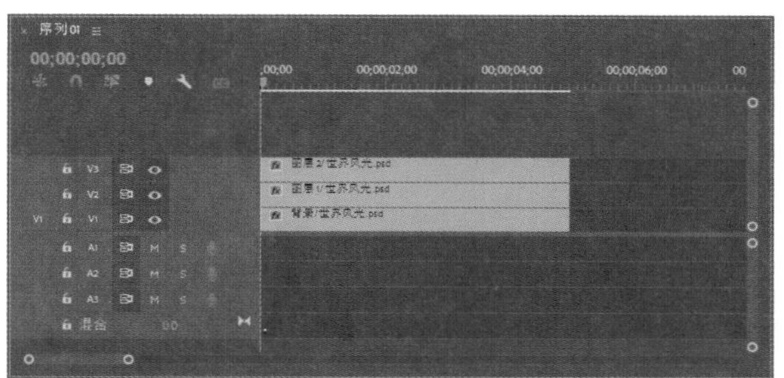

图 5-53 在视频轨道中添加素材

04 选择“序列”|“添加轨道”命令，打开“添加轨道”对话框，设置添加视频轨道数量为2，如图5-54所示。

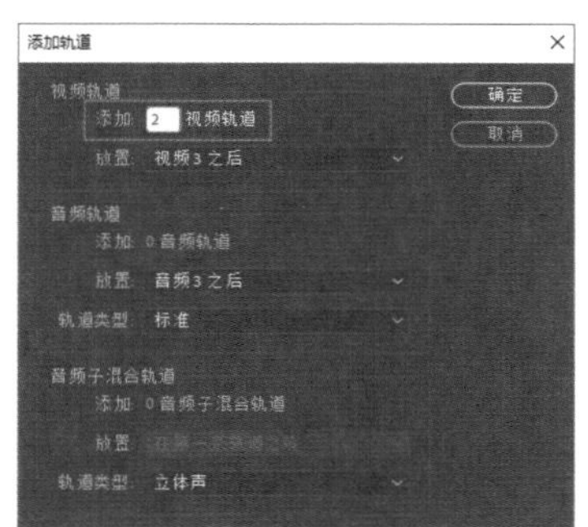

图 5-54 设置添加轨道参数

05 在“添加轨道”对话框中单击“确定”按钮，即可添加两个视频轨道，如图5-55所示。

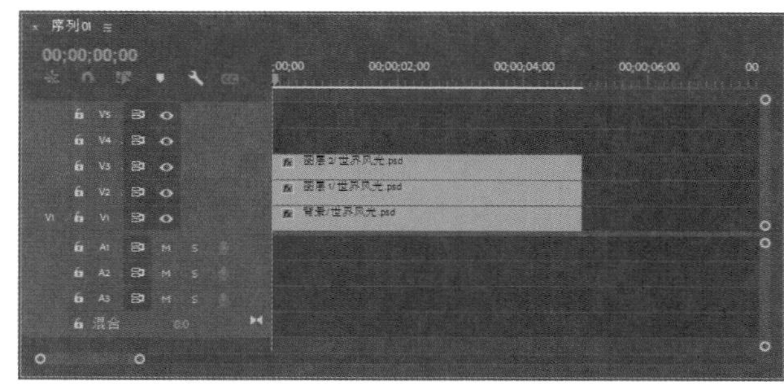

图 5-55 添加两个视频轨道

06 将“图层3”素材拖入时间轴面板的视频4轨道中，如图5-56所示。

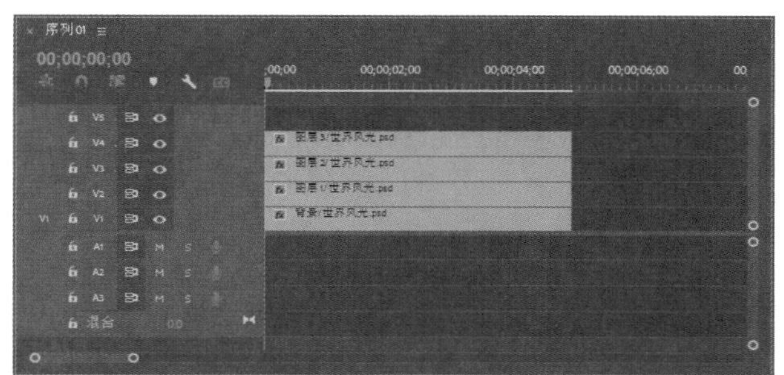

图 5-56 在新轨道中添加素材

07 在节目监视器面板中进行视频节目预览，效果如图5-57所示。

图 5-57 视频效果

5.5.2 删除轨道

在删除轨道之前，需要确定是删除目标轨道还是空轨道。如果要删除一个目标轨道，先将该轨道选中，然后选择“序列”|“删除轨道”命令，或者右击轨道名称并在弹出的快捷菜单中选择“删除轨道”命令，

将打开“删除轨道”对话框，如图 5-58 所示，在该对话框中可以选择删除空轨道、目标轨道和音频子混合轨道，在删除轨道的下拉列表中还可以选择要删除的某一个轨道，如图 5-59 所示。

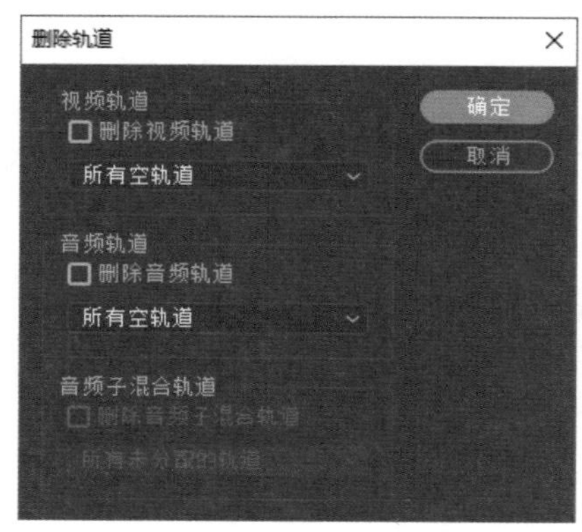

图 5-58　“删除轨道”对话框

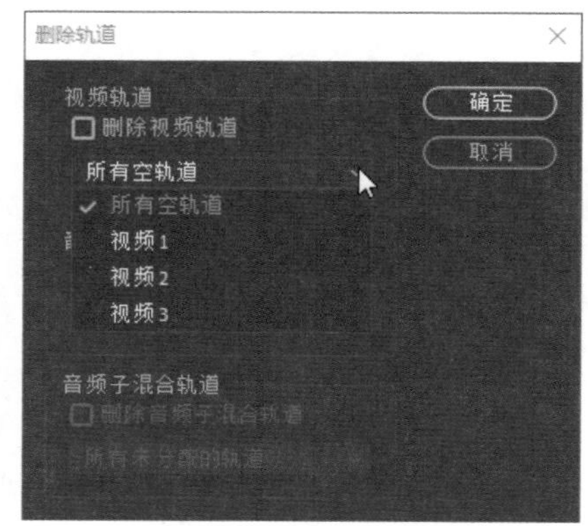

图 5-59　选择要删除的轨道

5.5.3　重命名轨道

要重命名一个音频或视频轨道，首先展开该轨道并显示其名称，然后右击轨道名称，在弹出的快捷菜单中选择“重命名”命令，如图 5-60 所示，然后对轨道进行重命名，完成后按下 Enter 键即可，如图 5-61 所示。

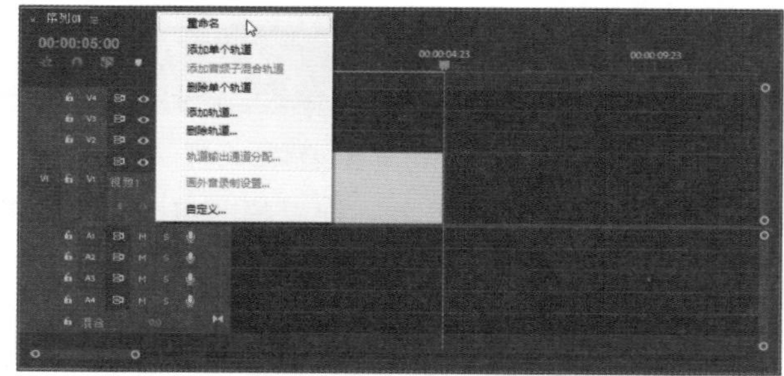

图 5-60　选择“重命名”命令

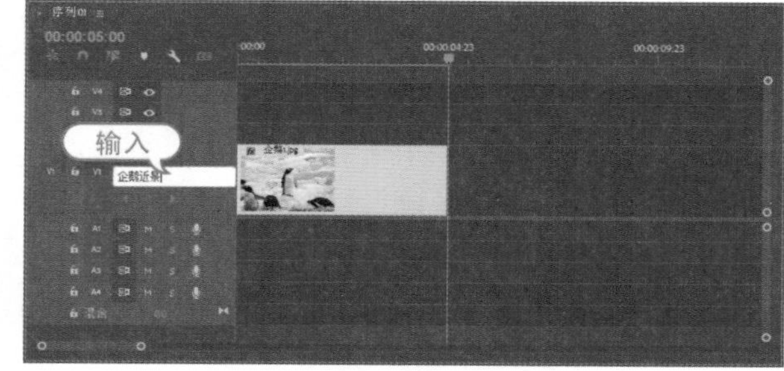

图 5-61　重命名视频轨道

5.5.4　锁定与解锁轨道

在进行视频编辑时，对当前暂时不需要进行操作的轨道进行锁定，可以避免轨道选择错误而导致视频编辑错误，当需要对锁定的轨道进行操作时，可以再将其解锁，从而提高视频编辑效率。

1. 锁定视频轨道

在时间轴面板中单击视频轨道左侧的“切换轨道锁定”图标，该图标将变为锁定轨道标记，表示该轨道已经被锁定了，锁定后的轨道将出现灰色的斜线，如图 5-62 所示。

2. 锁定音频轨道

锁定音频轨道的方法与锁定视频轨道的方法相似，在时间轴面板中单击音频轨道左侧的“切换轨道锁定”图标，该图标将变为锁定轨道标记，即表示该音频轨道已被锁定，如图 5-63 所示。

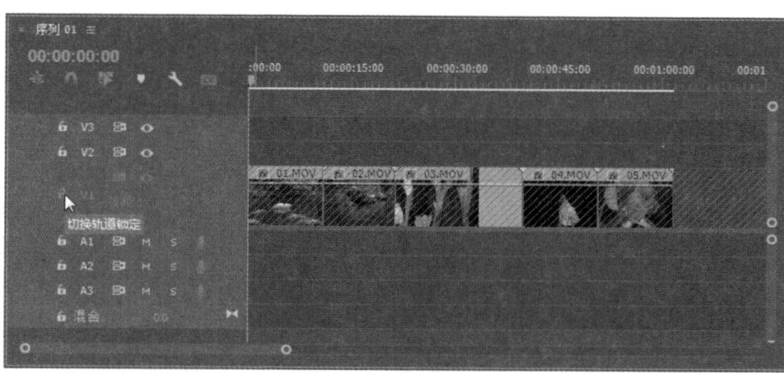

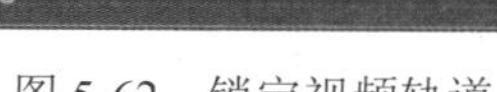
图 5-62　锁定视频轨道

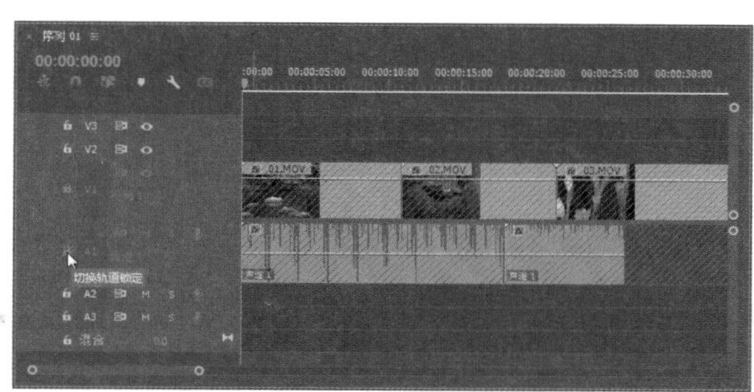
图 5-63　锁定音频轨道

3. 解除轨道的锁定

要解除轨道的锁定状态，单击被锁定轨道左侧的“切换轨道锁定”图标即可，该图标将变为解除锁定轨道标记。轨道解除锁定后，用户就可以对该轨道的素材进行编辑了。

5.6　在序列中编辑素材

时间轴面板是 Premiere 用于放置序列的地方，用户可以在时间轴面板中对序列中的素材进行各种编辑，如调整素材的排列顺序、激活和禁用素材、删除序列间隙、自动匹配序列、素材的编组等。

5.6.1　调整素材的排列顺序

进行视频编辑时，有时需要将时间轴面板中的某个素材放置到另一个区域。但是，在移动某个素材后，就会在移除素材的地方留下一个空隙，如图 5-64 和图 5-65 所示。为了避免这个问题，Premiere 提供了“插入”“提取”和“覆盖”3 种方式来移动素材。

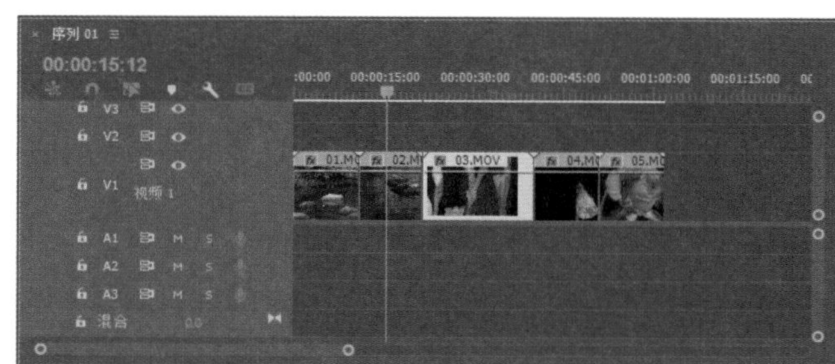
图 5-64　移动素材前

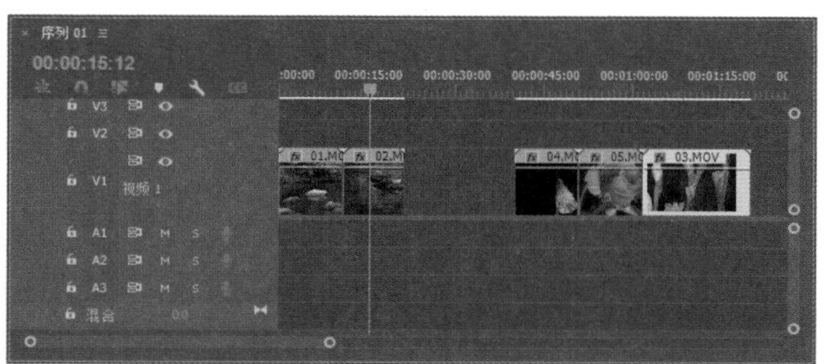
图 5-65　移动素材后

1. 插入素材

在 Premiere 中，通过“插入”方式排列素材，可以在节目中的某个位置快速添加一个素材，且在各个素材之间不留下空隙。

练习实例：通过插入方式重排素材。	
文件路径	第 5 章 \ 插入素材 .prproj
技术掌握	插入素材

01 新建一个项目文件，在项目面板中导入 4 个素材 (如“01.MOV”~“04.MOV”)，如图 5-66 所示。

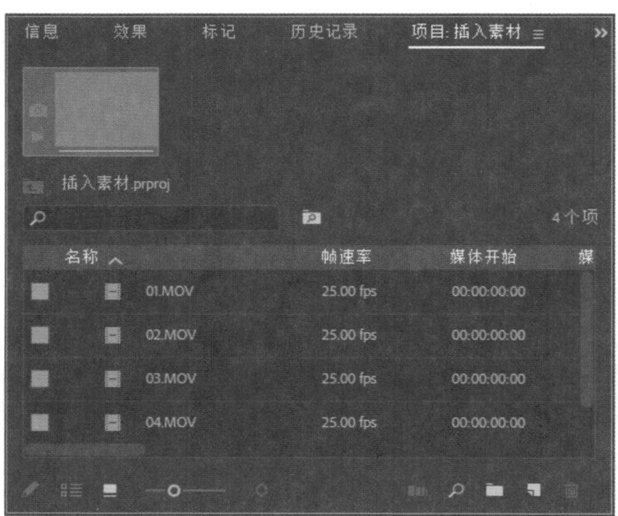

图 5-66　导入素材

02 新建一个序列，将项目面板中的“01.MOV”和“04.MOV”素材添加到时间轴面板的视频 1 轨道中，如图 5-67 所示。

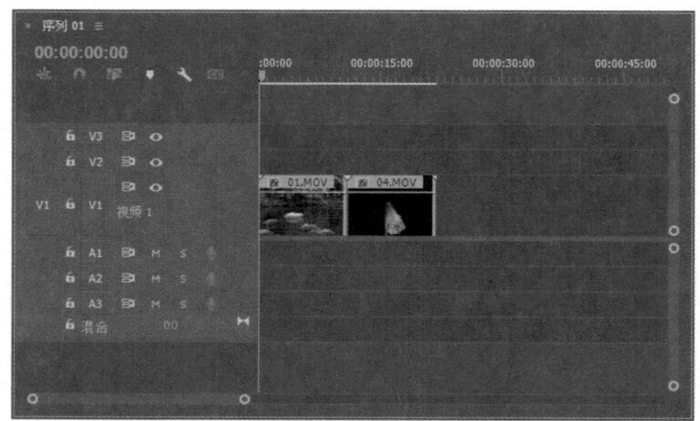

图 5-67　在时间轴中添加素材

03 在时间轴面板中将时间指示器移到“01.MOV”素材的出点处，如图 5-68 所示。

04 在项目面板中选中“02.MOV”素材，然后选择“剪辑”|“插入”命令，即可将“02.MOV”素材插入“01.MOV”素材的后面，如图 5-69 所示。

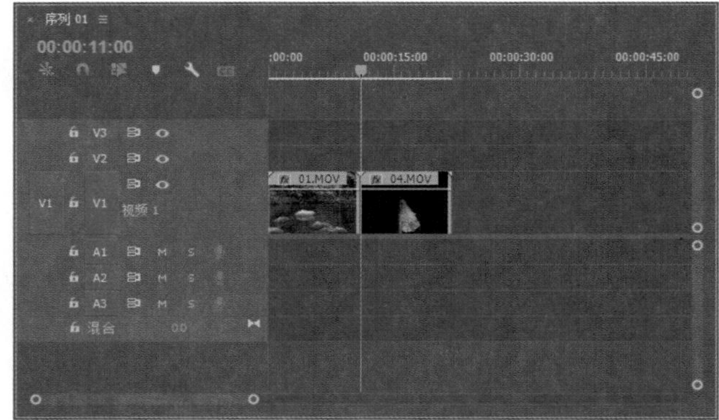

图 5-68　移动时间指示器

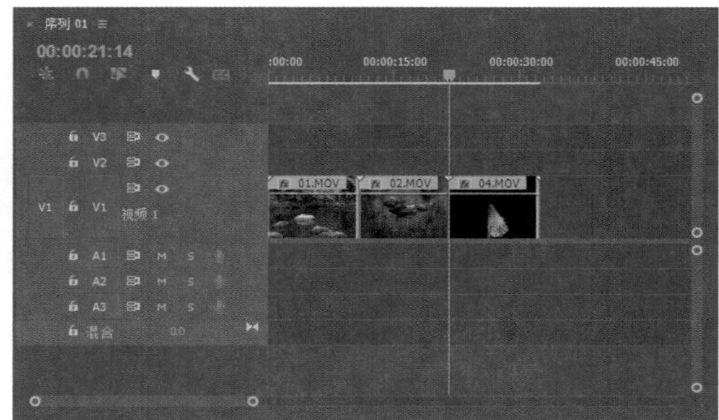

图 5-69　在时间轴中插入素材

05 在时间轴面板中将时间指示器移到“01.MOV”素材中间，如图 5-70 所示。

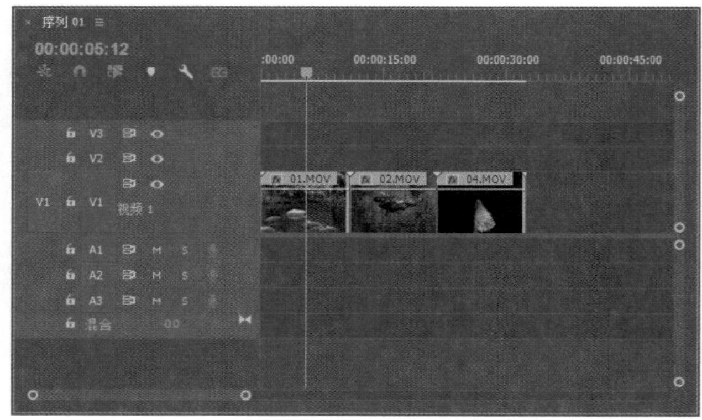

图 5-70　移动时间指示器

06 在项目面板中选中“03.MOV”素材，然后选择“剪辑”|“插入”命令，即可将“03.MOV”素材插入“01.MOV”素材的中间，如图 5-71 所示。

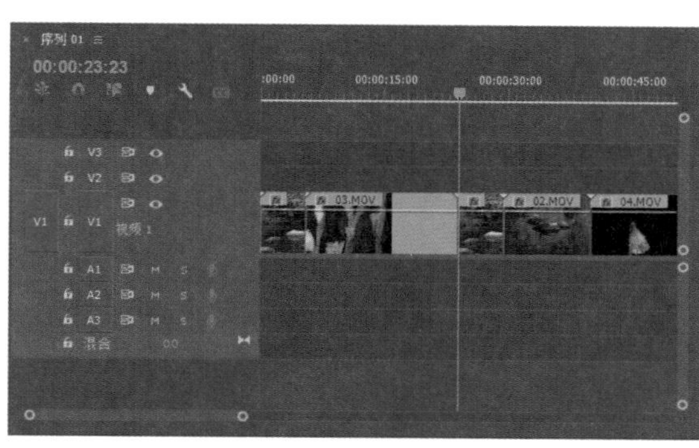

图 5-71　在时间轴中插入素材

进阶技巧：

如果将素材直接拖到时间轴面板中的时间指示器位置，虽然可以将素材添加到视频轨道中，但同时也会覆盖时间指示器后面的素材。

2. 提取素材

使用“提取”方式可以在移除素材之后闭合素材的间隙。按住 Ctrl 键，将一个素材或一组选中的素材拖动到新位置，然后释放鼠标，即可以提取方式重排素材。

练习实例：通过提取方式重排素材。	
文件路径	第 5 章 \ 提取素材.prproj
技术掌握	提取素材

01 新建一个项目文件，然后在项目面板中导入 4 个素材。

02 新建一个序列，将项目面板中的素材依次添加到时间轴面板的视频 1 轨道中，如图 5-72 所示。

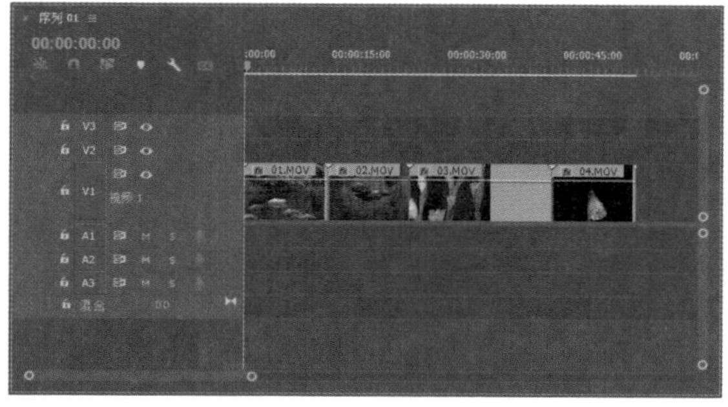

图 5-72　在时间轴中添加素材

03 按住 Ctrl 键的同时，选择视频 1 轨道中的“02. MOV”素材，如图 5-73 所示。

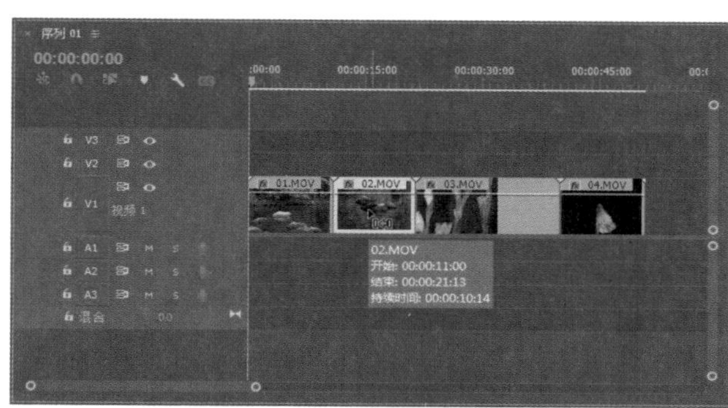

图 5-73　按住 Ctrl 键选择素材

04 将“02.MOV”素材拖动到“04.MOV”素材的出点处，如图 5-74 所示。

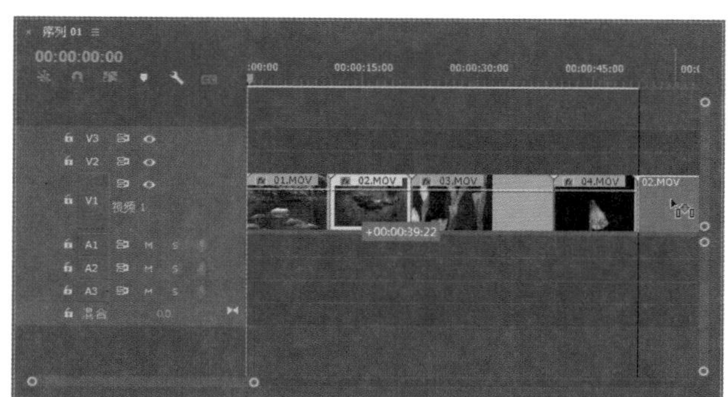

图 5-74　拖动素材

05 释放鼠标，即可完成素材的提取，如图 5-75 所示。

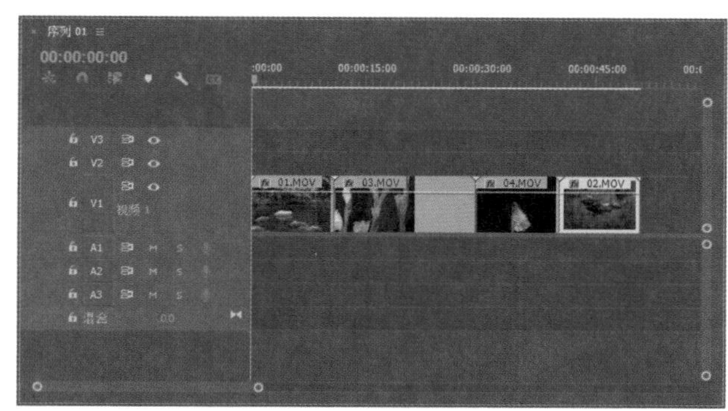

图 5-75　提取素材

3. 覆盖素材

以“覆盖”方式重排素材，可以使用某个素材将时间指示器所在位置的素材覆盖。在项目面板中

选择一个素材，然后在时间轴面板中将时间指示器移到指定位置，再选择“剪辑”|“覆盖”命令，即可使用选择的素材将时间指示器后面的素材覆盖；或者在时间轴面板中将一个素材拖动到另一个素材的位置，即可将其覆盖。

练习实例：通过覆盖方式重排素材。	
文件路径	第 5 章 \ 覆盖素材.prproj
技术掌握	覆盖素材

01 新建一个项目文件，然后在项目面板中导入 4 个素材。

02 新建一个序列，将项目面板中的“01.MOV”“02.MOV”“04.MOV”素材依次添加到时间轴面板的视频 1 轨道中，如图 5-76 所示。

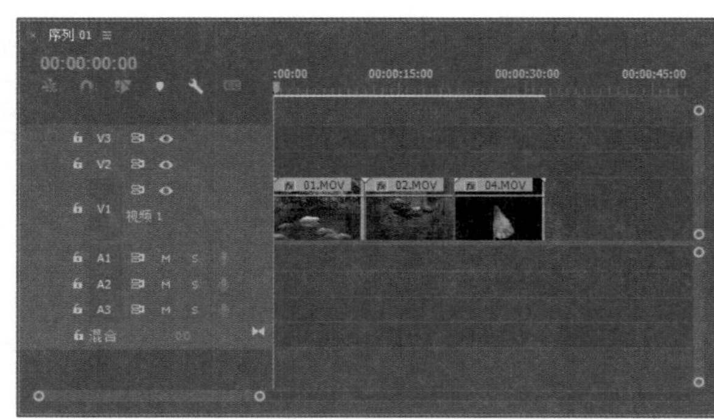

图 5-76　在时间轴中添加素材

03 将时间指示器移到“01.MOV”素材的出点处，如图 5-77 所示。

04 在项目面板中选择“03.MOV”素材作为要覆盖时间轴中素材的对象，如图 5-78 所示。

05 选择“剪辑”|“覆盖”命令，即可使用“03.MOV”素材覆盖时间指示器后面的素材，如图 5-79 所示。

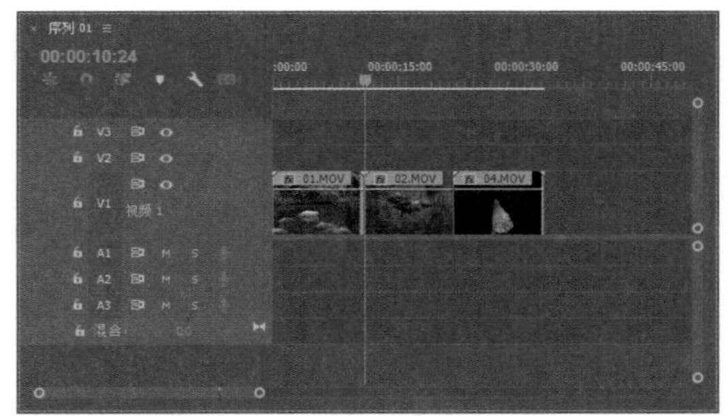

图 5-77　移动时间指示器

图 5-78　选择覆盖对象

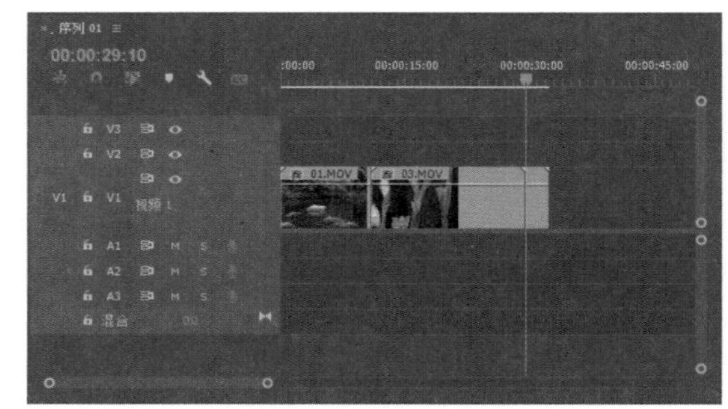

图 5-79　覆盖素材

5.6.2　激活和禁用素材

在进行视频编辑的过程中，使用节目监视器面板播放项目时，如果不想看到某素材的视频，可以将其禁用，而不用将其删除。

练习实例：激活和禁用序列中的素材。	
文件路径	第 5 章 \ 激活和禁用素材.prproj
技术掌握	激活素材、禁用素材

01 新建一个项目文件，在项目面板中导入两个素材（如“04.MOV”“05.MOV”），如图 5-80 所示。

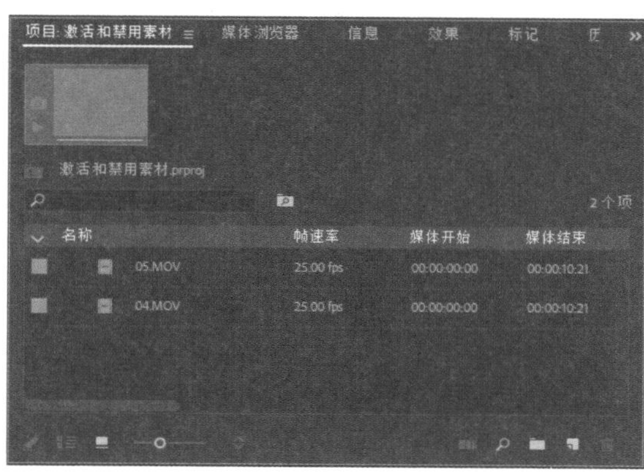

图 5-80　导入素材

02 新建一个序列，将项目面板中的素材添加到时间轴面板的视频轨道中，如图 5-81 所示。

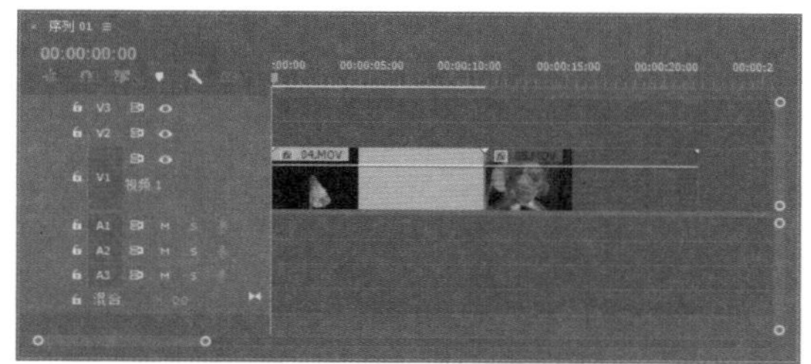

图 5-81　在时间轴中添加素材

03 在时间轴面板中将时间指示器移到“05.MOV”素材所在的持续范围内，然后选择“窗口”|“节目监视器”|“序列 01(当前序列名)”命令，打开节目监视器，查看序列中的节目效果，如图 5-82 所示。

04 在时间轴面板中选中“05.MOV”素材，然后选择“剪辑”|“启用”命令，“启用”菜单项上的复选标记将被移除，这样即可将选中的素材设置为禁用状态，禁用的素材名称将显示为灰色文字，并且该素材不能在节目监视器中显示，如图 5-83 所示。

图 5-82　查看节目效果

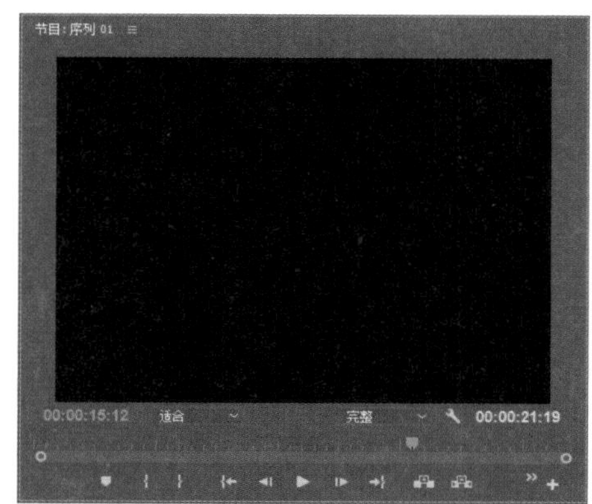

图 5-83　禁用素材

05 如要重新激活素材，可以再次选择“剪辑”|“启用”命令，将素材设置为最初的激活状态，该素材便可以重新在节目监视器中显示。

5.6.3　删除序列间隙

在编辑过程中，有时不可避免地会在时间轴面板的素材间留有间隙。如果通过移动素材来填补间隙，那么其他的素材之间又会出现新的间隙。这种情况就需要使用波纹删除方法来删除序列中素材间的间隙。

在素材间的间隙中右击，从弹出的菜单中选择“波纹删除”命令，如图 5-84 所示，就可以将素材间的间隙删除，如图 5-85 所示。

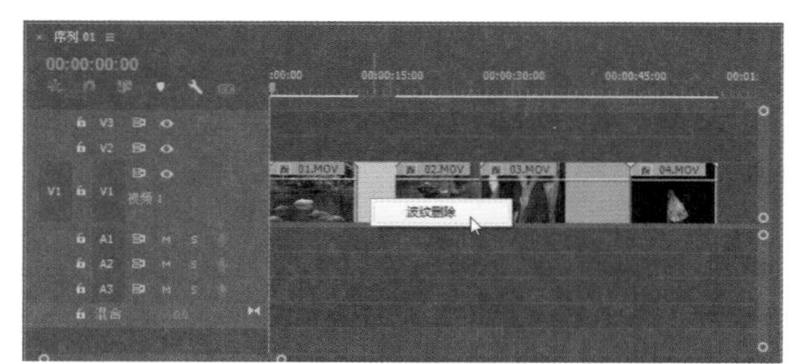

图 5-84　选择“波纹删除”命令

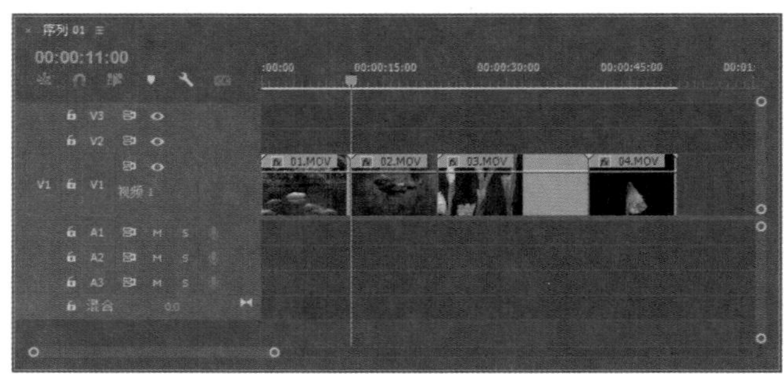

图 5-85　删除素材间的间隙

5.6.4　自动匹配序列

使用 Premiere 的自动匹配序列功能不仅可以将素材从项目面板添加到时间轴的轨道中，而且还可以在素材之间添加默认过渡效果。

练习实例：自动匹配序列。	
文件路径	第 5 章 \ 自动匹配序列.prproj
技术掌握	自动匹配序列

01 新建一个项目文件，在项目面板中导入多个素材，如图 5-86 所示。

图 5-86　导入素材

02 新建一个序列，将项目面板中的“01.MOV”和“02.MOV”素材添加到时间轴面板的视频轨道中，如图 5-87 所示，然后将时间指示器移到“01.MOV”素材的出点处。

03 在项目面板中选中其他几个素材，作为要自动匹配到时间轴面板中的素材，如图 5-88 所示。

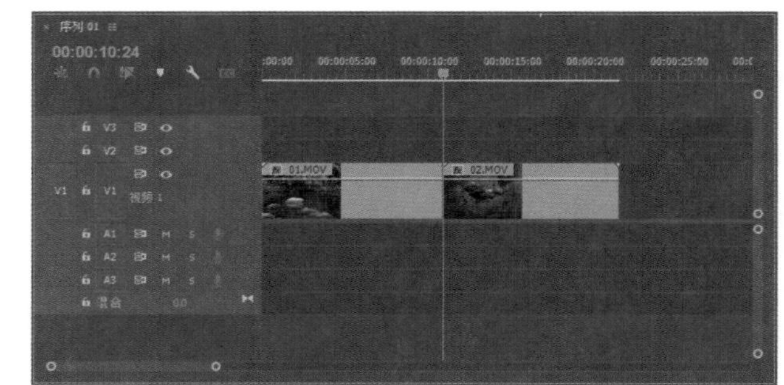

图 5-87　在时间轴中添加素材

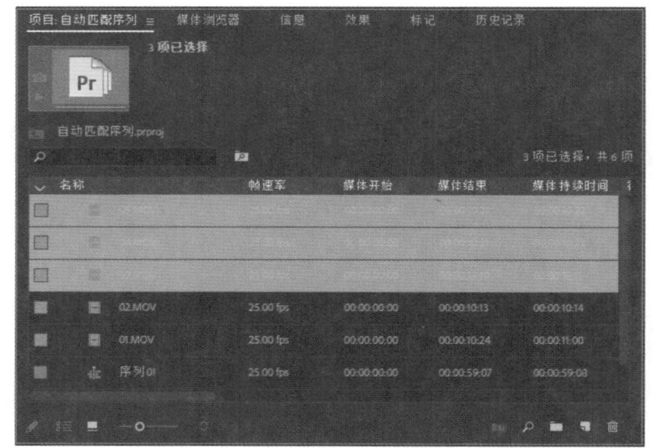

图 5-88　选中要匹配的素材

04 选择“剪辑”|“自动匹配序列”命令，打开“序列自动化”对话框，如图 5-89 所示。

05 在“序列自动化”对话框中设置“顺序”为“排序”、“方法”为“插入编辑”，如图 5-90 所示。

06 单击“确定”按钮，即可完成操作，自动匹配序列后的效果如图 5-91 所示。

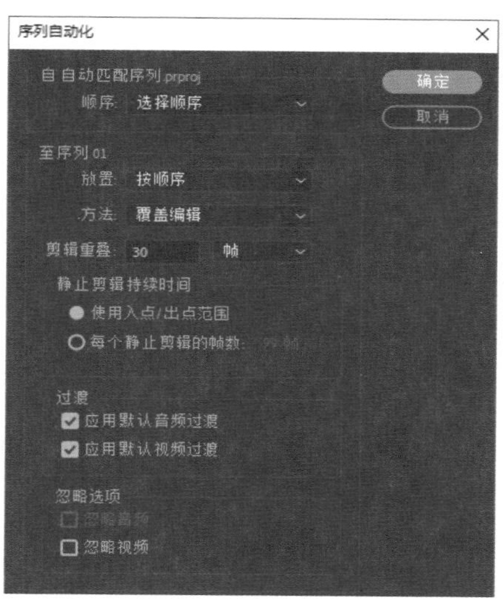

图 5-89 “序列自动化”对话框

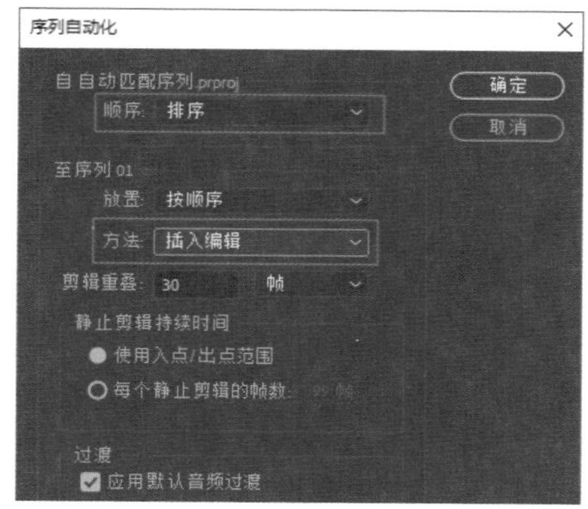

图 5-90 设置自动匹配选项

进阶技巧：

如果要将在项目面板中选择的素材按顺序放置在视频轨道中，首先要对项目面板中的素材进行排序，以便它们按照需要的时间顺序出现。

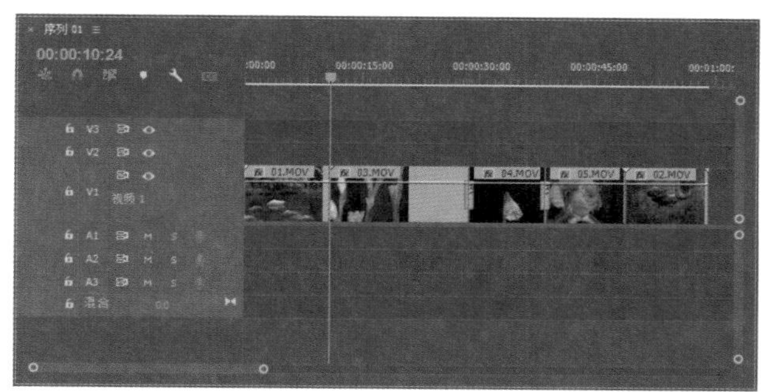

图 5-91 自动匹配序列后的效果

“序列自动化”对话框中各选项的功能如下。

- 顺序：此选项用于选择是按素材在“项目”面板中的排列顺序对它们进行排序，还是根据在“项目”面板中选择它们的顺序进行排序。
- 放置：用于选择“按顺序”对素材进行排序，或者选择按“未编号标记”进行排序。
- 方法：此选项允许选择“插入编辑”或“覆盖编辑”。如果选择“插入编辑”选项，素材将以插入的方式添加到时间轴轨道中，原有的素材被分割，其内容不变。如果选择“覆盖编辑”选项，素材将以覆盖的方式添加到时间轴轨道中，原有的素材被覆盖替换。
- 剪辑重叠：此选项用于指定将多少秒或多少帧用于默认转场。在 30 帧长的转场中，15 帧将覆盖来自两个相邻素材的帧。
- 过渡：此选项用于应用目前已设置好的素材之间的默认切换转场。
- 忽略音频：用于设置在自动化到时间轴轨道中时是否忽略素材的音频部分。
- 忽略视频：用于设置在自动化到时间轴轨道中时是否忽略素材的视频部分。

5.6.5 素材的编组

如果需要多次选择相同的素材，则应该将它们放置在一个组中。在创建素材组之后，可以通过单击任意组编号选择该组的每个成员，还可以通过选择该组的任意成员并按 Delete 键来删除该组中的所有素材。

在时间轴面板中选择需要编为一组的素材，然后选择“剪辑”|“编组”命令，即可将选择的素材进行编组。对素材进行编组后，当选择组中的一个素材时，该组中的其他素材也会同时被选取。

在时间轴面板中选择素材组，然后选择“剪辑”|“取消编组”命令，即可取消素材的编组。

练习实例：对素材进行编组。	
文件路径	第 5 章 \ 素材编组.prproj
技术掌握	素材编组

01 新建一个项目文件，然后在项目面板中导入多个素材。

02 新建一个序列，将项目面板中的素材依次添加到时间轴面板的视频 1 轨道中，如图 5-92 所示。

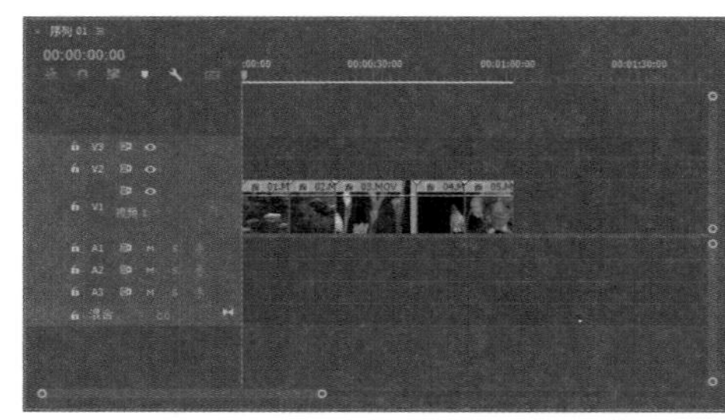

图 5-92　在时间轴中添加素材

03 在视频 1 轨道中选择中间的 3 个素材，如图 5-93 所示，然后选择“剪辑”|“编组”命令，即可将选中的素材编辑为一组。

04 在视频 1 轨道中选择编组素材中的任意一个素材，即可选中整个素材组，如图 5-94 所示。

05 将选择的素材拖动到“05.MOV”素材的出点处，释放鼠标，整个编组中的素材都将被移到“05.MOV”素材的后面，如图 5-95 所示。

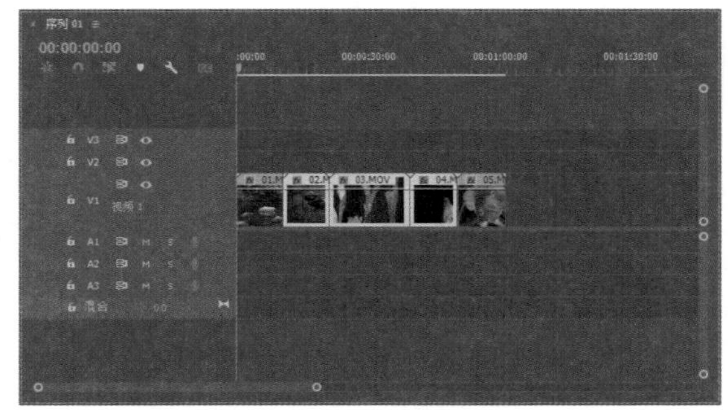

图 5-93　选择要编组的素材

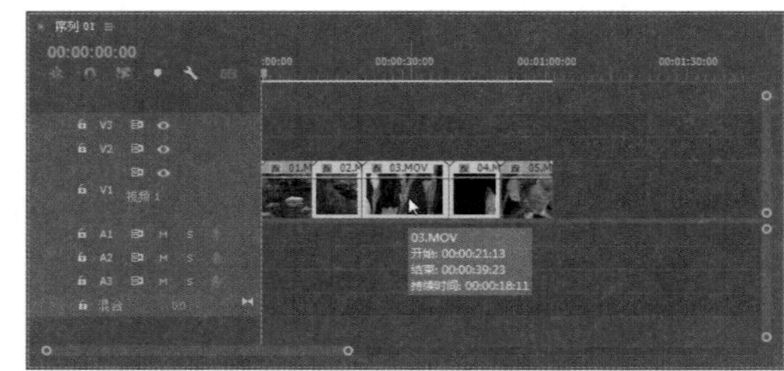

图 5-94　选中整个素材组

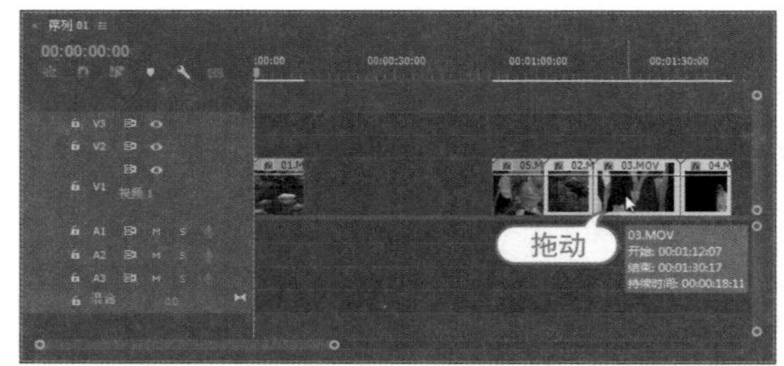

图 5-95　移动素材

5.7　高手解答

问：在时间轴面板中要将时间指示器移到 2 分 15 秒 05 帧的位置，只需在时间码显示框中直接输入什么数值即可？

答：在时间轴面板的时间码显示框中直接输入 21505 数值，然后按 Enter 键即可将时间指示器移到 2 分 15 秒 05 帧的位置。

问：在时间轴面板中将一个素材向一个邻近的素材拖动时，如何使它们自动吸附在一起，防止素材之间出现时间间隙？

答：在时间轴面板中单击“对齐”按钮，打开对齐功能后，将一个素材向一个邻近的素材拖动时，它们会自动吸附在一起，这可以防止素材之间出现时间间隙。

问：在编辑过程中，当素材之间出现新的间隙时，可以使用什么方法删除序列中素材间的间隙？

答：这种情况需要使用波纹删除方法来删除序列中素材间的间隙。在素材间的间隙中右击，从弹出的菜单中选择“波纹删除”命令即可。

第6章 Premiere 高级编辑技术

Premiere 的视频编辑功能十分强大，使用 Premiere 的选择工具就可以编辑整个项目。但是，如果要进行精确编辑，还需要使用 Premiere 更深层次的编辑功能。本章将介绍 Premiere 工具面板的编辑工具、在监视器面板中调整素材、主素材和子素材、嵌套序列和多机位序列等内容。

练习实例：设置源素材的入点和出点
练习实例：设置素材标记
练习实例：波纹编辑素材的入点和出点
练习实例：滚动编辑素材的入点和出点
练习实例：外滑编辑素材的入点和出点
练习实例：内滑编辑素材的入点和出点
练习实例：创建与编辑子素材
练习实例：创建嵌套序列
练习实例：建立多机位序列

6.1　在监视器面板中调整素材

在监视器面板中不仅可以查看素材的效果，还可以进行安全区查看、素材入点和出点的设置、素材标记设置等操作。

6.1.1　素材的帧定位

在源监视器面板中可以精确地查找素材片段的每一帧。在源监视器面板中可以进行如下一些操作。

- 在源监视器面板左下方的时间码文本框中单击，将其激活为可编辑状态，输入需要跳转到的准确时间，如图 6-1 所示。然后按 Enter 键确认，即可精确地定位到指定的帧位置，如图 6-2 所示。

图 6-1　输入要跳转到的准确时间

图 6-2　定位到指定的帧位置

- 单击“前进一帧”按钮，可以使画面向前移动一帧。如果按住 Shift 键的同时单击该按钮，可以使画面向前移动 5 帧。
- 单击“后退一帧”按钮，可以使画面向后移动一帧。如果按住 Shift 键的同时单击该按钮，可以使画面向后移动 5 帧。
- 直接拖动当前时间指示器到要查看的位置。

6.1.2　查看安全区域

源监视器和节目监视器都允许查看安全区域。监视器的安全框用于显示动作和字幕所在的安全区域。

双击项目面板中的素材，在源监视器中显示素材。然后在监视器面板中右击，在弹出的快捷菜单中选择“安全边距”命令，如图 6-3 所示。当安全区域的边界显示在监视器中时，内部安全区域就是字幕安全区域，而外部安全区域则是动作安全区域，如图 6-4 所示。

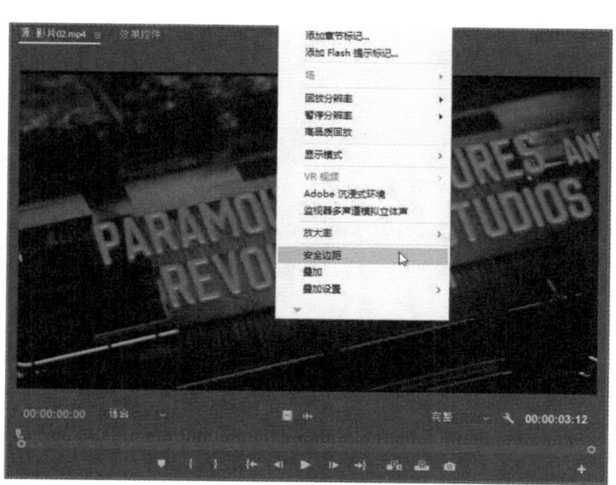

图 6-3　选择“安全边距”命令

图 6-4　显示安全区域

6.1.3　在源监视器面板中切换素材

在源监视器面板中显示素材时，素材的名字会显示在源监视器面板顶部的选项卡中。如果在源监视器中存在多个素材，可以在源监视器中单击名称选项卡右侧的菜单按钮，在打开的下拉菜单中选择素材进行切换，如图 6-5 所示。从下拉菜单中选择素材之后，该素材会出现在源监视器面板中，如图 6-6 所示。

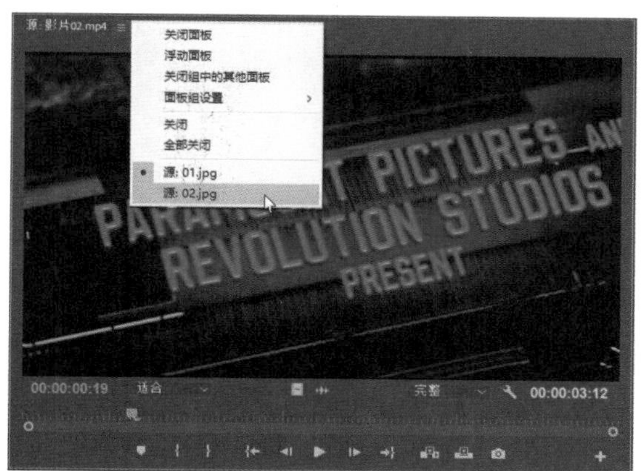

图 6-5　在源监视器面板中选择素材

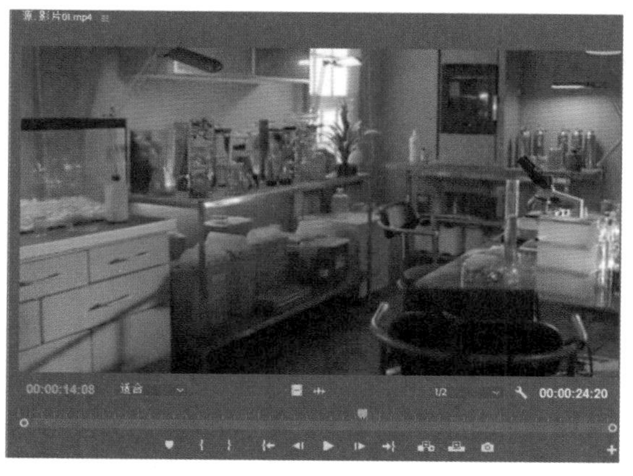

图 6-6　在源监视器面板中切换素材

6.1.4　设置素材的入点和出点

由于采集的素材包含的影片总是多于所需的影片，在将素材放到时间轴面板中的某个视频序列中时，可能需要先在源监视器面板中设置素材的入点和出点，从而节省在时间轴面板中编辑素材的时间。

练习实例：设置源素材的入点和出点。	
文件路径	第 6 章 \ 入点和出点.prproj
技术掌握	设置入点和出点

01 在项目面板中导入素材文件，并在源监视器面板中显示素材。

02 将时间指示器移到需要设置为入点的位置，选择“标记”|“标记入点”命令，或者在源监视器面

板中单击“标记入点”按钮，即可为素材设置入点，如图 6-7 所示。

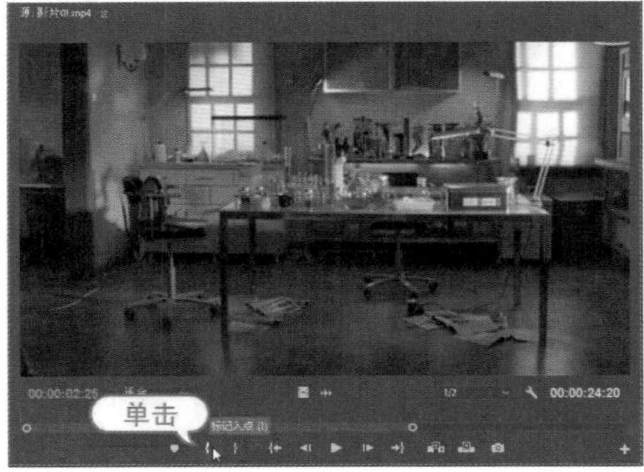

图 6-7　设置入点

03 将时间指示器从入点位置移开，可看到入点处的左括号标记，如图 6-8 所示。

图 6-8　入点标记

04 将时间指示器移到需要设置为出点的位置，然后选择“标记”|“标记出点”命令，或者单击“标记出点”按钮，即可为素材设置出点，如图 6-9 所示。

图 6-9　设置出点

05 将时间指示器从出点位置移开，可看到出点处的右括号标记，如图 6-10 所示。

图 6-10　出点标记

进阶技巧：

在设置入点和出点之后，源监视器面板右边的时间指示是从入点到出点的持续时间，用户可以通过拖动入点和出点标记来编辑入点和出点的位置。

06 单击源监视器面板右下方的“按钮编辑器”按钮，在弹出的面板中将“从入点到出点播放视频”按钮拖动到源监视器面板下方的工具按钮栏中，如图 6-11 所示。

图 6-11　添加工具按钮

07 在源监视器面板中单击添加的“从入点到出点播放视频”按钮，可以在源监视器面板中预览入点和出点之间的视频，如图 6-12 所示。

图 6-12　播放入点和出点之间的视频

08 选择“标记”|“转到入点”命令，或单击源监视器面板中的“转到入点”按钮，即可返回素材的入点标记。

09 选择“标记”|“转到出点”命令，或单击源监视器面板中的“转到出点”按钮，即可返回素材的出点标记。

10 选择“标记”|“清除入点”命令，可以清除设置的入点；选择“标记”|“清除入点和出点”命令，可以清除设置的入点和出点。

6.1.5　设置素材标记

如果想返回素材中的某个特定帧，可以设置一个标记作为参考点。

练习实例：设置素材标记。	
文件路径	第 6 章 \ 素材标记.prproj
技术掌握	设置素材标记

01 在项目面板中导入一个素材，然后双击素材将其显示在源监视器面板中。

02 单击源监视器面板右下方的“按钮编辑器”按钮，在弹出的面板中将“添加标记”按钮、“转到上一标记”按钮和“转到下一标记”按钮拖动到源监视器面板下方的工具按钮栏中，如图 6-13 所示。

图 6-13　添加按钮

03 将时间指示器移到第 1 秒，选择“标记”|“添加标记”命令，或单击“添加标记”按钮，即可在该位置添加一个标记，标记会出现在时间标尺的上方，如图 6-14 所示。

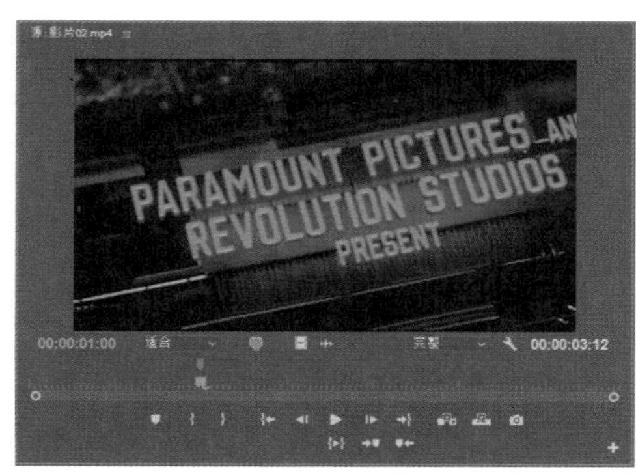

图 6-14　添加标记

04 分别在第 2 秒和第 3 秒的位置添加一个标记，如图 6-15 所示。

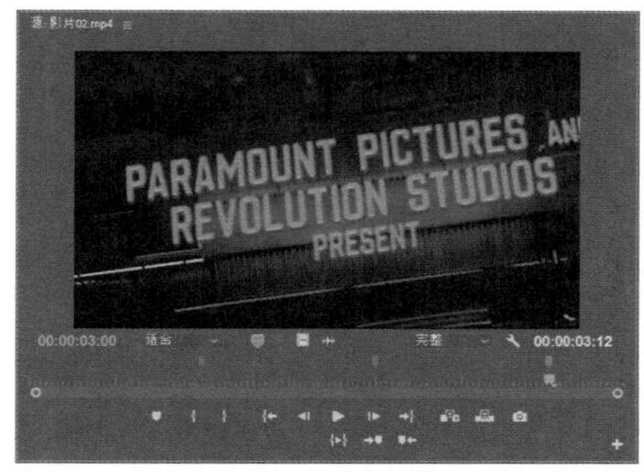

图 6-15　添加两个标记

05 选择“标记”|“转到上一标记”命令，或单击“转到上一标记”按钮，即可将时间指示器移到上一个标记位置，如图 6-16 所示。

图 6-16　转到上一标记

06 选择“标记”|“转到下一标记”命令，或单击“转到下一标记”按钮，即可将时间指示器移到下一个标记位置。

07 选择“标记”|“清除所选标记”命令，可以清除当前时间指示器所在位置的标记，如图 6-17 所示。

08 选择“标记”|“清除所有标记”命令，可以清除所有的标记，如图 6-18 所示。

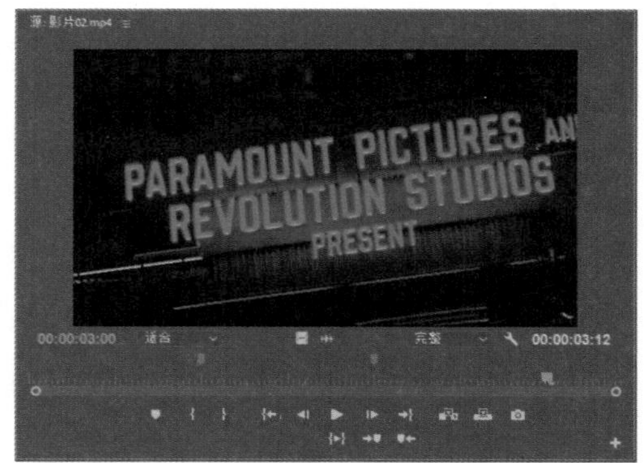

图 6-17　清除当前标记

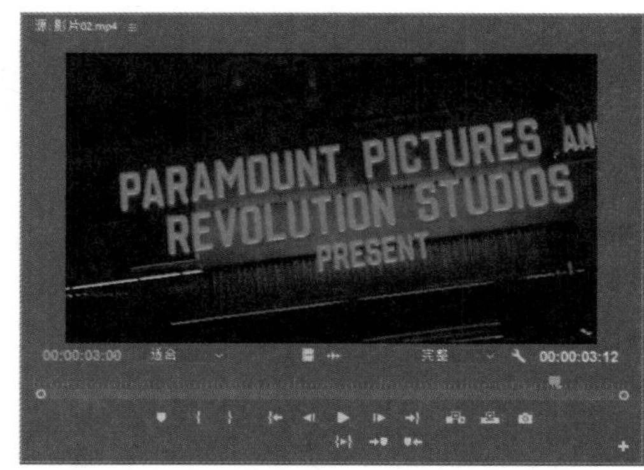

图 6-18　清除所有标记

6.2　使用 Premiere 工具编辑素材

在工具面板中，合理使用其中的编辑工具，可以快速编辑素材的入点和出点。Premiere 的编辑工具如图 6-19 所示。

6.2.1　选择工具

选择工具在编辑素材时是最常用的工具。使用选择工具，可以对素材进行选择和移动操作，还可以选择并调整素材的关键帧，也可以在时间轴面板中通过拖动素材的入点和出点，为素材设置入点和出点，如图 6-20 所示。

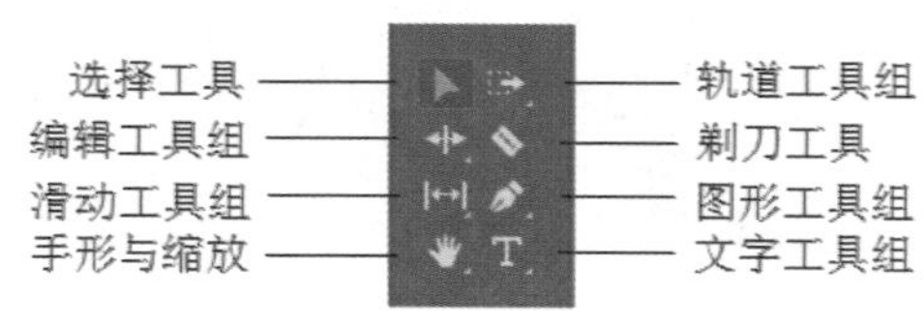

图 6-19　编辑工具

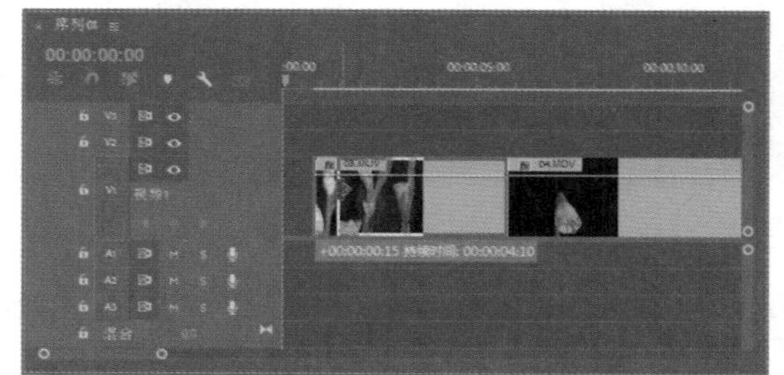

图 6-20　拖动设置素材的入点

6.2.2 编辑工具组

单击编辑工具组右下角的三角形按钮，可以展开并选择该组工具，其中包含了波纹编辑工具、滚动编辑工具和比率拉伸工具，如图 6-21 所示。

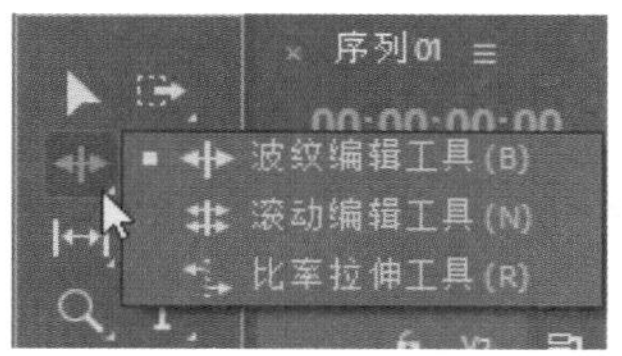

图 6-21 展开编辑工具组

1. 波纹编辑工具

使用波纹编辑工具可以编辑一个素材的入点和出点，而不影响相邻的素材，在减小前一个素材的长度时，会将后一个素材向左拉近，而不改变后一个素材的持续时间，这样就改变了整个作品的持续时间。

练习实例：波纹编辑素材的入点和出点。	
文件路径	第 6 章 \ 波纹编辑素材 .prproj
技术掌握	波纹编辑

01 新建一个项目文件，然后将素材“01.mp4”和“02.mp4”导入项目面板中，如图 6-22 所示。

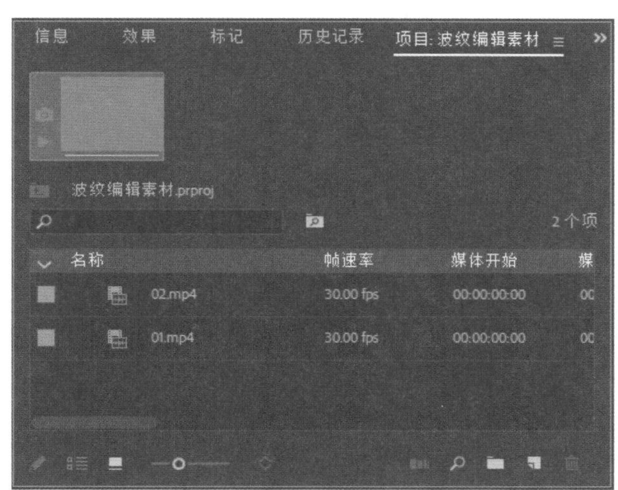

图 6-22 导入素材

02 新建一个序列，将“01.mp4”和“02.mp4”素材添加到时间轴面板的视频 1 轨道中，如图 6-23 所示。

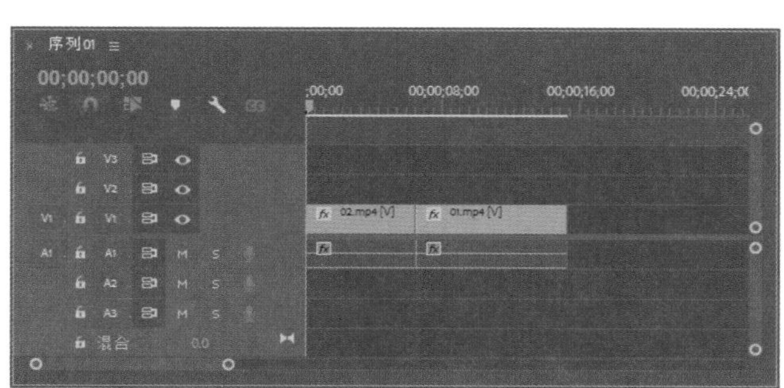

图 6-23 在视频 1 轨道中添加素材

03 单击工具面板中的“波纹编辑工具”按钮，或按 B 键选择波纹编辑工具，然后将光标移到想要修整的素材的出点处，单击并向左拖动以减小素材的长度，如图 6-24 所示。

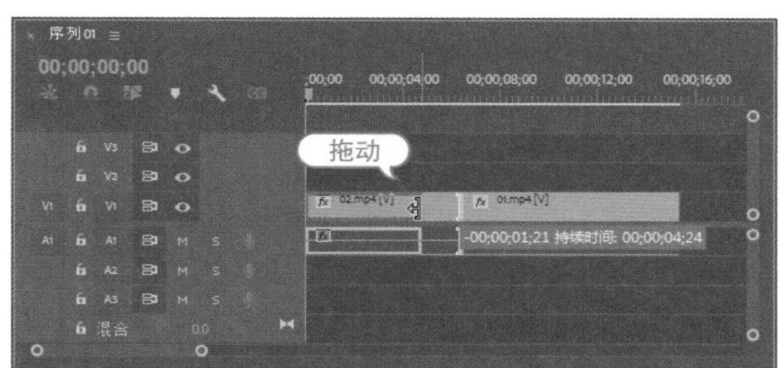

图 6-24 向左拖动前面素材的出点

04 使用波纹编辑工具编辑素材的入点和出点时，在节目监视器中会显示编辑入点和出点时的预览情况，如图 6-25 所示。

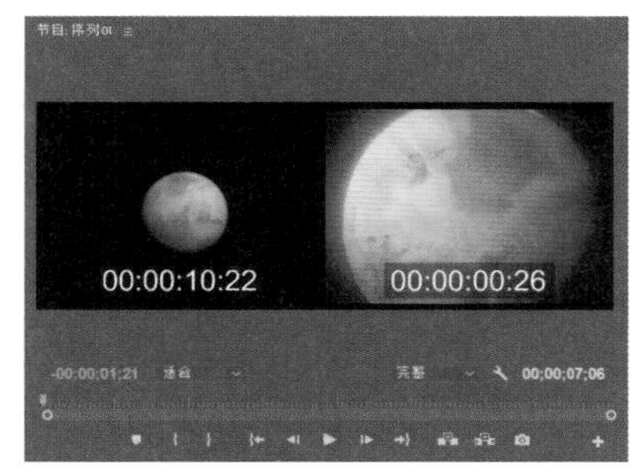

图 6-25 编辑出点时的预览情况

05 改变第一个素材的出点后，相邻素材将向左移动，与前面的素材连接在一起，后一个素材的持续

时间将保持不变，整个序列的持续时间发生相应的改变，如图 6-26 所示。

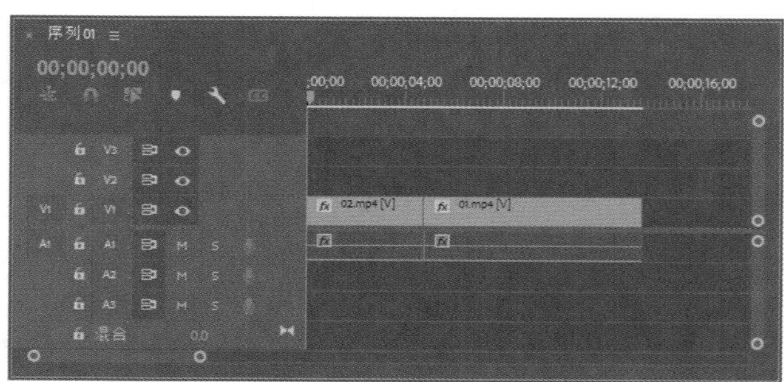

图 6-26　波纹编辑素材后的效果

06 选择波纹编辑工具，单击并向右拖动后面素材的入点，可以减小后面素材的长度，并将该素材向左移动，整个序列的持续时间发生相应的改变，如图 6-27 所示。

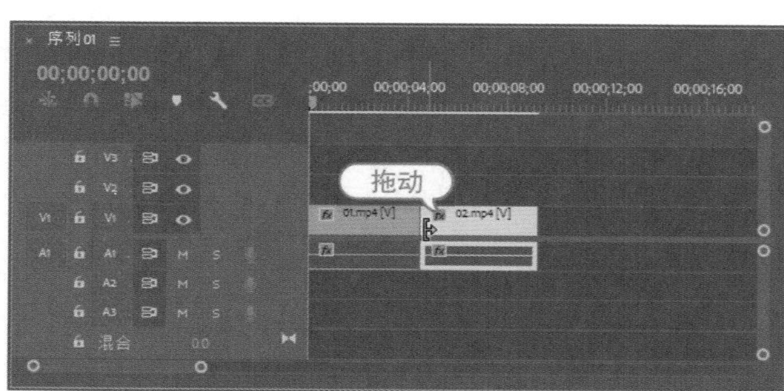

图 6-27　向右拖动后面素材的入点

2. 滚动编辑工具

在时间轴面板中，使用滚动编辑工具 可以通过单击并拖动一个素材的边缘，修改素材的入点或出点。当单击并拖动素材的边缘时，下一个素材的持续时间会根据前一个素材的变动自动调整。例如，如果第一个素材增加 5 帧，那么就会从下一个素材减去 5 帧。这样，使用滚动编辑工具编辑素材时，不会改变所编辑节目的持续时间。

练习实例：滚动编辑素材的入点和出点。	
文件路径	第 6 章\滚动编辑素材.prproj
技术掌握	滚动编辑

01 新建一个项目文件，然后将素材“01.mp4”和“02.mp4”导入项目面板中，如图 6-28 所示。

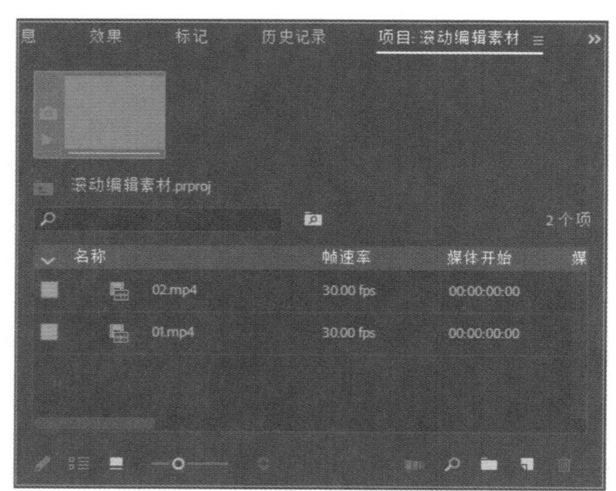

图 6-28　导入素材

02 将两个素材添加到源监视器面板中，然后修改“01.mp4”的入点和出点，如图 6-29 所示。

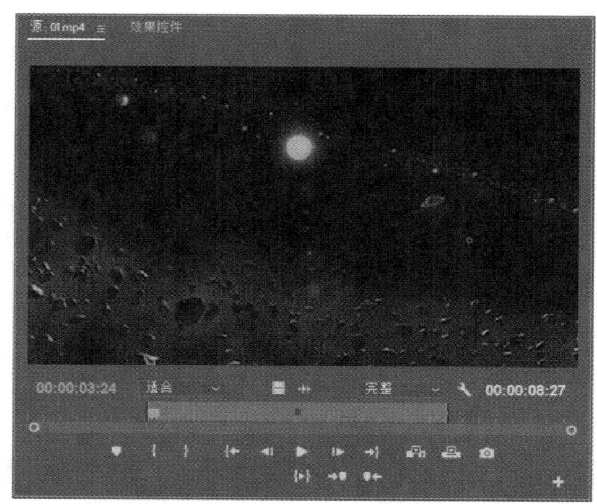

图 6-29　修改素材的入点和出点

03 在源监视器面板中设置“02.mp4”的入点和出点，如图 6-30 所示。

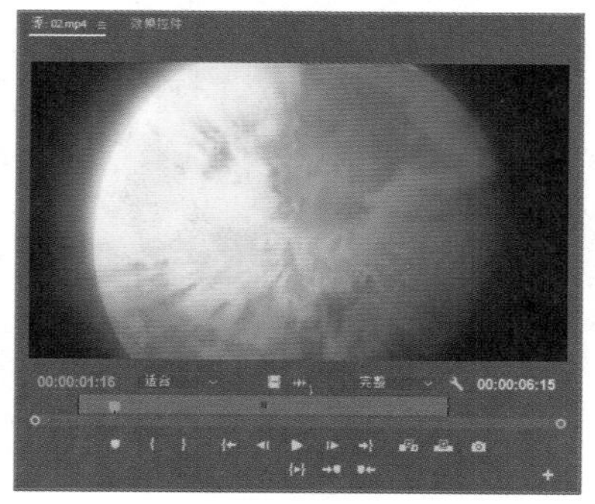

图 6-30　设置素材的入点和出点

04 新建一个序列，将素材“01.mp4”添加到时间轴面板的视频 1 轨道中，如图 6-31 所示。

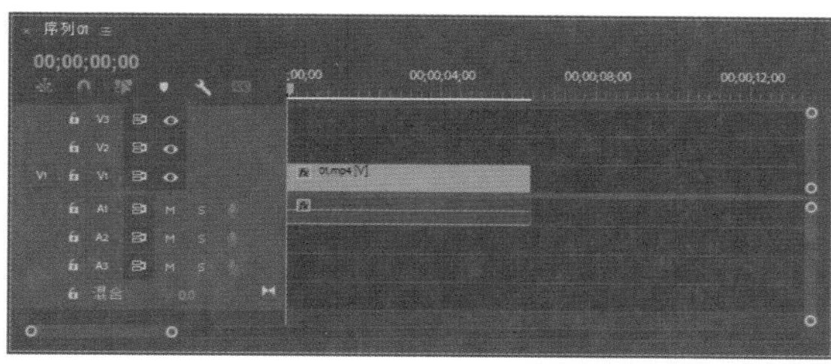

图 6-31　在视频 1 轨道中添加素材

05 将时间指示器移到素材“01.mp4”的出点处，然后将素材“02.mp4”拖动到时间轴面板的视频 1 轨道中，使两个素材连接在一起，如图 6-32 所示。

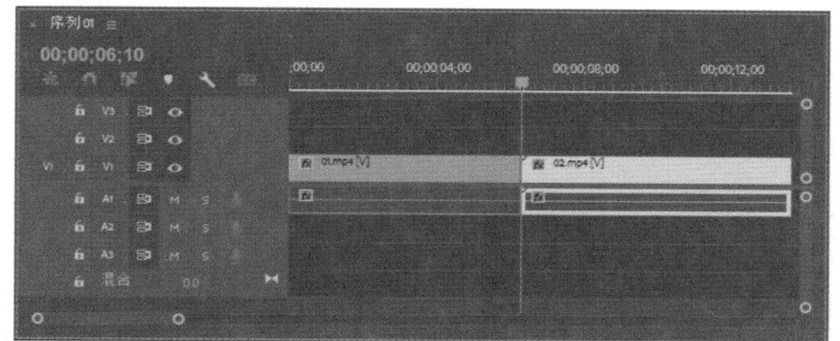

图 6-32　在轨道中添加素材

06 单击工具面板中的“滚动编辑工具”按钮，或按 N 键选择滚动编辑工具，然后将光标移到两个邻接素材的边界处，如图 6-33 所示。

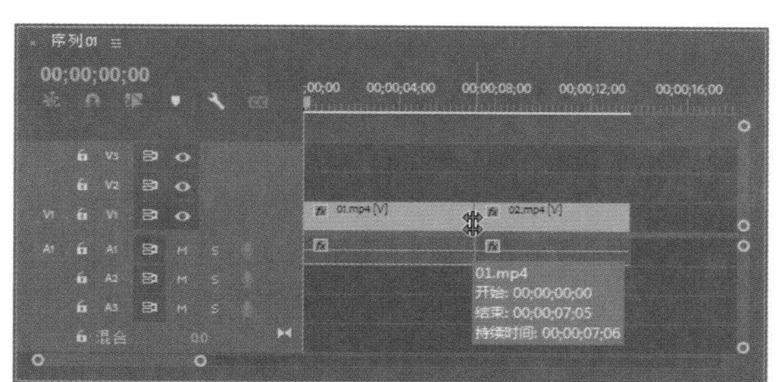

图 6-33　移动光标

07 按住鼠标并拖动素材可以修整素材。向右拖动边界，会增加第一个素材的长度，并减小后一个素材的长度，如图 6-34 所示。

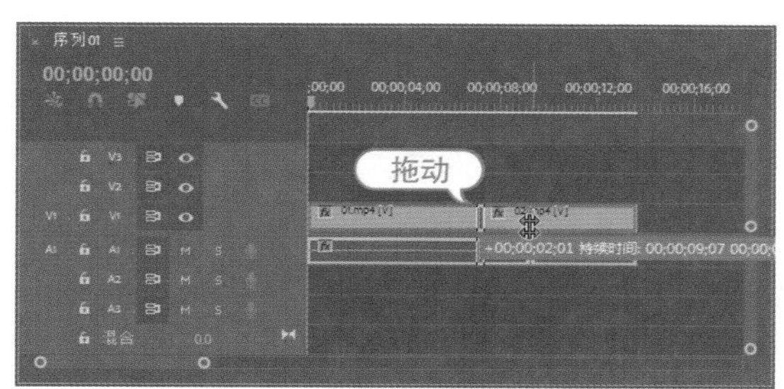

图 6-34　向右拖动素材边界

08 在节目监视器中会显示编辑入点和出点时的预览情况，如图 6-35 所示。

图 6-35　编辑出点时的预览情况

09 向左拖动边界，会减小第一个素材的长度，并增加后一个素材的长度，如图 6-36 所示。

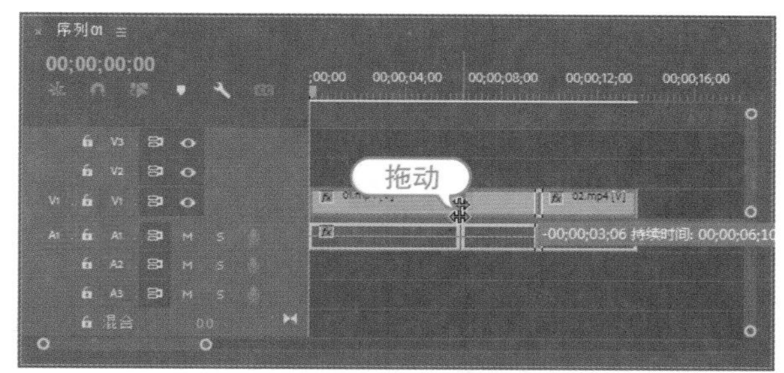

图 6-36　向左拖动边界

10 使用滚动编辑工具编辑素材时，整个序列的持续时间保持不变，如图 6-37 所示。

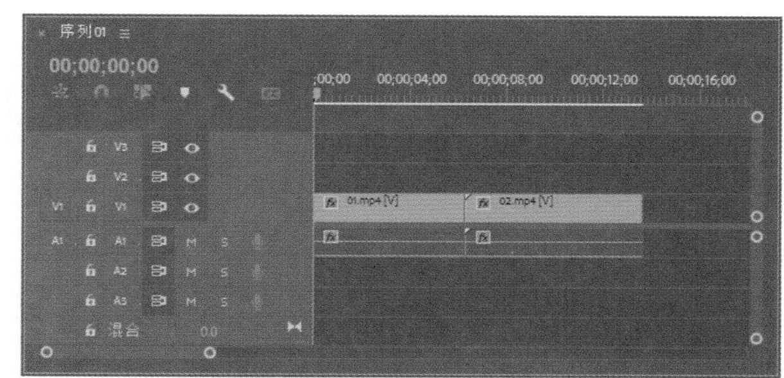

图 6-37　序列的持续时间保持不变

3. 比率拉伸工具

比率拉伸工具用于对素材的速度进行相应的调整，从而达到改变素材长度的目的。

6.2.3 滑动工具组

在滑动工具组中包含了外滑工具和内滑工具，这两种工具的作用如下。

1. 外滑工具

使用外滑工具可以改变夹在另外两个素材之间的素材的入点和出点，而且保持中间素材的原有持续时间不变。单击并拖动素材时，该素材左右两边的素材不会改变，序列的持续时间也不会改变。

练习实例：外滑编辑素材的入点和出点。	
文件路径	第 6 章 \ 外滑编辑素材.prproj
技术掌握	外滑编辑

01 新建一个项目文件，将素材“02.mp4”“03.mp4”和“04.mp4”导入项目面板中。

02 选择“文件”|“新建”|“序列”命令，新建一个序列。

03 将素材“03.mp4”添加到源监视器面板中，然后设置该素材的入点和出点，如图 6-38 所示。

图 6-38　设置素材的入点和出点

04 将 3 个素材依次拖动到时间轴面板的视频 1 轨道中，将“03.mp4”素材放在其他两个素材的中间，并使它们相连接，如图 6-39 所示。

05 单击工具面板中的“外滑工具”按钮，或按 Y 键选择外滑工具，然后按住鼠标并拖动视频 1 轨道中的中间素材，这样可以改变选中素材的入点和出点，如图 6-40 所示，而整个序列的持续时间并没有改变，如图 6-41 所示。

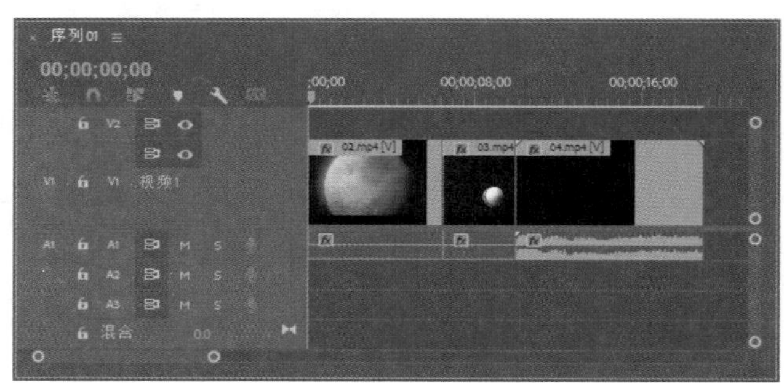

图 6-39　在视频 1 轨道中添加素材

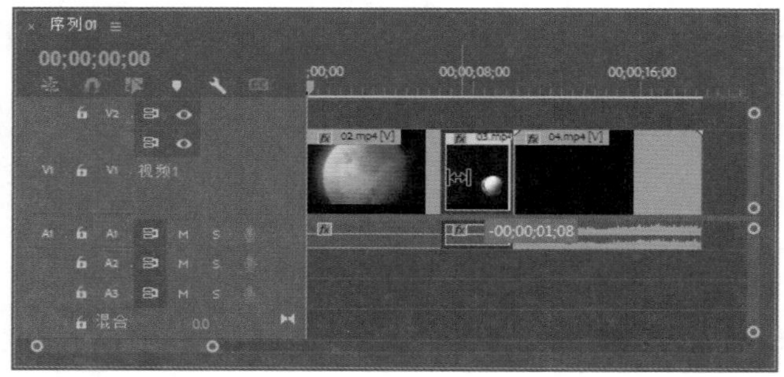

图 6-40　将中间的素材向左拖动

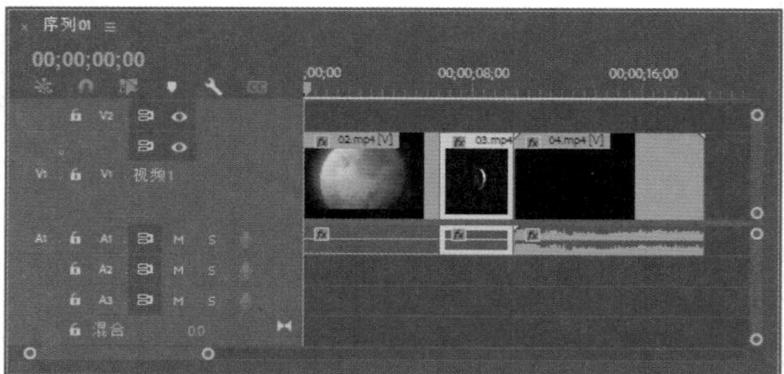

图 6-41　序列的持续时间没有改变

进阶技巧：

虽然外滑工具通常用来编辑两个素材之间的素材，但是即使一个素材不是位于另两个素材之间，也可以使用外滑工具编辑它的入点和出点。

2. 内滑工具

与外滑工具类似，内滑工具也用于编辑序列中位于两个素材之间的一个素材。不过在使用内滑工具进行拖动的过程中，会保持中间素材的持续时间不变，而改变相邻素材的持续时间。

使用内滑工具编辑素材的入点和出点时，向右拖动则增加前一个素材的长度，而使后一个素材的入点发生延后；向左拖动则减小前一个素材的长度，而使后一个素材的入点发生提前。这样，所编辑素材的持续时间和整个节目的持续时间并没有改变。

练习实例：内滑编辑素材的入点和出点。	
文件路径	第 6 章 \ 内滑编辑素材.prproj
技术掌握	内滑编辑

01 新建一个项目和一个序列，然后将素材“02.mp4”“03.mp4 和“04.mp4”导入项目面板中。

02 双击各个素材，然后在源监视器面板中设置各个素材的入点和出点。

03 将 3 个素材依次拖动到时间轴面板的视频 1 轨道中。

04 单击工具面板中的“内滑工具”按钮，或按 U 键选择内滑工具，然后按住鼠标并拖动位于两个素材之间的素材来调整素材的入点和出点。向左拖动素材可以缩短前一个素材的持续时间并加长后一个素材的持续时间，如图 6-42 所示，而整个序列的持续时间没变，如图 6-43 所示。

05 向右拖动素材可以加长前一个素材的持续时间并缩短后一个素材的持续时间。

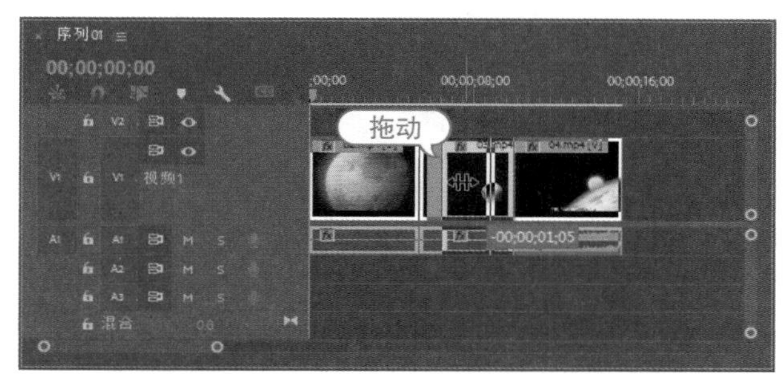

图 6-42　向左拖动素材

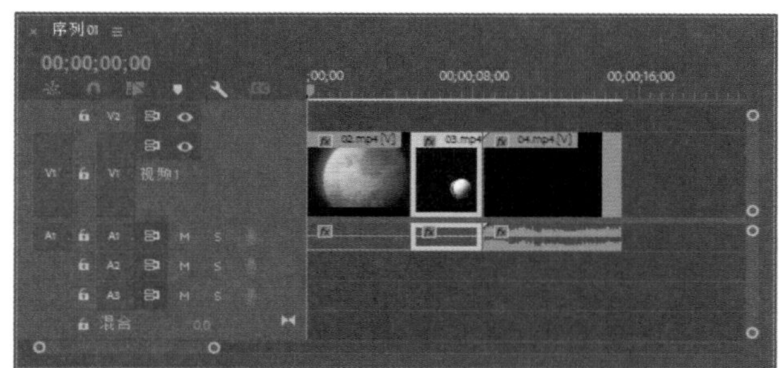

图 6-43　序列的持续时间没变

6.2.4　图形工具组

在图形工具组中包含了钢笔工具、矩形工具和椭圆工具，各种工具的作用如下。

1. 钢笔工具

使用钢笔工具可以在时间轴面板中设置素材的关键帧。选择钢笔工具，然后将光标移到要添加关键帧的位置，此时鼠标指针右下方有一个加号“+”，单击鼠标即可添加一个关键帧，如图 6-44 所示，使用钢笔工具拖动关键帧，还可以修改关键帧的位置，如图 6-45 所示。

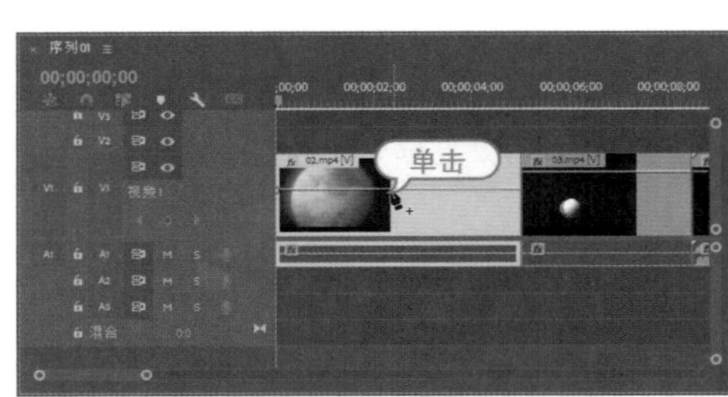

图 6-44　添加关键帧

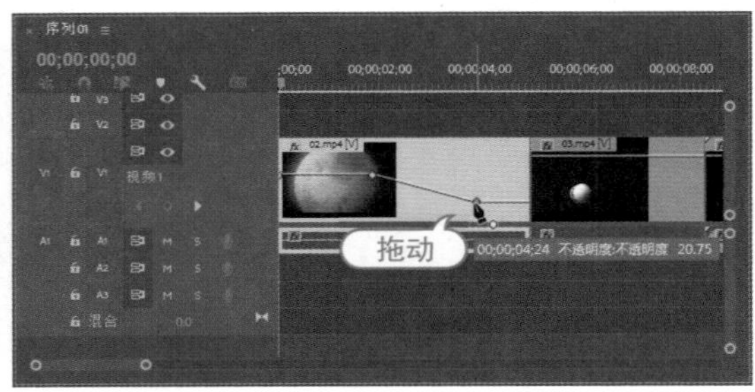

图 6-45　拖动关键帧

使用钢笔工具除了可以设置关键帧外，还可以在节目监视器窗口中绘制图形，如图 6-46 所示，绘制图形后，在时间轴面板的空轨道中自动生成图形素材，如图 6-47 所示。

图 6-46　绘制图形

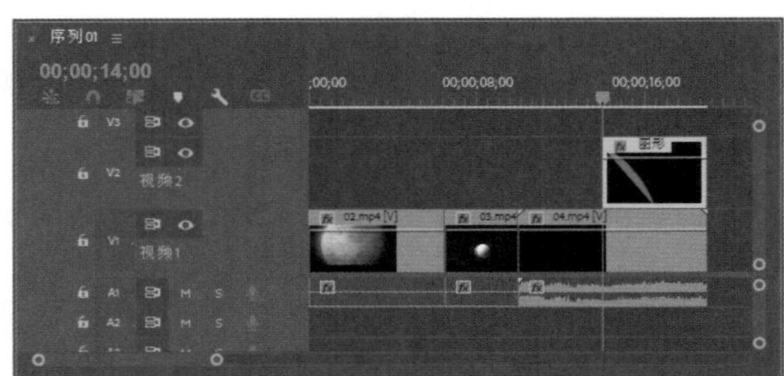

图 6-47　生成图形素材

2. 矩形工具

在图形工具组中选择矩形工具，可以在节目监视器窗口中绘制矩形，如图 6-48 所示，并在时间轴面板的空轨道中自动生成图形素材。

3. 椭圆工具

在图形工具组中选择椭圆工具，可以在节目监视器窗口中绘制椭圆形，如图 6-49 所示，并在时间轴面板的空轨道中自动生成图形素材。

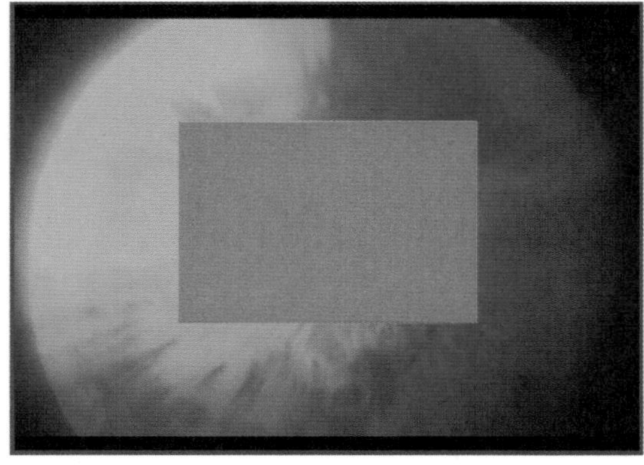

图 6-48　绘制矩形

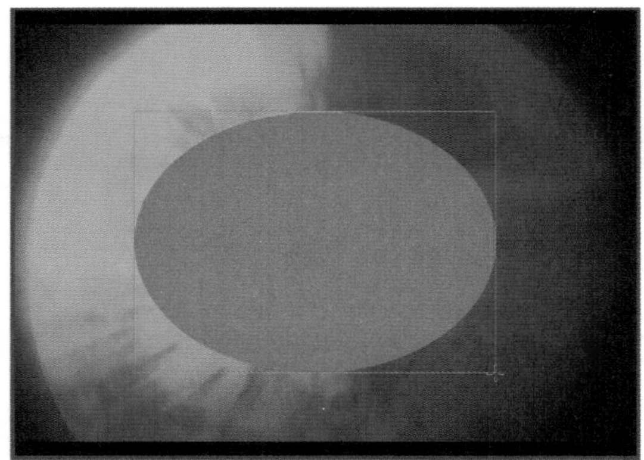

图 6-49　绘制椭圆

6.2.5 文字工具组

在文字工具组中包含了文字工具和垂直文字工具。文字工具用于创建横排文字，如图 6-50 所示。垂直文字工具用于创建竖排文字，如图 6-51 所示。

图 6-50　创建横排文字

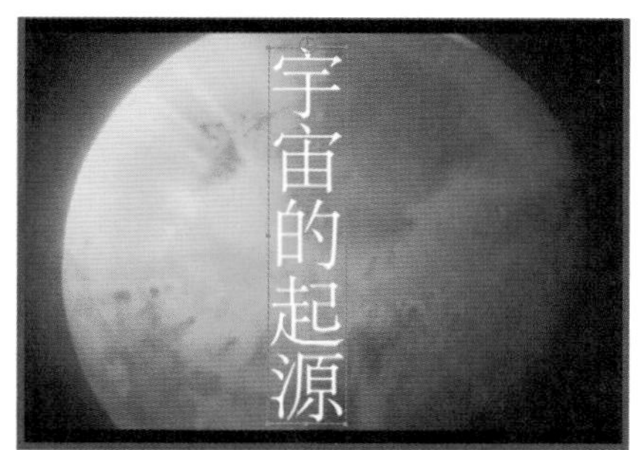

图 6-51　创建竖排文字

6.2.6 其他工具

除了前面介绍的工具外，在工具面板中还包括向前选择轨道工具、向后选择轨道工具、剃刀工具、手形工具和缩放工具等，各个工具的功能如下。

- 向前选择轨道工具：展开轨道工具组，可以选择该工具。使用该工具在某一轨道中单击鼠标，可以选择该轨道中光标及其右侧的所有素材。
- 向后选择轨道工具：展开轨道工具组，可以选择该工具。使用该工具在某一轨道中单击鼠标，可以选择该轨道中光标及其左侧的所有素材。
- 剃刀工具：用于分割素材。选择剃刀工具后单击素材，会将素材分为两段，每段素材将产生新的入点和出点。
- 手形工具：用于改变时间轴窗口的可视区域，有助于编辑一些较长的素材。
- 缩放工具：单击手形工具组右下角的三角形按钮，展开该工具组，可以选择缩放工具。该工具用来调整时间轴面板中时间单位的显示比例。按下 Alt 键，可以在放大和缩小模式间进行切换。

6.3 主素材和子素材

如果正在处理一个较长的视频项目，有效地组织视频和音频素材有助于提高工作效率，Premiere 可以在主素材中创建子素材，从而对主素材进行细分管理。

6.3.1 认识主素材和子素材

子素材是父级主素材的子对象，它们可以同时用在一个项目中，子素材与主素材同原始影片之间的关系如下。

- 主素材：当首次导入素材时，它会作为项目面板中的主素材。主素材可以在项目面板中重命名和删除，而不会影响原始的硬盘文件。

- 子素材：子素材是主素材的一个更短的、经过编辑的版本，但又独立于主素材。用户可以将一个主素材分解为多个子素材，并在项目面板中快速访问它们。如果从项目中删除主素材，它的子素材仍会保留在项目中。

  在对主素材和子素材进行脱机和联机等操作时，将出现如下几种情况。
- 如果造成一个主素材脱机，或者从项目面板中将其删除，这样并未从磁盘中将素材文件删除，子素材和子素材实例仍然是联机的。
- 如果使一个素材脱机并从磁盘中删除素材文件，则子素材及其主素材将会脱机。
- 如果从项目中删除子素材，不会影响主素材。
- 如果造成一个子素材脱机，则它在时间线序列中的实例也会脱机，但是其副本将会保持联机状态，基于主素材的其他子素材也会保持联机。
- 如果重新采集一个子素材，那么它会变为主素材。子素材在序列中的实例被链接到新的子素材电影胶片中，它们不再被链接到旧的子素材上。

6.3.2 创建和编辑子素材

在 Premiere 中编辑素材时，在时间轴中处理更短的素材比处理更长的素材效率更高。下面介绍在 Premiere Pro 中创建和编辑子素材的方法。

练习实例：创建与编辑子素材。	
文件路径	第 6 章 \ 创建与编辑子素材.prproj
技术掌握	创建子素材，编辑子素材的入点和出点

01 在项目面板中导入一个素材(即主素材)文件“太空.mp4”，如图 6-52 所示。

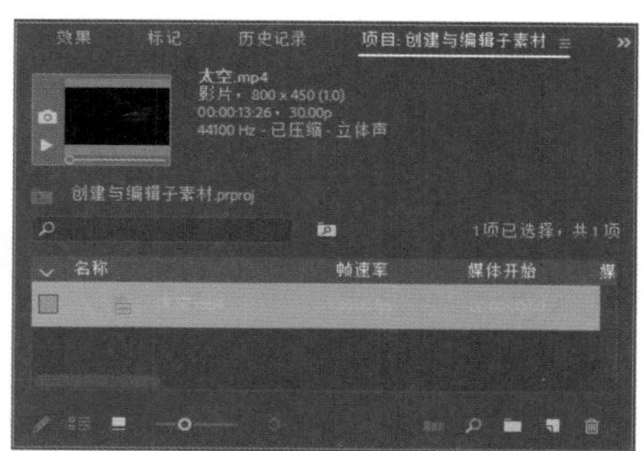

图 6-52　导入主素材

02 双击主素材文件，将该素材从项目面板中添加到源监视器面板中，在源监视器面板中打开该素材，如图 6-53 所示。

03 将源监视器面板中的当前时间指示器移到期望的时间位置(如第 2 秒)，然后单击“标记入点”按钮，添加一个入点标记，如图 6-54 所示。

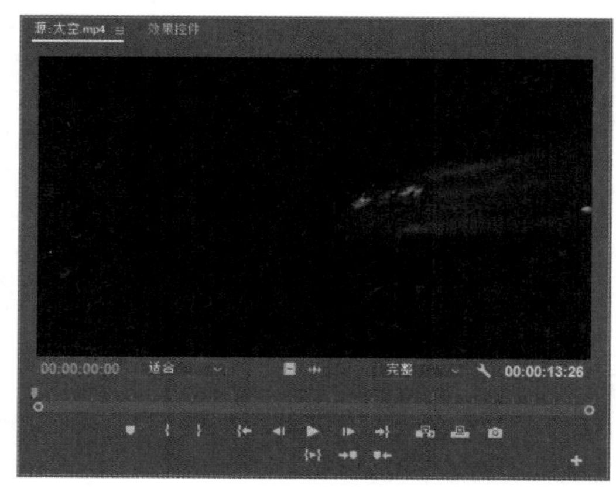

图 6-53　在源监视器面板中打开主素材

图 6-54　为主素材设置入点

04 将当前时间指示器移到期望的时间位置（如第9秒29帧），然后单击“标记出点”按钮 ，添加一个出点标记，如图6-55所示。

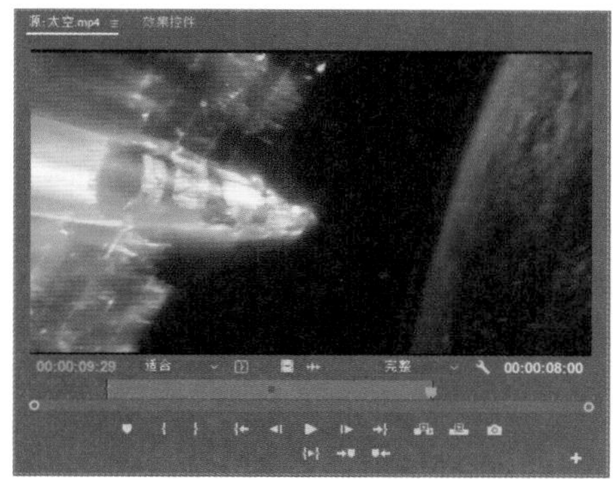

图 6-55　为主素材设置出点

05 选择“剪辑”|“制作子剪辑”命令，打开“制作子剪辑”对话框，在该对话框中为子素材输入一个名称，如图6-56所示。

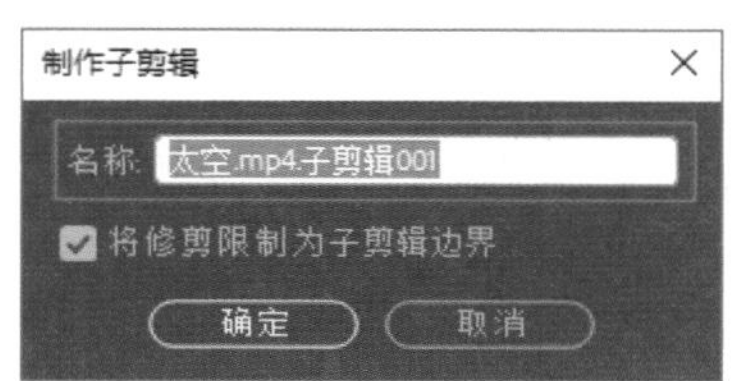

图 6-56　输入子素材名称

06 在“制作子剪辑”对话框中单击“确定”按钮，即可在项目面板中创建一个子素材，该子素材的持续时间为8秒，如图6-57所示。

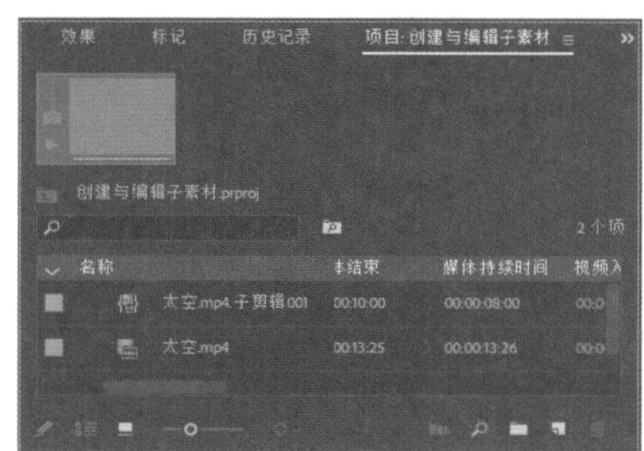

图 6-57　创建子素材

07 选择“剪辑”|“编辑子剪辑”命令，打开“编辑子剪辑”对话框，然后重新设置素材的开始时间（即入点）和结束时间（即出点），如图6-58所示。

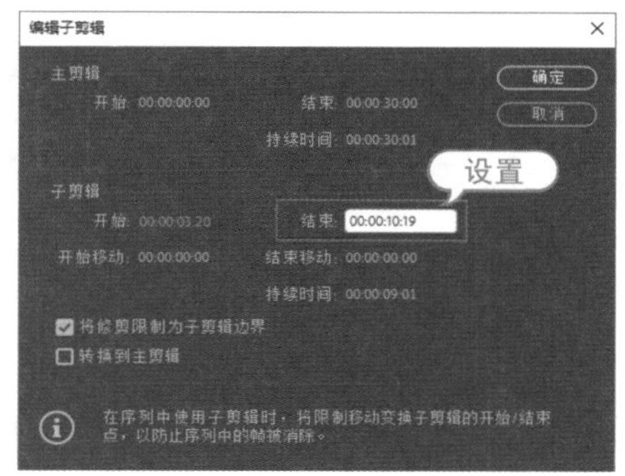

图 6-58　重新设置素材的入点和出点

08 在“编辑子剪辑”对话框中单击“确定”按钮，即可完成对子素材入点和出点的编辑，在项目面板中将显示编辑后的开始点（即入点）和结束点（即出点），如图6-59所示。

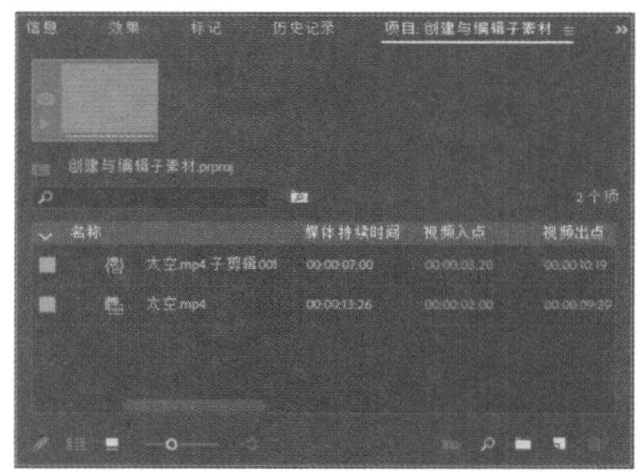

图 6-59　编辑后的入点和出点

09 在项目面板中双击子素材对象，可以在源监视器面板中打开并预览子素材，效果如图6-60所示。

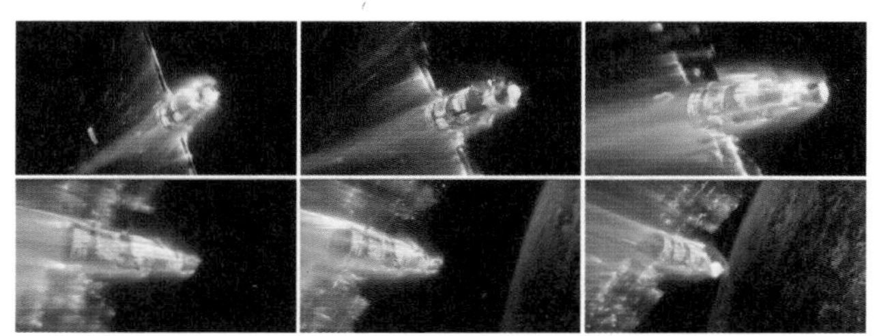

图 6-60　子素材预览效果

6.3.3　将子素材转换为主素材

在创建好子素材后，还可以将子素材转换为主素材。选择“剪辑”|“编辑子剪辑”命令，在弹出的“编

辑子剪辑”对话框中选中“转换到主剪辑”复选框，如图 6-61 所示，然后单击“确定”按钮，即可将子素材转换为主素材，其在项目面板中的图标将变为主素材图标，如图 6-62 所示。

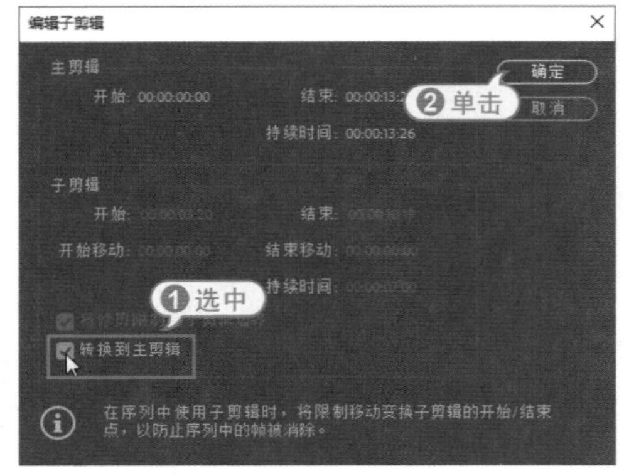

图 6-61　选中“转换到主剪辑”复选框

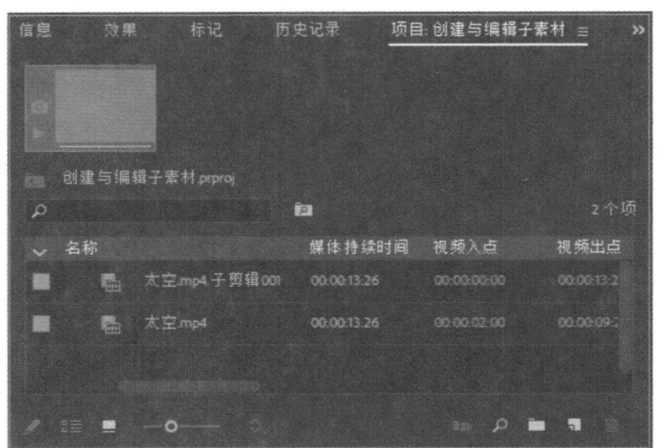

图 6-62　转换子素材为主素材

6.4　嵌套序列

在时间轴面板中放置两个序列之后，可以将一个序列复制到另一个序列中，或者编辑一个序列并将其嵌套到另一个序列中。

嵌套序列的优点：将序列在时间轴面板中嵌套多次，就可以重复使用编辑过的序列。每次将一个序列嵌套到另一个序列中时，可以对其进行修整并更改该序列的切换效果。当将一个效果应用到嵌套序列时，Premiere 会将该效果应用到序列中的所有素材，这样能够方便地将相同效果应用到多个素材中。

练习实例：创建嵌套序列。	
文件路径	第 6 章 \ 创建嵌套序列.prproj
技术掌握	创建文字、嵌套序列

01 新建一个项目文件，然后在项目面板中导入“01.mp4”和“02.mp4”素材，如图 6-63 所示。

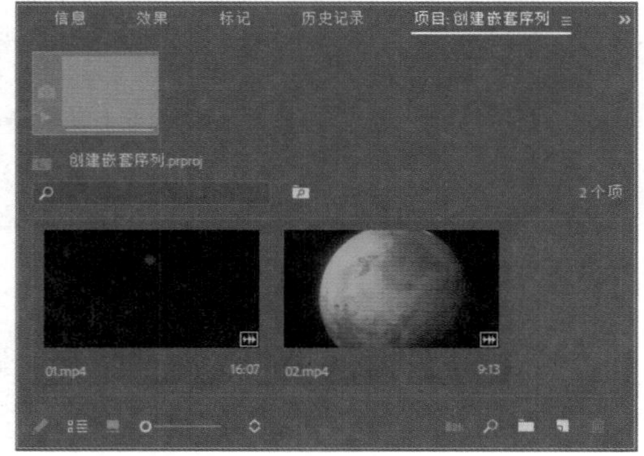

图 6-63　导入素材

02 选择“文件”|“新建”|“序列”命令，创建一个名为“视频”的新序列，将项目面板中的素材添加到视频轨道 1 中，如图 6-64 所示。

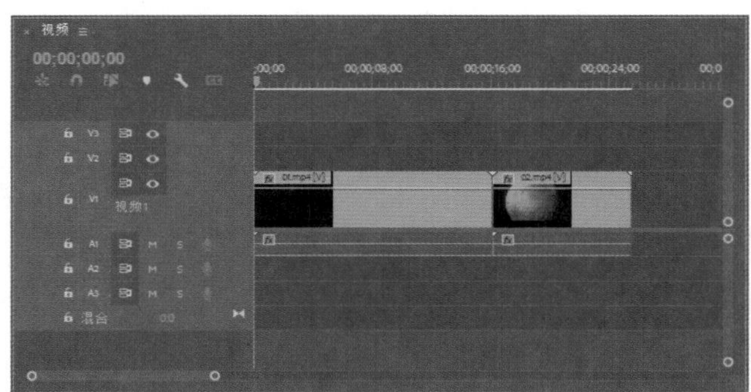

图 6-64　在视频轨道中添加素材

03 选择“文件”|“新建”|“序列”命令，新建一个名为“文字”的序列，然后使用文字工具在节目监视器面板中创建文字对象，如图 6-65 所示。

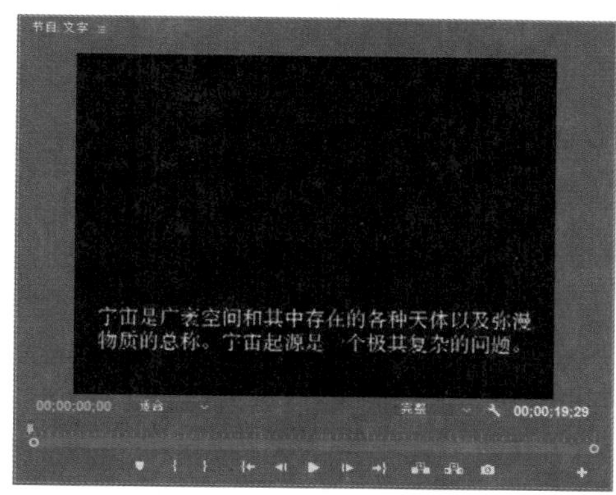

图 6-65　创建文字

04 在第 5 秒、第 10 秒、第 15 秒和第 20 秒的位置，分别创建其他的文字对象，这些文字素材将依次排列在视频 1 轨道中，如图 6-66 所示。

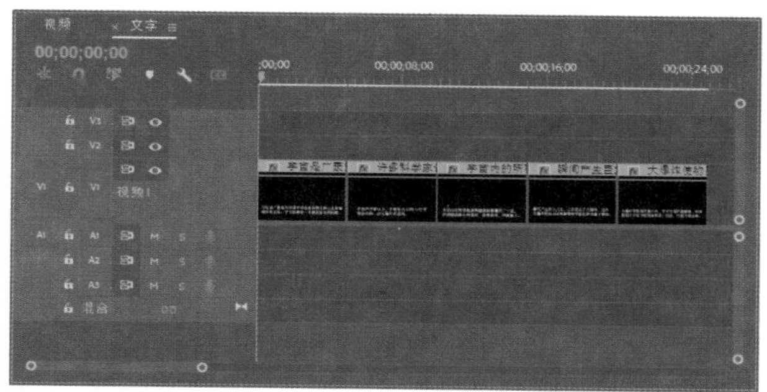

图 6-66　创建其他文字素材

05 选择“文件”|“新建”|“序列”命令，新建一个名为“合成”的序列，然后将项目面板中的“视频”序列以素材的形式拖入“合成”序列的视频1轨道中，即可将“视频”序列嵌套在“合成”序列中，如图 6-67 所示。

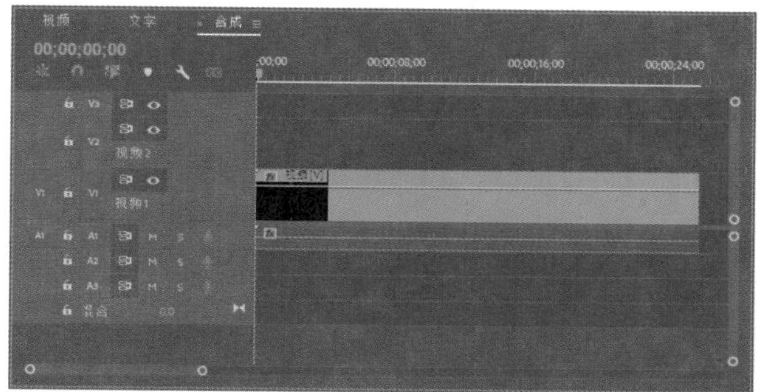

图 6-67　创建嵌套序列 (1)

06 将项目面板中的“文字”序列以素材的形式拖入“合成”序列的视频 2 轨道中，如图 6-68 所示。

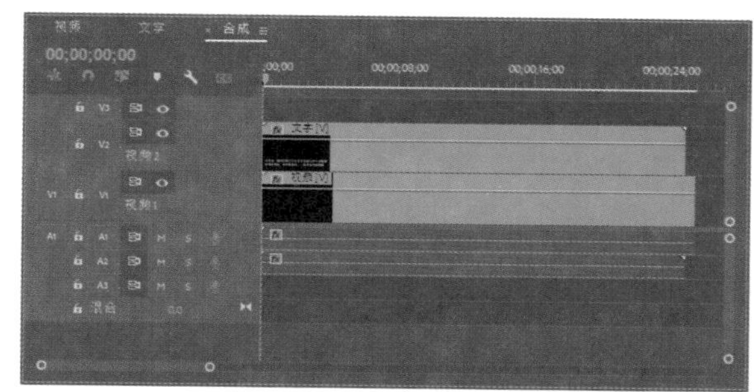

图 6-68　创建嵌套序列 (2)

07 选择嵌套在“合成”序列中的“视频”嵌套序列，然后选择“剪辑”|“嵌套”命令，打开“嵌套序列名称”对话框，在该对话框中可以修改嵌套序列的名称，如图 6-69 所示。

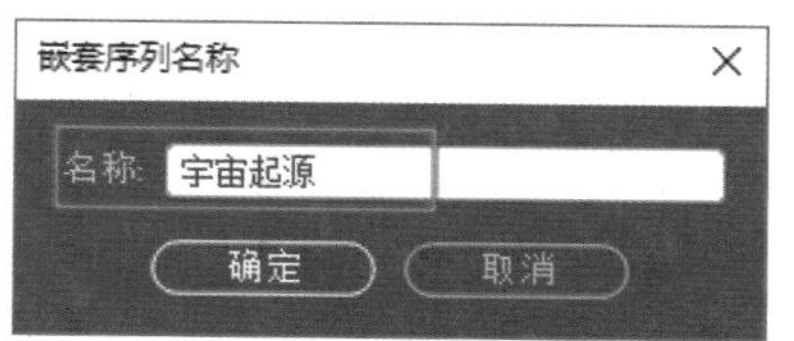

图 6-69　为嵌套序列命名

08 单击“确定”按钮，即可重命名嵌套序列，如图 6-70 所示。

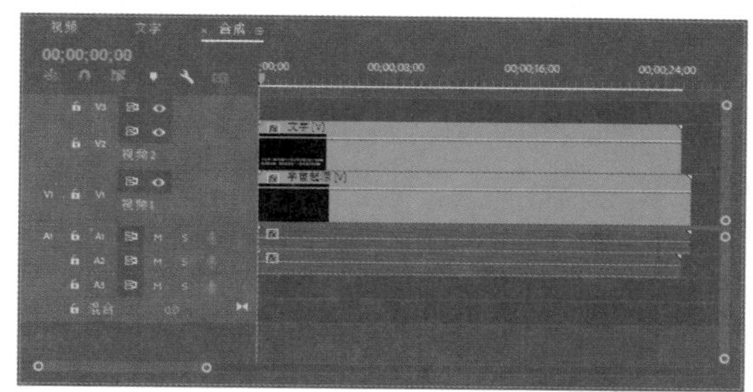

图 6-70　重命名嵌套序列

09 在节目监视器面板中播放视频，可以预览视频的效果，如图 6-71 所示。

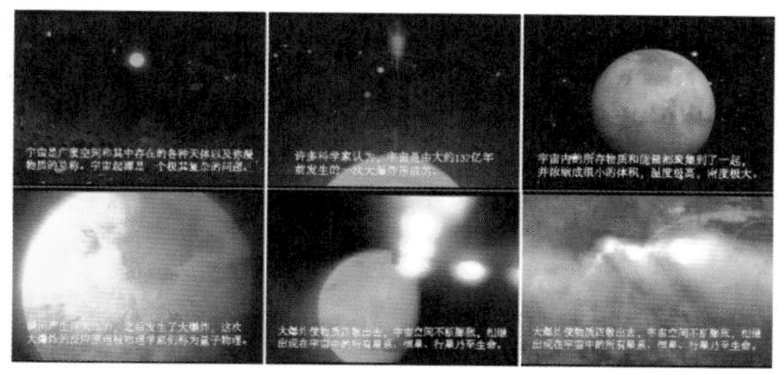

图 6-71　预览视频效果

6.5 多机位序列

多机位是指多台摄像机在同一时刻对着同一个场景进行多角度拍摄，常应用于舞台表演、影视剧和人物采访中。

将影片导入 Premiere 后，就可以进行一次多机位编辑。Premiere 可以创建一个最多源自 4 个视频源的多机位素材。完成一次多机位编辑后，还可以返回这个序列，并且很容易就能够将一个机位拍摄的影片替换成另一个机位拍摄的影片。

练习实例：建立多机位序列。	
文件路径	第 6 章 \ 建立多机位序列.prproj
技术掌握	创建多机位序列、选择多机位显示模式

01 新建一个项目，然后将素材“舞蹈-镜头 1.mp4”~“舞蹈 - 镜头 4.mp4”导入项目面板中，如图 6-72 所示。

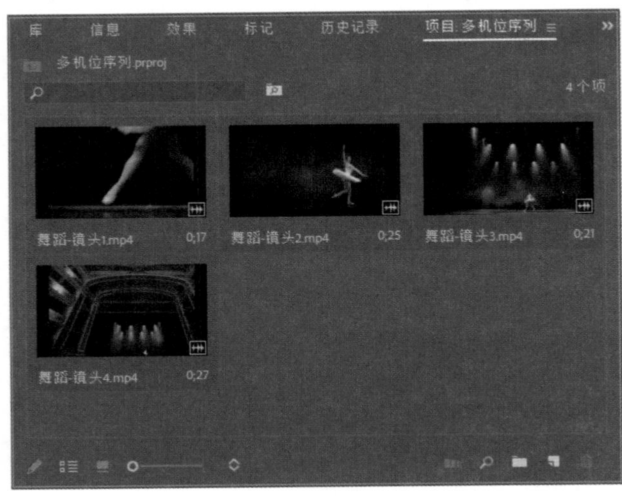

图 6-72　导入素材

02 在项目面板中选中导入的 4 个素材，然后选择“剪辑”|“创建多机位源序列”命令，或者右击，在弹出的菜单中选择“创建多机位源序列”命令，如图 6-73 所示。

03 在打开的“创建多机位源序列”对话框中设置多机位素材的同步点为“入点”，然后单击“确定”按钮，如图 6-74 所示。

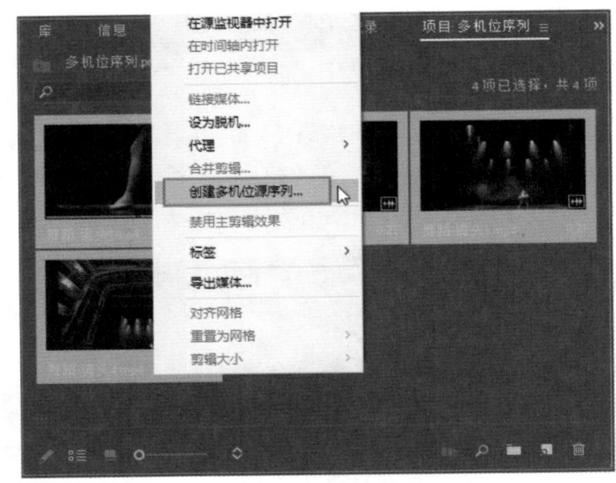

图 6-73　选择命令

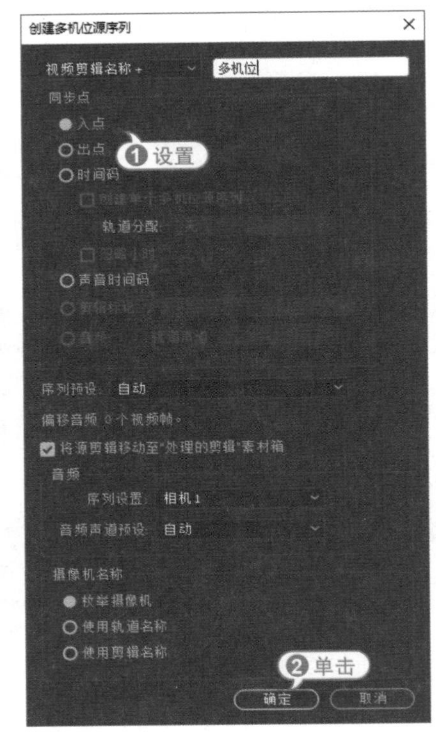

图 6-74　“创建多机位源序列”对话框

04 此时将在项目面板中创建一个多机位序列，并自动创建一个素材箱用于存放原来的素材，如图 6-75 所示。

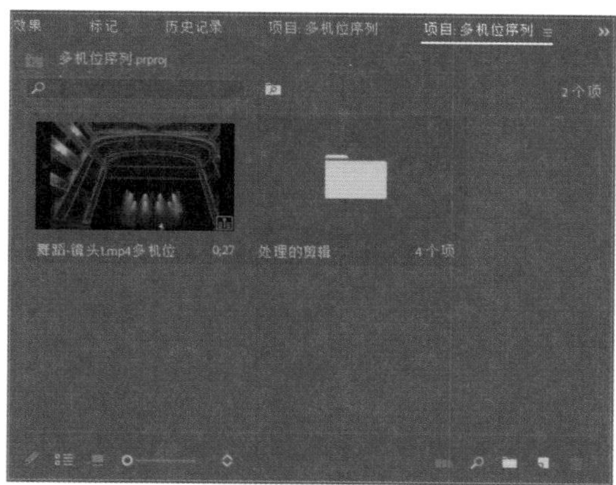

图 6-75　创建多机位序列

05 双击创建的多机位序列，可以在源监视器面板中预览多机位序列效果，如图 6-76 所示。

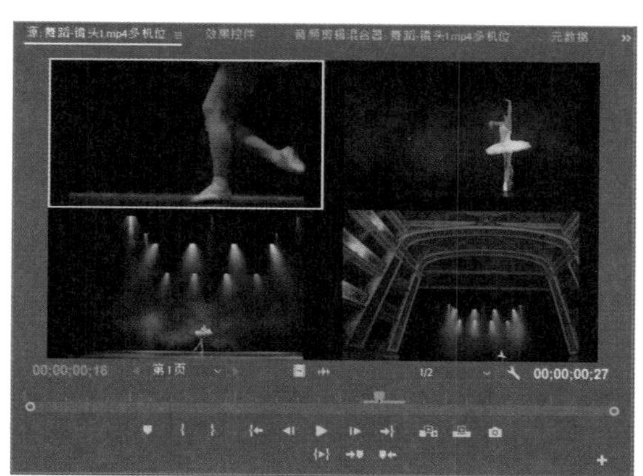

图 6-76　预览多机位序列效果

06 将多机位序列拖入时间轴面板中，可以在时间轴面板中对多机位序列进行编辑，如图 6-77 所示。

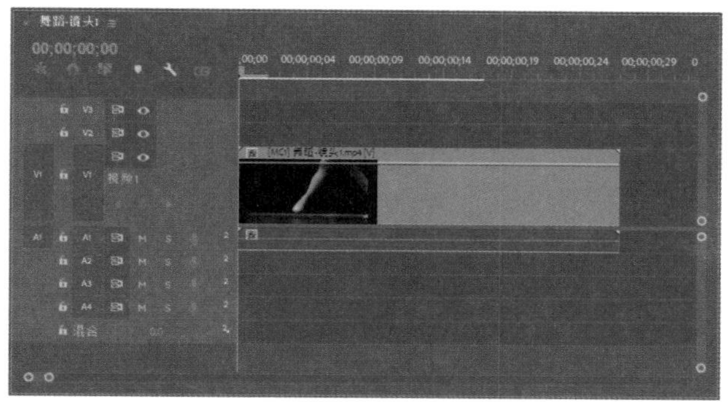

图 6-77　编辑多机位序列

07 在节目监视器面板中右击，在弹出的菜单中选择“显示模式”|“多机位”命令，如图 6-78 所示，即可进入多机位显示模式。

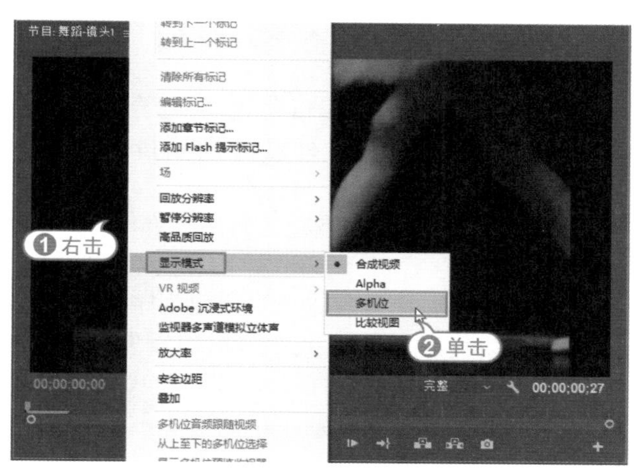

图 6-78　选择“多机位”命令

08 进入多机位显示模式后，在左侧可以选择多机位的镜头，右侧将显示对应镜头的视频效果，如图 6-79 所示。

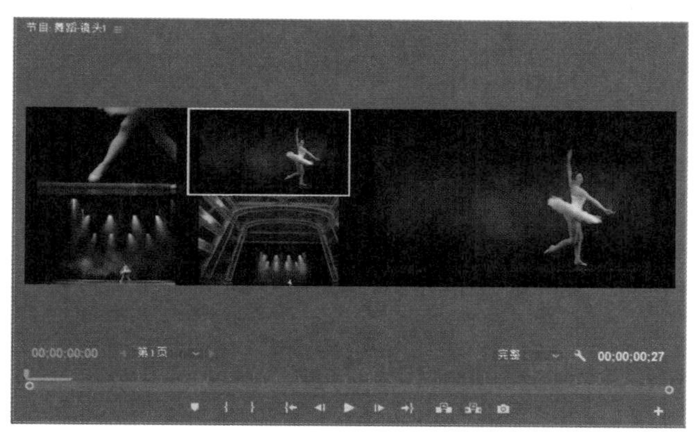

图 6-79　多机位显示模式

进阶技巧：

如果没有启用多机位编辑功能，可以在时间轴面板中选中多机位序列，然后选择“剪辑”|“多机位”|“启用”命令，即可激活多机位编辑功能。

6.6 高手解答

问：监视器中的安全框的作用是什么？

答：监视器中的安全框用于显示动作和字幕所在的安全区域。

问：如何将子素材转换为主素材？

答：选择“剪辑”|“编辑子剪辑”命令，在弹出的“编辑子剪辑”对话框中选中“转换到主剪辑”复选框，然后单击“确定”按钮，即可将子素材转换为主素材。

问：嵌套序列的优点是什么？

答：嵌套序列的优点是：将序列在时间轴面板中嵌套多次，就可以重复使用编辑过的序列。每次将一个序列嵌套到另一个序列中时，可以对其进行修整并更改该序列的切换效果。当将一个效果应用到嵌套序列时，Premiere 会将该效果应用到序列中的所有素材，这样能够方便地将相同效果应用到多个素材中。

问：多机位序列最多可以同时编辑多少部摄像机所拍摄的内容？

答：Premiere 软件中提供的多机位序列编辑，最多可以同时编辑 4 部摄像机所拍摄的内容。完成一次多机位编辑后，还可以返回这个序列，并且很容易就能够将一个机位拍摄的影片替换成另一个机位拍摄的影片。

第7章 运动效果

在 Premiere 的效果控件面板中通过设置“运动”选项中的参数可以对素材进行缩放、旋转和移动操作。通过设置“运动”控件关键帧，可以制作随着时间变化而形成运动的视频动画效果，使原本枯燥乏味的图像活灵活现起来。本章将学习视频运动效果的编辑操作，包括对视频运动参数的介绍、关键帧的添加与设置、运动效果的应用等。

练习实例：制作片头文字
练习实例：制作发散的灯光
练习实例：调整落叶的飘动线路
练习实例：制作飘落的树叶
练习实例：制作随风舞动的落叶

7.1 关键帧动画

在 Premiere 中进行运动效果的设置，离不开关键帧的设置。在进行运动效果设置之前，首先了解一下关键帧动画。

7.1.1 认识关键帧动画

帧是动画中最小单位的单幅影像画面，相当于电影胶片上的每一格镜头。在动画软件的时间轴上，帧表现为一格或一个标记。关键帧相当于二维动画中的原画，指角色或物体在运动或变化中的关键动作所处的那一帧。关键帧与关键帧之间的动画可以由软件来创建，叫作过渡帧或中间帧。

任何动画要表现运动或变化，至少前后要给出两个不同的关键状态，而中间状态的变化和衔接，可以由计算机自动完成，表示关键状态的帧动画叫作关键帧动画。

所谓关键帧动画，就是给需要动画效果的属性准备一组与时间相关的值，这些值都是在动画序列中比较关键的帧中提取出来的；而其他时间帧中的值，可以用这些关键值采用特定的插值方法计算得到，从而达到比较流畅的动画效果。

使用关键帧可以创建动画、效果和音频属性以及其他一些随时间变化而变化的属性。当使用关键帧创建随时间而产生变化的动画时，至少需要两个关键帧，一个处于变化的起始位置的状态，而另一个处于变化的结束位置的新状态。使用多个关键帧时，可以通过复制关键帧属性进行变化效果的复制。

7.1.2 关键帧的设置原则

使用关键帧创建动画时，可以在效果控件面板或时间轴面板中查看并编辑关键帧。有时，使用时间轴面板设置关键帧，可以更直观、更方便地对动画进行调节。在设置关键帧时，遵守以下原则可以提高工作效率。

- 在时间轴面板中编辑关键帧，适用于只具有一维数值参数的属性，如不透明度、音频音量。效果控件面板则更适合于二维或多维数值参数的设置，如位置、缩放或旋转等。
- 在时间轴面板中，关键帧数值的变化，会以图像的形式进行展现。因此，可以直观地分析数值随时间变化的趋势。
- 效果控件面板可以一次性显示多个属性的关键帧，但只能显示所选的素材片段，而时间轴面板可以一次性显示多个轨道中多个素材的关键帧，但每个轨道或素材仅显示一种属性。
- 效果控件面板也可以像时间轴面板一样，以图像的形式显示关键帧。一旦某个效果属性的关键帧功能被激活，便可以显示其数值及速率图。
- 音频轨道效果的关键帧可以在时间轴面板或音频混合器面板中进行调节。

7.2 在时间轴面板中设置关键帧

在时间轴面板中编辑视频效果时，通常需要添加和设置关键帧，从而得到不同的视频效果。本节就介绍在时间轴面板中设置关键帧的方法。

7.2.1 显示关键帧控件

在早期的Premiere版本中，可以通过时间轴面板中的“折叠-展开轨道”按钮来控制关键帧控件的显示，但在Premiere Pro 2022版本中，时间轴面板中已经没有了“折叠-展开轨道”按钮，用户可以通过拖动轨道控制区上方的边界来折叠或展开关键帧控件区域，如图7-1所示。

7.2.2 设置关键帧类型

在时间轴面板中右击素材图标中的 fx 按钮，在弹出的下拉菜单中可以选择关键帧的类型，包括运动、不透明度和时间重映射，如图7-2所示。

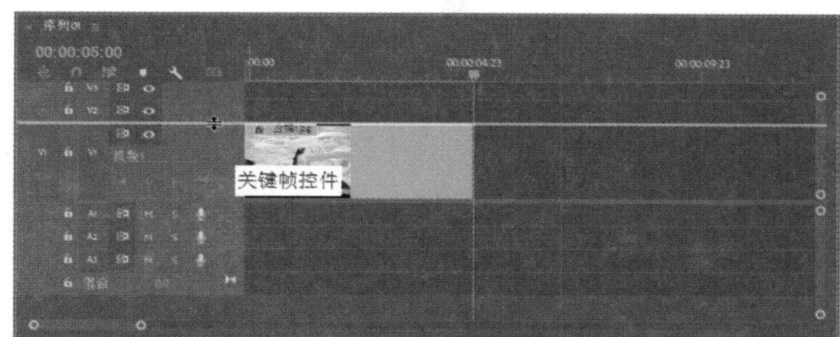

图7-1 显示关键帧控件

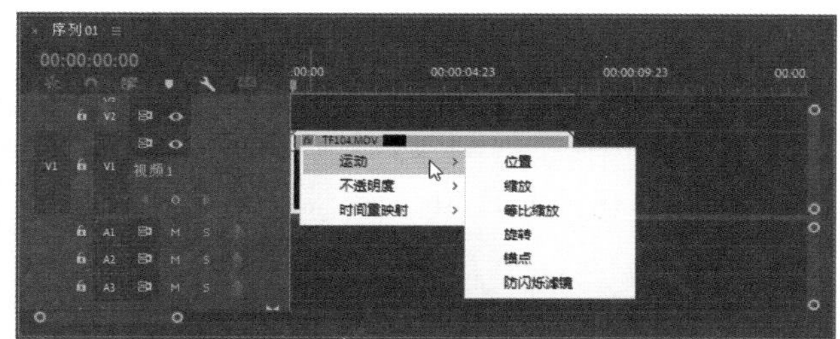

图7-2 设置关键帧类型

7.2.3 添加和删除关键帧

在轨道关键帧控件区单击“添加-移除关键帧”按钮◇，可以在轨道的效果图形线中添加或删除关键帧。

- 选择要添加关键帧的素材，然后将当前时间指示器移到想要关键帧出现的位置，单击“添加-移除关键帧”按钮◇即可添加关键帧，如图7-3所示。
- 选择要删除关键帧的素材，然后将当前时间指示器移到要删除的关键帧处，单击“添加-移除关键帧”按钮◇即可删除关键帧。
- 单击“转到上一关键帧”按钮◀，可以将时间指示器移到上一个关键帧的位置。
- 单击“转到下一关键帧”按钮▶，可以将时间指示器移到下一个关键帧的位置。

7.2.4 移动关键帧

在轨道的效果图形线中选择关键帧，然后直接拖动关键帧，可以移动关键帧的位置。通过移动关键帧，可以修改关键帧所处的时间位置，还可以修改素材对应的效果。例如，设置关键帧的类型为“旋转”，调整关键帧时，可以对素材进行旋转。

知识点滴：

同视频轨道一样，拖动音频轨道边缘，或在音频轨道中滑动鼠标中键，即可展开关键帧控制面板，在此可以设置整个轨道的关键帧及音量，如图 7-4 所示。

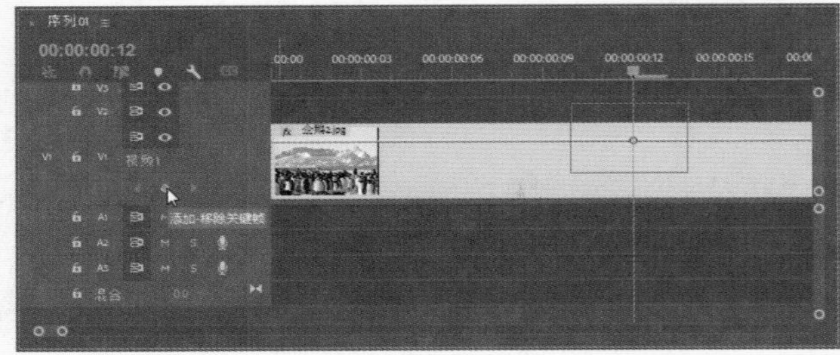

图 7-3　添加轨道关键帧

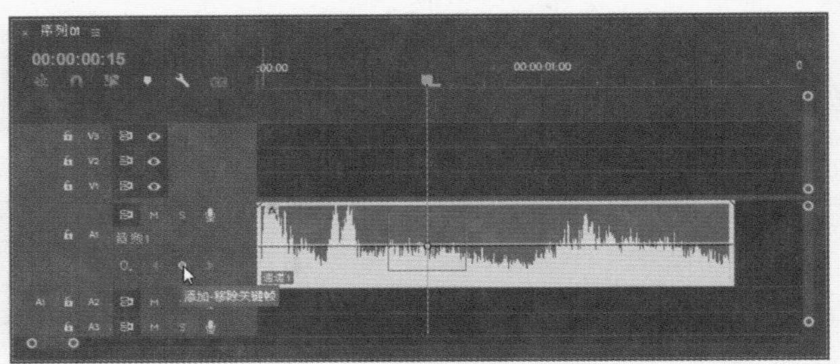

图 7-4　设置音频关键帧

练习实例：制作片头文字。

文件路径	第 7 章 \ 片头文字效果.prproj
技术掌握	设置关键帧、修改缩放值

01 新建一个项目文件，然后在项目面板中导入“片头背景.mp4”和“文字.tif”素材对象。

02 选择“文件”|“新建”|“序列”命令，新建一个序列，然后将“片头背景.mp4”和“文字.tif”素材分别添加到序列的视频 1 和视频 2 轨道中，如图 7-5 所示。

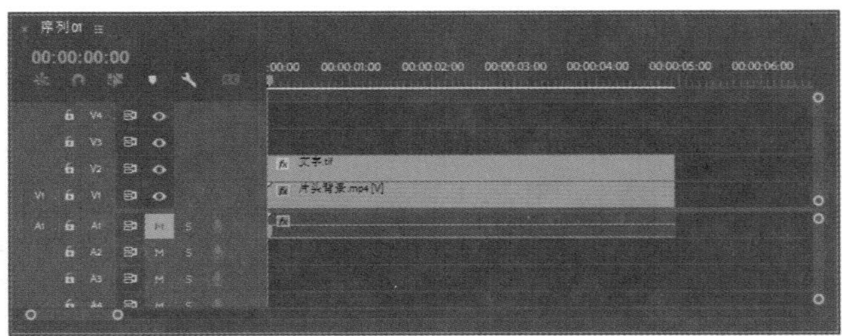

图 7-5　添加素材

03 将光标移到时间轴视频 2 轨道上方的边缘处，当光标呈现图标时向上拖动轨道上边界，展开轨道关键帧控件区域，如图 7-6 所示。

04 在视频 2 轨道中的素材上右击，在弹出的快捷菜单中选择“显示剪辑关键帧”|“运动”|“缩放”命令，设置关键帧的类型，如图 7-7 所示。

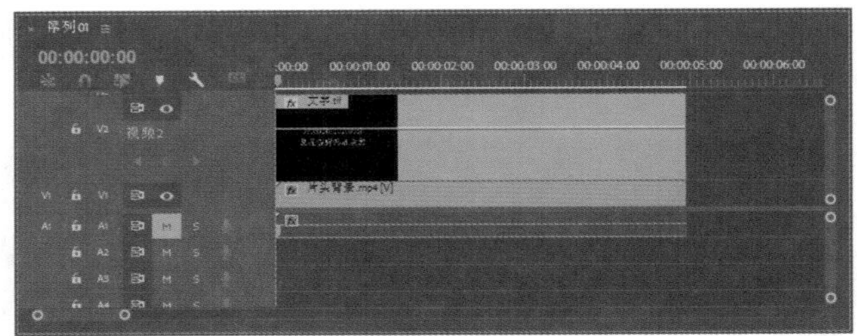

图 7-6　展开轨道关键帧控件区域

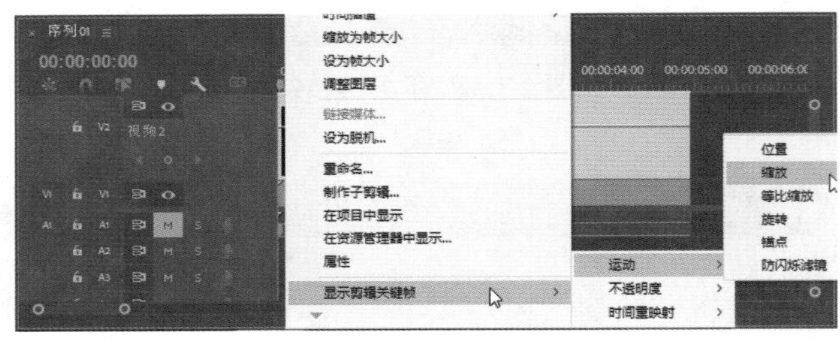

图 7-7　设置关键帧类型

05 将时间指示器移到素材的入点处，然后单击“添加 - 移除关键帧”按钮，即可在轨道中的素材上添加一个关键帧，如图 7-8 所示。

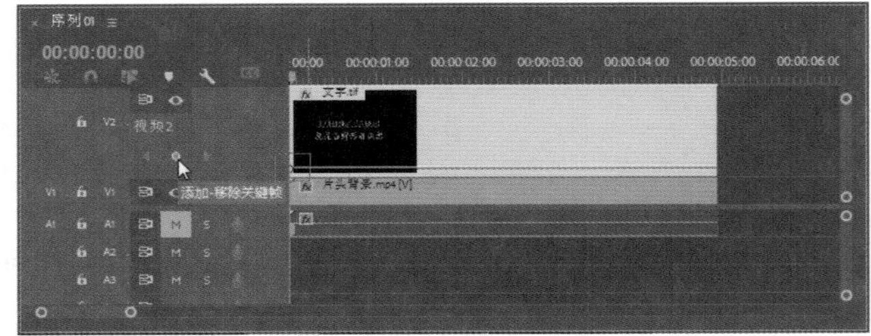

图 7-8　添加关键帧

06 将时间指示器移到第4秒的位置，然后单击“添加-移除关键帧”按钮◇，在该时间位置添加一个关键帧，如图7-9所示。

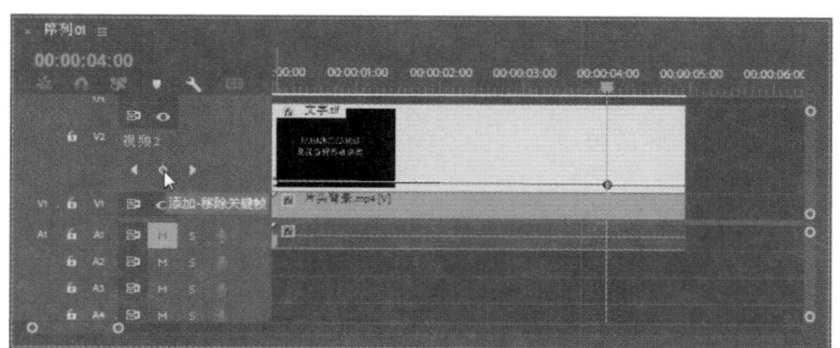

图7-9　添加另一个关键帧

07 将光标移到第一个关键帧上，然后按住鼠标左键，将该关键帧向上拖动，调整该关键帧的位置(可以改变素材在该帧的缩放值)，如图7-10所示。

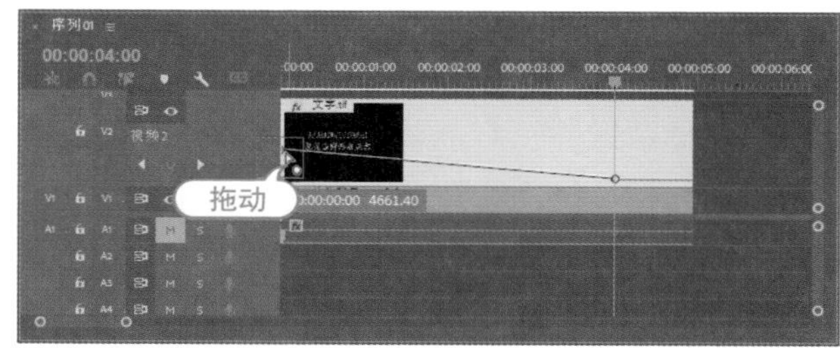

图7-10　调整关键帧

08 在节目监视器中播放素材，可以预览到在不同的帧位置，文字素材的大小发生了变化，效果如图7-11所示。

图7-11　预览影片效果

7.3　在效果控件面板中设置关键帧

在Premiere中，由于运动效果的关键帧属性具有二维数值。因此，素材的运动效果需要在效果控件面板中进行设置。

7.3.1　视频运动参数详解

在效果控件面板中单击“运动”选项组旁边的三角形按钮，展开“运动”选项组，其中包含了位置、缩放、缩放宽度、旋转、锚点和防闪烁滤镜等控件，如图7-12所示。

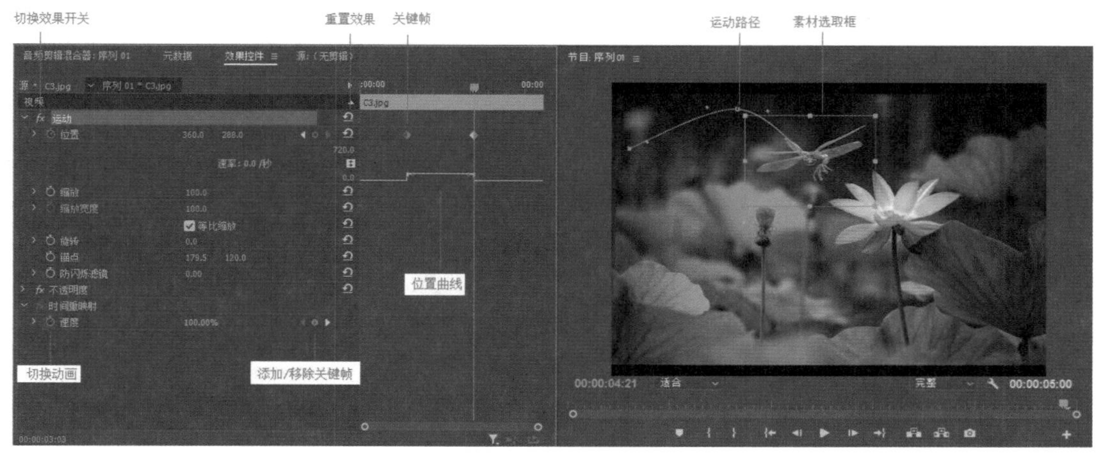

图7-12　“运动”选项组

单击各选项前的三角形按钮，将展开该选项的具体参数，拖动各选项中的滑块可以进行参数的设置，如图 7-13 所示。在每个控件对应的参数上单击鼠标，可以输入新的数值进行参数修改，也可以在参数值上按下鼠标左键并左右拖动来修改参数，如图 7-14 所示。

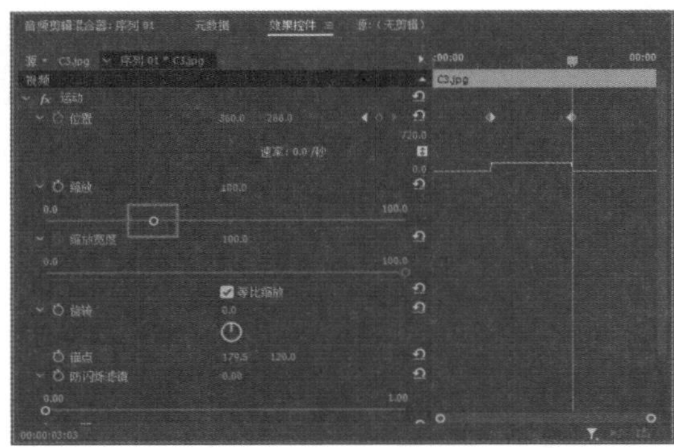

图 7-13　拖动滑块

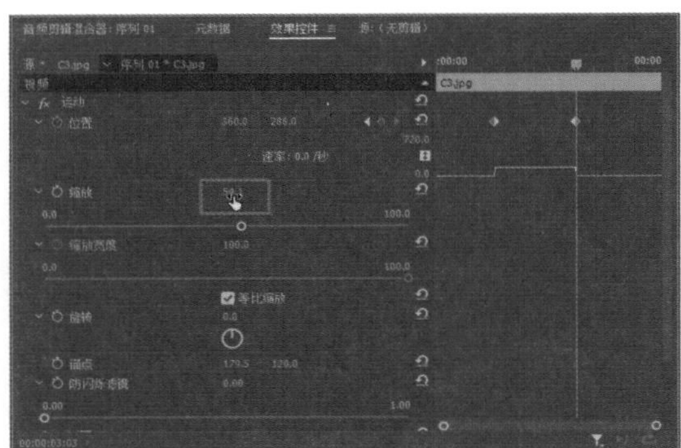

图 7-14　拖动数值

1. 位置

“位置”参数用于设置素材相对于整个屏幕所在的坐标。当项目的视频帧尺寸大小为 720×576 像素而当前的位置参数为 360×288 像素时，那么编辑的视频中心正好对齐节目窗口的中心。在 Premiere Pro 2022 的坐标系中，左上角是坐标原点位置 (0,0)，横轴和纵轴的正方向分别向右和向下设置，右下角是离坐标原点最远的位置，坐标为 (720,576)。所以，增加横轴和纵轴坐标值时，视频片段素材对应向右和向下运动。

单击效果控件面板中的“运动”选项，使其变为灰色，这样就会在节目监视器面板中出现运动的控制点，这时就可以在节目监视器面板中选择并拖动素材，改变素材的位置，如图 7-15 所示。

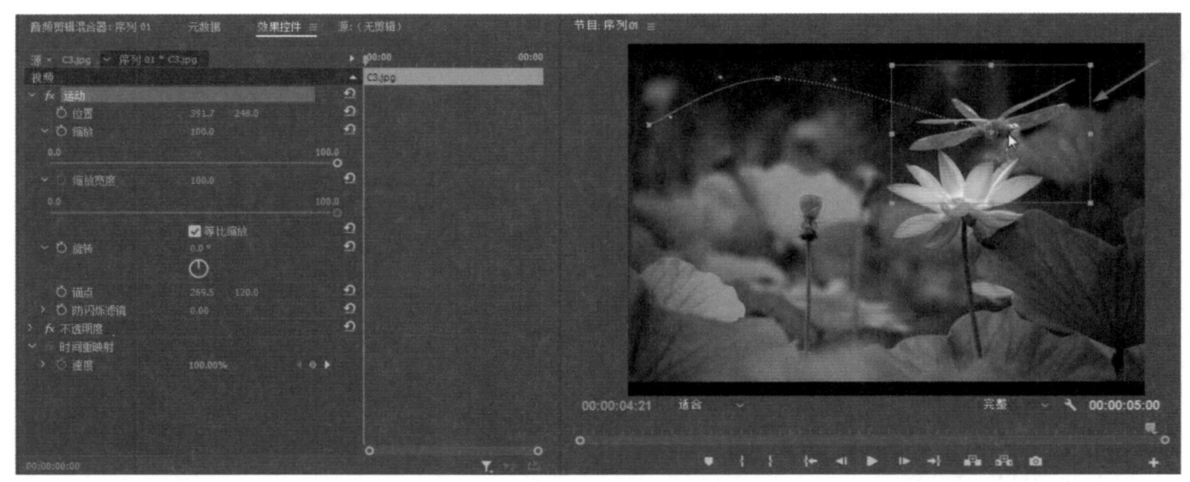

图 7-15　改变素材的位置

2. 缩放

“缩放”参数用于设置素材的尺寸百分比。当其下方的“等比缩放”复选框未被选中时，“缩放”用于调整素材的高度，同时其下方的“缩放宽度”选项呈可选状态，此时可以只改变对象的高度或宽度。当“等比缩放”复选框被选中时，对象只能按照比例进行缩放变化。

3. 旋转

“旋转”参数用于调整素材的旋转角度。当旋转角度小于 360° 时，参数设置只有一个，如图 7-16 所示。当旋转角度超过 360° 时，属性变为两个参数：第一个参数指定旋转的周数，第二个参数指定旋转的角度，如图 7-17 所示。

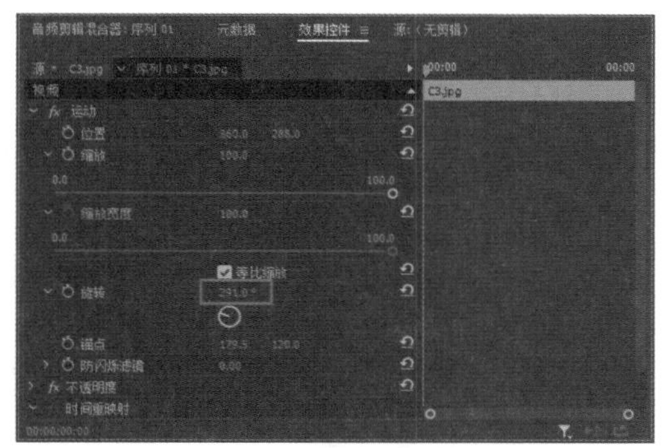

图 7-16　旋转角度小于 360°

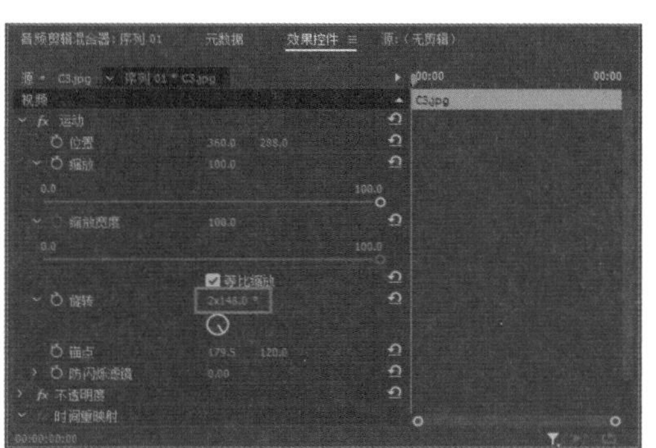

图 7-17　旋转角度大于 360°

4. 锚点

默认状态下，锚点 (即定位点) 设置在素材的中心点。调整锚点参数可以使锚点远离视频中心，将锚点调整到视频画面的其他位置，有利于创建特殊的旋转效果，如图 7-18 所示。

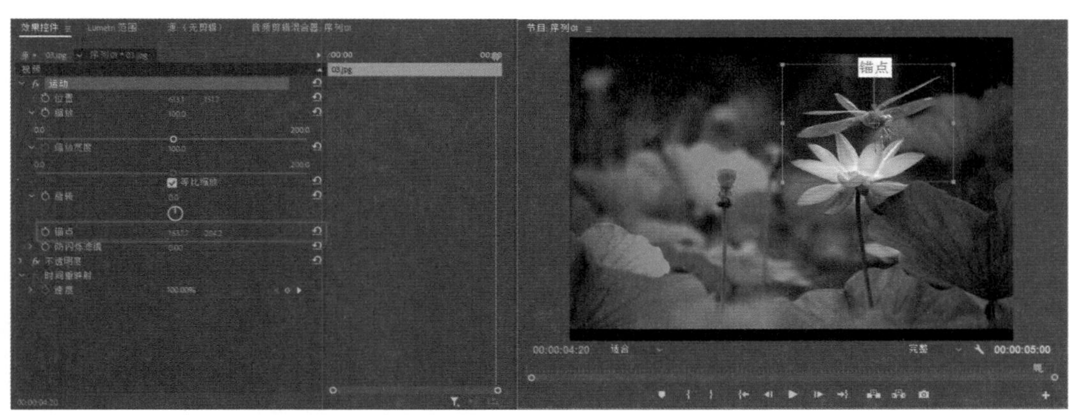

图 7-18　调整锚点的位置

5. 防闪烁滤镜

通过将防闪烁滤镜关键帧参数设置为不同的值，可以更改防闪烁滤镜在剪辑持续时间内变化的强度。单击“防闪烁滤镜”选项旁边的三角形，展开该控件参数，向右拖动“防闪烁滤镜”滑块，可以增加滤镜的强度。

7.3.2　关键帧的添加与设置

默认情况下，对视频运动参数的修改是整体调整。在 Premiere 中进行的视频运动设置建立在关键帧的基础上。在设置关键帧时，可以分别对位置、缩放、旋转、锚点等单独进行设置。

1. 开启动画记录

如果要保存某种运动方式的动画记录，需要单击该运动方式前面的“切换动画”开关按钮。例如，单击“位置”前面的“切换动画”开关按钮，如图 7-19 所示，将开启并保存位置运动方式的动画记录，如图 7-20 所示。

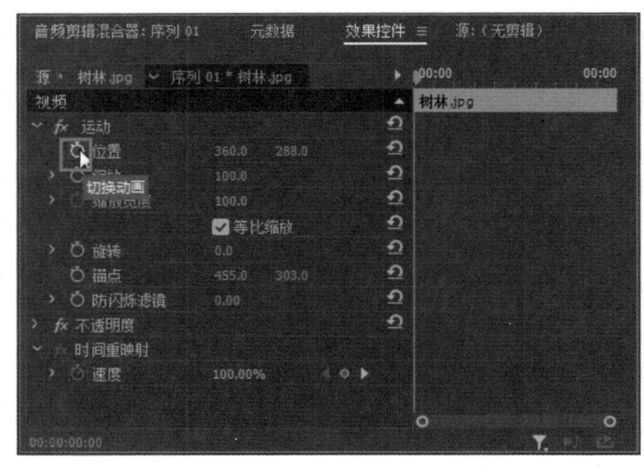

图 7-19　单击“切换动画”按钮

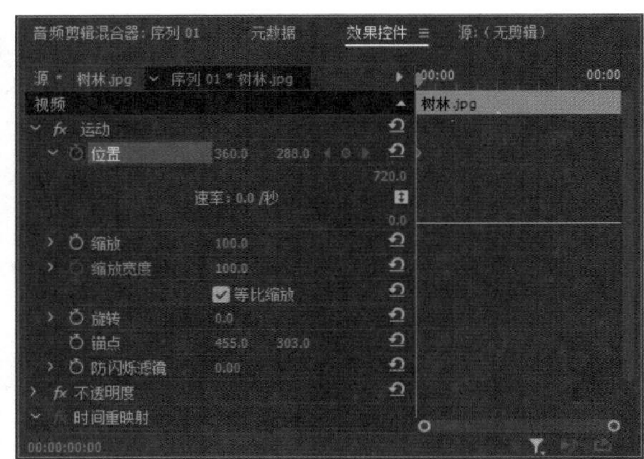

图 7-20　开启动画记录

知识点滴：

开启动画记录后，再次单击“切换动画”开关按钮，将删除此运动方式下的所有关键帧。单击效果控件面板中“运动”选项右边的“重置”按钮，将清除素材片段上添加的所有运动效果，还原到初始状态。

2. 添加关键帧

视频素材要产生运动效果，需要在效果控件面板中为素材添加两个或两个以上的关键帧，并设置不同的关键帧参数。在效果控件面板中，不仅可以添加或删除关键帧，还可以通过对关键帧各项参数进行设置来实现素材的运动效果，如图 7-21 所示。

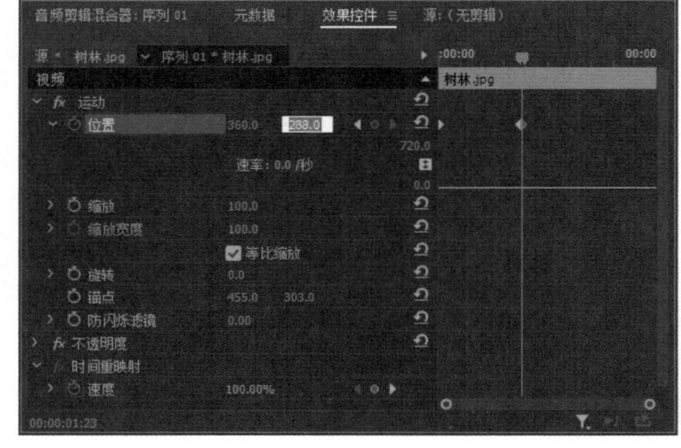

图 7-21　添加并设置关键帧

3. 选择关键帧

编辑素材的关键帧时，首先需要选中关键帧，然后才能对关键帧进行相关操作。用户可以直接单击关键帧将其选中，也可以通过效果控件面板中的“转到上一关键帧” 按钮和“转到下一关键帧”按钮来选择关键帧。

进阶技巧：

在视频编辑中，有时需要选择多个关键帧进行统一编辑。要在效果控件面板中选择多个关键帧，按住 Ctrl 或 Shift 键，依次单击要选择的各个关键帧即可，或是通过按住并拖动鼠标的方式框选多个关键帧。

4. 移动关键帧

为素材添加关键帧后，如果需要将关键帧移到其他位置，只需要选择要移动的关键帧，单击并拖动至合适的位置，然后释放鼠标即可。

5. 复制与粘贴关键帧

若要将某个关键帧复制到其他位置，可以在效果控件面板中右击要复制的关键帧，在弹出的快捷菜单中选择“复制”命令，然后将时间指示器移到新位置，再右击鼠标，在弹出的快捷菜单中选择“粘贴”命令，即可完成关键帧的复制与粘贴操作。

6. 删除关键帧

选中关键帧，按 Delete 键即可删除关键帧，或者在选中的关键帧上右击，然后在弹出的快捷菜单中选择“清除”命令，将所选关键帧删除；也可以在效果控件面板中单击“添加 / 移除关键帧”按钮删除所选关键帧。

7. 关键帧插值

默认状态下，Premiere 中关键帧之间的变化为线性变化，如图 7-22 所示。除了线性变化外，Premiere Pro 2022 还提供了贝塞尔曲线、自动贝塞尔曲线、连续贝塞尔曲线、定格、缓入和缓出等多种变化方式，在关键帧控制区域右击关键帧，可以在弹出的快捷菜单中的“临时插值”子菜单中选择关键帧的曲线变化方式，如图 7-23 所示。

- 线性：在两个关键帧之间实现恒定速度的变化。
- 贝塞尔曲线：可以手动调整关键帧图像的形状，从而创建平滑的变化。
- 自动贝塞尔曲线：自动创建平稳速度的变化。

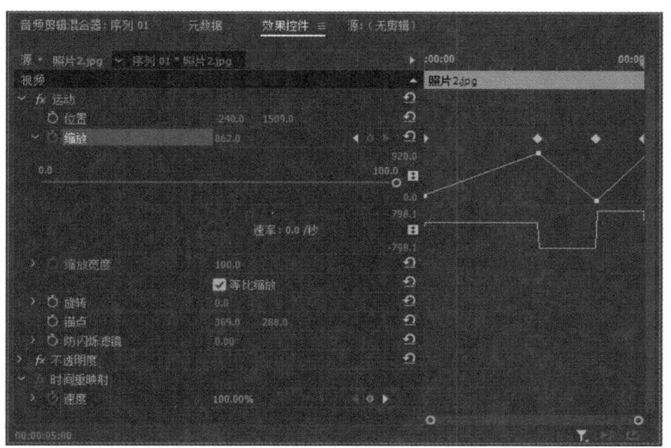

图 7-22　线性变化

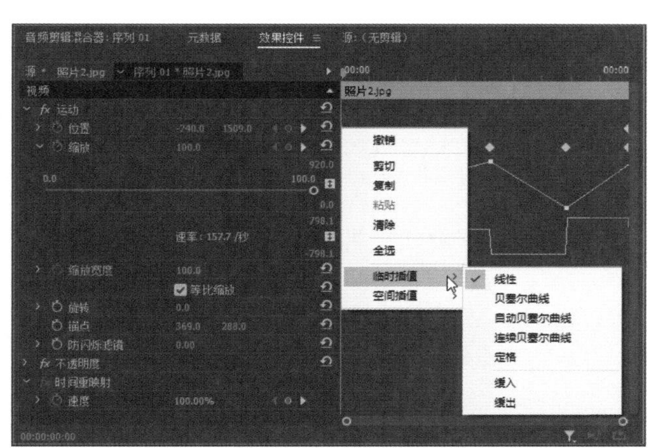

图 7-23　选择关键帧的曲线变化方式

- 连续贝塞尔曲线：可以手动调整关键帧图像的形状，从而创建平滑的变化。连续贝塞尔曲线与贝塞尔曲线不同的是：前者的两个调节手柄始终在一条直线上，调节一个手柄时，另一个手柄将发生相应的变化；后者是两个独立的调节手柄，可以单独调节其中一个手柄，如图 7-24 和图 7-25 所示。

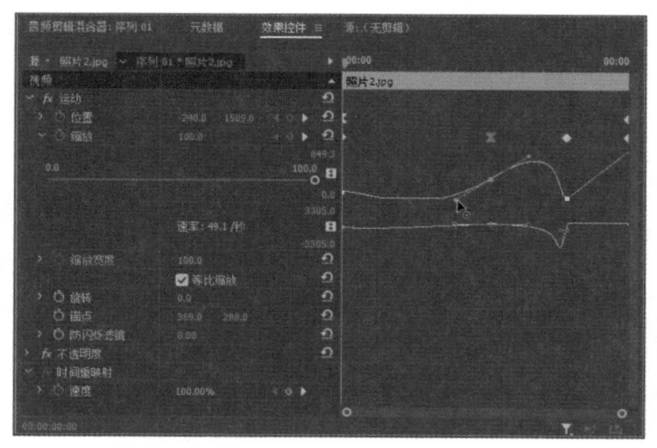

图 7-24　连续贝塞尔曲线手柄

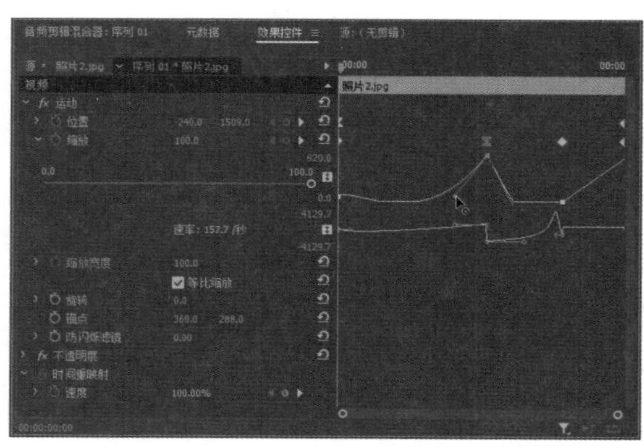

图 7-25　贝塞尔曲线手柄

- 定格：不会逐渐地改变属性值，会使效果发生快速变化。
- 缓入：减慢进入下一个关键帧的值变化。
- 缓出：逐渐加快离开上一个关键帧的值变化。

进阶技巧：

选择关键帧的曲线变化方式后，可以利用钢笔工具来调整曲线的手柄，从而调整曲线的形状。使用效果控件面板中的速度曲线可以调整效果变化的速度，通过调整速度曲线可以模拟真实世界中物体的运动效果。

7.4　创建运动效果

在 Premiere 中，可以控制的运动效果包括位置、缩放和旋转等。要在 Premiere 中创建运动效果，首先需要创建一个项目，并在时间轴面板中选中素材，然后可以使用“运动”效果控件调整素材。

7.4.1　创建移动效果

移动效果能够实现视频素材在节目监视器面板中的移动，是视频编辑过程中经常使用的一种运动效果，该效果可以通过调整效果控件中的位置参数来实现。

练习实例：制作飘落的树叶。	
文件路径	第 7 章 \ 飘落的树叶.prproj
技术掌握	添加关键帧、运动路径

01 新建一个名为“飘落的树叶”的项目文件和一个序列，然后将需要的素材导入项目面板中，如图 7-26 所示。

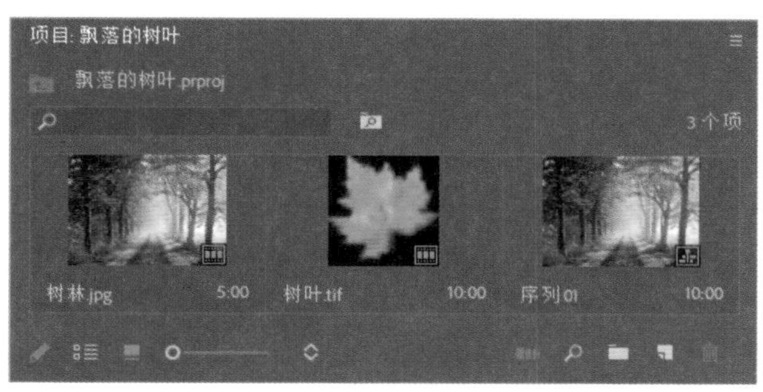

图 7-26　导入素材

02 将素材“树林.jpg”添加到时间轴面板的视频 1 轨道中，将素材“树叶.tif”添加到时间轴面板的视频 2 轨道中，如图 7-27 所示。

图 7-27　添加素材

03 在时间轴面板中选中两个视频轨道中的素材，然后选择“剪辑”|“速度 / 持续时间”命令，在打开的“剪辑速度 / 持续时间”对话框中设置两个素材的持续时间为 10 秒，如图 7-28 所示，单击“确定”按钮。

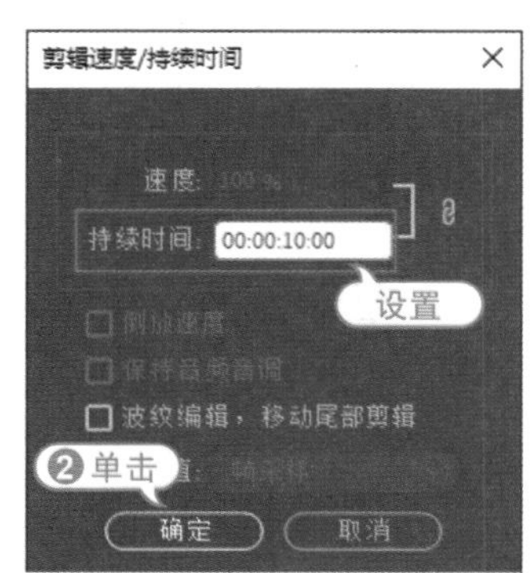

图 7-28　设置素材的持续时间

04 修改持续时间后，素材在视频轨道中的显示效果如图 7-29 所示。

05 选择视频轨道 2 中的“树叶.tif”素材。在效果控件面板中单击“位置”选项前面的“切换动画”按钮，启用动画功能，并自动添加一个关键帧，然后将位置的坐标设置为 (360,120)，如图 7-30 所示，使树叶处于视频画面的上方，如图 7-31 所示。

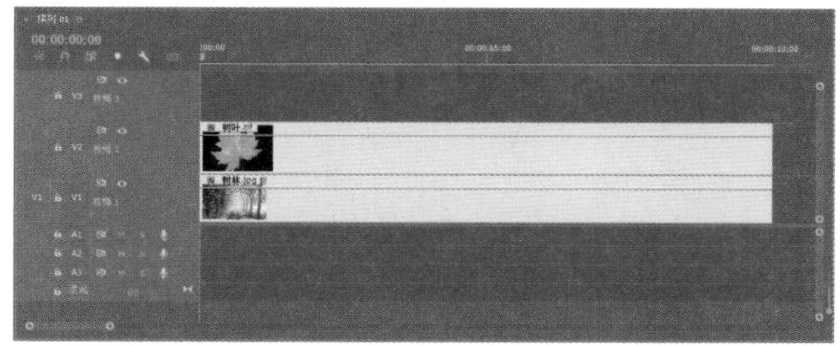

图 7-29　修改持续时间后素材的显示效果

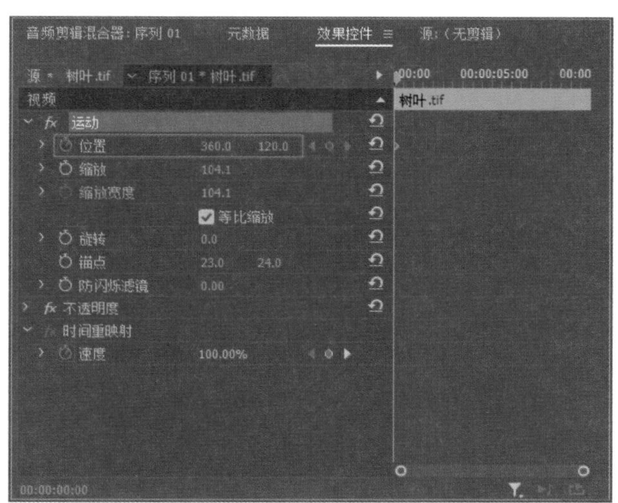

图 7-30　设置树叶的坐标

图 7-31　树叶所在的位置

06 将时间指示器移到第 3 秒的位置，单击“位置”选项后面的“添加 / 移除关键帧”按钮，在此处添加一个关键帧，然后将“位置”的坐标值改为 (310,280)，如图 7-32 所示。

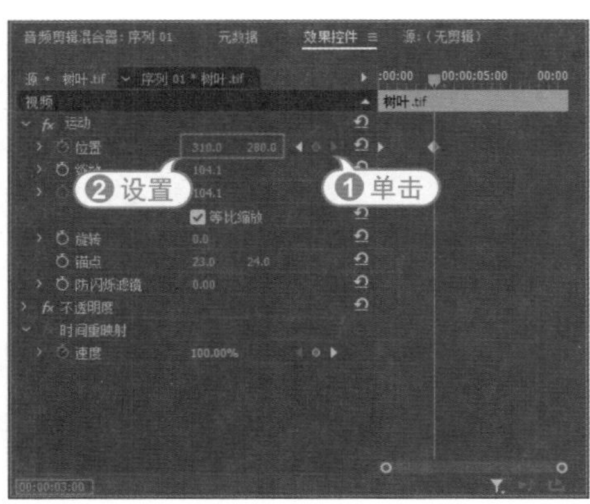

图 7-32　添加并设置关键帧（一）

07 单击效果控件面板中的“运动”选项名称，可以在节目监视器中显示树叶的运动路径，如图 7-33 所示。

图 7-33　树叶的运动路径（一）

08 将时间指示器移到第 6 秒的位置，单击“位置”选项后面的“添加 / 移除关键帧”按钮，在此处添加一个关键帧，然后将“位置”的坐标值改为 (545,170)，如图 7-34 所示。在节目监视器中显示树叶的运动路径，如图 7-35 所示。

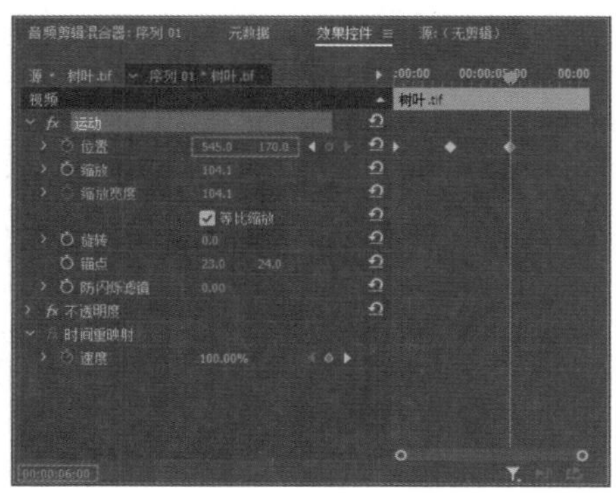

图 7-34　添加并设置关键帧（二）

图 7-35　树叶的运动路径（二）

09 将时间指示器移到第 9 秒 24 帧的位置，单击“位置”选项后面的“添加 / 移除关键帧”按钮，在此处添加一个关键帧，然后将“位置”的坐标值改为 (450,550)，如图 7-36 所示。

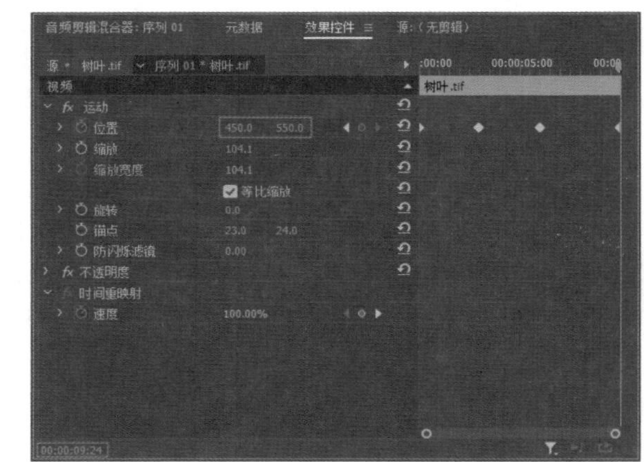

图 7-36　添加并设置关键帧（三）

10 单击节目监视器面板中的“播放-停止切换”按钮，预览树叶飘动的效果，如图 7-37 所示。

图 7-37　预览树叶飘动的效果

7.4.2 创建缩放效果

视频编辑中的缩放效果可以作为视频的出场效果，也可以作为视频素材中局部内容的特写效果，这是视频编辑常用的运动效果之一。

练习实例：制作发散的灯光。	
文件路径	第 7 章 \ 发散的灯光.prproj
技术掌握	添加关键帧、设置缩放参数

01 新建一个名为“发散的灯光”的项目文件和一个序列，然后将素材导入项目面板中，如图 7-38 所示。

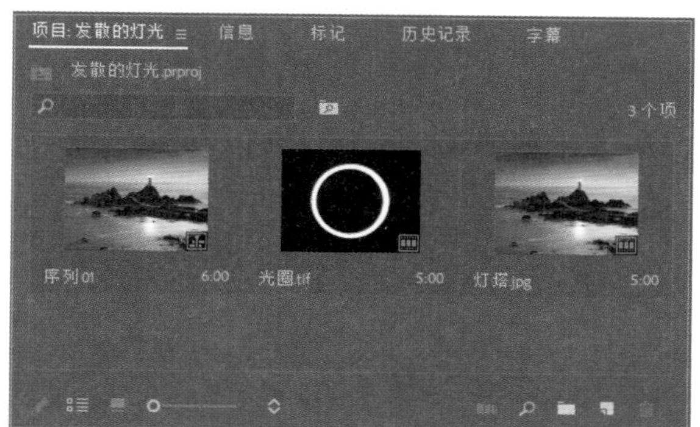

图 7-38　导入素材

02 将项目面板中的素材分别添加到时间轴面板中的视频 1 和视频 2 轨道中，如图 7-39 所示。

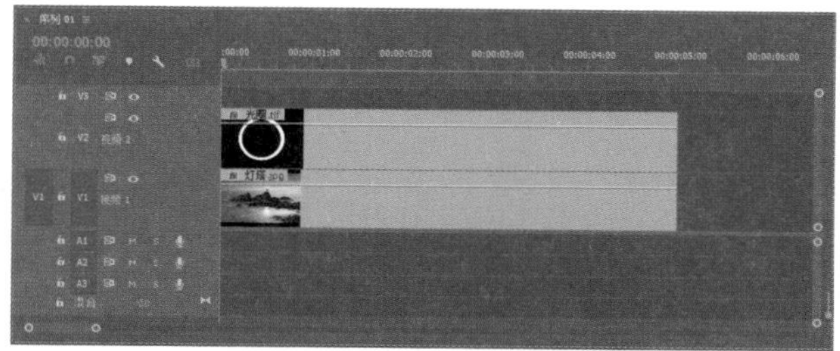

图 7-39　添加素材

03 在时间轴面板中选中两个视频轨道中的素材，然后选择“剪辑”|“速度 / 持续时间”命令，在打开的“剪辑速度 / 持续时间”对话框中设置两个素材的持续时间为 6 秒，如图 7-40 所示，单击“确定”按钮。

04 修改持续时间后，素材在视频轨道中的显示效果如图 7-41 所示。

05 在时间轴面板中选择“光圈.tif”素材，然后在效果控件面板中单击“运动”选项组前面的三角形按钮，展开“运动”选项组，将“位置”的坐标值改为 (427,167)，如图 7-42 所示。

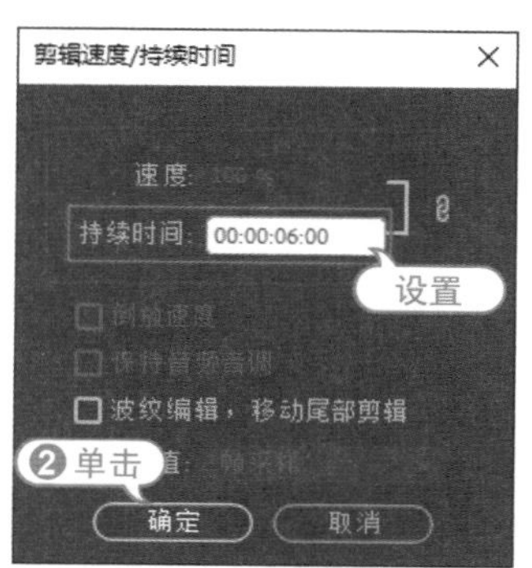

图 7-40　设置素材的持续时间

图 7-41　修改持续时间后素材的显示效果

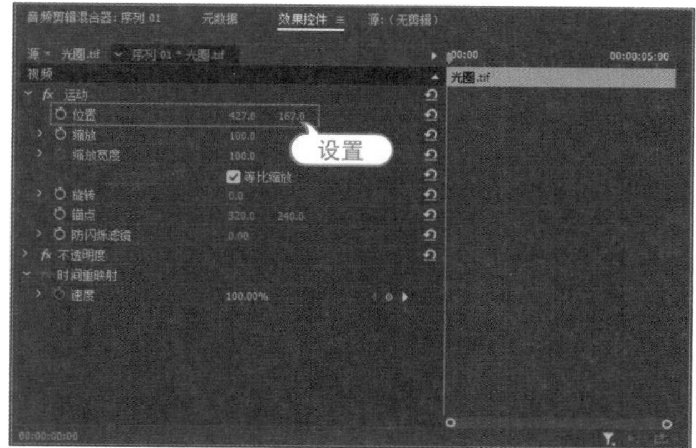

图 7-42　修改位置的坐标值

06 在节目监视器面板中对图像进行预览，效果如图 7-43 所示。

图 7-43　图像预览效果 (一)

07 当时间指示器处于第 0 秒的位置时，单击“缩放”和“不透明度”选项前面的“切换动画”按钮，在此处为各选项添加一个关键帧，并将“缩放”值改为 5，将“不透明度”值改为 0，如图 7-44 所示。

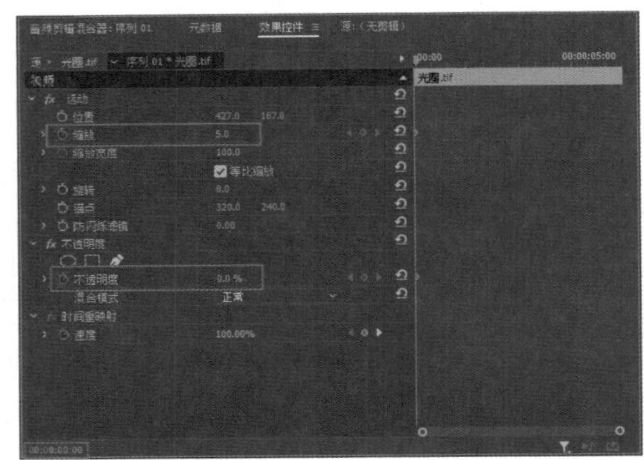

图 7-44　修改缩放和不透明度 (一)

08 在节目监视器面板中对图像进行预览，效果如图 7-45 所示。

图 7-45　图像预览效果 (二)

09 将时间指示器移到第 1 秒的位置，单击“缩放”和“不透明度”选项后面的“添加 / 移除关键帧”按钮，为这两个选项添加一个关键帧，然后将“缩放”值改为 20，将“不透明度”值改为 100，如图 7-46 所示。

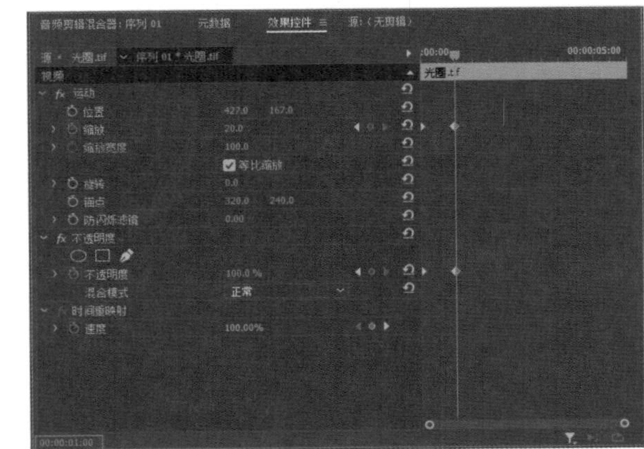

图 7-46　修改缩放和不透明度 (二)

10 将时间指示器移到第 2 秒 20 帧的位置，单击“缩放”和“不透明度”选项后面的“添加 / 移除关键帧”按钮，为这两个选项添加一个关键帧，然后将“缩放”值改为 100，将“不透明度”值改为 0，如图 7-47 所示。

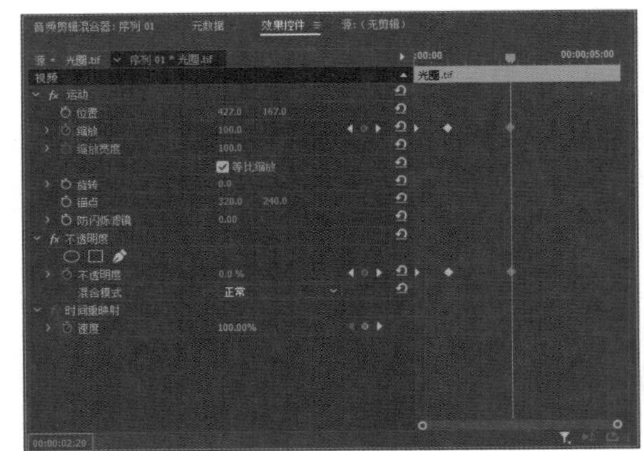

图 7-47　修改缩放和不透明度 (三)

11 通过按住鼠标左键并拖动鼠标的方式，在效果控件轴面板中框选创建的所有关键帧，如图 7-48 所示。

12 在效果控件面板中选中关键帧后，在任意关键帧对象上右击，在弹出的快捷菜单中选择“复制”命令，如图 7-49 所示。

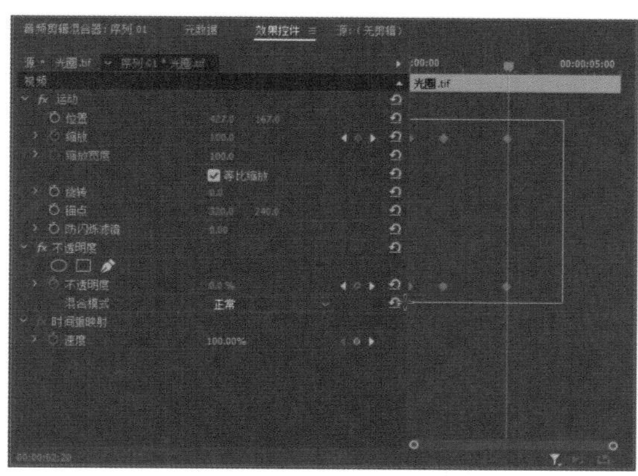

图 7-48　框选关键帧

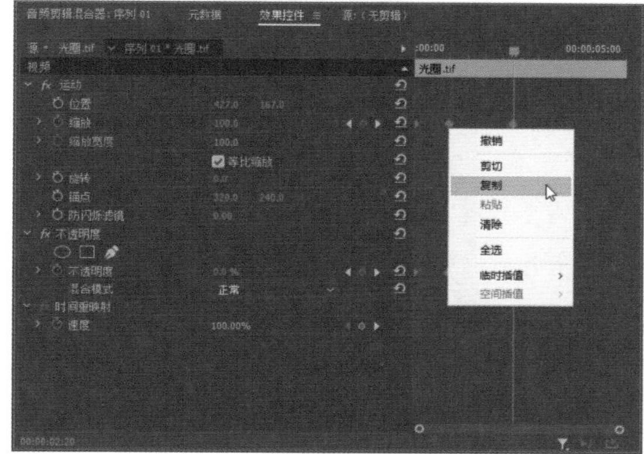

图 7-49　选择“复制”命令

13 将时间指示器移到第 3 秒的位置，然后单击鼠标右键，在弹出的快捷菜单中选择“粘贴”命令，如图 7-50 所示。

14 对关键帧进行粘贴后的效果如图 7-51 所示。

15 单击节目监视器面板下方的“播放－停止切换”按钮，对影片进行预览，可以看到灯圈的缩放效果，如图 7-52 所示。

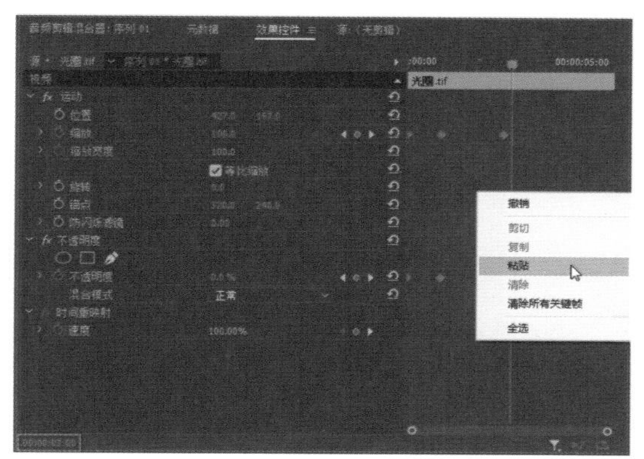

图 7-50　选择“粘贴”命令

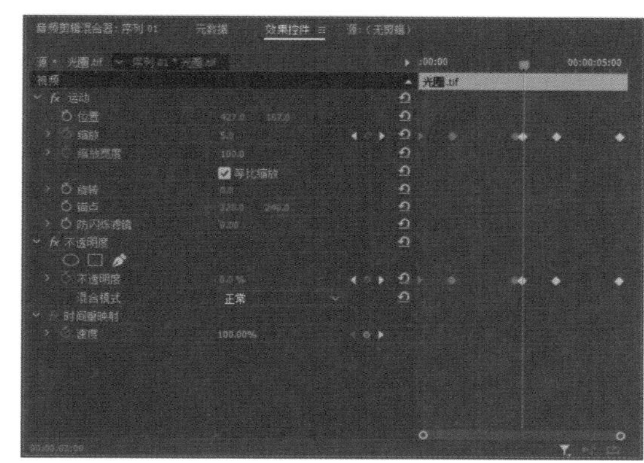

图 7-51　粘贴关键帧后的效果

图 7-52　预览缩放运动效果

7.4.3　创建旋转效果

旋转效果能增加视频的旋转动感，适用于视频或字幕的旋转。在设置旋转的过程中，将素材的锚点设置在不同的位置，其旋转的轴心也不同。

练习实例：制作随风舞动的落叶。	
文件路径	第 7 章 \ 随风舞动的落叶.prproj
技术掌握	添加关键帧、设置旋转参数

01 打开前面制作的“飘落的树叶”项目文件，然后将其另存为“随风舞动的落叶”。

02 选择时间轴面板中的落叶素材，当时间指示器处于第 0 秒的位置时，在效果控件面板中单击“旋转”

选项前面的“切换动画”按钮，在此处添加一个关键帧，并保持“旋转”值不变，如图 7-53 所示。

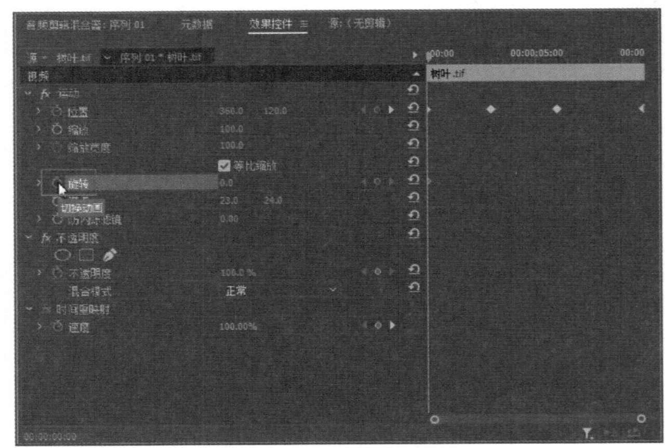

图 7-53　添加一个关键帧

03 将时间指示器移到第 1 秒 20 帧的位置，单击“旋转”选项后面的“添加 / 移除关键帧”按钮，在此处添加一个关键帧，并将“旋转”值修改为 270，如图 7-54 所示。

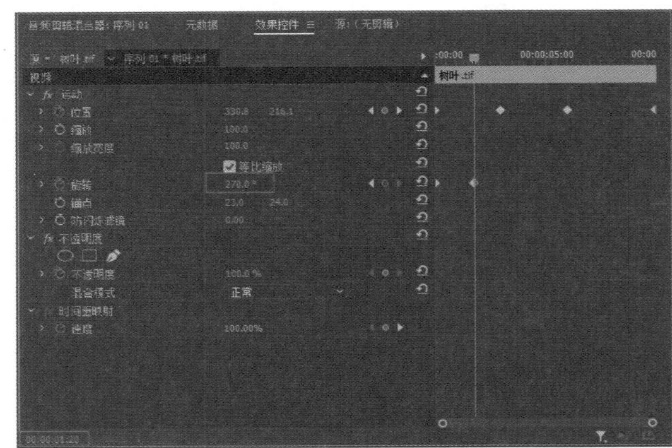

图 7-54　添加并设置关键帧

04 将时间指示器移到第 2 秒 24 帧的位置，单击“旋转”选项后面的“添加 / 移除关键帧”按钮，在此处添加一个关键帧，并将“旋转”值修改为 540，此时该值将变为 1×180.0°，如图 7-55 所示。

05 在效果控件面板中选择创建的 3 个旋转关键帧，然后右击，在弹出的快捷菜单中选择“复制”命令，如图 7-56 所示。

06 将时间指示器移到第 3 秒的位置，然后单击鼠标右键，在弹出的快捷菜单中选择“粘贴”命令，如图 7-57 所示。

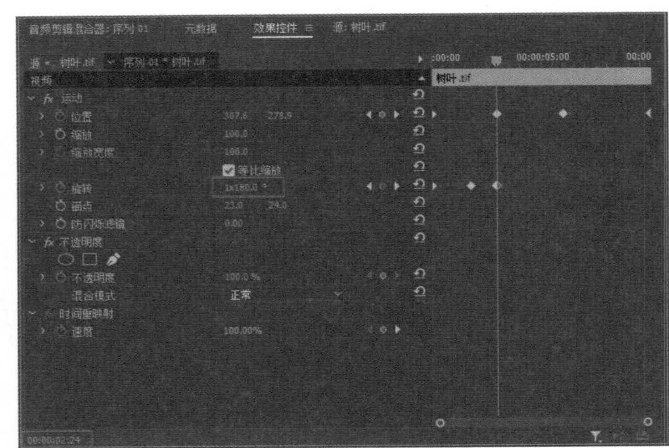

图 7-55　添加并设置关键帧

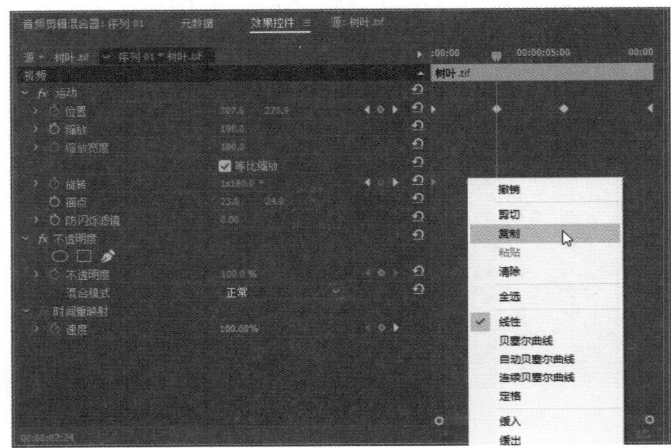

图 7-56　选择“复制”命令

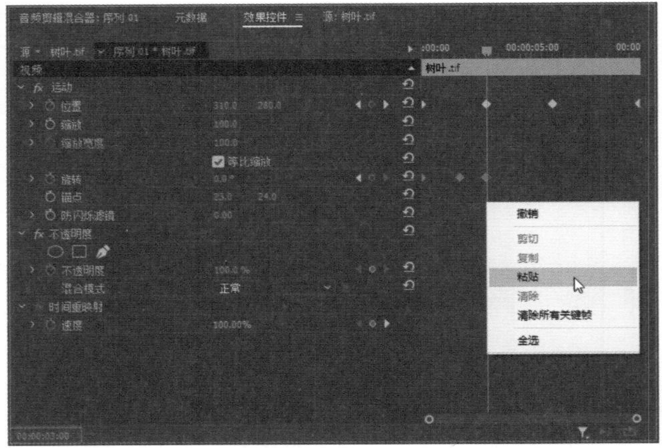

图 7-57　选择“粘贴”命令

07 将时间指示器移到第 6 秒的位置，继续单击鼠标右键，在弹出的快捷菜单中选择“粘贴”命令，对关键帧进行粘贴，此时的效果控件面板如图 7-58 所示。

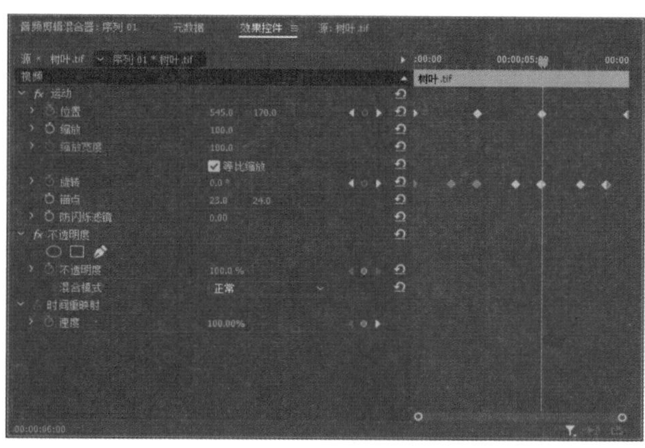

图 7-58　粘贴关键帧后的效果控件面板

08 单击节目监视器面板下方的“播放－停止切换”按钮▶，对影片进行预览，可以看到树叶在飘动过程中产生了旋转效果，如图 7-59 所示。

图 7-59　影片预览效果

7.4.4　创建平滑运动效果

在 Premiere 中可以使素材沿着指定的路线进行运动。为素材添加运动效果后，默认状态下，素材是以直线状态进行运动的。要改变素材的运动状态，可以在效果控件面板中对关键帧的属性进行修改。

练习实例：调整落叶的飘动线路。	
文件路径	第 7 章 \ 平滑运动的落叶.prproj
技术掌握	调整关键帧曲线

01 打开前面制作的“随风舞动的落叶”项目文件，然后将其另存为“平滑运动的落叶”。

02 在效果控件面板中右击“位置”选项中的第一个关键帧，在弹出的快捷菜单中选择“空间插值”|“贝塞尔曲线”命令，如图 7-60 所示。

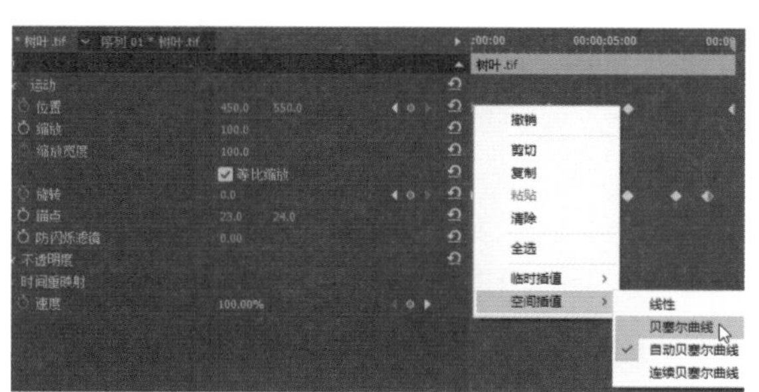

图 7-60　选择“贝塞尔曲线”命令

03 在效果控件面板中单击“运动”选项名称，然后在节目监视器面板中单击树叶将其选中，再拖动路径节点的贝塞尔手柄，调节路径的平滑度，如图 7-61 所示。

图 7-61　调节贝塞尔手柄

04 选中“位置”选项中的后面 3 个关键帧，在关键帧上右击，在弹出的快捷菜单中选择“空间插值”|“连续贝塞尔曲线”命令，如图 7-62 所示。

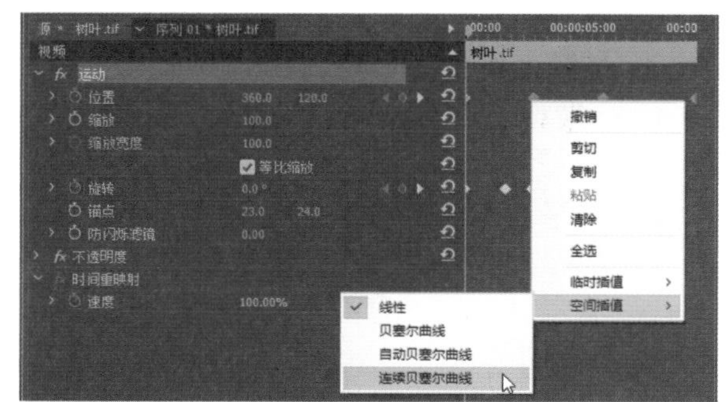

图 7-62　选择“连续贝塞尔曲线”命令

05 在节目监视器面板中拖动路径中其他节点的贝塞尔手柄，调节路径的平滑度，如图 7-63 所示。

图 7-63　调整贝塞尔手柄

06 单击节目监视器面板下方的“播放 - 停止切换”按钮，对影片进行预览，可以预览到树叶飘动的路径为曲线形状，如图 7-64 所示。

图 7-64　影片预览效果

7.5　高手解答

问：在 Premiere Pro 2022 的时间轴面板中，找不到关键帧控件怎么办？

答：在 Premiere Pro 2022 的时间轴面板中，找不到关键帧控件是因为没有展开轨道控制区。用户可以通过拖动轨道控制区上方的边界来展开关键帧控件区域，即可显示关键帧控件。

问：为什么在节目监视器面板中调整素材的位置时，总是无法将其选中？

答：出现这种情况时，首先要确定调整的素材是否处于时间轴轨道的上层，如果该素材上方轨道中还有其他素材，就需要将上方轨道中的素材锁定，这样在调整目标对象时就不会受上方轨道中素材的影响。其次要在效果控件面板中选中“运动”选项。

问：设置素材旋转时，如何才能将旋转设置为一圈以上的值？

答：效果控件面板中的“旋转”参数用于调整素材的旋转角度。当旋转角度小于 360° 时，参数设置只有一个。当旋转角度超过 360° 时，属性变为两个参数：第一个参数指定旋转的周数，第二个参数指定旋转的角度。要将旋转设置为大于一圈以上的值，可以将旋转值设置为大于 360° 的值，然后根据需要设置旋转的周数和角度即可。

问：在设置素材旋转时，如何才能将素材对象以某个指定的点进行旋转？

答：默认状态下，锚点 (即定位点) 在素材的中心点，旋转素材时将以该点为中心进行旋转。调整锚点参数可以使锚点远离视频中心，将锚点调整到视频画面的指定位置，便可以将素材以指定的点为中心进行旋转。

问：在设置素材运动时，如何将素材以平滑的状态进行运动？

答：可以使用关键帧插值来调整素材的运动状态。在效果控件面板中右击“运动”选项中的关键帧，在弹出的快捷菜单中选择“空间插值” | “贝塞尔曲线”命令，选择了关键帧的曲线变化方式后，可以利用钢笔工具来调整曲线的手柄，从而调整曲线的形状。这样就可以使素材以平滑的状态进行运动。

第8章 视频切换

将视频作品中的一个场景过渡到另一个场景就是一次视频切换。但是，如果想对切换的时间进行推移，或者想创建从一个场景逐渐切入另一个场景的效果，只是对素材进行简单的剪辑是不够的，这需要使用过渡效果，将一个素材逐渐淡入另一个素材中。本章将介绍使用 Premiere 进行视频切换的相关知识，包括视频切换概述、应用视频过渡效果、各类视频过渡效果详解和自定义视频过渡。

练习实例：在素材间添加过渡效果
练习实例：对素材应用默认过渡效果
练习实例：制作古诗朗读效果
练习实例：制作书写文字效果

8.1 视频切换概述

视频切换（也称视频过渡或视频转场）是指编辑电视节目或影视媒体时，在不同的镜头间加入过渡效果。视频过渡效果被广泛应用于影视媒体创作，是一种比较常见的技术手段。

8.1.1 场景切换的依据

一组镜头一般是在同一时空中完成的，因此时间和地点就是场景切换的很好依据。当然，有时候在同一时空中也可能有好几组镜头，也就有好几个场景，而情节段落则是按情节发展结构的起承转换等内在节奏来过渡的。

1. 时间的转换

影视节目中的拍摄场景，如果在时间上发生转移，有明显的省略或中断，就可以依据时间的中断来划分场面。在镜头语言的叙述中，时间的转换一般是很快的，这期间转换的时间中断处，就可以是场景的转换处。

2. 空间的转换

在叙事场景中，经常要进行空间转换，一般每组镜头段落都是在不同的空间里拍摄的，如脚本里的内景、外景、居室、沙滩等，故事片中的布景也随场景的不同而随时更换。因此，空间的变更处就可以作为场景的划分处。如果空间变了，还不做场景划分，又不用某种方式暗示观众，就可能会引起混乱。

3. 情节的转换

一部影视作品的情节结构由内在线索发展而成，一般来说都有开始、发展、转折、高潮、结束的过程。这些情节的每一个阶段，就形成一个个情节的段落，无论是倒叙、顺叙、插叙、闪回、联想，都离不开情节发展中的一个阶段性的转折，可以依据这一点来做情节段落的划分。

总之，场景和段落是影视作品中基本的结构形式，作品里内容的结构层次依据段落来表现。因此，场景过渡首先是叙述内在逻辑上的要求，同时也是叙述外在节奏上的要求。

8.1.2 场景切换的方法

场景切换的方法多种多样，但依据手法的不同分为两类：一是用特技手段过渡（即技巧过渡）；二是用镜头自然过渡（即无技巧过渡）。

1. 技巧过渡的方法

技巧过渡的特点是既容易造成视觉的连贯，又容易造成段落的分割。场景过渡常用的技巧包括淡出淡入、叠化、划像、圈出圈入、定格、空画面转场、翻页、正负像互换和变焦几种。

2. 无技巧过渡的方法

无技巧过渡即不使用技巧手段，而用镜头的自然过渡来连接两段内容，这在一定程度上加快了影

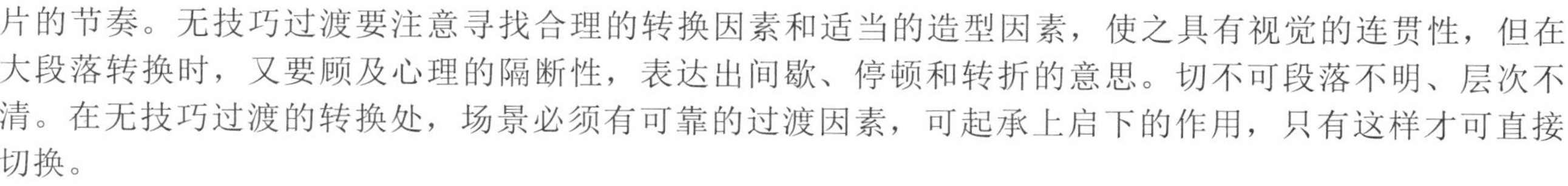

片的节奏。无技巧过渡要注意寻找合理的转换因素和适当的造型因素，使之具有视觉的连贯性，但在大段落转换时，又要顾及心理的隔断性，表达出间歇、停顿和转折的意思。切不可段落不明、层次不清。在无技巧过渡的转换处，场景必须有可靠的过渡因素，可起承上启下的作用，只有这样才可直接切换。

8.2 应用视频过渡效果

要使两个素材的切换更加自然、变化更丰富，就需要加入 Premiere 提供的各种过渡效果，达到丰富画面的目的。

8.2.1 应用效果面板

Premiere Pro 2022 的视频过渡效果存放在效果面板的“视频过渡”素材箱(即文件夹)中。选择“窗口”|“效果”命令，打开效果面板，如图 8-1 所示，效果面板将所有视频效果有组织地放入各个子素材箱中。

在 Premiere Pro 2022 效果面板的“视频过渡”素材箱中存储了数十种不同的过渡效果。单击效果面板中“视频过渡”素材箱前面的三角形图标，可以查看过渡效果的种类列表，如图 8-2 所示。单击其中一种过渡效果素材箱前面的三角形图标，可以查看该类过渡效果所包含的内容，如图 8-3 所示。

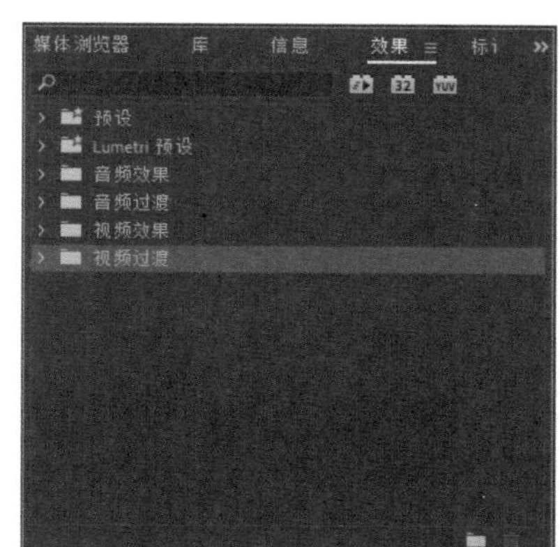

图 8-1　效果面板

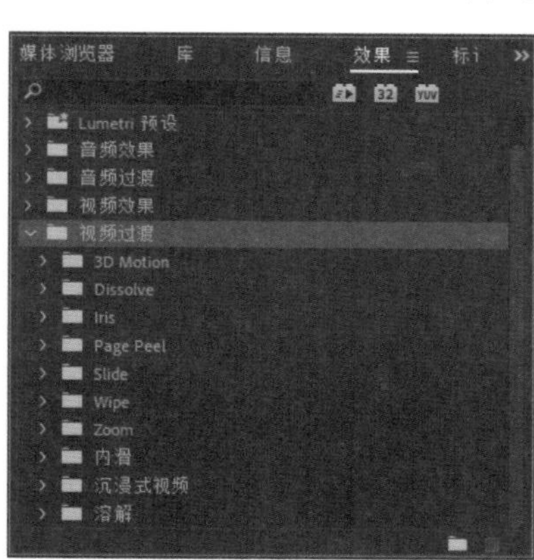

图 8-2　过渡效果的种类列表

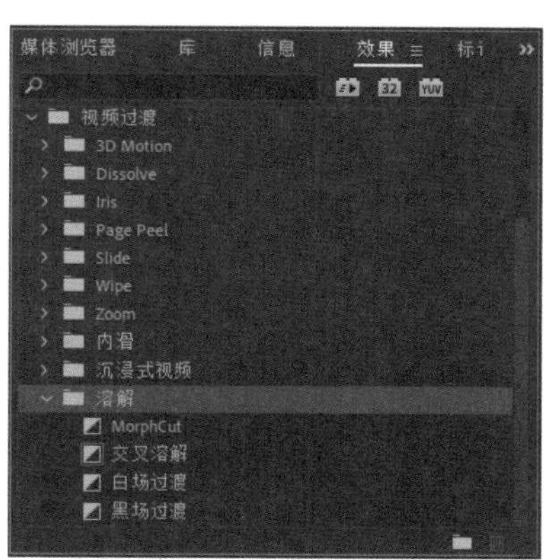

图 8-3　查看内容

8.2.2 效果的管理

在效果面板中存放了各类效果，用户在此可以查找需要的效果，或对效果进行有序化管理，在效果面板中用户可以进行如下操作。

- 查找视频效果：单击效果面板中的查找文本框，然后输入效果的名称，即可找到该视频效果，如图 8-4 所示。
- 组织素材箱：创建新的素材箱，可以将最常使用的效果组织在一起。单击效果面板底部的“新建自定义素材箱”按钮，可以创建新的素材箱，如图 8-5 所示，然后可以将需要的效果拖入其中进行管理，如图 8-6 所示。

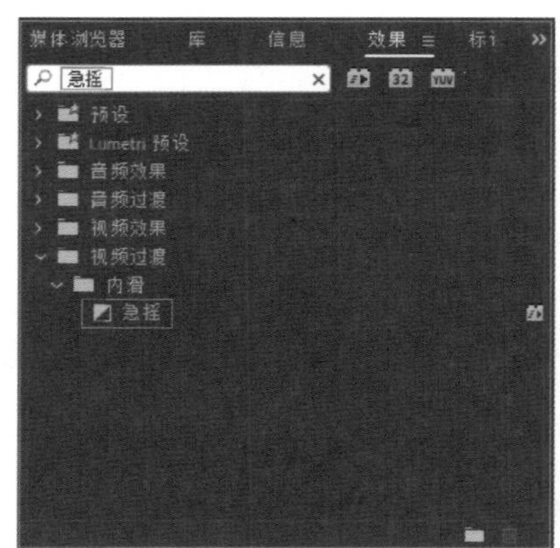
图 8-4　查找视频效果

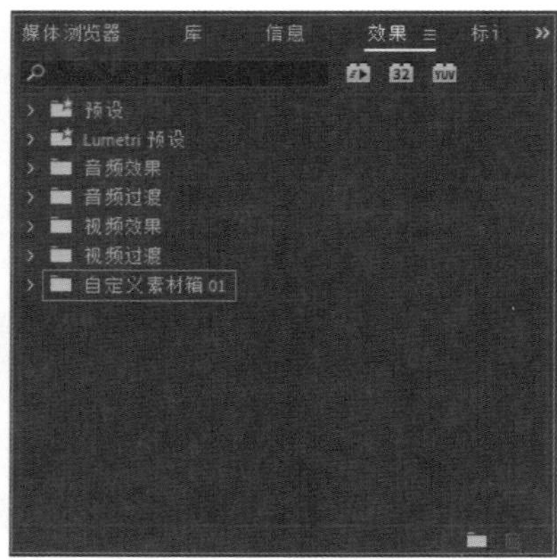
图 8-5　新建自定义素材箱

图 8-6　管理过渡效果

- 重命名自定义素材箱：在新建的素材箱名称上单击两次，然后输入新名称，即可重命名创建的素材箱。
- 删除自定义素材箱：单击素材箱将其选中，然后单击“删除自定义项目”图标，或者从面板菜单中选择“删除自定义项目”命令。当出现“删除项目”对话框时，单击“确定”按钮即可删除自定义素材箱。

知识点滴：

用户不能对 Premiere 自带的素材箱进行删除和重命名操作。

8.2.3　添加视频过渡效果

将效果面板中的过渡效果拖到轨道中的两个素材之间 (也可以是前一个素材的出点处，或是后一个素材的入点处)，即可在帧间添加该过渡效果。过渡效果使用第一个素材出点处的额外帧和第二个素材入点处的额外帧之间的区域作为过渡效果区域。

对素材应用效果时，可以选择“窗口” | “工作区” | “效果”命令，将 Premiere 的工作区设置为“效果”模式。在工作区中，应用和编辑过渡效果所需的面板都显示在屏幕上，有助于对效果进行添加和编辑等操作。

练习实例：在素材间添加过渡效果。	
文件路径	第 8 章 \ 添加过渡效果.prproj
技术掌握	设置工作区、添加过渡效果

01 新建一个项目文件，然后在项目面板中导入照片，如图 8-7 所示。

02 新建一个序列，然后将项目面板中的照片依次添加到时间轴面板的视频 1 轨道中，如图 8-8 所示。

图 8-7　导入照片素材

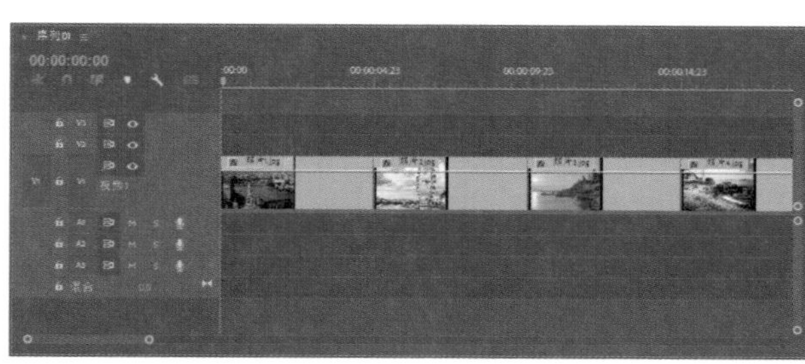

图 8-8 在时间轴面板中添加照片

03 选择“窗口”|“工作区”|“效果”命令，将 Premiere 的工作区设置为“效果”模式，并打开效果面板，如图 8-9 所示。

图 8-9 “效果”模式

04 在效果面板中展开“视频过渡”素材箱，然后选择一个过渡效果，如 3D Motion(3D 运动)|Cube Spin(立方体旋转) 效果，如图 8-10 所示。

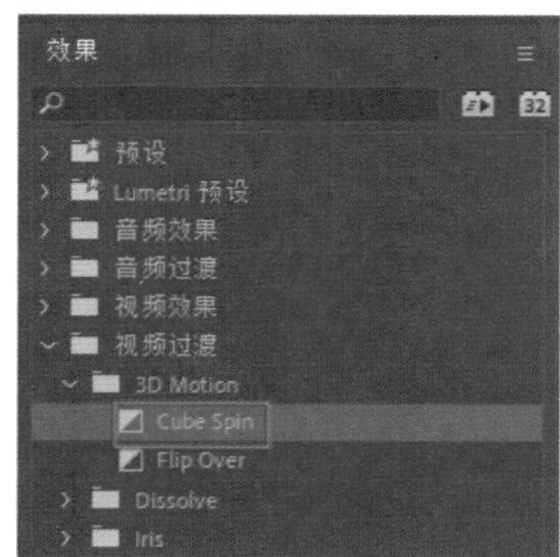

图 8-10 选择过渡效果 (一)

05 将选择的过渡效果拖到时间轴面板中前两个素材的相接处，此时过渡效果将被添加到轨道中的素材间，并会突出显示发生切换的区域，效果如图 8-11 所示。

06 在效果面板中选择另一个过渡效果，如 Wipe(擦除)|Band Wipe(带状擦除) 效果，如图 8-12 所示。

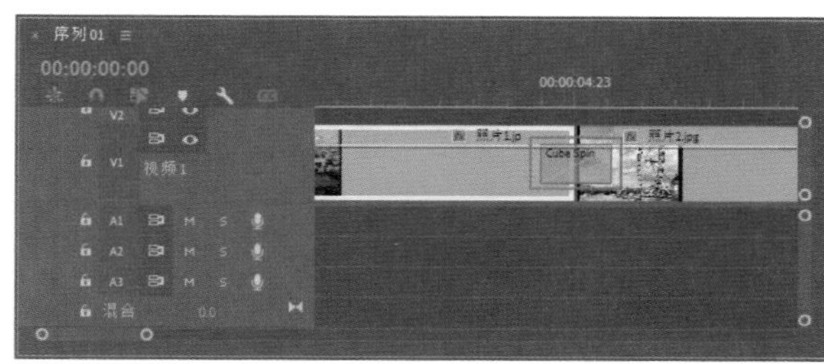

图 8-11 添加过渡效果 (一)

图 8-12 选择过渡效果 (二)

07 将“带状擦除”效果拖到时间轴面板中间两个素材的交汇处，如图 8-13 所示。

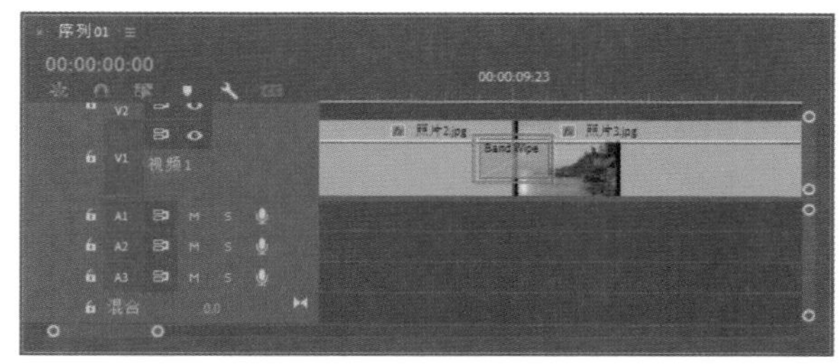

图 8-13 添加过渡效果 (二)

08 继续在效果面板中选择一个过渡效果，如 Page Peel(页面剥落)|Page Turn(翻页) 效果，如图 8-14 所示。

图 8-14 选择过渡效果 (三)

09 将“翻页”效果拖到时间轴面板中后面两个素材的交汇处，如图 8-15 所示。

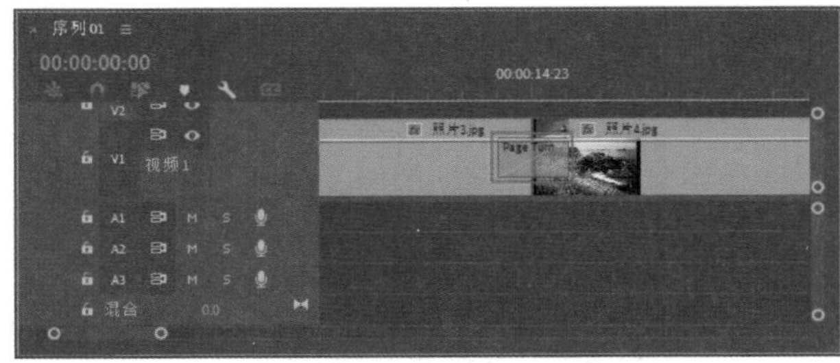

图 8-15　添加过渡效果（三）

10 在节目监视器面板中单击“播放-停止切换”按钮▶播放影片，可以预览添加了过渡效果后的影片效果，如图 8-16 所示。

图 8-16　预览影片的过渡效果

8.2.4　应用默认过渡效果

在视频编辑过程中，如果在整个项目中需要多次应用相同的过渡效果，那么可以将其设置为默认过渡效果，在指定默认过渡效果后，可以快速地将其应用到各个素材之间。

默认情况下，Premiere Pro 2022 的默认过渡效果为“交叉溶解”，该效果的图标有一个蓝色的边框，如图 8-17 所示。要设置新的过渡效果作为默认过渡效果，可以先选择一个视频过渡效果，然后单击鼠标右键，在弹出的菜单中选择“将所选过渡设置为默认过渡”命令，如图 8-18 所示。

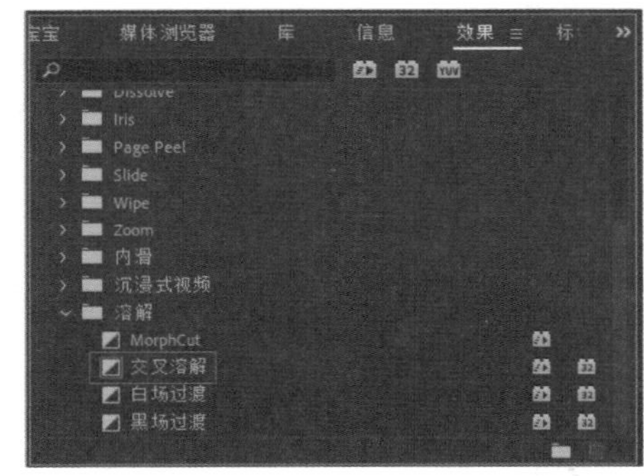

图 8-17　默认过渡效果

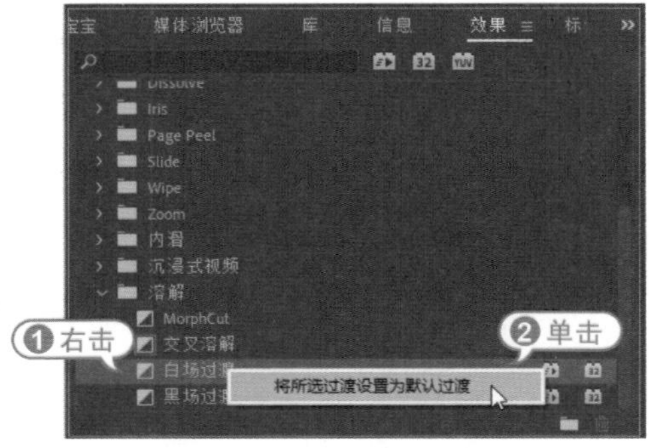

图 8-18　设置为默认过渡效果

练习实例：对素材应用默认过渡效果。	
文件路径	第 8 章 \ 默认过渡效果.prproj
技术掌握	设置为默认过渡效果、应用默认过渡效果

01 新建一个项目文件和一个序列，在项目面板中导入素材文件，如图 8-19 所示。

图 8-19　导入素材

02 将素材文件编排在时间轴面板的视频 1 轨道中，如图 8-20 所示。

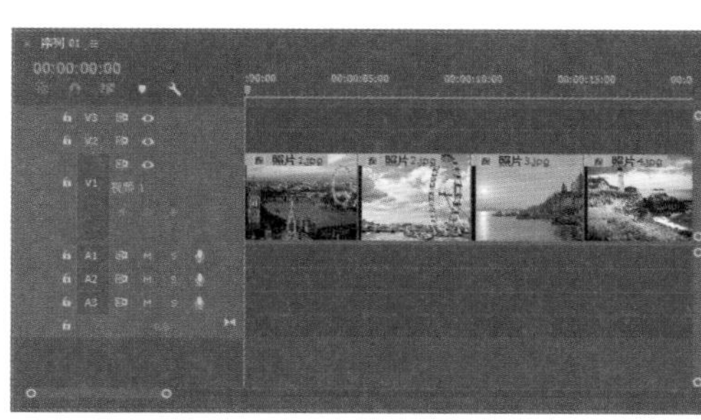
图 8-20　编排素材

03 打开效果面板，选择 Slide(内滑)|Push(推) 过渡效果，然后单击鼠标右键，在弹出的菜单中选择“将所选过渡设置为默认过渡”命令，如图 8-21 所示。

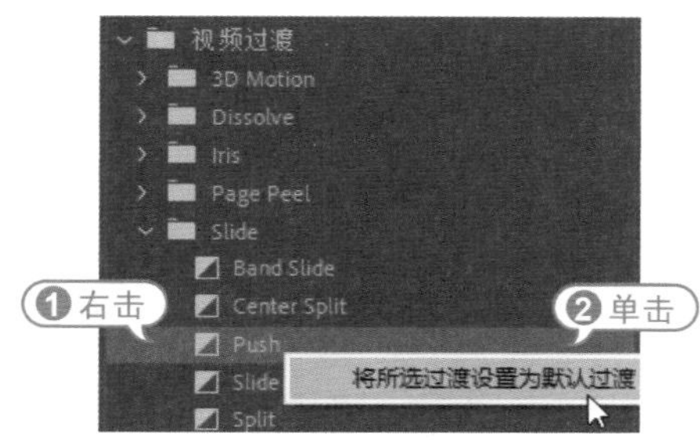

图 8-21　设置为默认过渡效果

04 将选择的过渡效果设置为默认过渡效果后，该效果会有一个蓝色的边框，如图 8-22 所示。

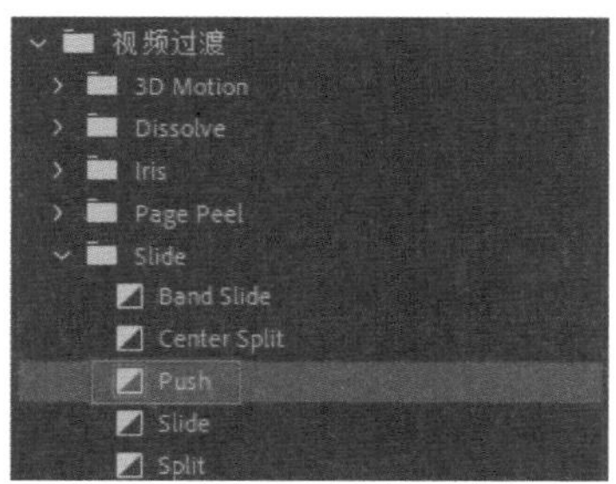

图 8-22　默认过渡效果

05 单击工具面板中的“向前选择轨道工具”按钮，然后在视频 1 轨道的第一个素材上单击鼠标，选择视频 1 轨道中的所有素材，如图 8-23 所示。

图 8-23　选择轨道中的所有素材

06 选择“序列”|“应用默认过渡到选择项”命令，或按 Shift+D 组合键，即可对所选择的所有素材应用默认的过渡效果，如图 8-24 所示。

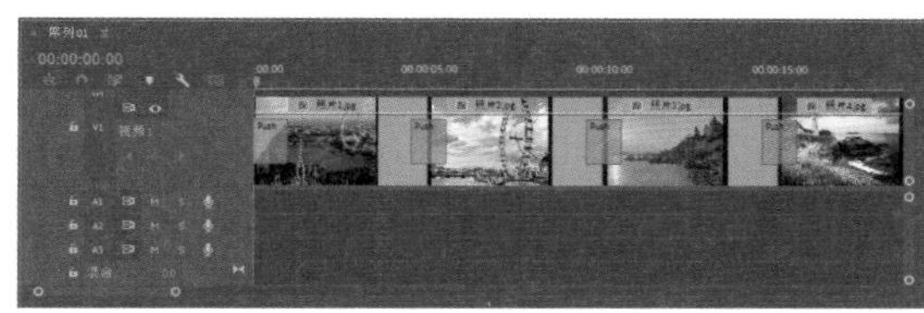
图 8-24　应用默认过渡效果

07 在节目监视器面板中单击“播放-停止切换”按钮▶播放影片，可以预览添加默认过渡效果后的影片效果，如图 8-25 所示。

图 8-25　预览影片效果

8.3　自定义视频过渡效果

对素材应用过渡效果后，在时间轴面板中将其选中，可以在时间轴面板或效果控件面板中对其进行编辑。

8.3.1　设置效果的默认持续时间

视频过渡效果的默认持续时间为 1 秒。要更改过渡效果的默认持续时间，可以单击效果面板的快捷菜单按钮，在弹出的菜单中选择“设置默认过渡持续时间”命令，如图 8-26 所示。打开“首选项”对话框，选择“时间轴”标签选项，即可修改“视频过渡默认持续时间”参数，如图 8-27 所示。

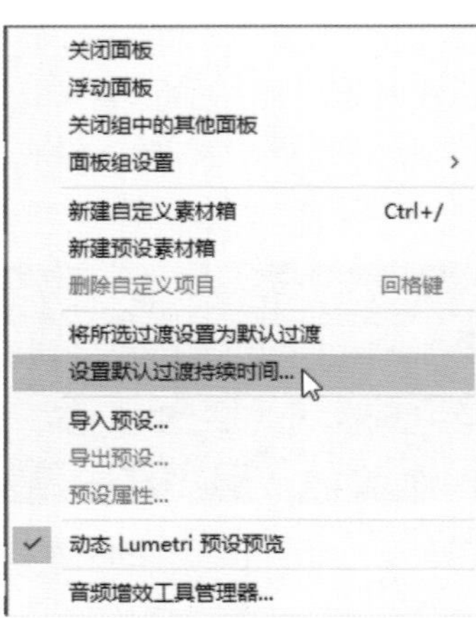

图 8-26　选择命令

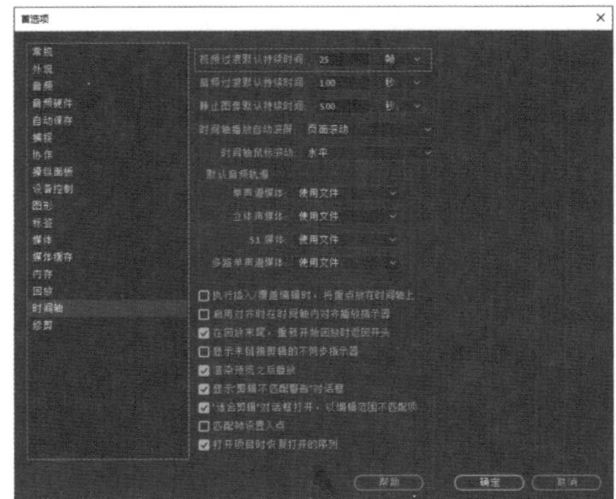

图 8-27　设置视频过渡默认持续时间

8.3.2　更改过渡效果的持续时间

在时间轴面板中通过拖动过渡效果的边缘，可以修改所应用过渡效果的持续时间，如图 8-28 所示。在信息面板中可以查看过渡效果的持续时间，如图 8-29 所示。

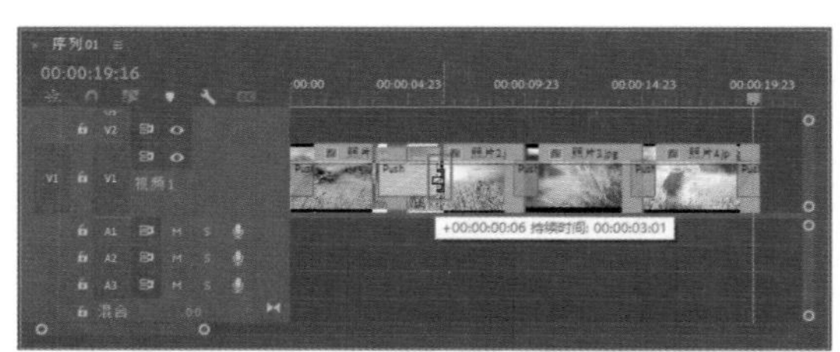

图 8-28　拖动过渡效果的边缘

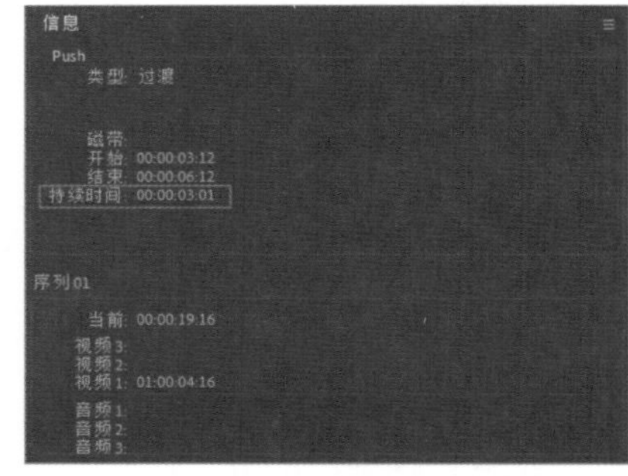

图 8-29　查看过渡效果的持续时间

在效果控件面板中修改持续时间值，也可以修改过渡效果的持续时间，如图 8-30 所示。在效果控件面板中除了可以通过修改持续时间值更改过渡效果的持续时间外，还可以通过单击过渡效果的左边缘或右边缘并拖动来调整过渡效果的持续时间，如图 8-31 所示。

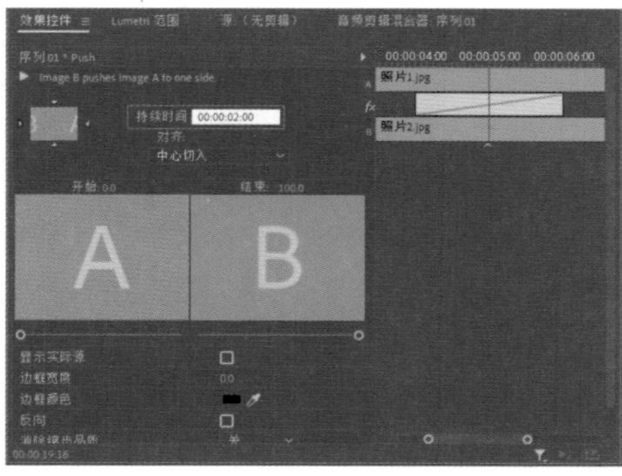

图 8-30　修改持续时间值

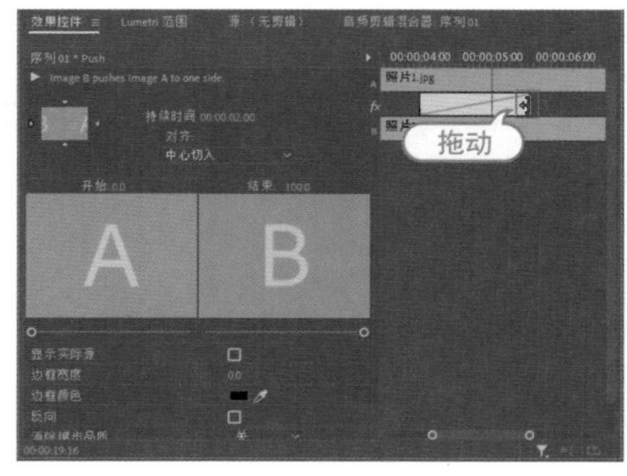

图 8-31　手动调整持续时间

8.3.3 修改过渡效果的对齐方式

在时间轴面板中单击过渡效果并向左或向右拖动，可以修改过渡效果的对齐方式。向左拖动过渡效果，可以将过渡效果与编辑点的结束处对齐，如图 8-32 所示。向右拖动过渡效果，可以将过渡效果与编辑点的开始处对齐，如图 8-33 所示。要让过渡效果居中，就需要将过渡效果放置在编辑点所在范围的中心位置。

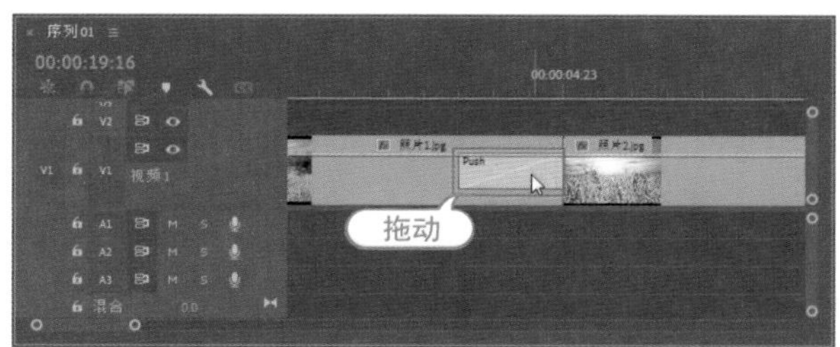

图 8-32 向左拖动过渡效果

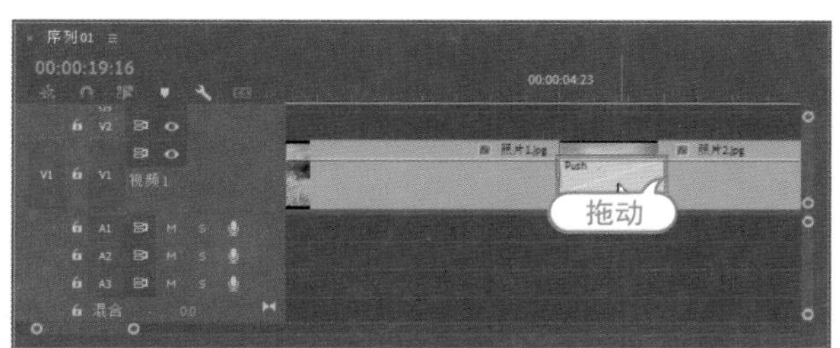

图 8-33 向右拖动过渡效果

在效果控件面板中可以对过渡效果进行更多的编辑。双击时间轴面板中的过渡效果，打开效果控件面板，选中“显示实际源”复选框，可以显示素材及过渡效果，如图 8-34 所示。

在效果控件面板的“对齐”下拉列表中可以选择过渡效果的对齐方式，包括“中心切入”“起点切入”“终点切入”和“自定义起点”几种对齐方式，如图 8-35 所示。

图 8-34 显示实际源

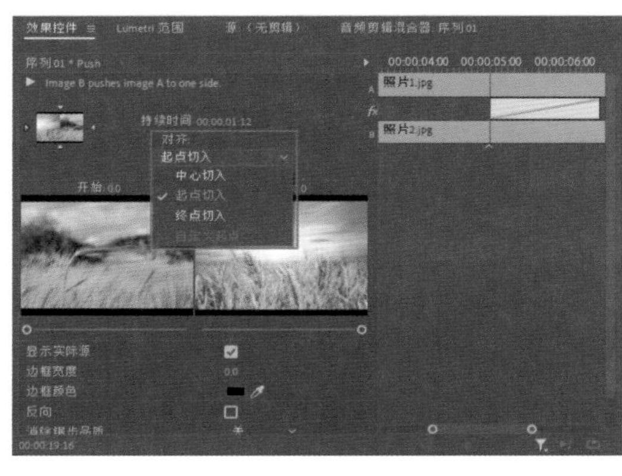

图 8-35 选择对齐方式

各种对齐方式的作用如下。

- 在将对齐方式设置为“中心切入”或“自定义起点”时，修改持续时间值对入点和出点都有影响。
- 在将对齐方式设置为“起点切入”时，更改持续时间值对出点有影响。
- 在将对齐方式设置为“终点切入”时，更改持续时间值对入点有影响。

8.3.4 反向过渡效果

在将过渡效果应用于素材后，默认情况下，素材切换是从第一个素材切换到第二个素材 (A 到 B)。如果需要创建从场景 B 到场景 A 的过渡效果，也就是使场景 A 出现在场景 B 之后，可以选中效果控件面板中的“反向”复选框，对过渡效果进行反向设置。

知识点滴：

在“消除锯齿品质”下拉列表中选择抗锯齿的级别，可以使过渡效果更加流畅。

8.3.5 自定义过渡参数

在 Premiere Pro 2022 中，有些视频过渡效果还有“自定义”按钮，它提供了一些自定义参数，用户可以对过渡效果进行更多的设置。例如，在素材间添加“Band Wipe(带状擦除)”过渡效果后，在效果控件面板中就会出现“自定义”按钮，如图 8-36 所示。单击该按钮，可以打开“带状擦除设置”对话框，对带的数量进行设置，如图 8-37 所示。

图 8-36 出现“自定义”按钮

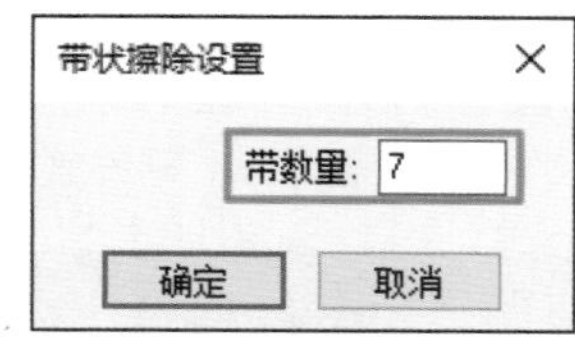

图 8-37 设置参数

8.3.6 替换和删除过渡效果

如果在应用过渡效果后，没有达到原本想要的效果，可以对其进行替换或删除操作，具体操作如下。

- 替换过渡效果：在效果面板中选择需要的过渡效果，然后将其拖动到时间轴面板中需要替换的过渡效果上即可，新的过渡效果将替换原来的过渡效果。
- 删除过渡效果：在时间轴面板中选择需要删除的过渡效果，然后按 Delete 键即可将其删除。

8.4 Premiere 过渡效果详解

Premiere Pro 2022 包含 3D Motion(3D 运动)、Dissolve(溶解)、Iris(划像)、Page Peel(页面剥落)、Slide(滑动)、Wipe(擦除)、Zoom(缩放)、“内滑”“沉浸式视频”和“溶解”等过渡类型，如图 8-38 所示。下面详细介绍各类过渡效果的作用。

8.4.1 3D Motion(3D 运动) 过渡效果

展开 3D Motion(3D 运动) 素材箱，其中包含了 Cube Spin(立方体旋转) 和 Flip Over(翻转) 两种过渡效果，如图 8-39 所示。

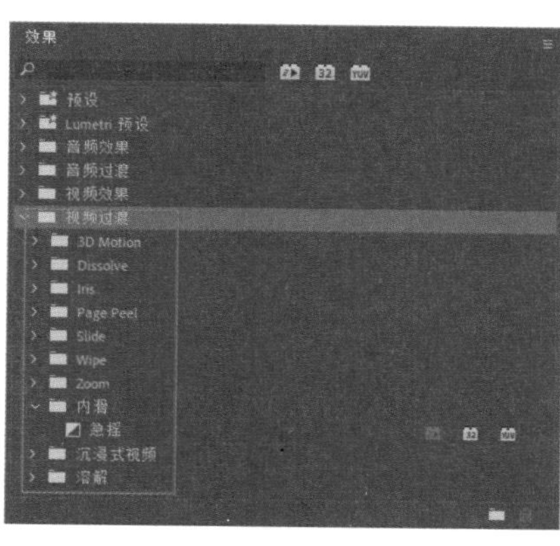

图 8-38 “视频过渡”类型

图 8-39 “3D 运动”过渡效果

1. Cube Spin(立方体旋转)

此过渡效果使用旋转的立方体创建从素材 A 到素材 B 的过渡效果，单击缩览图四周的三角形按钮，可以将过渡效果设置为从北到南、从南到北、从西到东或从东到西过渡，如图 8-40 所示。

图 8-40 立方体旋转过渡

2. Flip Over(翻转)

此过渡效果将沿垂直轴翻转素材 A 来显示素材 B。单击效果控件面板底部的“自定义”按钮，打开“翻转设置”对话框，在该对话框中可以设置带数和填充颜色，如图 8-41 所示。

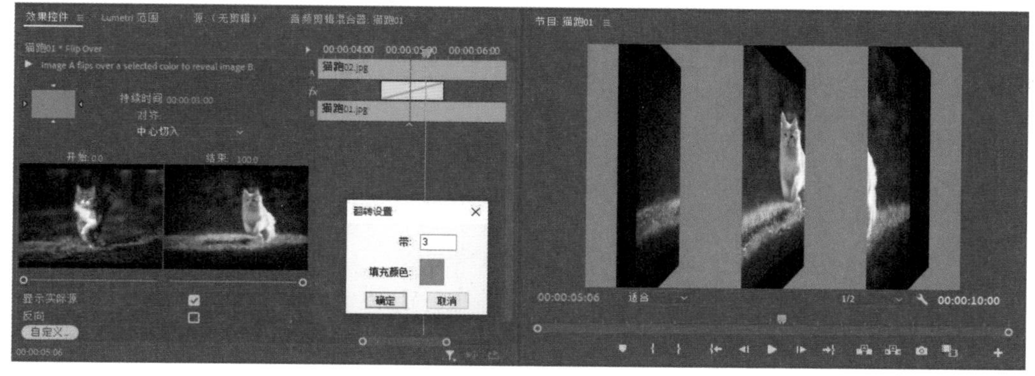

图 8-41 翻转过渡

8.4.2 Iris(划像)过渡效果

Iris(划像)过渡的开始和结束都在屏幕的中心进行。Iris(划像)过渡包括 Iris Box(盒形划像)、Iris Cross(交叉划像)、Iris Diamond(菱形划像)、Iris Round(圆划像)过渡效果。

1. Iris Box(盒形划像)

在此过渡效果中，素材 B 逐渐显示在一个慢慢变大的矩形中，该矩形会逐渐占据整个画面，如图 8-42 所示。

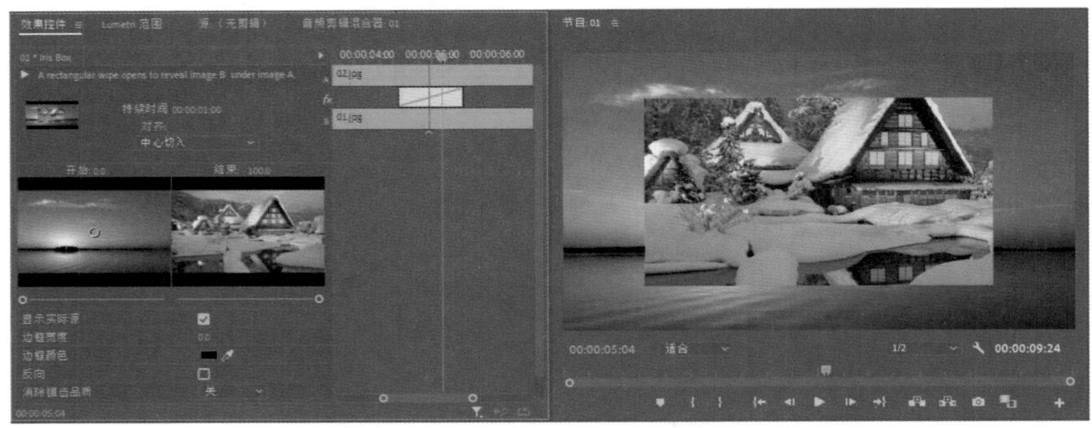

图 8-42　盒形划像过渡

2. Iris Cross(交叉划像)

在此过渡效果中，素材B逐渐出现在一个十字形中，该十字形会越变越大，直到占据整个画面，如图8-43所示。

图 8-43　交叉划像过渡

3. Iris Diamond(菱形划像)

在此过渡效果中，素材 B 逐渐出现在一个菱形中，该菱形将逐渐占据整个画面，如图 8-44 所示。

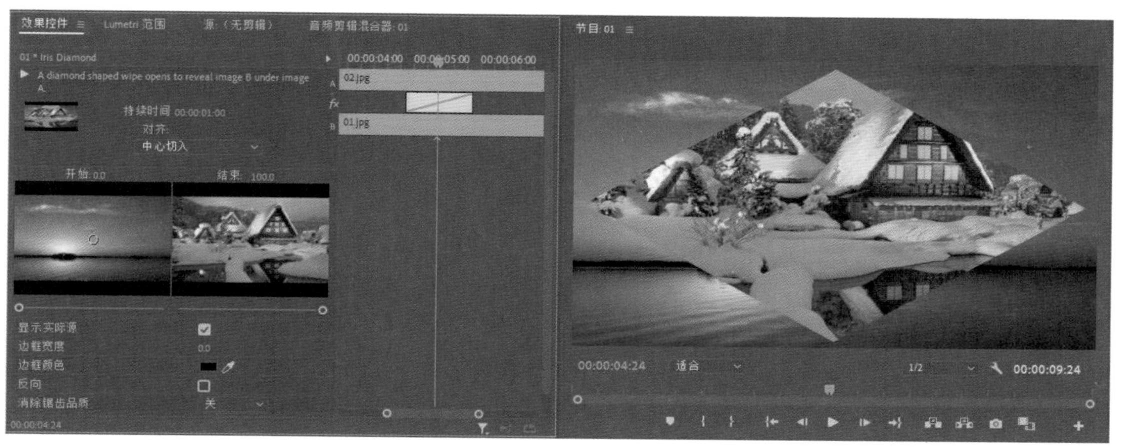

图 8-44　菱形划像过渡

4. Iris Round(圆划像)

在此过渡效果中，素材 B 逐渐出现在慢慢变大的圆形中，该圆形将占据整个画面，如图 8-45 所示。

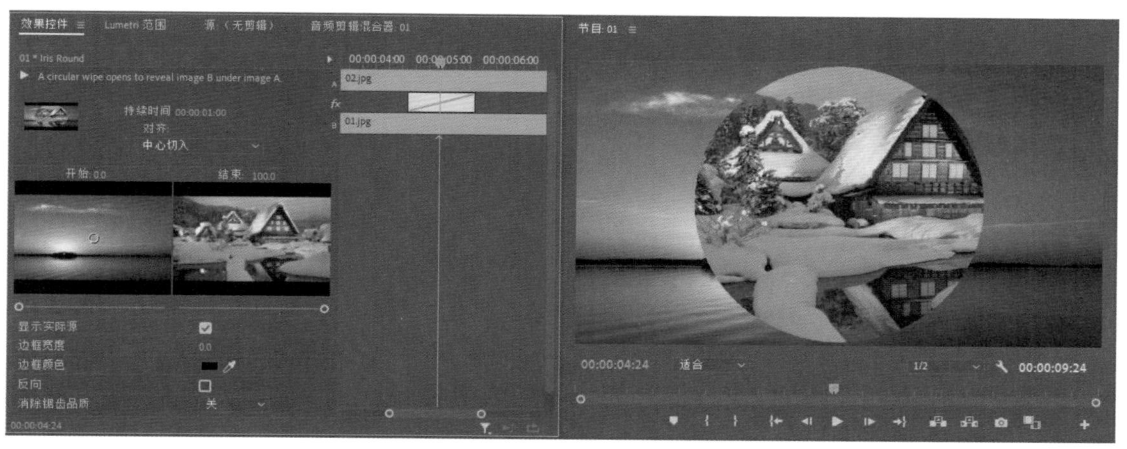

图 8-45　圆划像过渡

8.4.3　Wipe(擦除) 过渡效果

Wipe(擦除) 过渡效果用于擦除素材 A 的不同部分来显示素材 B。Wipe(擦除) 过渡包括 Band Wipe(带状擦除)、Barn Doors(双侧平推门)、Checker Wipe(棋盘擦除)、CheckerBoard (棋盘)、Clock Wipe(时钟式擦除)、Gradient Wipe(渐变擦除)、Inset(插入)、Paint Splatter(油漆飞溅)、Pinwheel (风车)、Radial Wipe(径向擦除)、Random Blocks (随机块)、Random Wipe (随机擦除)、Spiral Boxes(螺旋框)、Venetian Blinds(百叶窗)、Wedge Wipe(楔形擦除)、Wipe (擦除)、Zig-Zag Blocks(水波块) 过渡效果。

1. Band Wipe(带状擦除)

在此过渡效果中，矩形条带从屏幕左边和屏幕右边渐渐出现，素材 B 将替代素材 A。在使用此过渡效

果时，可以单击效果控件面板中的“自定义”按钮，打开“带状擦除设置”对话框，在其中设置需要的条带数，如图 8-46 所示。

图 8-46　带状擦除过渡

2. Barn Doors(双侧平推门)

在此过渡效果中，素材 A 被打开，显示素材 B。该效果像是两扇滑动的门，图 8-47 显示了 Barn Doors(双侧平推门) 设置和预览效果。

图 8-47　双侧平推门过渡

3. Checker Wipe(棋盘擦除)

在此过渡效果中，包含素材 B 切片的棋盘方块图案逐渐延伸到整个屏幕。在使用此过渡效果时，可以单击效果控件面板底部的“自定义”按钮，打开“棋盘擦除设置”对话框，在其中设置水平切片和垂直切片的数量，如图 8-48 所示。

4. CheckerBoard (棋盘)

在此过渡效果中，包含素材 B 的棋盘图案逐渐取代素材 A。在使用此过渡效果时，可以单击效果控件面板中的“自定义”按钮，打开“棋盘设置”对话框，在其中可以设置水平切片和垂直切片的数量，如图 8-49 所示。

图 8-48　棋盘擦除过渡

图 8-49　棋盘过渡

5. Inset(插入)

在此过渡效果中，素材 B 出现在画面左上角的一个小矩形框中。在擦除过程中，该矩形框逐渐变大，直到素材 B 替代素材 A，如图 8-50 所示。

图 8-50　插入过渡

练习实例：制作古诗朗读效果。	
文件路径	第 8 章 \ 古诗朗读.prproj
技术掌握	应用带状擦除和插入过渡效果

01 新建一个项目文件，在项目面板中导入“画卷.jpg”素材和“诗句.psd”的各个图层，如图 8-51 所示。

图 8-51　导入素材

02 选择“文件”|“新建”|“序列”命令，打开“新建序列”对话框，选择“轨道”选项卡，设置视频轨道数量为 7，单击“确定”按钮，如图 8-52 所示。

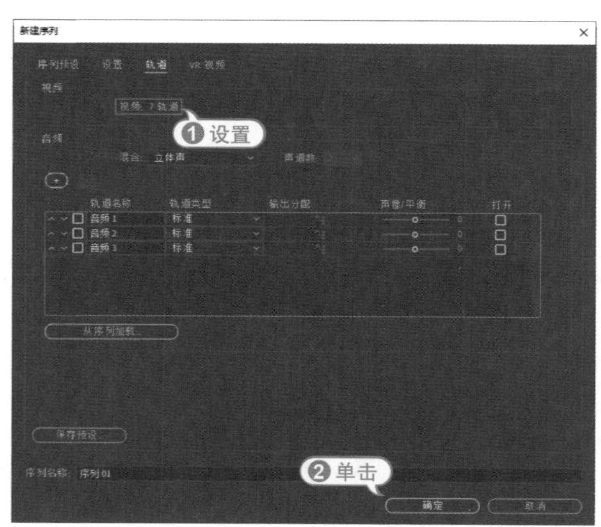

图 8-52　“新建序列”对话框

03 在项目面板中选中“画卷.jpg”素材，然后选择“剪辑”|“速度 / 持续时间”命令，在打开的“剪辑速度 / 持续时间”对话框中将持续时间改为 15 秒并确定，如图 8-53 所示。

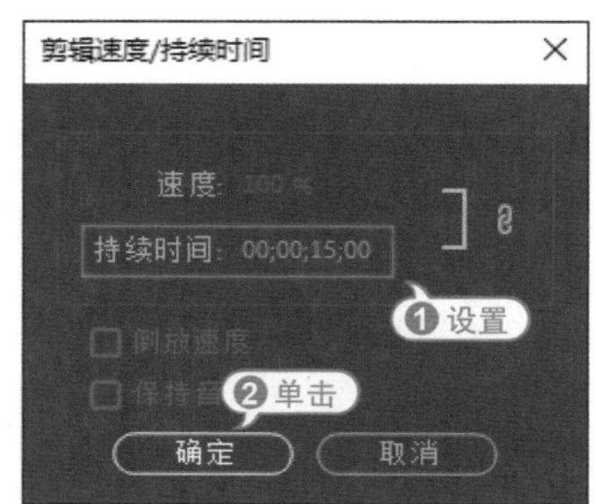

图 8-53　修改持续时间

04 将“画卷.jpg”素材添加到时间轴面板的视频 1 轨道中，如图 8-54 所示。

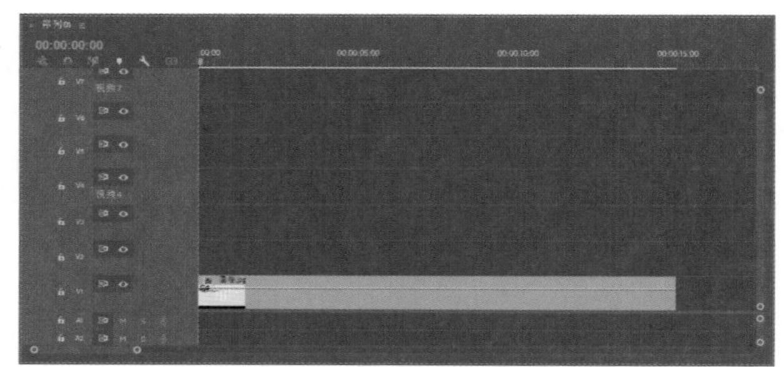

图 8-54　添加素材

05 在项目面板中打开“诗句”素材箱，如图 8-55 所示。

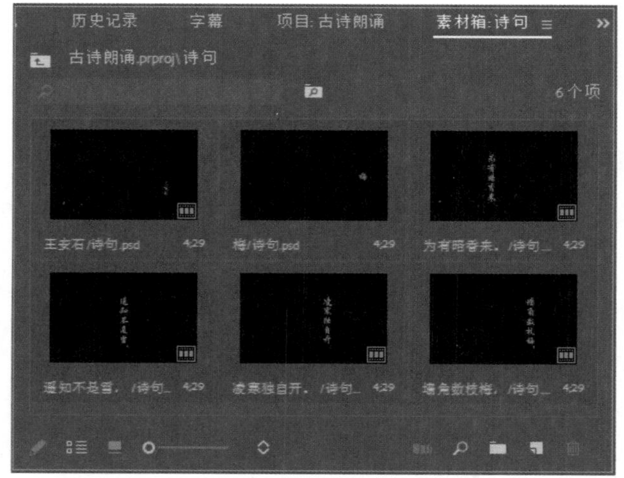

图 8-55　打开“诗句”素材箱

06 分别在时间为第 1 秒、第 2 秒、第 3 秒、第 5 秒、第 7 秒、第 9 秒的位置，将“诗句”素材箱中的各个素材依次添加到时间轴面板的视频 2~ 视频 7 轨道中，如图 8-56 所示。

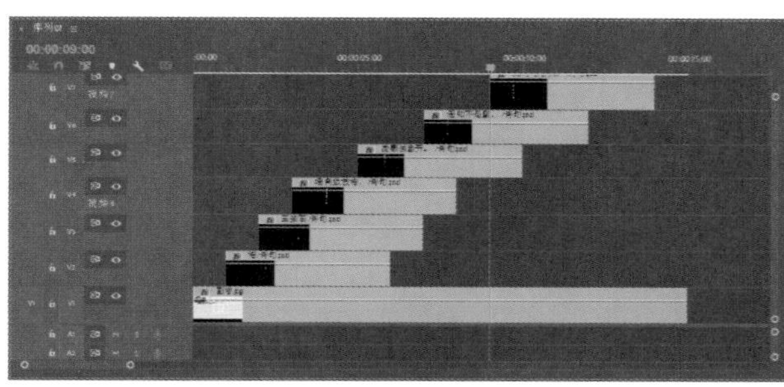

图 8-56　添加诗句素材

07 依次拖动视频 2~ 视频 7 轨道中各个素材的出点，使各个出点与第一个视频轨道中素材的出点对齐，如图 8-57 所示。

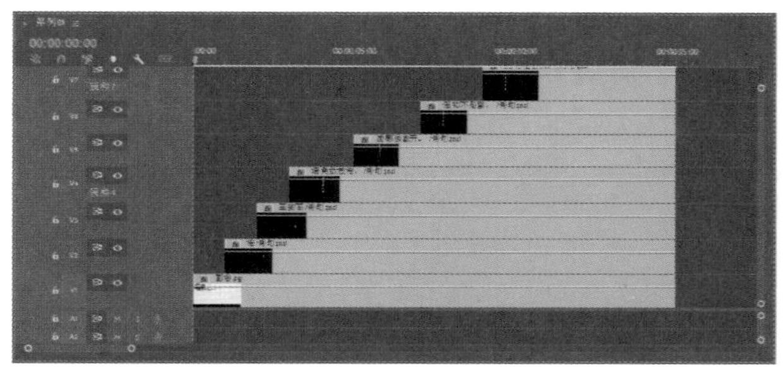

图 8-57　修改各个素材的出点

08 在效果面板中选择“视频过渡”|Wipe|Band Wipe(带状擦除) 过渡效果，如图 8-58 所示。

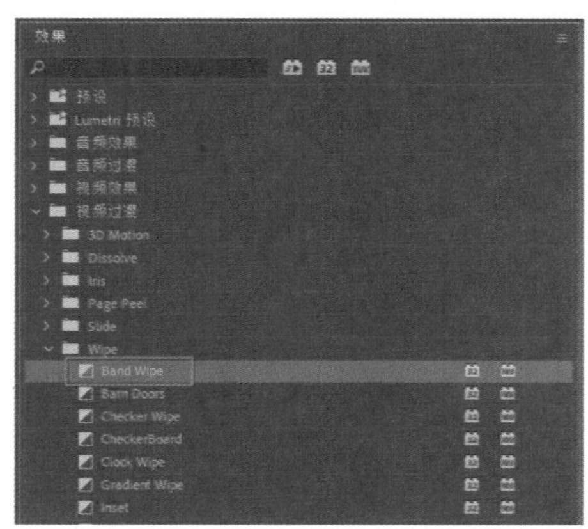

图 8-58　选择过渡效果

09 将 Band Wipe(带状擦除) 过渡效果依次添加到视频 2 和视频 3 轨道中素材的入点处，如图 8-59 所示。

10 在效果面板中选择“视频过渡”|Wipe|Inset(插入) 过渡效果，然后将该过渡效果添加到视频 4 轨道中素材的入点处，如图 8-60 所示。

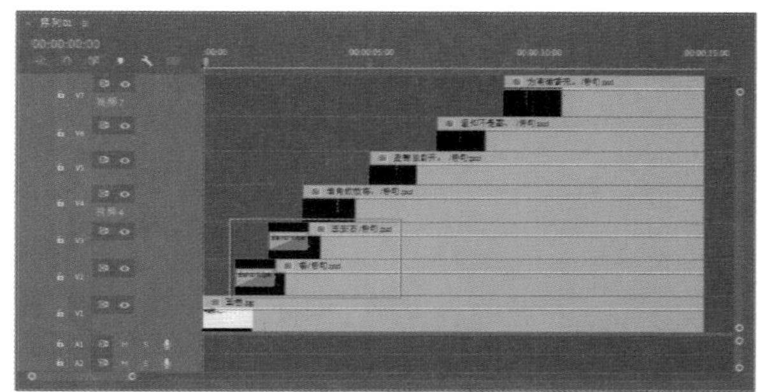

图 8-59　添加过渡效果

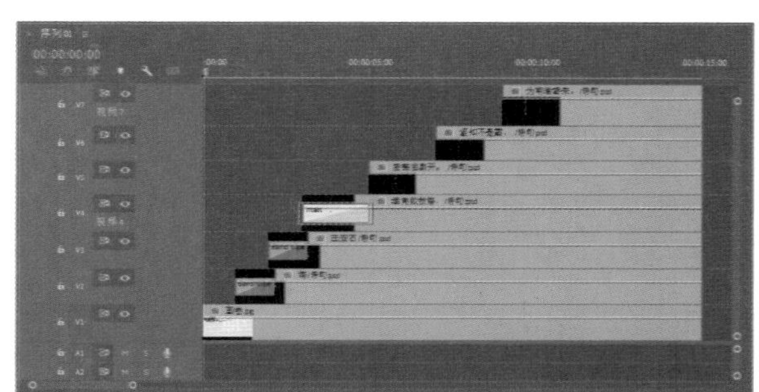

图 8-60　添加过渡效果

11 单击视频 4 轨道中素材上的过渡图标，然后打开效果控件面板，单击“自东北向西南”按钮，设置插入方向为从东北向西南过渡，然后设置过渡效果的持续时间为 2 秒，如图 8-61 所示。

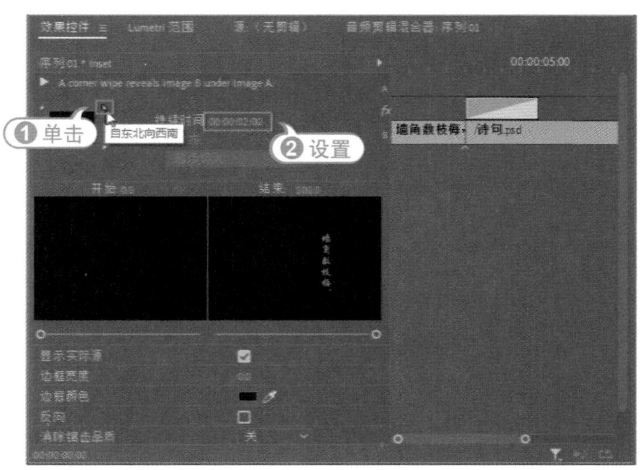

图 8-61　设置过渡

12 将 Inset(插入) 过渡效果添加到时间轴面板中的其他 3 个视频轨道中素材的入点处，同样设置过渡效果的插入方向为“从东北向西南”，持续时间为 2 秒，如图 8-62 所示。

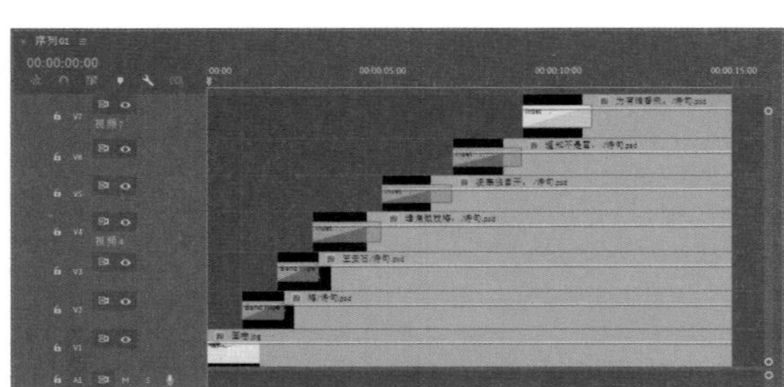

图 8-62　添加过渡效果

13 在“节目监视器”面板中单击“播放-停止切换”按钮，对添加过渡效果后的影片进行预览，效果如图 8-63 所示。

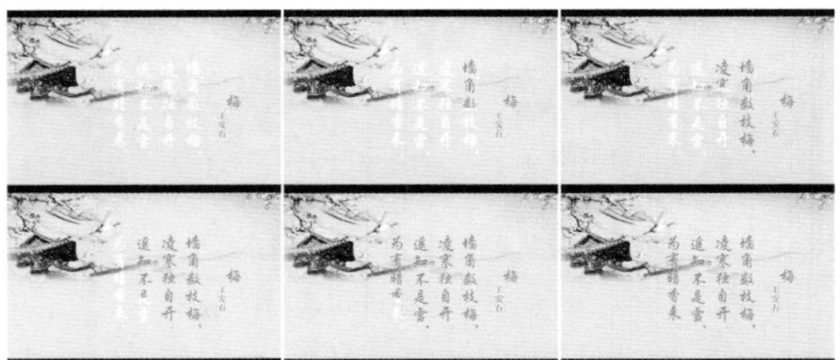

图 8-63　预览过渡效果

6. Clock Wipe（时钟式擦除）

在此过渡效果中，素材 B 逐渐出现在屏幕上，以圆周运动方式显示。该效果就像是时钟的旋转指针扫过素材屏幕，如图 8-64 所示。

图 8-64　时钟式擦除过渡

7. Wipe（擦除）

在此过渡效果中，素材 B 向右推开素材 A，显示素材 B。该效果像是滑动的门，图 8-65 显示了 Wipe（擦除）设置和预览效果。

8. Radial Wipe（径向擦除）

在此过渡效果中，素材 B 是通过擦除显示的，先水平擦过画面的顶部，然后顺时针扫过一个弧度，逐渐覆盖素材 A，如图 8-66 所示。

9. Wedge Wipe（楔形擦除）

在此过渡效果中，素材 B 出现在逐渐变大并最终替换素材 A 的楔形中。图 8-67 显示了 Wedge Wipe（楔形擦除）设置和预览效果。

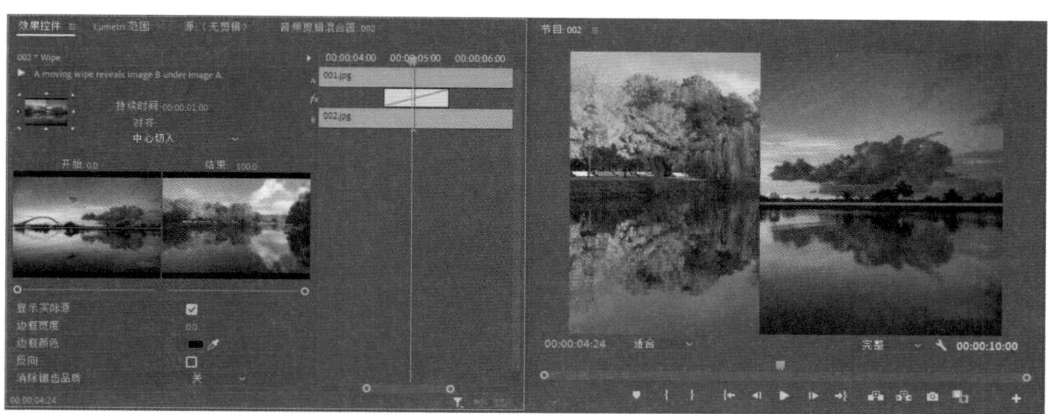

图 8-65　擦除过渡

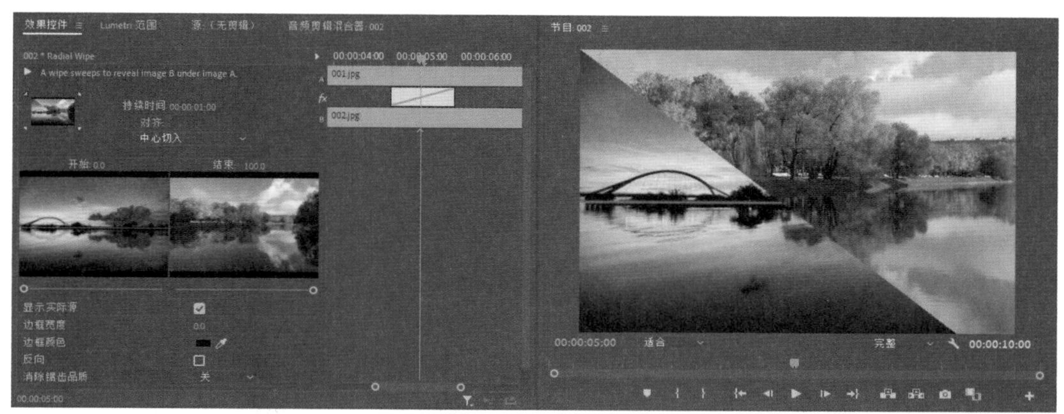

图 8-66　径向擦除过渡

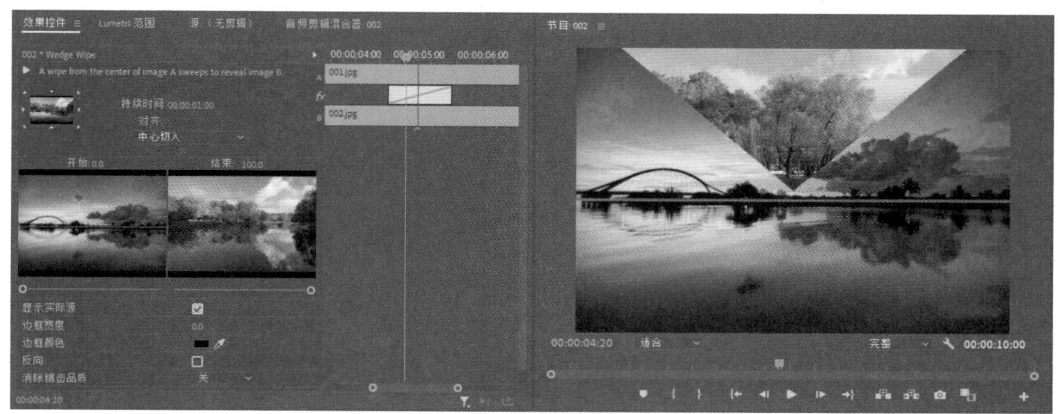

图 8-67　楔形擦除过渡

10. Zig-Zag Blocks(水波块)

在此过渡效果中，素材B渐渐出现在水平条带中，这些条带从左向右移动，然后从右向屏幕左下方移动。在使用此过渡效果时，可以单击效果控件面板中的“自定义”按钮，打开“水波块设置”对话框，在其中设置需要的水平条带和垂直条带的数量，如图 8-68 所示。

图 8-68　水波块过渡

11. Paint Splatter(油漆飞溅)

在此过渡效果中，素材 B 逐渐以泼洒颜料的形式出现。图 8-69 显示了 Paint Splatter(油漆飞溅) 设置和预览效果。

图 8-69　油漆飞溅过渡

12. Gradient Wipe(渐变擦除)

对素材使用该过渡效果时，将打开“渐变擦除设置”对话框，如图 8-70 所示。在此对话框中单击“选择图像”按钮，可以在打开的“打开”对话框中进行灰度图像的加载，如图 8-71 所示。这样在擦除效果出现时，对应于素材 A 的黑色区域和暗色区域的素材 B 的图像区域最先显示。

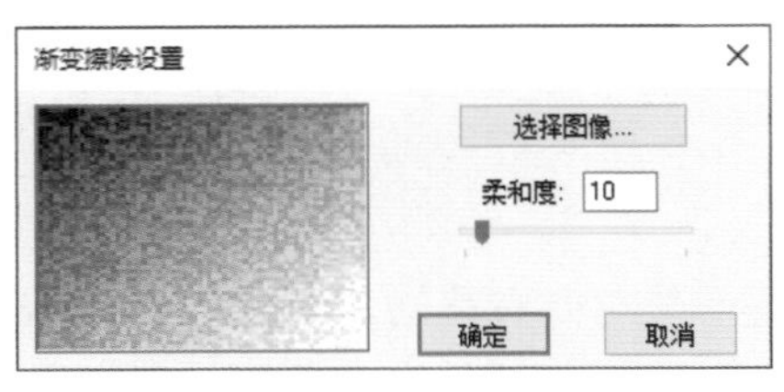

图 8-70　“渐变擦除设置”对话框

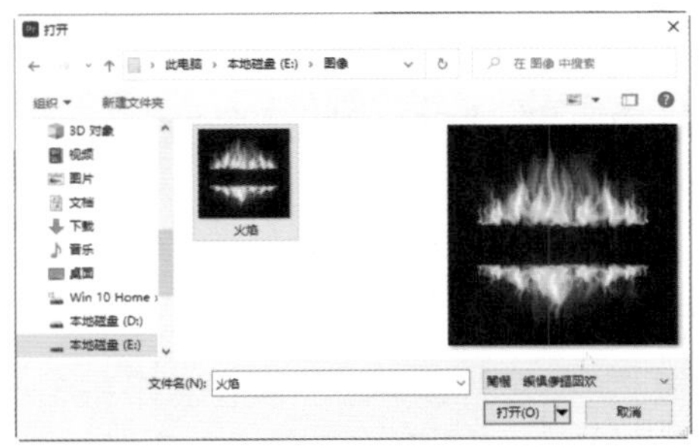

图 8-71　加载灰度图像

在此过渡效果中，素材 B 逐渐擦过整个屏幕，并使用用户选择的灰度图像的亮度值确定替换素材 A 中的哪些图像区域，如图 8-72 所示。

图 8-72　渐变擦除过渡

练习实例：制作书写文字效果。	
文件路径	第 8 章 \ 写字.prproj
技术掌握	应用渐变擦除过渡效果

01 新建一个项目文件和一个序列，选择“文件”|“新建”|“颜色遮罩”命令，打开“新建颜色遮罩”对话框，保持默认参数，然后单击“确定”按钮，如图 8-73 所示。

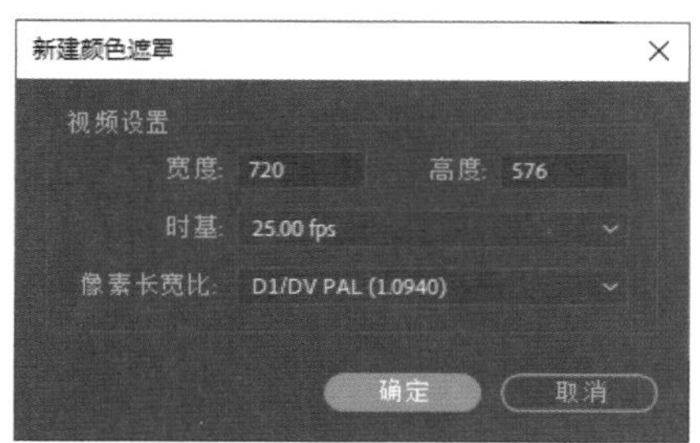

图 8-73　“新建颜色遮罩”对话框

02 在打开的“拾色器”对话框中设置颜色为黑色，然后单击“确定”按钮，如图 8-74 所示。

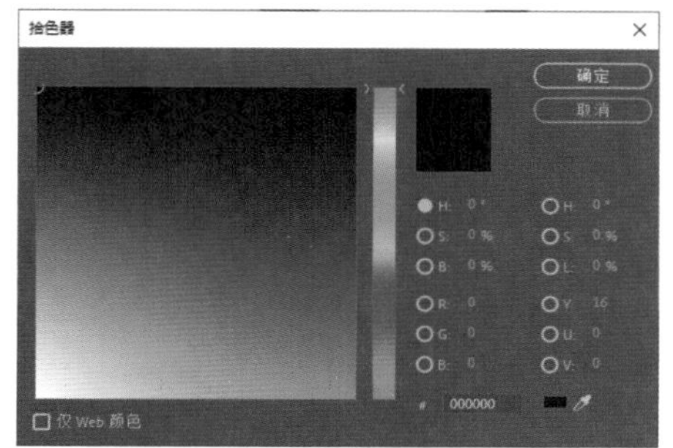

图 8-74　“拾色器”对话框

03 在打开的“选择名称”对话框中设置新遮罩的名称并单击“确定”按钮，如图 8-75 所示，即可在项目面板中创建颜色遮罩素材，如图 8-76 所示。

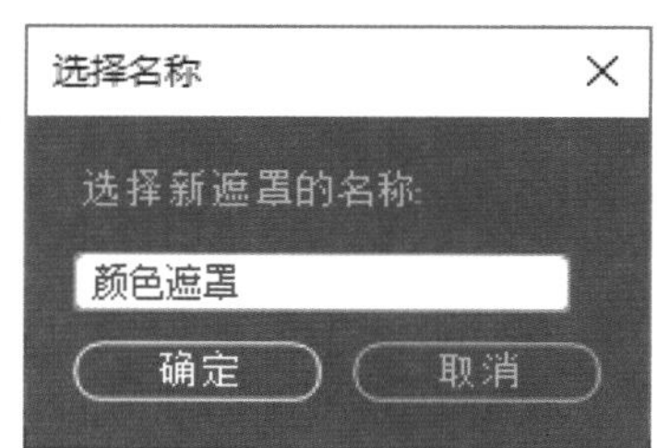

图 8-75　“选择名称”对话框

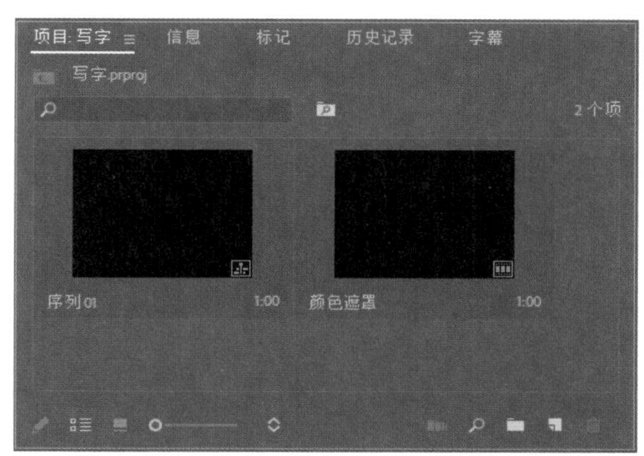

图 8-76　创建颜色遮罩素材

04 选中颜色遮罩素材，然后选择“剪辑”|“速度 / 持续时间”菜单命令，在打开的“剪辑速度 / 持续时间”对话框中将持续时间改为 00:00:01:00(即持续时间为 1 秒)，然后单击“确定”按钮，如图 8-77 所示。

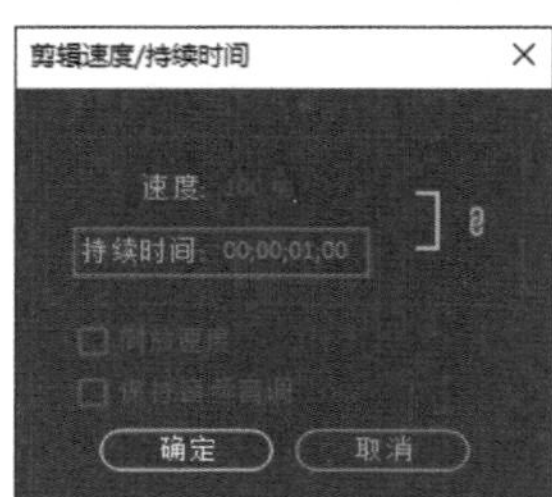

图 8-77　设置持续时间

05 在项目面板中导入背景和文字素材，设置“竹1.tif”的持续时间为 4 秒，设置“竹 2.tif”的持续时间为 3 秒，如图 8-78 所示。

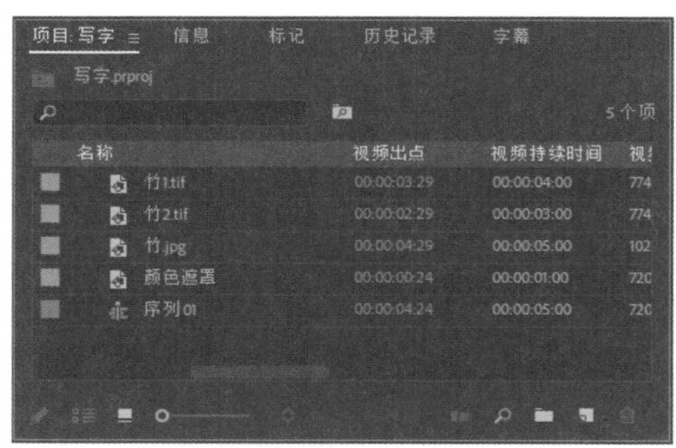

图 8-78　添加并修改素材

06 将项目面板中的“竹.jpg”素材添加到时间轴面板的视频 1 轨道中，将“颜色遮罩”素材添加到时间轴面板的视频 2 轨道中；将项目面板中的“竹1.tif”素材添加到时间轴面板的视频 2 轨道中，该素材的入点与“颜色遮罩”素材的出点对齐，如图 8-79 所示。

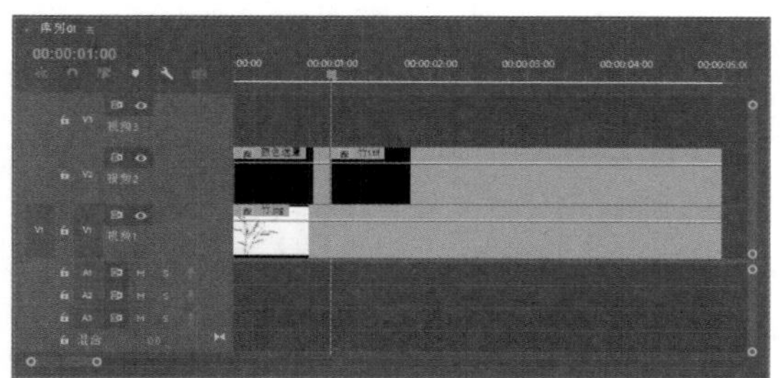

图 8-79　添加素材

07 将“颜色遮罩”和“竹 2.tif”素材添加到时间轴面板的视频 3 轨道中，效果如图 8-80 所示。

08 选择“窗口”|“效果”命令，打开效果面板，然后展开“视频过渡”素材箱，选择 Wipe(擦除)|Gradient Wipe(渐变擦除)过渡效果，如图 8-81 所示。

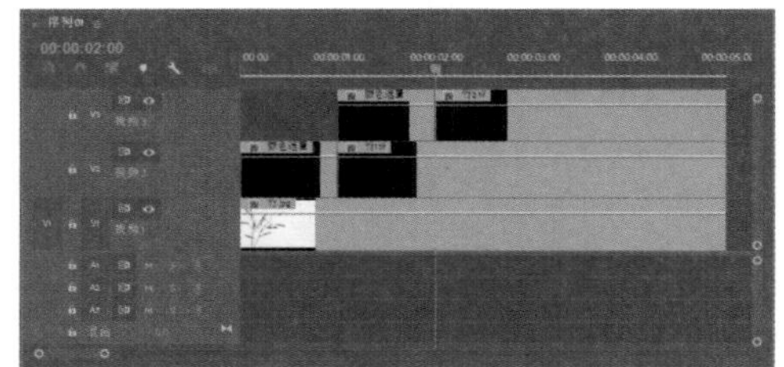

图 8-80　添加并编排素材

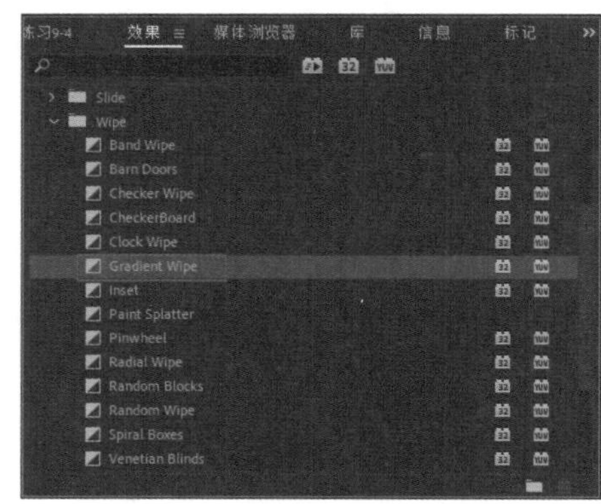

图 8-81　选择过渡效果

09 将“渐变擦除”效果添加到视频 2 轨道的“颜色遮罩”素材的入点处，打开“渐变擦除设置”对话框，然后单击“选择图像”按钮，如图 8-82 所示。

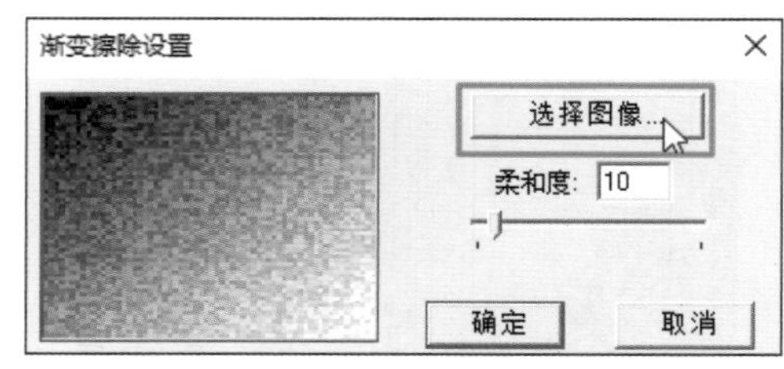

图 8-82　单击“选择图像”按钮

10 在打开的“打开”对话框中选择并打开“渐变字 1.tif”素材，如图 8-83 所示。

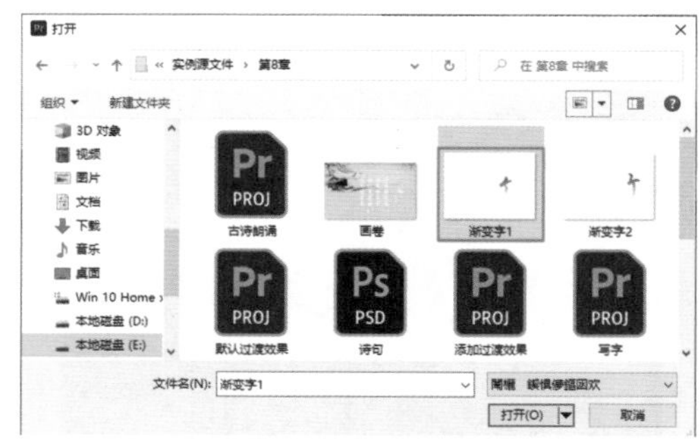

图 8-83　选择图像素材(一)

11 将“渐变擦除”效果添加到视频3轨道的“颜色遮罩”素材的入点处，然后在打开的“渐变擦除设置”对话框中单击“选择图像”按钮。在打开的“打开”对话框中选择并打开“渐变字2.tif”素材，如图8-84所示。

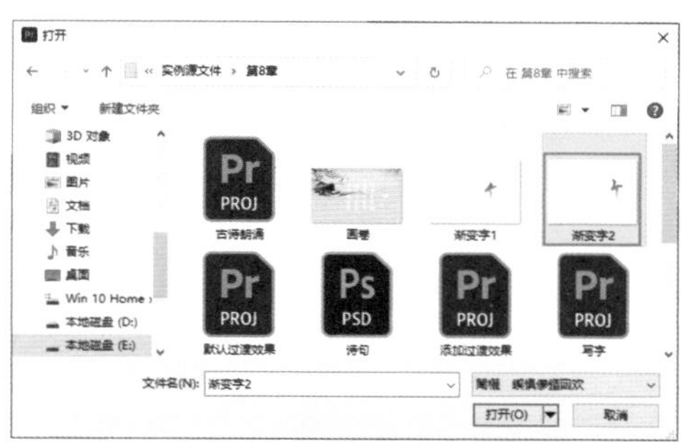

图8-84　选择图像素材(二)

12 在节目监视器面板中单击“播放-停止切换”按钮▶，预览编辑好的视频节目，效果如图8-85所示。

图8-85　预览视频效果

13. Venetian Blinds(百叶窗)

在此过渡效果中，素材B看起来像是透过百叶窗出现的，百叶窗逐渐打开，从而显示素材B的完整画面，如图8-86所示。在使用此过渡效果时，单击效果控件面板中的“自定义”按钮，打开“百叶窗设置”对话框，在该对话框中可以设置要显示的条带数。

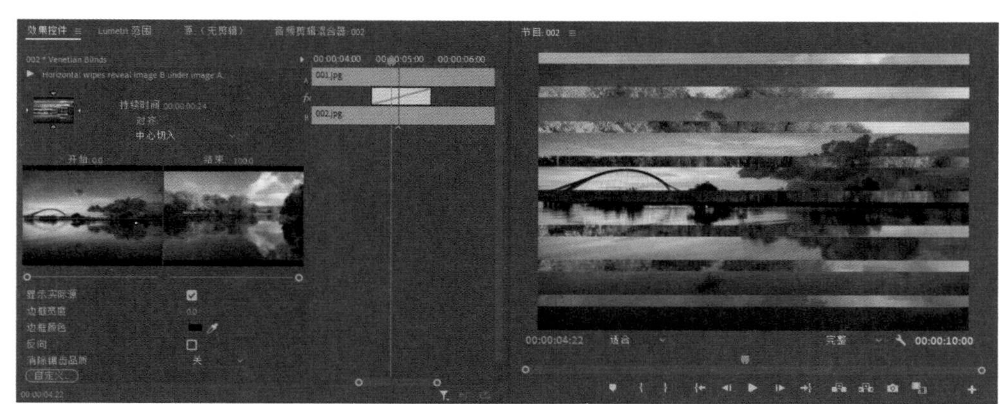

图8-86　百叶窗过渡

14. Spiral Boxes(螺旋框)

在此过渡效果中，一个矩形边框围绕画面移动，逐渐使用素材B替换素材A。在使用此过渡效果时，单击效果控件面板中的“自定义”按钮，打开“螺旋框设置”对话框，在该对话框中可以设置螺旋框的水平值和垂直值，如图8-87所示。

15. Random Blocks(随机块)

在此过渡效果中，素材B逐渐出现在屏幕上随机显示的小盒中。在使用此过渡效果时，单击效果控件面板中的“自定义”按钮，打开“随机块设置”对话框，在该对话框中可以设置随机块的宽度值和高度值，如图8-88所示。

图 8-87　螺旋框过渡

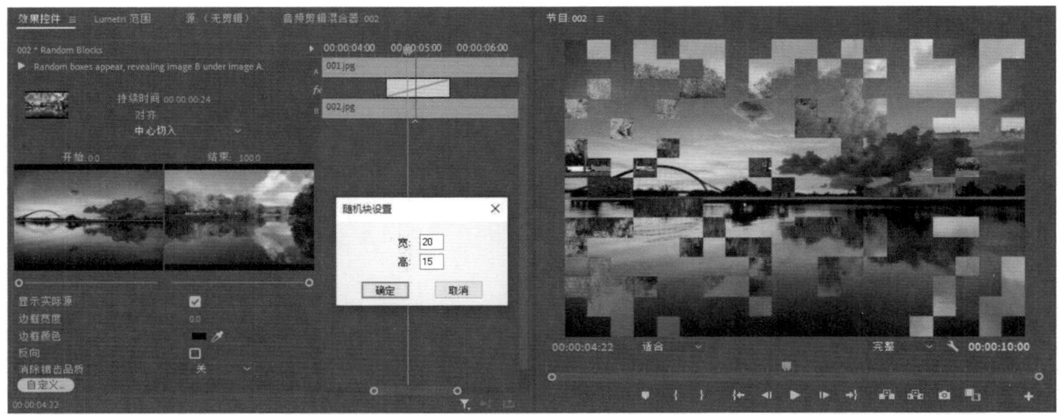

图 8-88　随机块过渡

16. Random Wipe（随机擦除）

在此过渡效果中，素材 B 逐渐出现在顺着屏幕下拉的小块中。图 8-89 显示了 Random Wipe（随机擦除）设置和预览效果。

图 8-89　随机擦除过渡

17. Pinwheel（风车）

在此过渡效果中，素材B逐渐以不断变大的风车的形式出现，这个风车最终将占据整个画面。在使用此过渡效果时，单击效果控件面板中的“自定义”按钮，打开“风车设置”对话框，在该对话框中可以设置需要的楔形数量，如图8-90所示。

图8-90　风车过渡

8.4.4　沉浸式视频过渡效果

沉浸式视频过渡效果包括了VR(虚拟现实)类型的过渡效果，这类过渡效果可以确保过渡画面不会出现失真现象，且接缝线周围不会出现伪影。

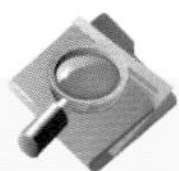

知识点滴：

VR一般指虚拟现实。虚拟现实技术是一种可以创建和体验虚拟世界的计算机仿真系统。

1. VR光圈擦除

在此过渡效果中，素材B逐渐出现在慢慢变大的光圈中，随后该光圈将占据整个画面，如图8-91所示。

图8-91　VR光圈擦除过渡

2. VR 光线

在此过渡效果中，素材 A 逐渐变亮为强光线，随后素材 B 在光线中逐渐淡入，如图 8-92 所示。

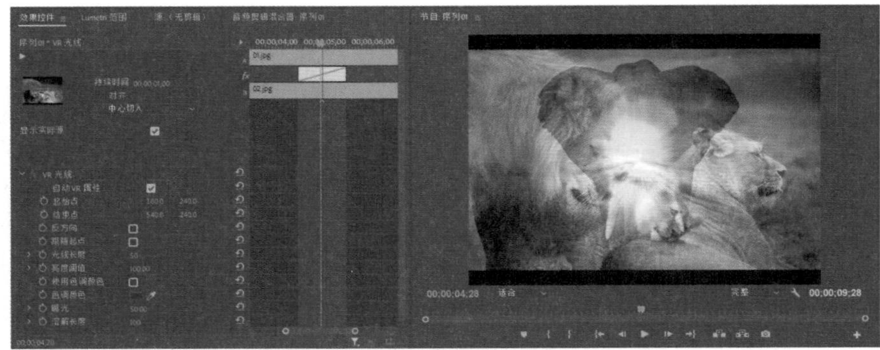

图 8-92　VR 光线过渡

3. VR 渐变擦除

在此过渡效果中，素材 B 的图像逐渐出现在整个屏幕中，素材 A 的图像逐渐从屏幕中消失，用户还可以设置渐变擦除的羽化值等参数，如图 8-93 所示。

图 8-93　VR 渐变擦除过渡

4. VR 漏光

在此过渡效果中，素材 A 逐渐变亮，随后素材 B 在亮光中逐渐淡入，如图 8-94 所示。

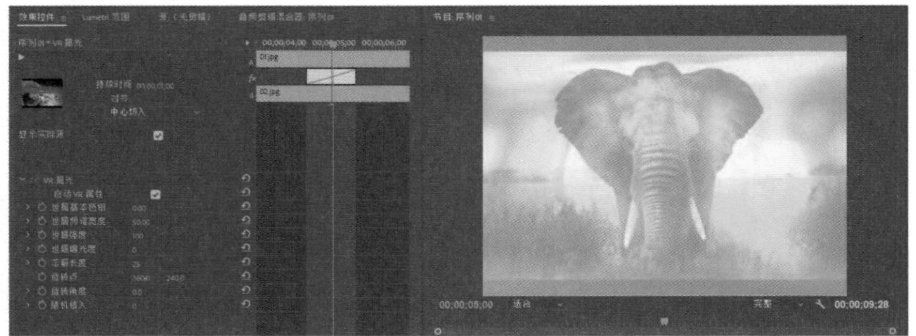

图 8-94　VR 漏光过渡

5. VR 球形模糊

在此过渡效果中，素材 A 以球形模糊的形式逐渐消失，随后素材 B 以球形模糊的形式逐渐淡入，如图 8-95 所示。

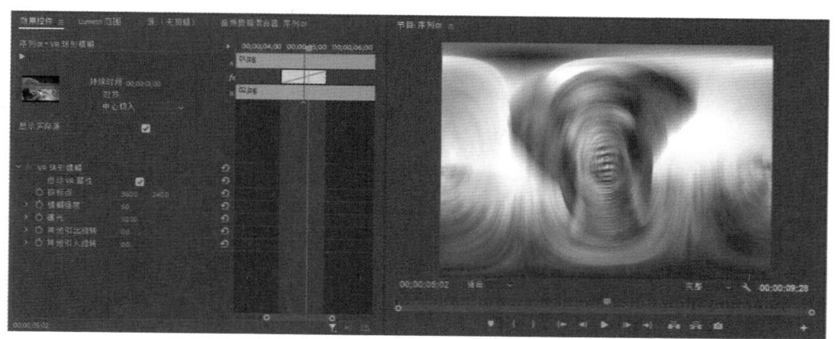

图 8-95　VR 球形模糊过渡

6. VR 色度泄漏

在此过渡效果中，素材 A 以色度泄漏的形式逐渐消失，随后素材 B 逐渐淡入在屏幕上，如图 8-96 所示。

图 8-96　VR 色度泄漏过渡

7. VR 随机块

在此过渡效果中，素材 B 逐渐出现在屏幕上随机显示的小块中，用户可以设置块的宽度、高度和羽化值等参数，如图 8-97 所示。

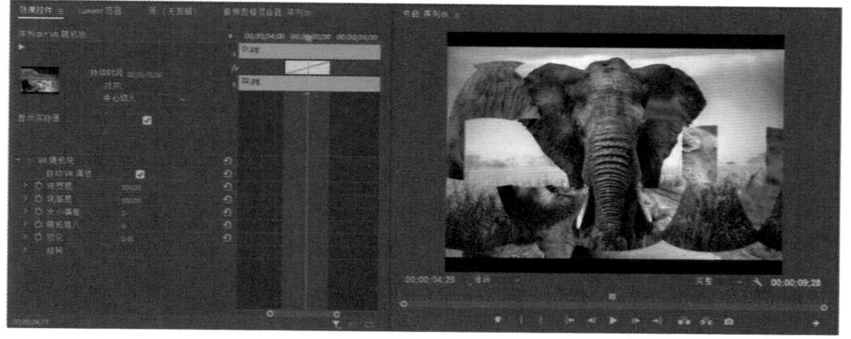

图 8-97　VR 随机块过渡

8. VR 默比乌斯缩放

在此过渡效果中，素材 B 以默比乌斯缩放方式逐渐出现在屏幕上，如图 8-98 所示。

图 8-98　VR 默比乌斯缩放过渡

8.4.5　溶解过渡效果

溶解过渡效果就是将一个视频素材逐渐淡入另一个视频素材中。溶解过渡包括 MorphCut、交叉溶解、白场过渡、黑场过渡、Additive Dissolve(叠加溶解)、Film Dissolve(胶片溶解)和 Non-Additive Dissolve(非叠加溶解)7 种过渡效果，分别存放在"溶解"和 Dissolve(溶解)素材箱中。

1. MorphCut

MorphCut 通过在原声摘要之间平滑跳切，帮助用户创建更加完美的视频效果。若使用得当，MorphCut 过渡可以实现无缝效果，以至于看起来就像拍摄视频一样自然，如图 8-99 所示。

图 8-99　MorphCut 过渡效果

2. 交叉溶解

在此过渡效果中，素材 B 在素材 A 淡出之前淡入，图 8-100 显示了"交叉溶解"设置和预览效果。

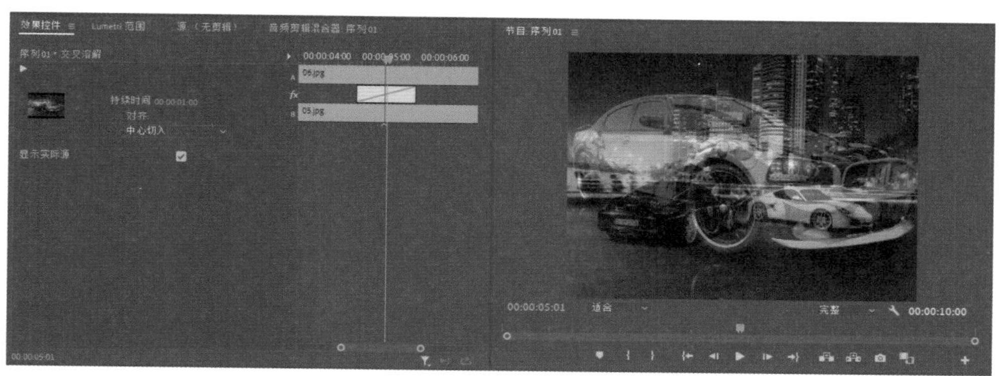

图 8-100　交叉溶解过渡

3. 白场过渡

在此过渡效果中，素材A逐渐淡化为白色，然后淡化为素材B。图8-101显示了“白场过渡”设置和预览效果。

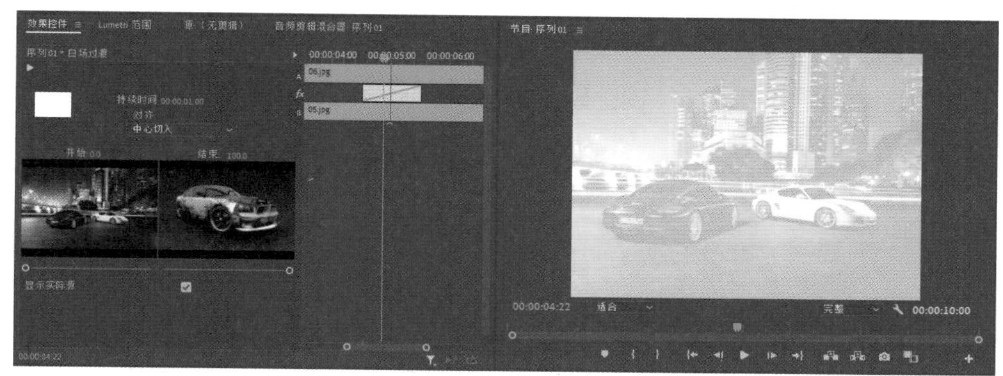

图 8-101　白场过渡

4. 黑场过渡

在此过渡效果中，素材A逐渐淡化为黑色，然后淡化为素材B。图8-102显示了“黑场过渡”设置和预览效果。

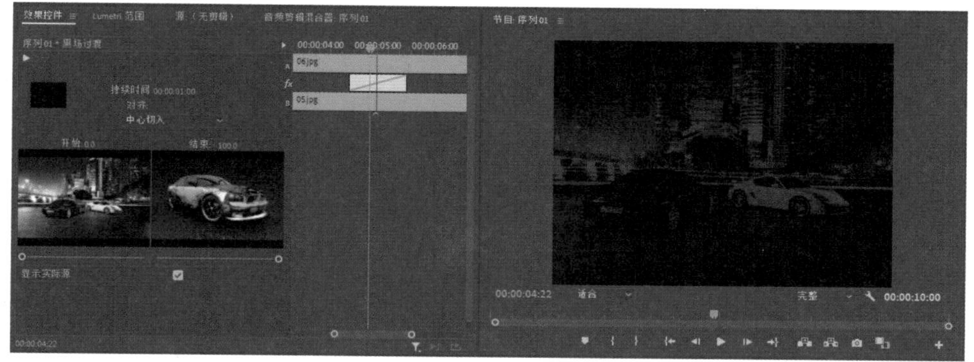

图 8-102　黑场过渡

5. Additive Dissolve(叠加溶解)

此过渡效果可以创建从一个素材到下一个素材的淡化效果。图 8-103 显示了 Additive Dissolve(叠加溶解) 设置和预览效果。

图 8-103　叠加溶解过渡

6. Film Dissolve(胶片溶解)

此过渡效果与“叠加溶解”过渡效果相似，用于创建从一个素材到下一个素材的线性淡化效果。图 8-104 显示了 Film Dissolve(胶片溶解) 设置和预览效果。

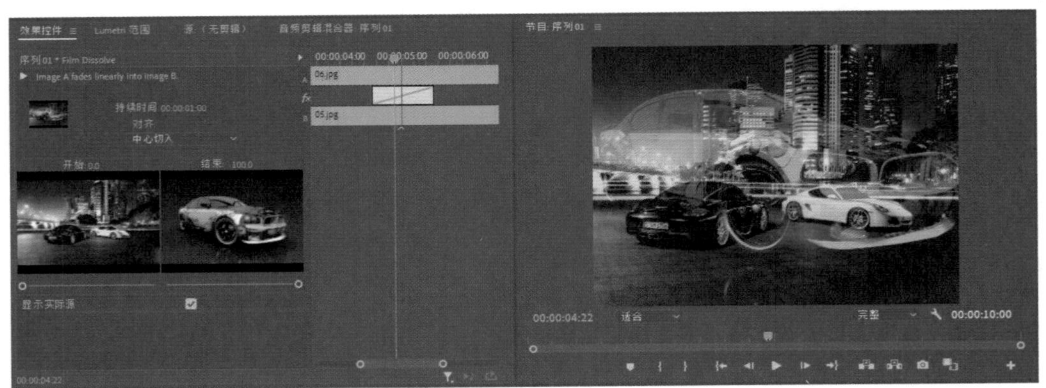

图 8-104　胶片溶解过渡

7. Non-Additive Dissolve(非叠加溶解)

在此过渡效果中，素材 B 逐渐出现在素材 A 的彩色区域内。图 8-105 显示了 Non-Additive Dissolve(非叠加溶解) 设置和预览效果。

8.4.6　Slide(滑动) 过渡效果

Slide(滑动) 过渡效果用于将素材滑入或滑出画面。该类过渡包括 Band Slide (带状内滑)、Center Split(中心拆分)、Push(推)、Slide (内滑)、Split (拆分) 等过渡效果。

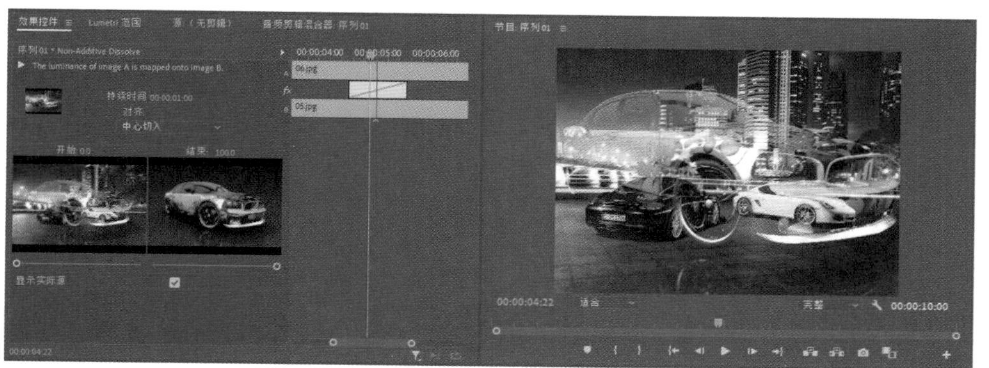

图 8-105 非叠加溶解过渡

1. Band Slide (带状内滑)

在此过渡效果中，矩形条带从屏幕右边和屏幕左边出现，逐渐用素材 B 替代素材 A。单击效果控件面板中的“自定义”按钮，打开“带状内滑设置”对话框，在该对话框中可以设置需要滑动的条带数量，如图 8-106 所示。

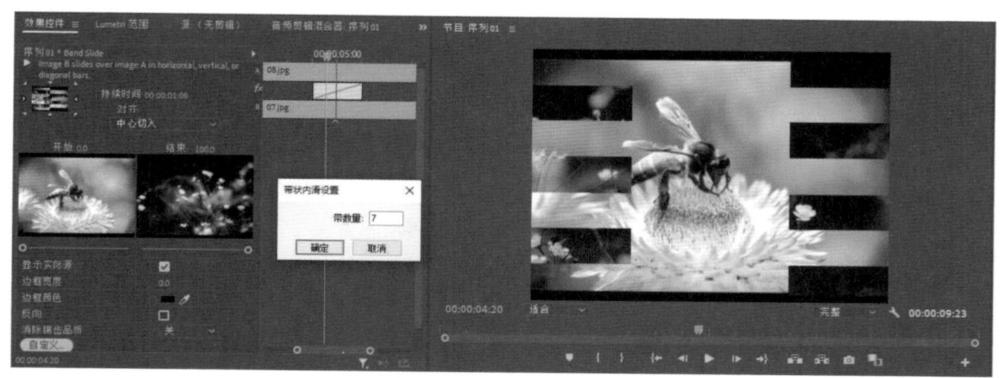

图 8-106 带状内滑过渡

2. Center Split(中心拆分)

在此过渡效果中，素材A被切分成4个象限，并逐渐从中心向外移动，然后素材B将取代素材A。图8-107显示了 Center Split(中心拆分) 设置和预览效果。

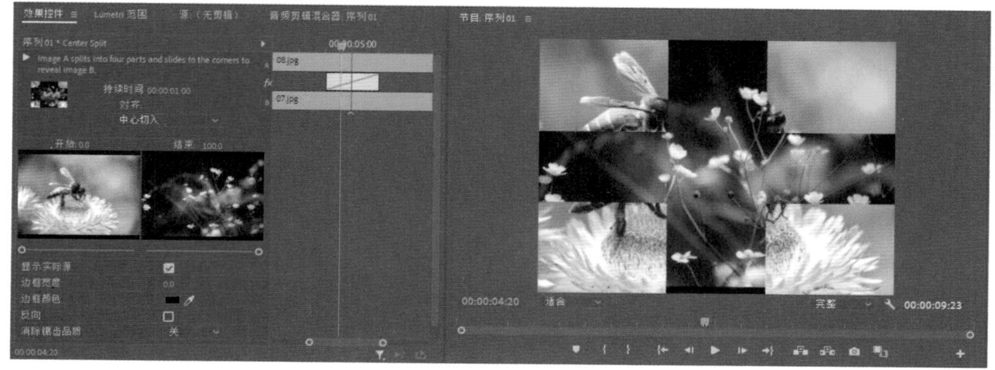

图 8-107 中心拆分过渡

3. Push(推)

在此过渡效果中，素材 B 将素材 A 推向一边。用户可以将此过渡效果的推挤方式设置为从西到东、从东到西、从北到南或从南到北，如图 8-108 所示。

图 8-108　推过渡

4. Slide (内滑)

在此过渡效果中，素材 B 逐渐滑动到素材 A 的上方。用户可以设置过渡效果的滑动方式为从西北向东南、从东南向西北、从东北向西南、从西南向东北、从西向东、从东向西、从北向南或从南向北，如图 8-109 所示。

图 8-109　内滑过渡

5. Split (拆分)

在此过渡效果中，素材 A 从中间分裂并显示后面的素材 B，该效果类似于打开两扇分开的门来显示房间内的东西。图 8-110 显示了 Split (拆分) 设置和预览效果。

8.4.7　Zoom(缩放) 过渡效果

Zoom(缩放) 过渡效果类型中只有一个 Cross Zoom(交叉缩放) 效果，此过渡效果是将素材 A 放大出去，素材 B 缩小进来，然后逐渐放大素材 B，直到占据整个画面。图 8-111 显示了“交叉缩放”设置和预览效果。

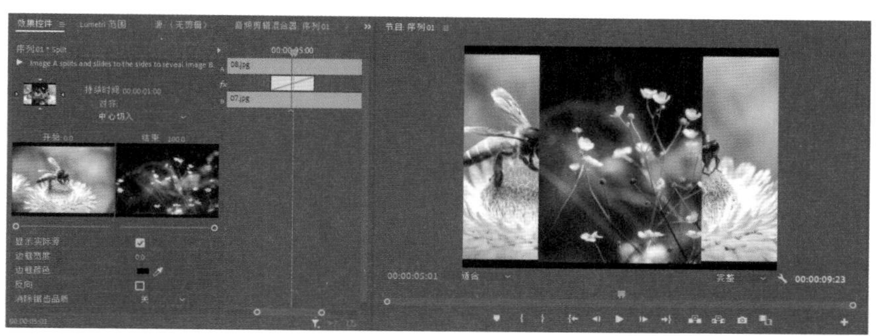

图 8-110　拆分过渡

图 8-111　交叉缩放过渡

8.4.8　内滑过渡效果

在“内滑”素材箱中只有一个“急摇”效果。此过渡效果采用摇动摄像机的方式，使画面产生从素材 A 过渡到素材 B 的效果。图 8-112 显示了“急摇”设置和预览效果。

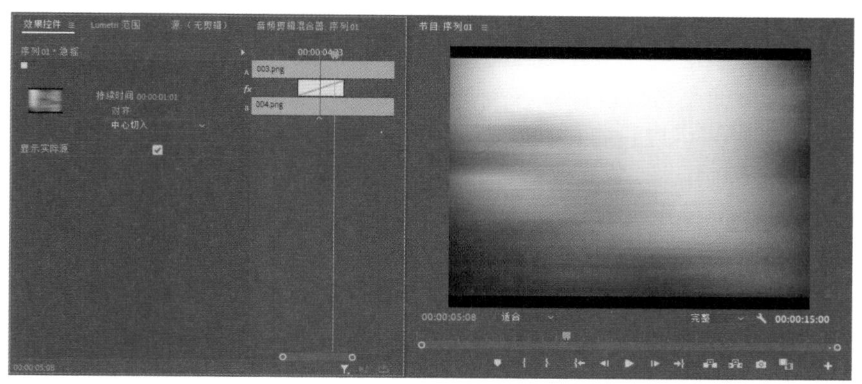

图 8-112　急摇过渡

8.4.9　Page Peel(页面剥落) 过渡效果

页面剥落过渡效果模仿翻转显示下一页的书页，素材 A 在第一页上，素材 B 在第二页上。页面剥落过渡效果包括 Page Peel(页面剥落) 和 Page Turn(翻页) 两种过渡效果。

1. Page Peel(页面剥落)

在此过渡效果中，素材 A 从页面左边滚动到页面右边(没有发生卷曲)来显示素材 B。图 8-113 显示了 Page Peel(页面剥落)预览效果。

2. Page Turn(翻页)

使用此过渡效果，页面将翻转，但不发生卷曲。在翻转显示素材 B 时，可以看见素材 A 颠倒出现在页面的背面。图 8-114 显示了 Page Turn(翻页)预览效果。

图 8-113　页面剥落过渡预览效果

图 8-114　翻页过渡预览效果

8.5 高手解答

问：在 Premiere Pro 2022 的效果面板中，有一个蓝色边框的过渡效果有什么特点？

答：在 Premiere Pro 2022 的效果面板中，有一个蓝色边框的过渡效果是默认过渡效果。在序列中选中要应用效果的素材，然后选择“序列”|“应用默认过渡到选择项”命令，或按 Shift+D 组合键，即可快速对所选中的所有素材应用默认的过渡效果。

问：过渡效果的持续时间是否可以进行修改，应该如何操作？

答：过渡效果的持续时间可以进行修改。对素材添加过渡效果后，用户可以在时间轴面板中通过拖动过渡效果的边缘，修改所应用过渡效果的持续时间，也可以在效果控件面板中修改过渡效果的持续时间。

问：在影片效果中，如何使用过渡效果制作逐个打字的效果？

答：首先将需要的字幕添加到时间轴面板中，然后将效果面板中的 Wipe(擦除)|Inset(插入)过渡效果添加到字幕的入点处，再切换到效果控件面板中设置 Inset(插入)过渡效果的插入方向即可。

问：要在两个素材间制作翻页的过渡效果，应该怎么操作？

答：首先在效果面板中找到 Page Peel(页面剥落)|Page Turn(翻页)过渡效果，然后将其添加到时间轴面板中需要应用 Page Turn(翻页)过渡效果的素材间即可。

第9章 制作视频特效

在视频中添加视频效果，可以使视频画面更加绚丽多彩。在 Premiere Pro 2022 中通过使用各种视频效果，可以使视频产生扭曲、模糊、幻影、镜头光晕、闪电等特殊效果。本章将详细介绍 Premiere Pro 2022 中视频效果的操作、类型与应用。

练习实例：创建镜头光晕

练习实例：创建五画同映

9.1 应用视频效果

视频效果是一些由 Premiere 封装好的程序，专门用于处理视频画面，并且按照指定的要求实现各种视觉效果。Premiere Pro 2022 的视频效果集合在效果面板中。

9.1.1 视频效果概述

在 Premiere 中，视频效果是指对素材运用的视频特效。视频效果的处理过程就是将原有素材或已经处理过的素材，经过软件中内置的程序处理后，再按照用户的要求输出。运用视频效果，可以修补视频素材中的缺陷，也可以产生特殊的效果。

对视频素材添加视频效果后，可以使图像看起来更加绚丽多彩，使枯燥的视频变得生动起来，从而产生不同于现实的视频效果。选择“窗口”|“效果”命令，打开效果面板，然后单击“视频效果”素材箱前面的三角形按钮将其展开，会显示一个效果类型列表，如图 9-1 所示。展开一个效果类型素材箱，可以显示该类型包含的效果内容，如图 9-2 所示。

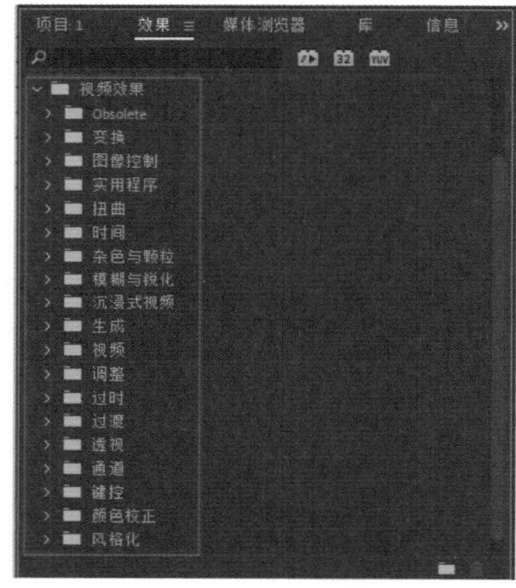

图 9-1　效果类型列表

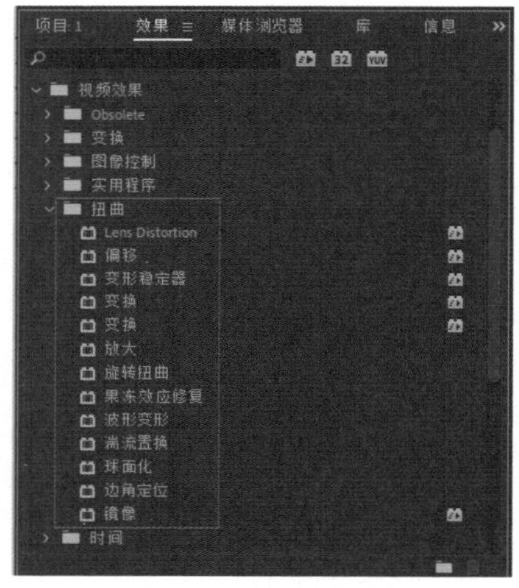

图 9-2　显示效果内容

9.1.2 视频效果的管理

使用 Premiere 视频效果时，可以使用效果面板的功能选项对其进行辅助管理。

- 查找效果：在效果面板顶部的查找文本框中输入想要查找的效果名称，Premiere 将会自动查找指定的效果，如图 9-3 所示。
- 新建素材箱：单击效果面板底部的“新建自定义素材箱”图标，可以新建一个素材箱对效果进行管理，如图 9-4 所示。
- 重命名素材箱：自定义素材箱的名称可以随时修改，选中自定义的素材箱，然后单击素材箱名称，当素材箱名称高亮显示时，在名称字段中输入想要的名称。
- 删除素材箱：选中自定义素材箱，单击面板底部的“删除自定义项目”图标，并在出现的提示框中单击“确定”按钮。

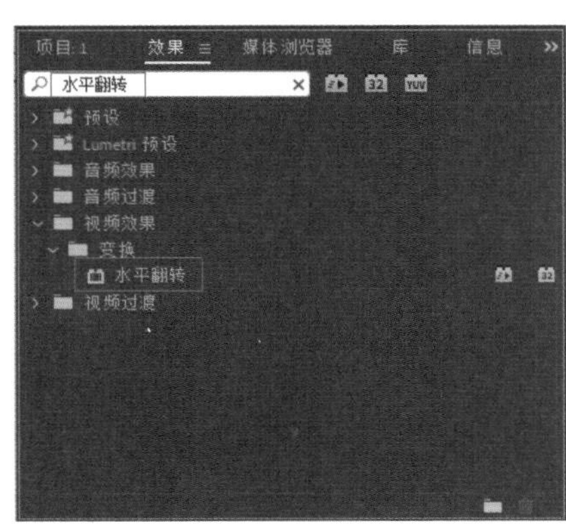

图 9-3 查找效果

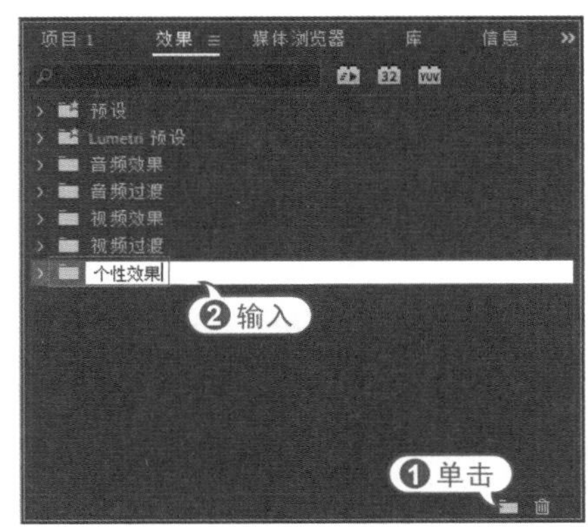

图 9-4 新建素材箱

9.1.3 添加和编辑视频效果

为素材添加视频效果的操作方法与添加视频过渡的操作方法相似。在效果面板中选择一个视频效果，将其拖到时间轴面板中的素材上，就可以将该视频效果应用到素材上，或在选择时间轴面板中的素材后，将需要的视频效果拖到效果控件面板中，也可以将指定的视频效果应用到选择的素材上。

同编辑运动效果一样，为素材添加视频效果后，在效果控件面板中单击“切换动画”按钮，将开启视频效果的动画设置功能，同时在当前时间位置创建一个关键帧。开启动画设置功能后，可以通过创建和编辑关键帧对视频效果进行动画设置。

练习实例：创建镜头光晕。	
文件路径	第 9 章 \ 镜头光晕.prproj
技术掌握	添加视频效果

01 新建一个项目文件和一个序列，然后在项目面板中导入“冰川.jpg”素材，如图 9-5 所示。

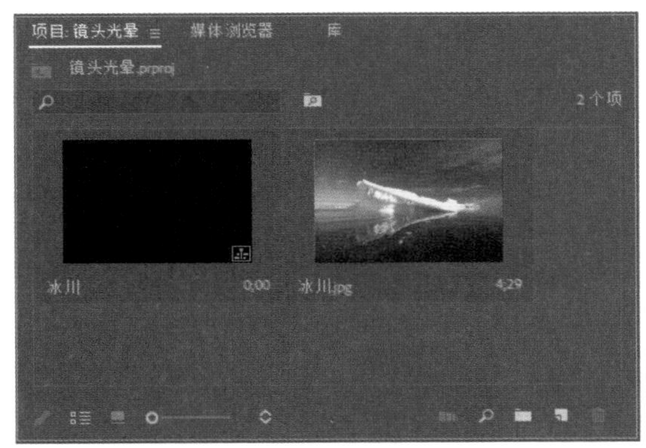

图 9-5 导入素材

02 将项目面板中的素材添加到时间轴面板中的视频 1 轨道中，如图 9-6 所示。

图 9-6 添加素材

03 在节目监视器面板中单击“播放-停止切换”按钮播放影片，预览素材效果，如图 9-7 所示。

图 9-7 预览素材效果

04 选择“窗口”|“效果”命令，打开效果面板，选择“视频效果”|“生成”|“镜头光晕”视频效果，如图 9-8 所示。

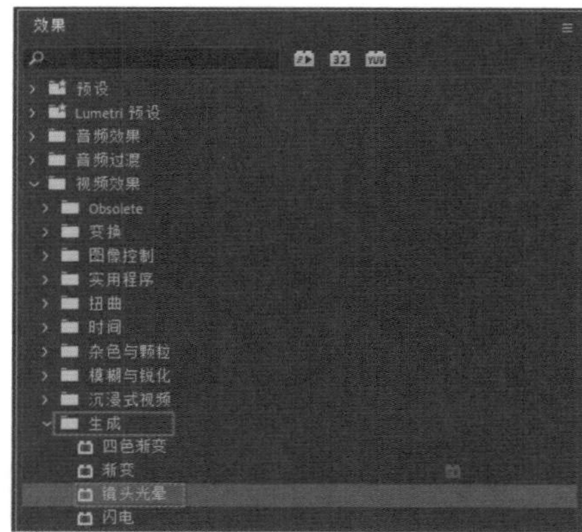

图 9-8　选择“镜头光晕”效果

05 将选择的“镜头光晕”视频效果拖动到时间轴面板中的素材上，即可在该素材上应用选择的效果，切换到效果控件面板中将显示添加的效果，如图 9-9 所示。

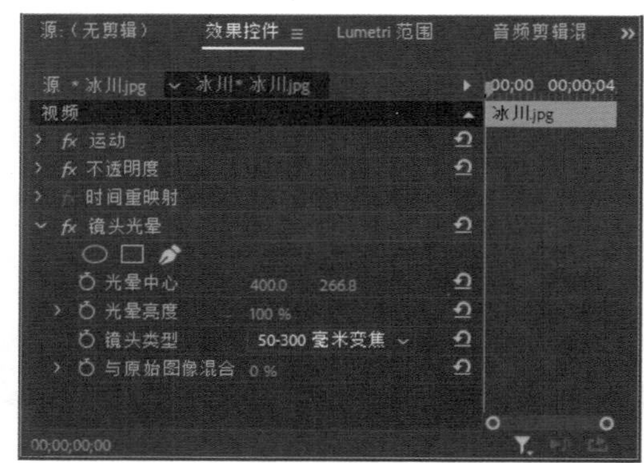

图 9-9　添加的“镜头光晕”效果

06 将时间指示器移到第 0 秒的位置，在效果控件面板中单击“光晕中心”选项和“光晕亮度”选项前面的“切换动画”按钮，开启视频效果的动画设置功能，并设置关键帧的光晕中心和光晕亮度值，如图 9-10 所示。

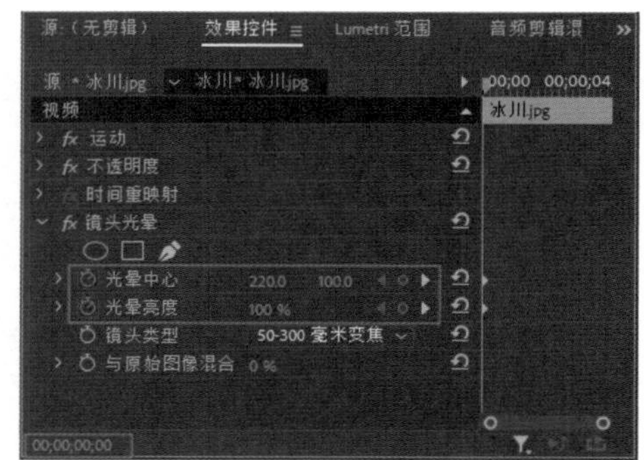

图 9-10　设置关键帧的光晕中心和光晕亮度值

07 将时间指示器移到第 4 秒 25 帧的位置，分别为“光晕中心”和“光晕亮度”选项添加一个关键帧，并修改光晕中心和光晕亮度值，如图 9-11 所示。

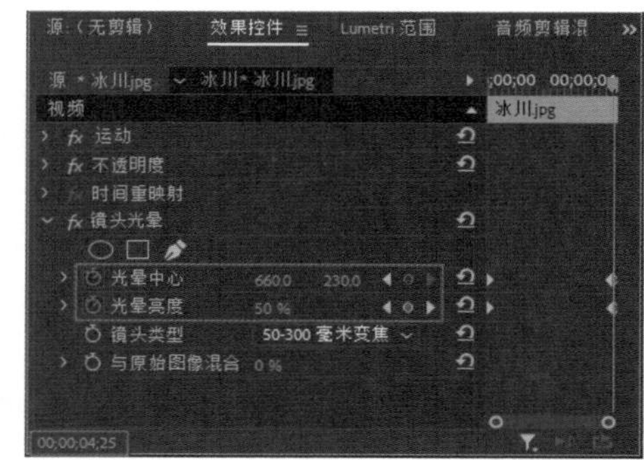

图 9-11　添加并修改关键帧

08 在节目监视器面板中单击“播放-停止切换”按钮播放影片，预览添加镜头光晕后的影片效果，如图 9-12 所示。

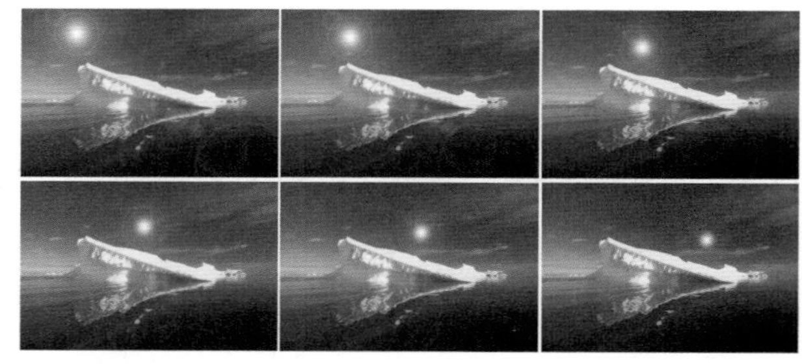

图 9-12　镜头光晕效果

9.1.4　禁用和删除视频效果

对素材添加某个视频效果后，用户可以暂时对添加的效果进行禁用，也可以将其删除，具体方法如下。

1. 禁用效果

对素材添加视频效果后，如果需要暂时禁用该效果，可以在效果控件面板中单击效果前面的“切换效果开关”按钮fx，如图 9-13 所示。此时，该效果前面的图标将变成禁用图标fx，即可禁用该效果，如图 9-14 所示。

图 9-13　单击“切换效果开关”按钮

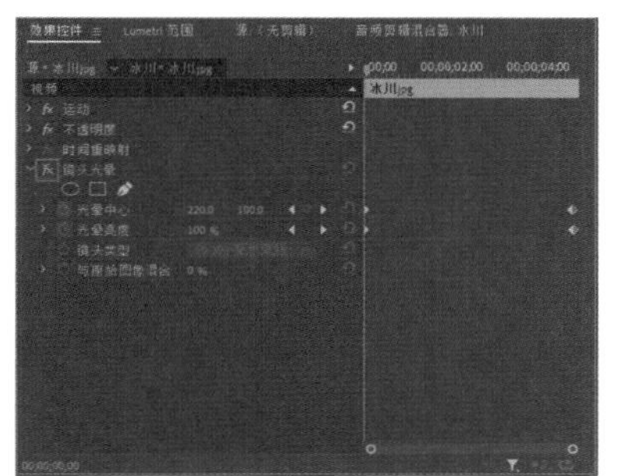

图 9-14　禁用效果

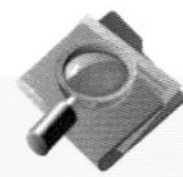

知识点滴：

禁用效果后，再次单击效果前面的“切换效果开关”按钮fx，可以重新启用该效果。

2. 删除效果

对素材添加视频效果后，如果需要删除该效果，可以在效果控件面板中选中该效果，然后单击效果控件面板右上角的菜单按钮，在弹出的菜单中选择“移除所选效果”命令，即可将选中的效果删除，如图 9-15 所示。

如果对某个素材添加了多个视频效果，可以单击效果控件面板右上角的菜单按钮，在弹出的菜单中选择“移除效果”命令，打开“删除属性”对话框。在该对话框中可以选择多个要删除的视频效果，然后将其删除，如图 9-16 所示。

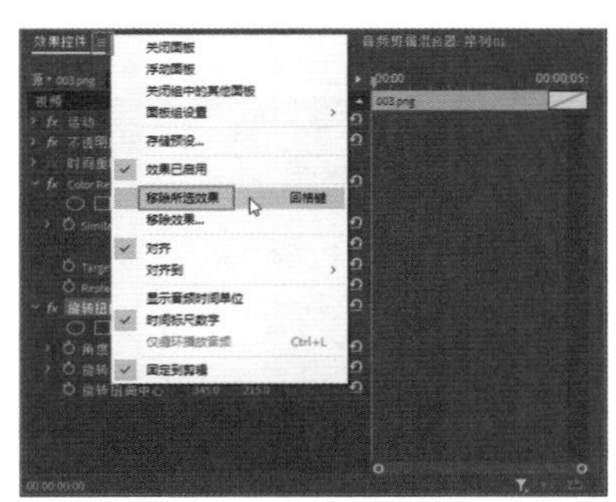

图 9-15　选择“移除所选效果”命令

图 9-16　选择要删除的效果

知识点滴：

对素材添加视频效果后，在效果控件面板中选中该效果，可以按 Delete 键快速将其删除。

9.2 常用视频效果详解

在 Premiere Pro 2022 中提供了上百种视频效果，被分类保存在 19 个素材箱中。由于 Premiere Pro 2022 的视频效果太多，这里将对较为常用的视频效果进行介绍。另外，键控和色彩类的效果将在后面相关章节进行讲解。

9.2.1 变换效果

“变换”素材箱的效果主要用于对图像画面进行变换操作，如图 9-17 所示。本节以图 9-18 所示的图像进行变换效果的讲解。下面对其中常用的 4 种效果进行介绍。

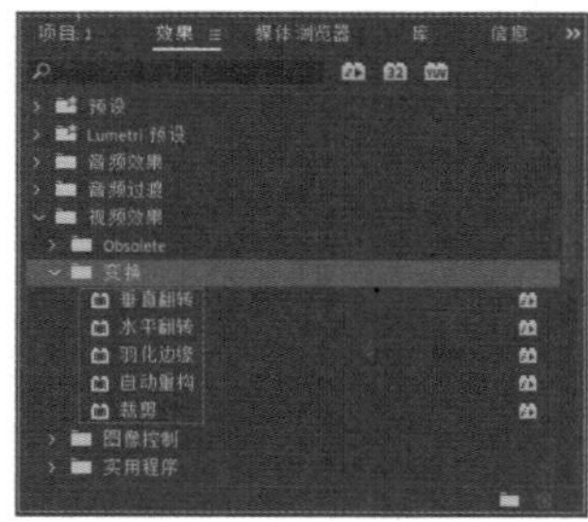

图 9-17 “变换”效果

图 9-18 原图像效果

1. 垂直翻转

在素材上运用该效果，可以将画面沿水平中心翻转 180°，类似于倒影效果，所有的画面都是翻转的，如图 9-19 所示。该效果没有可设置的参数。

2. 水平翻转

在素材上运用该效果，可以将画面沿垂直中心翻转 180°，效果与垂直翻转类似，只是方向不同而已，如图 9-20 所示。该效果没有可设置的参数。

图 9-19 垂直翻转效果

图 9-20 水平翻转效果

3. 羽化边缘

在素材上运用该效果，通过在效果控件面板中调节羽化边缘的数量 (如图 9-21 所示)，可以在画面周围产生羽化效果，如图 9-22 所示。

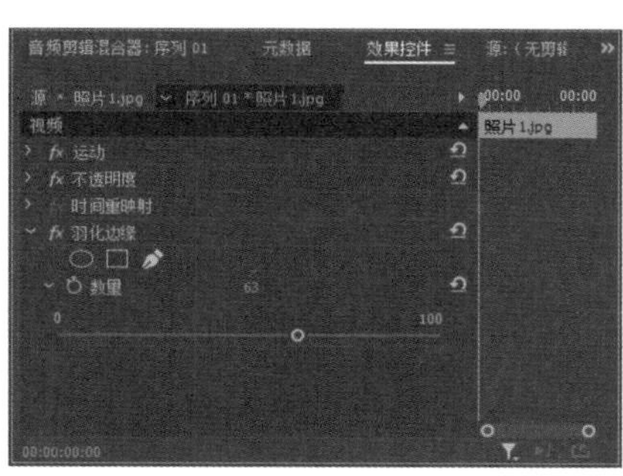

图 9-21　羽化边缘设置

图 9-22　羽化边缘效果

4. 裁剪

裁剪效果用于裁剪素材的画面，通过调节效果控件面板中的参数(如图 9-23 所示)，可以从上、下、左、右 4 个方向裁剪画面。图 9-24 所示是将画面左方和下方裁剪后的效果。

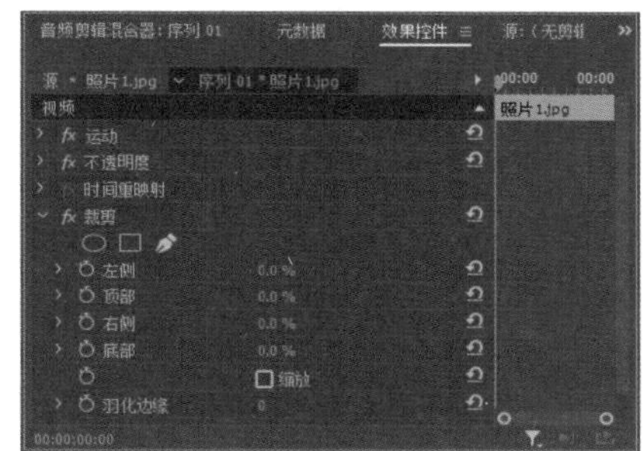

图 9-23　调节裁剪参数

图 9-24　裁剪左方和下方画面

9.2.2　扭曲效果

“扭曲”素材箱中包含 12 种视频效果，如图 9-25 所示，该类型效果主要用于对图像进行几何变形。

1. 偏移

在素材上运用该效果，可以对图像进行偏移，从而产生重影效果，并且可以设置偏移后的画面与原画面之间的距离，其参数如图 9-26 所示。

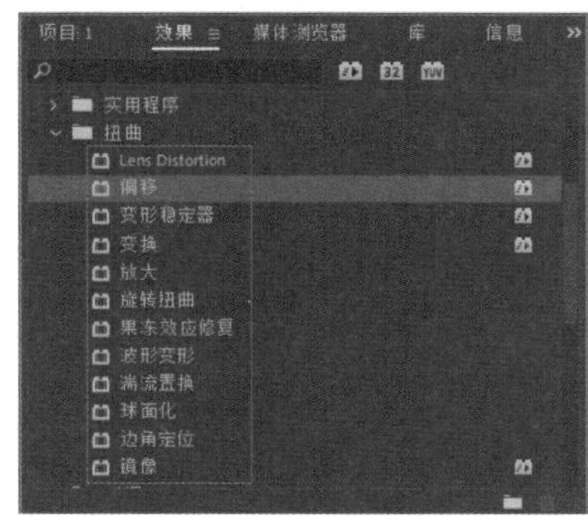

图 9-25　“扭曲”效果类型

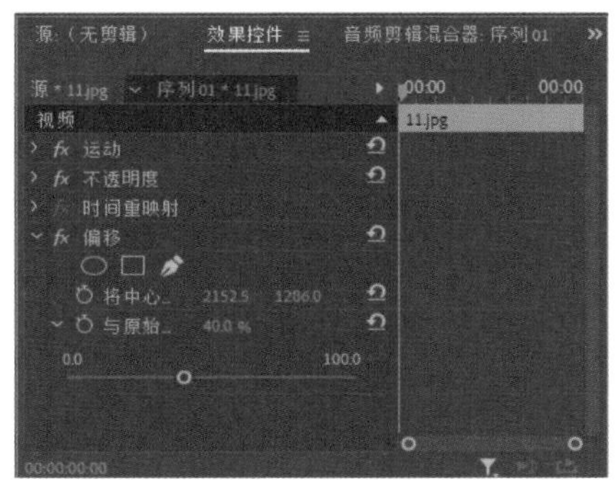

图 9-26　“偏移”效果参数

图 9-27 和图 9-28 所示是对素材运用“偏移”效果前后的对比。

图 9-27　原图像效果

图 9-28　应用偏移效果后

2. 变换

在素材上运用该效果，可以对图像的位置、缩放、不透明度、倾斜、旋转等进行综合设置，其参数如图 9-29 所示。图 9-30 所示是对画面进行旋转处理后的效果。

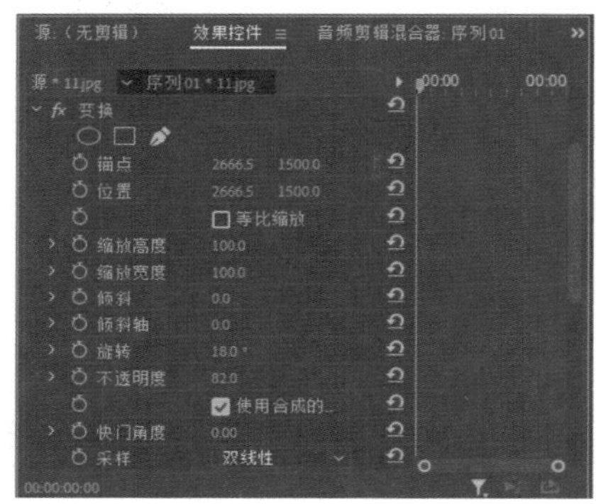

图 9-29　“变换”效果参数

图 9-30　旋转画面

3. 放大

在素材上运用该效果，可以对图像的局部进行放大处理。通过设置该效果的参数，可以选择圆形放大或正方形放大，如图 9-31 所示。图 9-32 所示是对图像左侧杯口进行圆形放大后的效果。

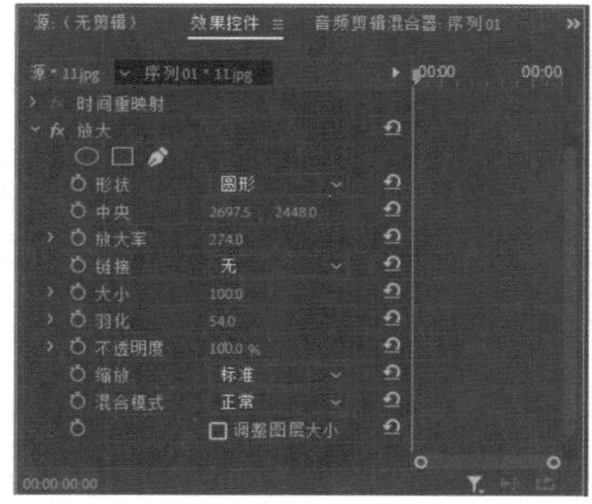

图 9-31　“放大”效果参数

图 9-32　圆形放大局部

“放大”效果参数说明如下。

- 形状：用于选择圆形或正方形放大图像。
- 中央：用于指定放大的位置。
- 放大率：用于设置放大画面的比例。
- 链接：在右侧的下拉列表中有 3 种放大形式供用户选择，如图 9-33 所示。
- 大小：用于设置放大区域的范围大小。
- 羽化：通过羽化设置，可以使放大的边缘与原图像自然融合。
- 不透明度：用于设置放大后图像的不透明度，降低不透明度，可以显示放大的图像与原图像两个画面效果，如图 9-34 所示。
- 缩放：在右侧的下拉列表中有标准、柔和、扩散 3 种选项供用户选择。
- 混合模式：用于设置放大后的图像与原图像之间的混合效果。

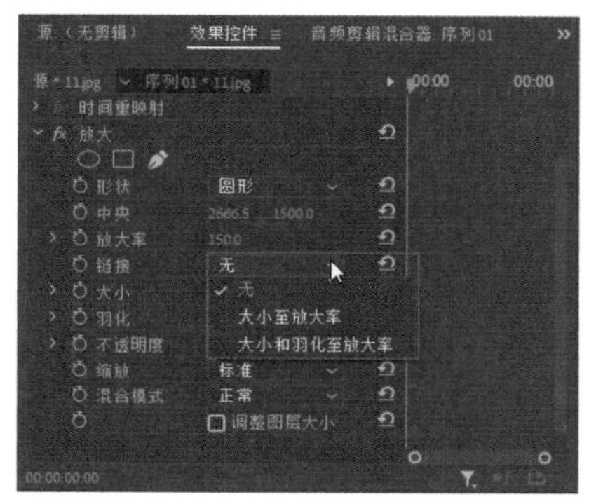

图 9-33 3 种放大形式

图 9-34 设置不透明度

4. 旋转扭曲

在素材上运用该效果，可以制作出图像沿中心轴旋转扭曲的效果，如图 9-35 所示。通过设置效果中的参数，可以调整扭曲的角度和旋转扭曲半径等，如图 9-36 所示。

图 9-35 旋转扭曲效果

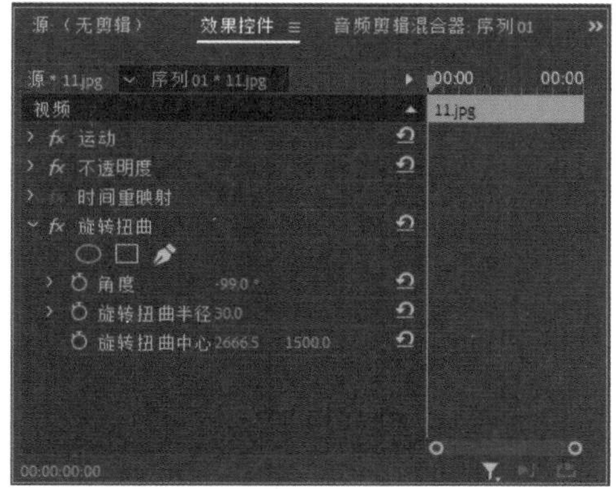

图 9-36 旋转扭曲参数

5. 波形变形

在素材上运用该效果，可以制作出水面的波浪效果，如图 9-37 所示。通过设置效果中的参数，可以调整波形的类型、方向和速度等，如图 9-38 所示。

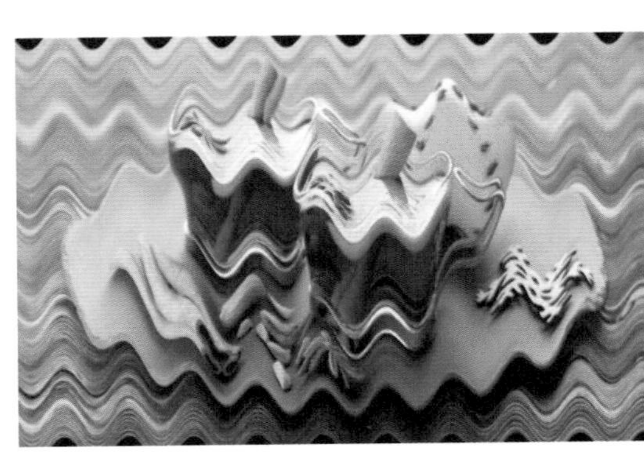

图 9-37　波形变形效果

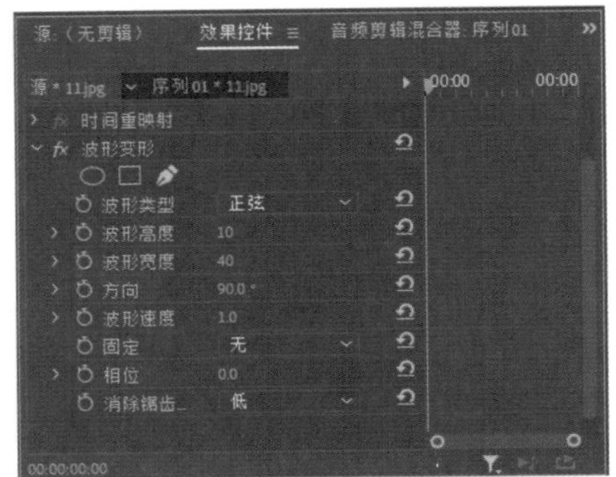

图 9-38　设置波形变形参数

6. 球面化

在素材上运用该效果，可以制作出球形的画面效果，如图 9-39 所示。该效果的参数如图 9-40 所示。

图 9-39　球面化效果

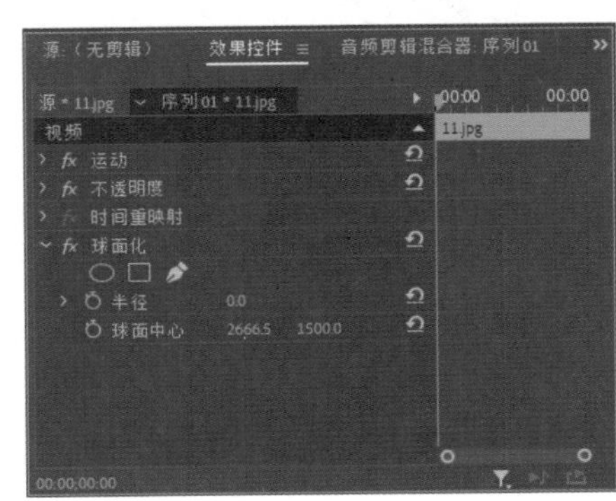

图 9-40　球面化参数

- 半径：用于设置球形的半径。
- 球面中心：用于设置球形中心的坐标。

7. 湍流置换

在素材上运用该效果，可以使画面产生杂乱的变形效果，如图 9-41 所示。在效果参数中可以设置多种湍流置换模式，如图 9-42 所示。

图 9-41　湍流置换效果

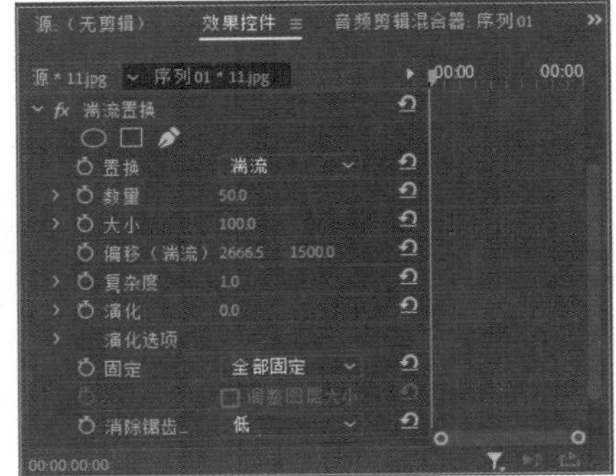

图 9-42　设置湍流置换模式

8. 边角定位

在素材上运用该效果，可以使图像的 4 个顶点发生位移，以达到变形画面的效果，如图 9-43 所示。该效果中的 4 个参数分别代表图像 4 个顶点的坐标，如图 9-44 所示。

图 9-43　移动左上角的效果

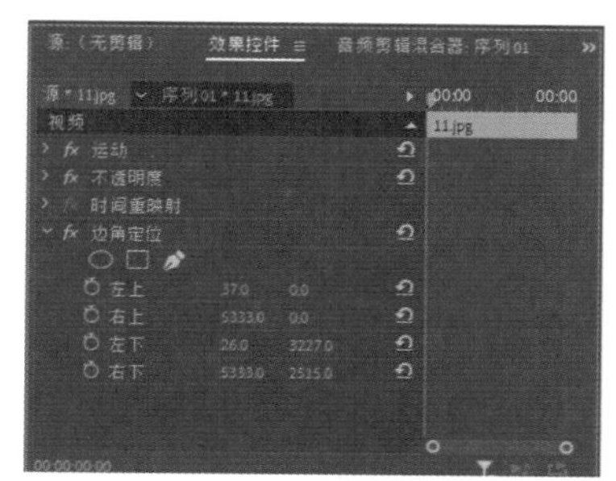

图 9-44　边角定位参数

9. 镜像

在素材上运用该效果，设置效果的参数值 (如图 9-45 所示)，可以将图像沿一条直线分割为两部分，并制作出镜像效果，如图 9-46 所示。

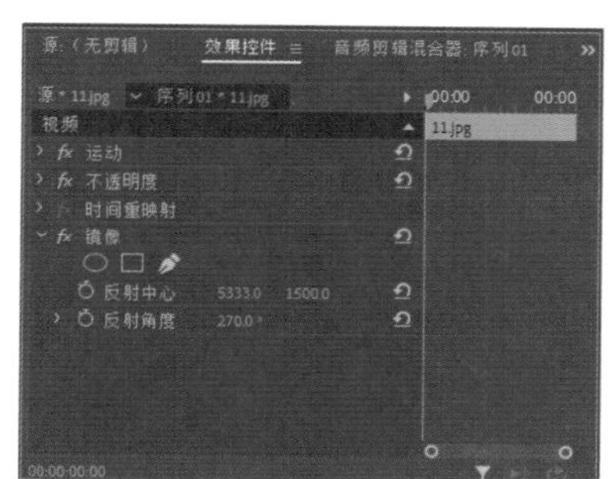

图 9-45　设置参数

图 9-46　镜像效果

- 反射中心：用于设置镜像的中心点的坐标。
- 反射角度：用于设置镜像图像的角度。

10. 镜头扭曲

在素材上运用该效果，可以使画面沿垂直轴和水平轴扭曲，制作出用变形透视镜观察对象的效果，如图 9-47 所示。应用该效果时，可以在效果控件面板中设置镜头的扭曲参数，如图 9-48 所示。

图 9-47　镜头扭曲效果

图 9-48　镜头扭曲参数的设置

9.2.3 时间效果

“时间”素材箱中包含“色调分离时间”“残影”等视频效果，如图 9-49 所示，该类效果主要用于改变图像的帧速率和制作残影效果。下面介绍其中常用的两种视频效果。

1. 色调分离时间

该视频效果主要用于设置素材的帧速率，其中的参数如图 9-50 所示。

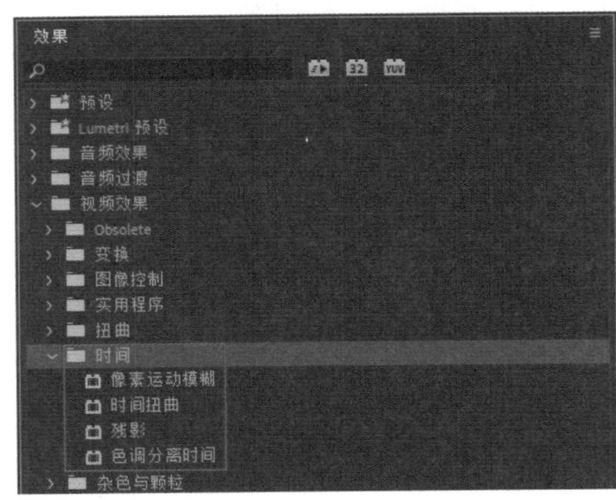

图 9-49　“时间”类型效果

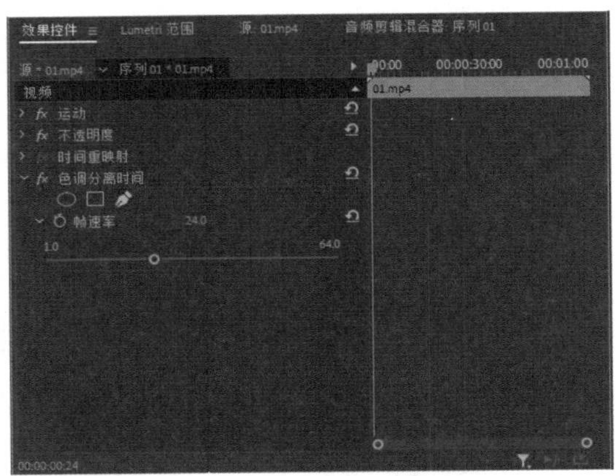

图 9-50　“色调分离时间”效果参数

2. 残影

使用该视频效果可以将素材中不同时间的多个帧图像组合起来同时播放，产生残影效果，类似于声音中的回音效果，常用于动态视频素材中，其中的参数如图 9-51 所示。调节残影数量后的效果如图 9-52 所示。

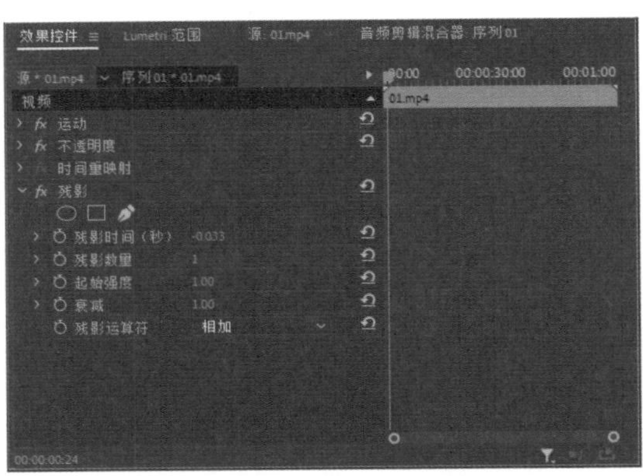

图 9-51　“残影”效果参数

图 9-52　残影效果

9.2.4 杂色与颗粒效果

在“杂色与颗粒”素材箱中只有“杂色”视频效果，该效果主要用于对图像添加杂色效果，如图 9-53 所示。设置参数中的杂色数量可以调节杂色的多少，如图 9-54 所示。

图 9-53　杂色效果

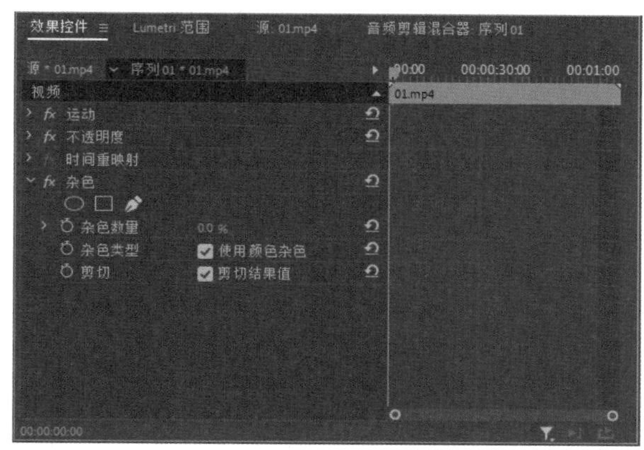

图 9-54　杂色参数

9.2.5　模糊与锐化效果

在“模糊与锐化”素材箱中包含 6 种效果，主要用来调整画面的模糊和锐化效果，如图 9-55 所示。

1. Camera Blur(相机模糊)

在素材上运用该效果，可以生成图像离开相机焦点范围时产生的“虚焦”效果。在其效果参数中可以设置模糊的百分比，如图 9-56 所示。应用该效果时，可以在效果控件面板中单击“设置”按钮，然后在打开的“相机模糊设置”对话框中对画面进行实时调节，如图 9-57 所示。

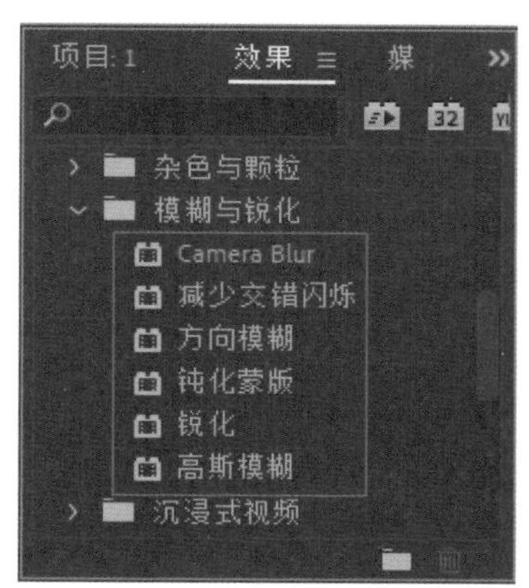

图 9-55　“模糊与锐化”类型效果

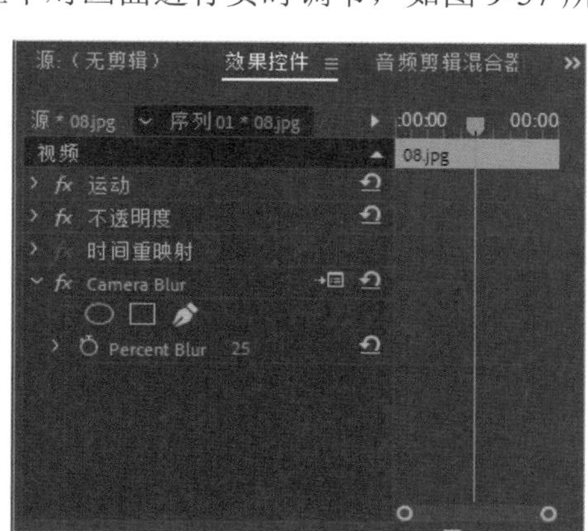

图 9-56　相机模糊参数

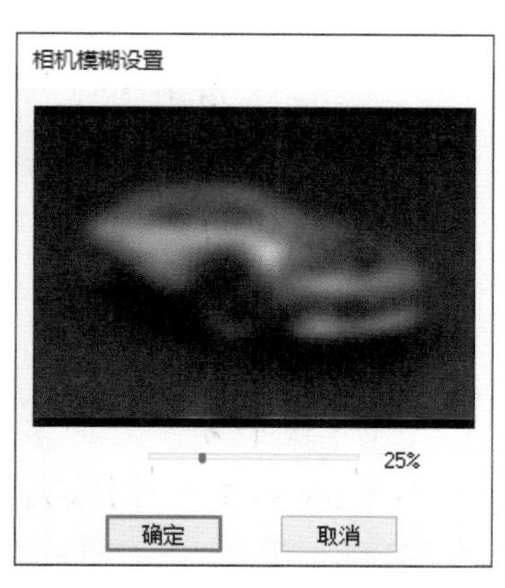

图 9-57 “相机模糊设置”对话框

2. 减少交错闪烁

在素材上运用该效果，可以使视频素材产生上下交错的模糊效果，交错闪烁通常是由在交错素材中显现的条纹引起的。在处理交错素材时，“减少交错闪烁”效果非常有用，该效果可以减少纵向频率，以使图像更适合用于交错媒体(如 NTSC 视频)。

用户可以通过调整柔和度参数设置模糊的程度，其参数如图 9-58 所示，减少交错闪烁的模糊效果如图 9-59 所示。

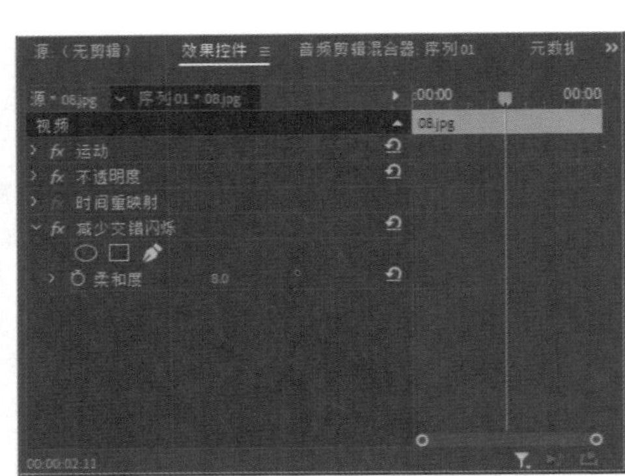

图 9-58　减少交错闪烁参数

图 9-59　减少交错闪烁效果

3. 方向模糊

在素材上运用该效果，可以在其效果参数中设置画面的模糊方向和模糊程度，如图 9-60 所示，使画面产生一种运动的效果，如图 9-61 所示。

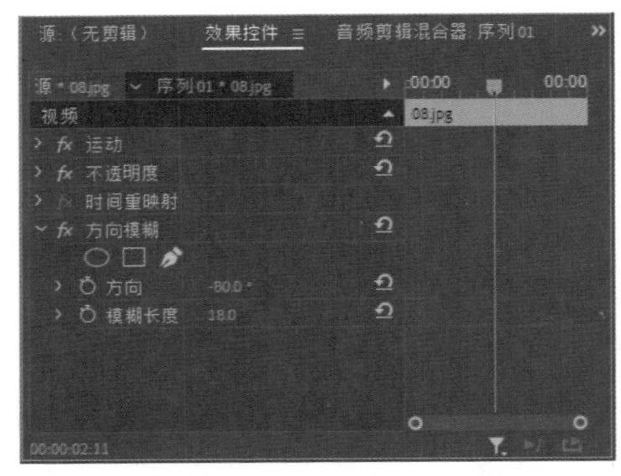

图 9-60　方向模糊参数

图 9-61　方向模糊效果

4. 钝化蒙版

该效果用于调整图像的色彩锐化程度，可以使相邻像素的边缘呈高亮显示，如图 9-62 所示，其参数如图 9-63 所示。

图 9-62　钝化蒙版效果

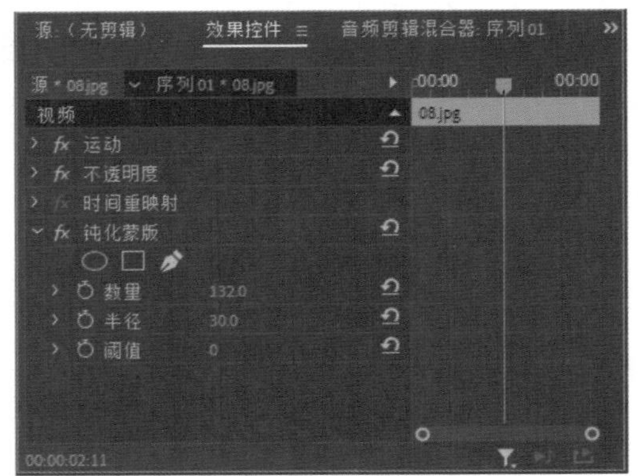

图 9-63　钝化蒙版参数

- 数量：用于设置锐化的程度。
- 半径：用于设置锐化的区域。
- 阈值：用于调整颜色区域。

5. 锐化

在素材上运用该效果，可以通过调节其中的“锐化量”参数(如图9-64所示)，增加相邻像素间的对比度，使图像变得更清晰，如图9-65所示。

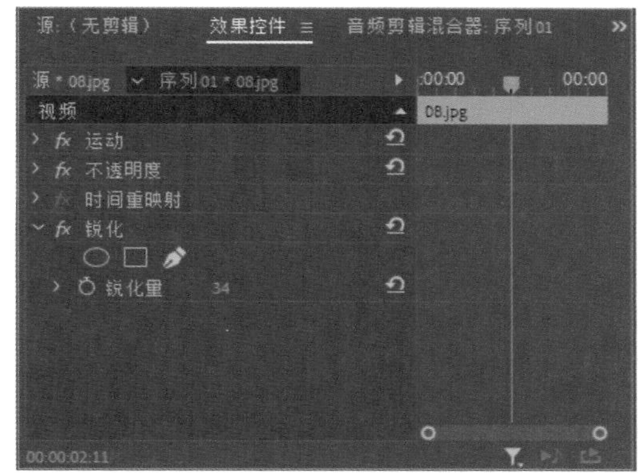

图 9-64　锐化参数

图 9-65　锐化效果

6. 高斯模糊

该效果可以大幅度地模糊图像，产生虚化效果，如图9-66所示，该效果的参数如图9-67所示。

图 9-66　高斯模糊效果

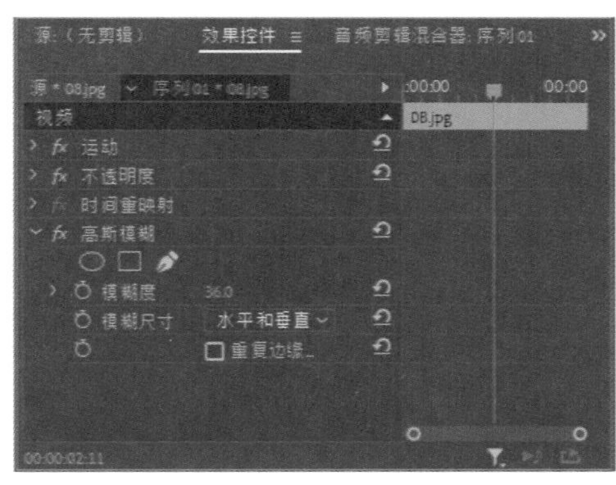

图 9-67　高斯模糊参数

- 模糊度：用于调节和控制模糊程度，该值越大，图像越模糊。
- 模糊尺寸：在右侧的下拉列表中可以选择图像的模糊方向，包括“水平和垂直”“水平”和“垂直”3个选项。

9.2.6　沉浸式视频效果

“沉浸式视频”素材箱中包含11种效果。沉浸式视频效果同沉浸式视频过渡效果一样，都是通过虚拟现实技术生成一种模拟环境的视频效果。

9.2.7 生成效果

在“生成”素材箱中包含 4 种效果，主要用来创建一些特殊的画面效果，如图 9-68 所示。

1. 四色渐变

运用该效果可以产生四色渐变。通过选择 4 个效果点和颜色来定义渐变颜色。渐变包括混合在一起的 4 个纯色环，每个纯色环都有一个效果点作为中心，其参数如图 9-69 所示。

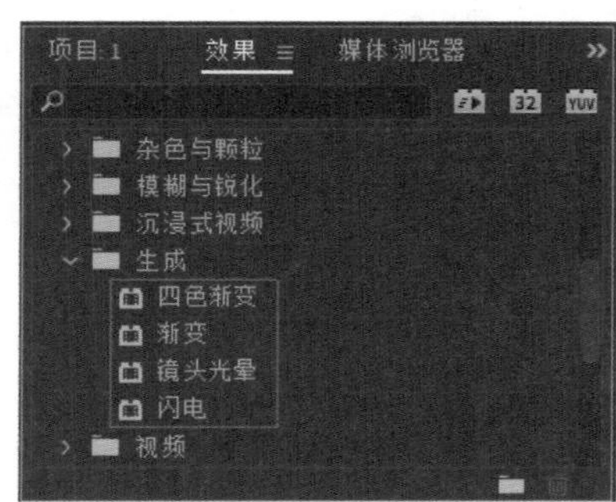

图 9-68 “生成”类型效果

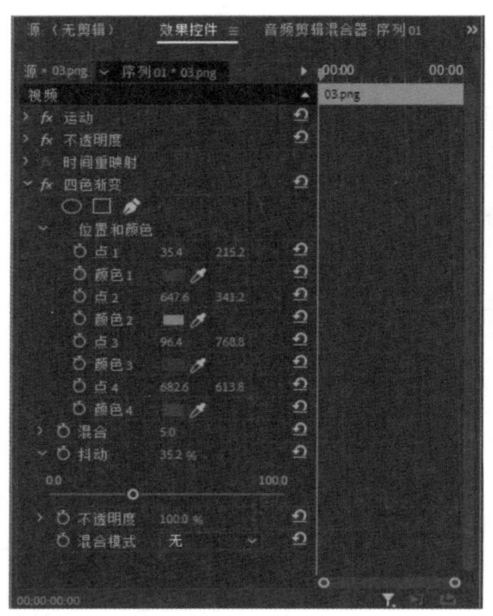

图 9-69 四色渐变参数

- 位置和颜色：颜色选项用于设置该点的颜色；设置点坐标可以改变对应颜色的位置。
- 混合：用于设置各个颜色的混合程度。
- 抖动：设置渐变颜色在视频画面的抖动效果。
- 不透明度：设置渐变颜色在视频画面的不透明度。
- 混合模式：设置渐变颜色与原视频画面的混合方式，包括“无”“正常”“相加”“叠加”等模式。

例如，对素材使用“四色渐变”效果时，设置混合模式为“叠加”，得到的对比效果如图 9-70 和图 9-71 所示。

图 9-70 原画面效果

图 9-71 四色渐变效果

2. 渐变

该效果用于在画面中创建渐变效果，通过效果中的参数设置，可以控制渐变的颜色，并且可以设置渐变与原画面的混合程度，如图 9-72 所示。例如，设置渐变从黑色到白色，渐变与原始图像的混合比例为 40%，效果如图 9-73 所示。

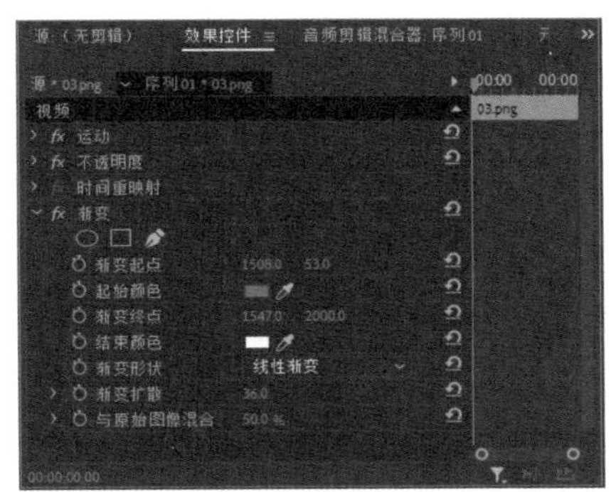

图 9-72　渐变参数

图 9-73　渐变效果

3. 镜头光晕

该效果用于在画面中创建镜头光晕，模拟强光折射进画面的效果，通过效果中的参数设置，可以调整镜头光晕的位置、亮度和镜头类型等，如图 9-74 所示。创建镜头光晕的效果如图 9-75 所示。

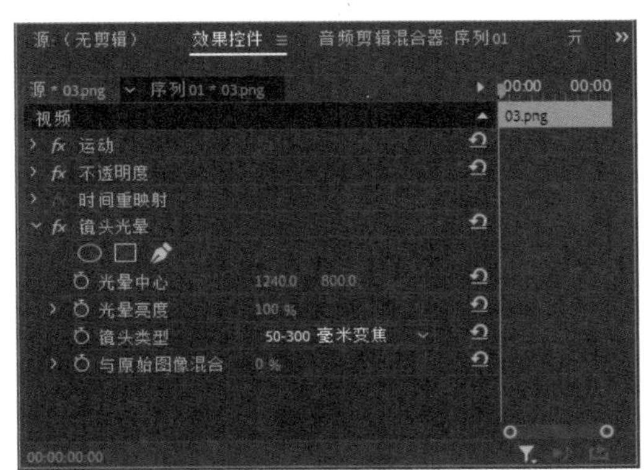

图 9-74　镜头光晕参数

图 9-75　镜头光晕效果

具体参数说明如下。

- 光晕中心：用于调整光晕位置，也可以使用鼠标拖动十字光标来调整光晕位置。
- 光晕亮度：用于调整光晕的亮度。
- 镜头类型：在右侧的下拉列表中可以选择“50-300 毫米变焦”“35 毫米定焦”和“105 毫米定焦”3 种类型。选择“50-300 毫米变焦”，产生光晕并模仿太阳光的效果；选择“35 毫米定焦”，只产生强光，没有光晕；选择“105 毫米定焦”，产生比前一种镜头更强的光。

4. 闪电

该效果用于在画面中创建闪电效果，如图 9-76 所示。通过效果控件面板，可以设置闪电的起始点和结束点，以及闪电的振幅等参数，如图 9-77 所示。

图 9-76　闪电效果

图 9-77　闪电参数

主要参数说明如下。

- 起始点：用于设置闪电开始点的位置。
- 结束点：用于设置闪电结束点的位置。
- 分段：用于设置闪电光线的数量。
- 振幅：用于设置闪电光线的振幅。
- 细节级别：用于设置光线颜色的色阶。
- 细节振幅：用于设置光线波的振幅。
- 分支：用于设置每束光线的分支。
- 速度：用于设置光线变化的速率。
- 固定端点：通过设置的值对结束点的位置进行调整。
- 宽度：用于设置光线的粗细。
- 宽度变化：用于设置光线粗细的变化。
- 核心宽度：用于设置光源的中心宽度。
- 外部颜色：用于设置光线外部的颜色。
- 内部颜色：用于设置光线内部的颜色。
- 拉力：用于设置光线推拉时的数值。
- 拖拉方向：用于设置光线推拉时的角度。
- 混合模式：用于设置光线和背景的混合模式。

9.2.8　过渡效果

视频效果中的“过渡”效果与视频过渡中对应的“过渡”效果在效果表现上相似。不同的是前者在自身图像上进行溶解过渡，后者是在前后两个素材间进行溶解过渡。该类效果包含 3 种过渡效果，如图 9-78 所示。

9.2.9 透视效果

在“透视”素材箱中包含2种效果，如图9-79所示，主要用于对素材添加透视效果。

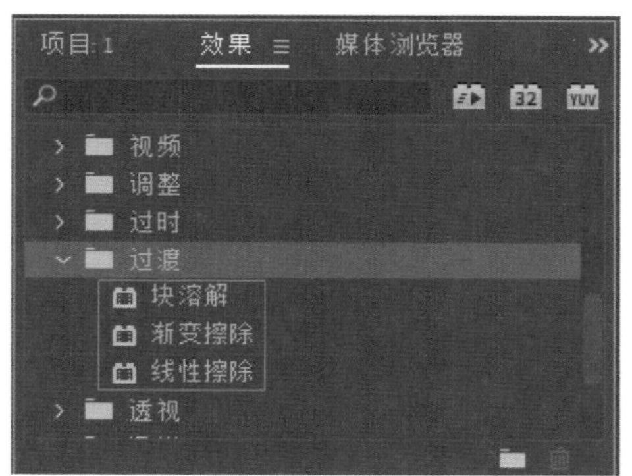

图9-78　“过渡”类型效果

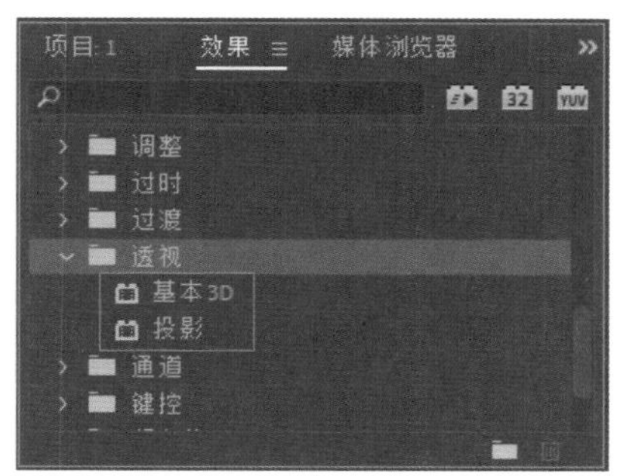

图9-79　“透视”类型效果

1. 基本3D

运用该效果可以在一个虚拟的三维空间中操作图像。对素材运用“基本3D”效果，素材可以在虚拟空间中绕水平轴和垂直轴转动，还可以产生图像的运动效果。用户还可以在图像上增加反光，使图像产生更逼真的效果，如图9-80所示，该效果的参数如图9-81所示。

- 旋转：用于设置水平旋转的角度。
- 倾斜：用于设置垂直旋转的角度。
- 与图像的距离：用于设定图像移近或移远的距离。

图9-80　基本3D效果

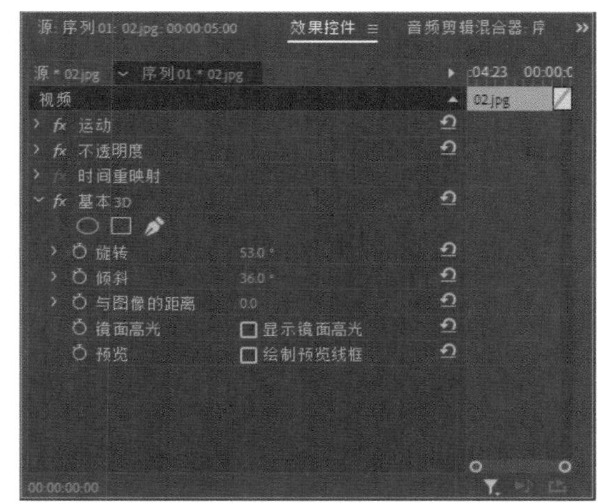

图9-81　基本3D参数

- 镜面高光：选中该选项后面的复选框，就会在图像中加入光线，看起来就好像在图像的上方发生一样。
- 预览：选中该选项后面的复选框，在对图像进行操作时，图像就会以线框的形式显示，加快预览速度。

2. 投影

在素材上运用该效果，可以为画面添加投影效果，如图9-82所示，该效果的参数如图9-83所示。

图 9-82　投影效果

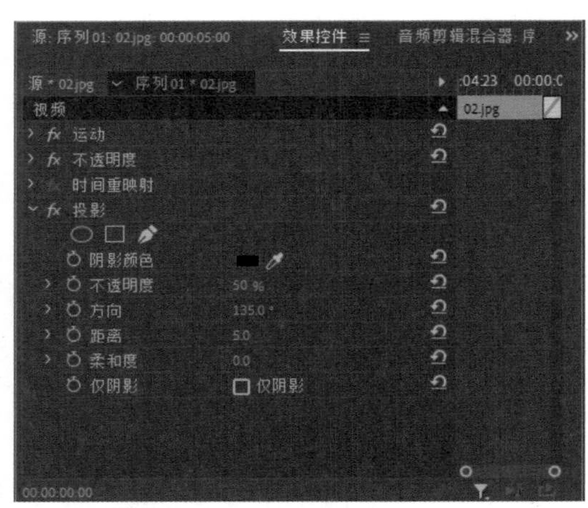

图 9-83　投影参数

- 阴影颜色：用于设置阴影的颜色。
- 不透明度：用于设置阴影的不透明度。
- 方向：用于设置阴影与画面的相对方向。
- 距离：用于设置阴影与画面的相对位置距离。
- 柔和度：用于设置阴影的柔和程度。
- 仅阴影：选中该选项后面的复选框，表示只显示阴影部分。

9.2.10　风格化效果

在“风格化”素材箱中包含9种效果，如图9-84所示，主要用于在素材上制作发光、浮雕、马赛克等效果。下面介绍几种常用的风格化效果。

1. Alpha 发光

该效果对含有通道的素材起作用，在通道的边缘部分产生一圈渐变的辉光效果，可以在单色的边缘处或者在边缘运动时变成两种颜色，其参数如图 9-85 所示。

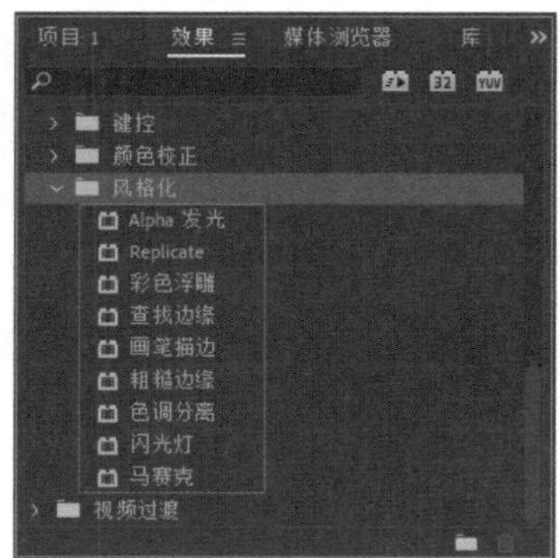

图 9-84　“风格化”类型效果

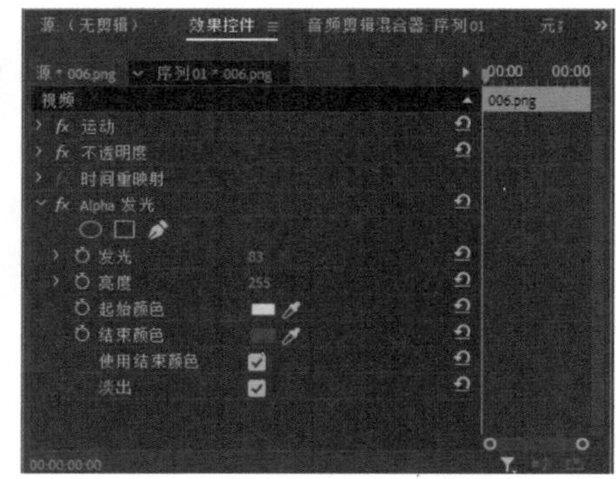

图 9-85　Alpha 发光参数

- 发光：用于调节辉光的伸展长度。
- 亮度：用于设置辉光的亮度。

- 起始颜色：用于设置辉光内圈的颜色。
- 结束颜色：用于设置辉光的过渡颜色。
- 淡出：在设定淡出的情况下，两种颜色会被柔化；在未设定淡出的情况下，将逐渐淡化到透明。

图 9-86 和图 9-87 是对汽车素材运用“Alpha 发光”视频效果前后的对比效果。

图 9-86　原画面效果

图 9-87　Alpha 发光效果

2. Replicate(复制)

在素材上运用该效果，可将整个画面复制成若干区域画面，每个区域都将显示完整的画面效果，如图 9-88 所示。在该效果的参数中可以设置复制的数量，如图 9-89 所示。

图 9-88　复制效果

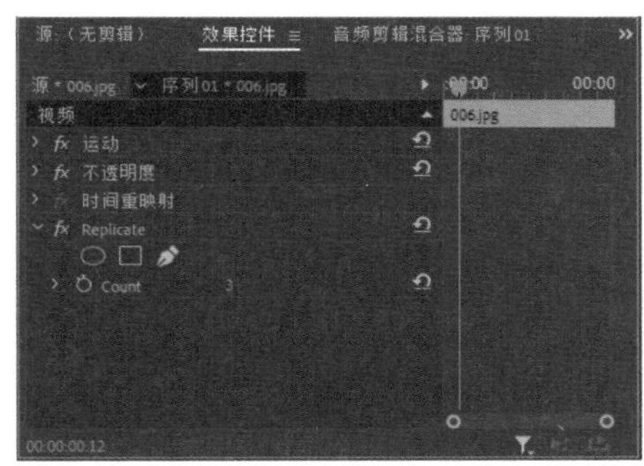

图 9-89　复制参数

3. 彩色浮雕

在素材上运用该效果，可以将画面变成浮雕的效果，但并不影响画面的初始色彩，产生的效果和浮雕效果类似，如图 9-90 所示。该效果的参数如图 9-91 所示。

图 9-90　彩色浮雕效果

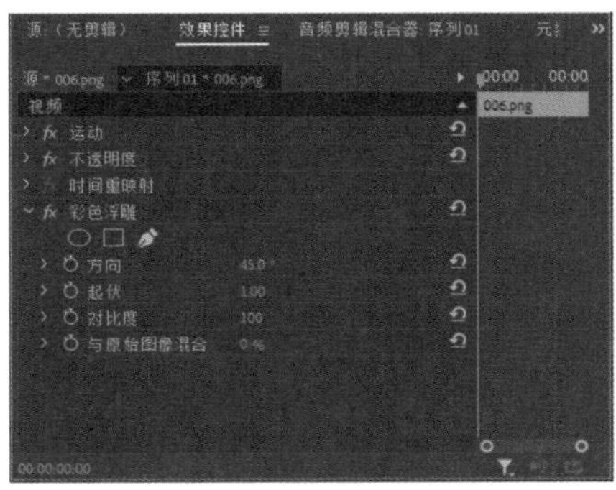

图 9-91　彩色浮雕参数

- 方向：用于设置浮雕产生的方向。
- 起伏：用于设置浮雕产生的幅度。
- 对比度：用于设置浮雕产生的对比度强弱。
- 与原始图像混合：用于设置浮雕与原画面混合的百分比。

4. 查找边缘

在素材上运用该效果，可以对图像的边缘进行勾勒，并用线条表示，如图 9-92 所示。该效果的参数如图 9-93 所示。

图 9-92　查找边缘效果

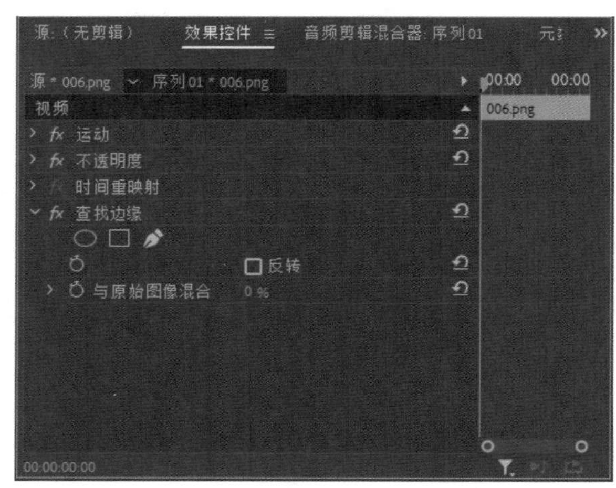

图 9-93　查找边缘参数

- 反转：选中该复选框，所有的颜色将变为各自的补色。
- 与原始图像混合：用于设置产生的画面与原图混合的百分比。

5. 画笔描边

在素材上运用该效果，可以对图像应用粗糙的绘画外观，也可以使用此效果实现点彩画样式，如图 9-94 所示。该效果的参数如图 9-95 所示。

图 9-94　画笔描边效果

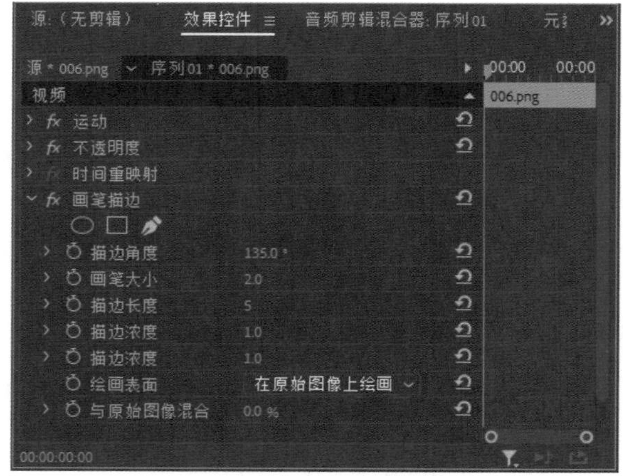

图 9-95　画笔描边参数

6. 色调分离

色调分离是指一幅图像原本是由紧紧相邻的渐变色阶构成，被数种突然的颜色转变所代替。这一种突然的转变，亦称作“跳阶”。色调分离效果如图 9-96 所示。该效果的参数如图 9-97 所示。

图 9-96　色调分离效果

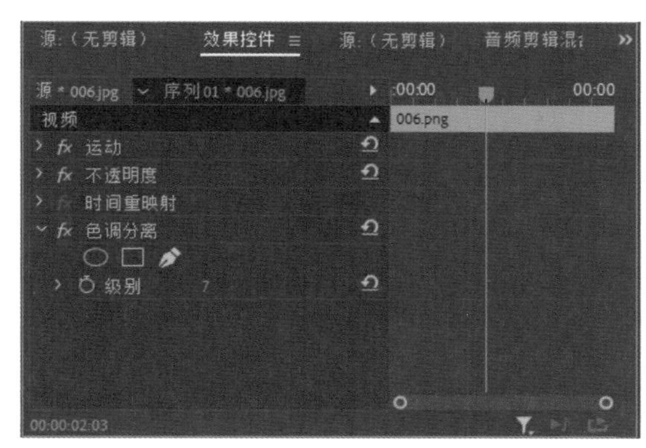

图 9-97　色调分离参数

7. 马赛克

在素材上运用该效果，可以在画面上产生马赛克效果。该效果将画面分成若干网格，每一格都用本格内所有颜色的平均色进行填充，如图 9-98 所示。该效果的参数如图 9-99 所示。

- 水平块：用于设置水平方向上分割格子的数目。
- 垂直块：用于设置垂直方向上分割格子的数目。
- 锐化颜色：用于对颜色进行锐化。

图 9-98　马赛克效果

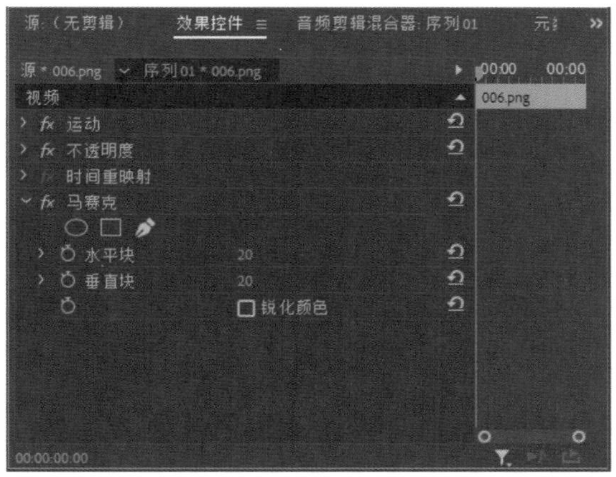

图 9-99　马赛克参数

9.2.11　过时效果

在“过时”素材箱中包含了很多以往版本的效果，其中有一些效果也是比较常用的。下面介绍几种比较实用的“过时”类效果。

1. 纹理

在素材上运用该效果，可以改变素材的材质效果，如图 9-100 所示。该效果的参数如图 9-101 所示。

图 9-100　纹理效果

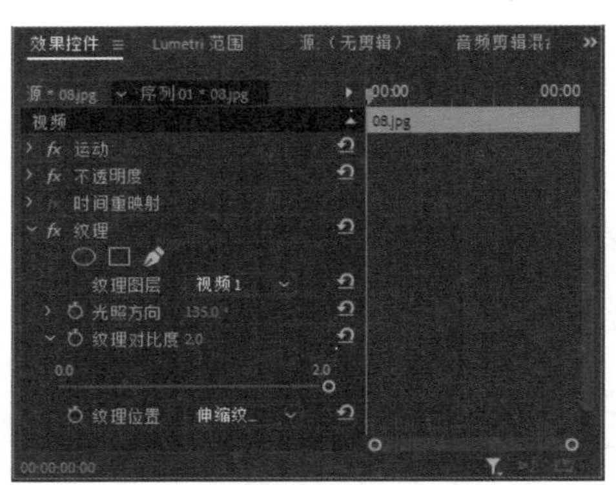

图 9-101　纹理参数

- 纹理图层：用于设置作为纹理的素材所在的轨道。
- 光照方向：用于设置光照的方向。
- 纹理对比度：用于设置纹理的对比度。
- 纹理位置：用于选择置入纹理的类型。

2. 中间值（旧版）

在素材上运用该效果，可以使画面效果变得模糊，通过调节效果参数中的半径值，可以控制画面的模糊程度，效果参数如图 9-102 所示。图 9-103 所示为应用“中间值（旧版）”得到的画面效果。

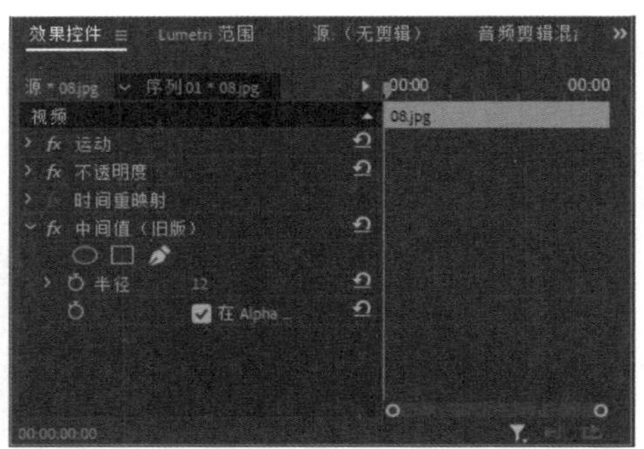

图 9-102　中间值（旧版）参数

图 9-103　中间值（旧版）效果

知识点滴：

如果想要去除视频中的水印，“中间值（旧版）”效果就显得非常有用。

3. 通道模糊

在素材上运用该效果，可以对素材的不同通道进行模糊，包括对红色、绿色、蓝色和 Alpha 通道模糊程度的调整，如图 9-104 所示。图 9-105 所示是对图像的红色通道进行模糊后的效果。

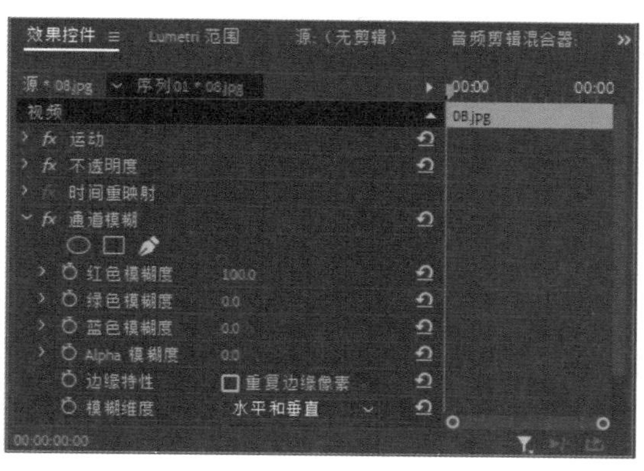

图 9-104　通道模糊参数

图 9-105　通道模糊效果

两个主要参数说明如下。

- 边缘特性：选中该选项中的“重复边缘像素”复选框，可以使图像边缘更透明。
- 模糊维度：用于调整模糊的方向。

4. 复合模糊

运用该效果，可以使时间轴面板中指定视频轨道中的素材产生模糊效果，如图 9-106 所示，其参数如图 9-107 所示。

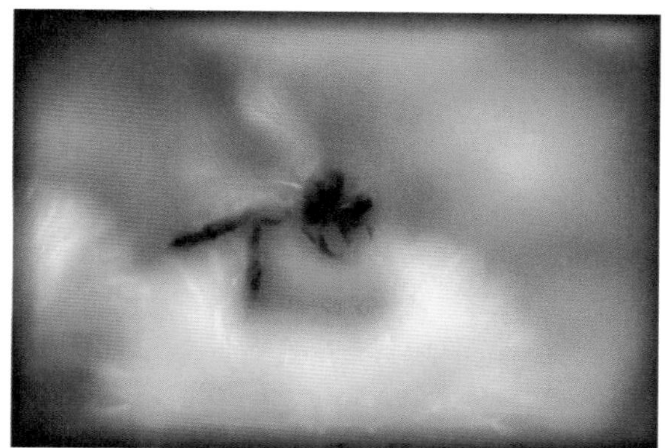
图 9-106　复合模糊效果

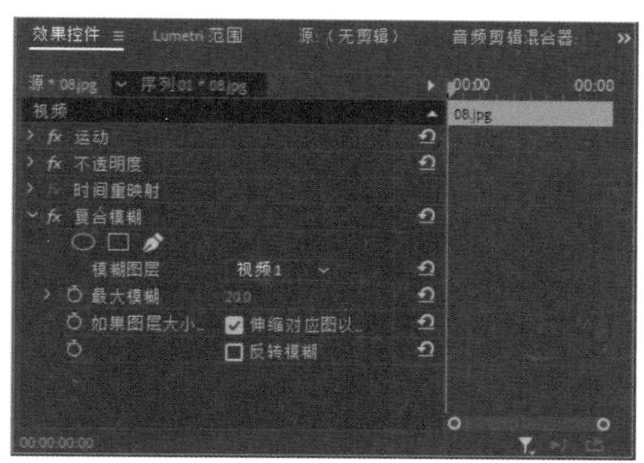

图 9-107　复合模糊参数

9.3　视频特效应用案例

在视频中添加视频效果，可以使视频画面效果更加丰富多彩。下面以创建五画同映的例子介绍视频效果在视频编辑中的具体应用方法。

9.3.1　实例效果

本实例将制作五画同映效果，即在视频画面中同时播放 5 个不同的视频画面。本实例最终的影片播放效果如图 9-108 所示。

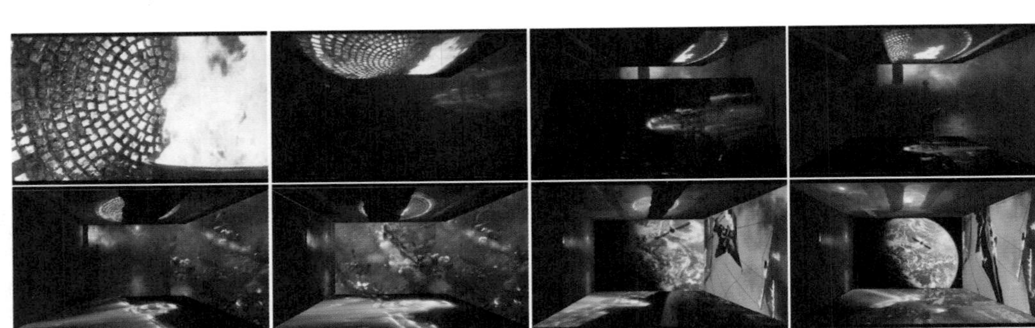

图 9-108　影片播放效果

9.3.2　操作思路

本实例主要应用“边角定位”效果改变视频画面的边角坐标，从而将 5 个视频画面同时显示在节目窗口中。在制作本实例效果时，首先需要创建 5 个视频轨道，将 5 个素材分别添加到不同的视频轨道中，然后将“边角定位”视频效果添加到素材上。在效果控件面板中调整各个素材画面的边角坐标，使各个素材画面同时在不同的位置进行播放。

9.3.3　操作步骤

练习实例：创建五画同映。	
文件路径	第 9 章 \ 五画同映.prproj
技术掌握	边角定位视频效果、取消音频和视频的链接

01 新建一个名为“五画同映”的项目文件。然后在项目面板中导入影片素材，如图 9-109 所示。

图 9-109　导入素材

02 新建一个序列，在“新建序列”对话框中设置编辑模式为“自定义”，设置视频画面的帧大小为 720、水平为 480，如图 9-110 所示。

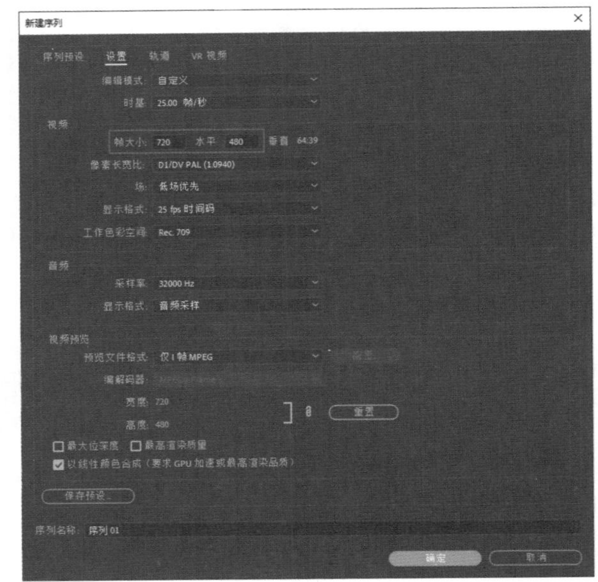

图 9-110　“新建序列”对话框

03 选择“序列”|“添加轨道”命令，打开“添加轨道”对话框。在该对话框中设置添加视频轨道的数量为 2，单击“确定”按钮，如图 9-111 所示。

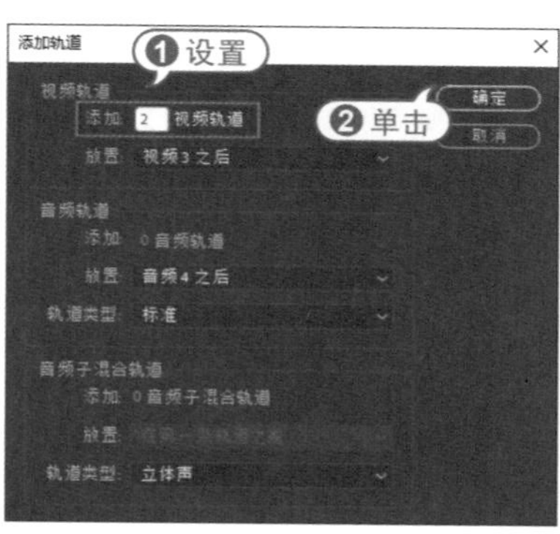

图 9-111 添加视频轨道

04 选中项目面板中的“影片 01.mp4”素材，然后选择“剪辑”|“速度 / 持续时间”命令，在打开的“剪辑速度 / 持续时间”对话框中设置素材的持续时间为 10 秒，单击“确定”按钮，如图 9-112 所示。

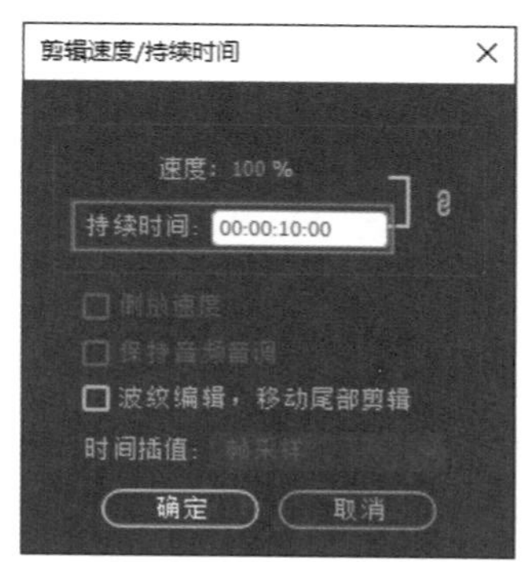

图 9-112 修改持续时间

05 使用同样的方法将其他影片素材的持续时间都改为 10 秒，再将各个影片素材依次添加到时间轴面板的视频 1~ 视频 5 轨道上，如图 9-113 所示。

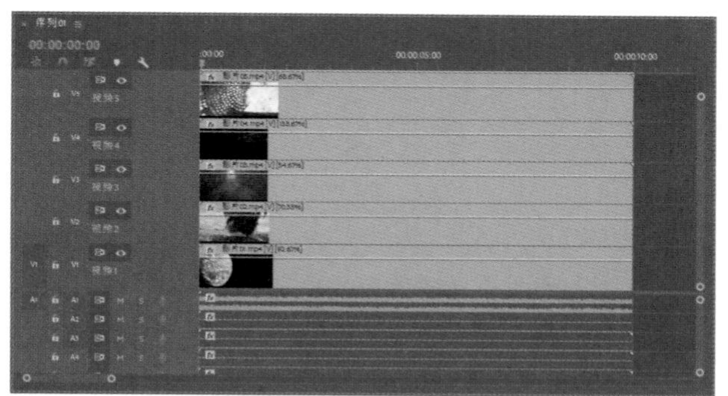

图 9-113 在时间轴面板中添加素材

06 在时间轴面板中选择所有的素材，然后单击鼠标右键，在弹出的快捷菜单中选择“取消链接”命令，如图 9-114 所示。

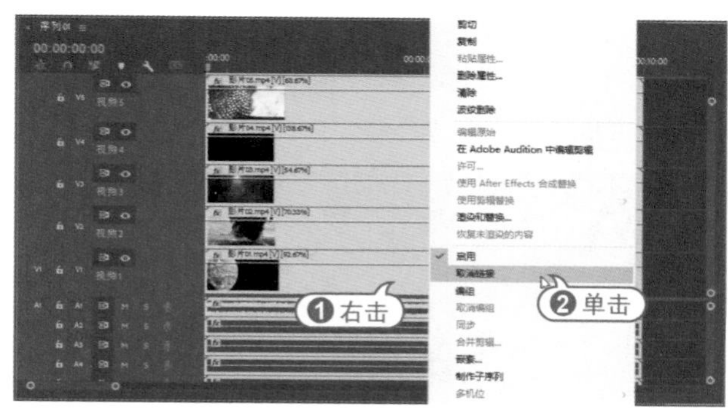

图 9-114 取消音频和视频的链接

07 在时间轴面板中取消音频和视频的链接后，选择音频轨道中的音频素材，然后按 Delete 键将其删除，如图 9-115 所示。

图 9-115 删除音频素材

08 打开效果面板，选择“视频效果”|“扭曲”|“边角定位”视频效果，如图 9-116 所示，然后将“边角定位”效果依次添加到视频 2~ 视频 5 轨道中的素材上。

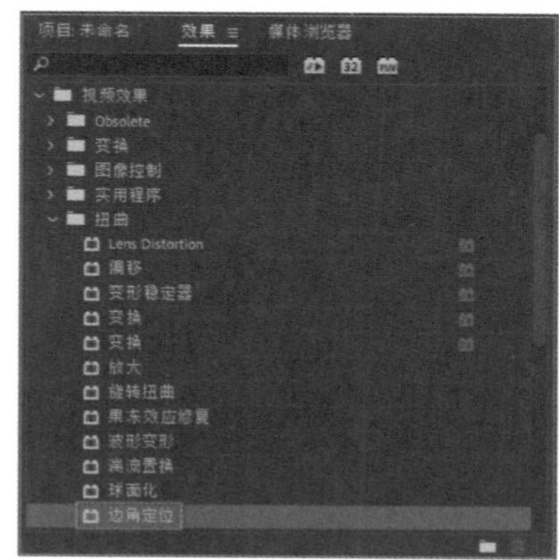

图 9-116 选择“边角定位”效果

09 选择视频 5 轨道中的素材，然后打开效果控件面板，展开“边角定位”效果选项组，将时间指示

器移到第 0 秒的位置。单击“左下”和“右下”选项前面的“切换动画”按钮，在当前时间位置为这两个选项各添加一个关键帧，如图 9-117 所示。

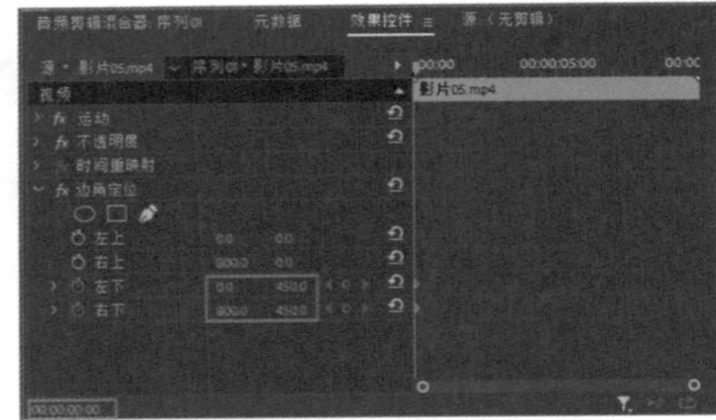

图 9-117　开启动画设置

10 将时间指示器移到第 1 秒的位置，然后单击“左下”和“右下”选项后面的“添加 / 移除关键帧”按钮，在此时间位置为这两个选项各添加一个关键帧，然后设置“左下”的坐标值为 (200,112)，设置“右下”的坐标值为 (533,112)，如图 9-118 所示。

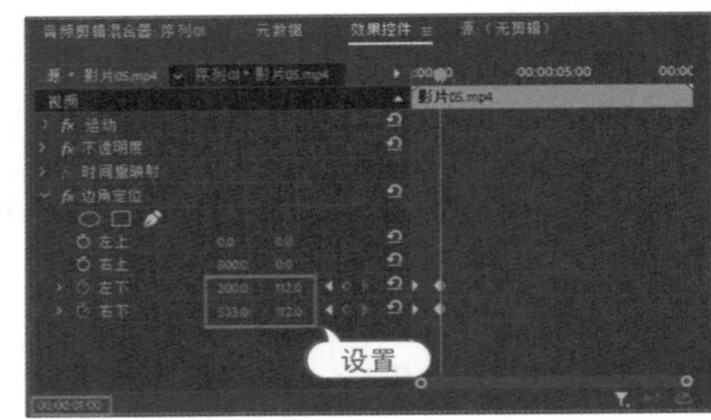

图 9-118　设置关键帧及参数 (一)

11 将时间指示器移到第 1 秒的位置，在节目监视器面板中预览影片，效果如图 9-119 所示。

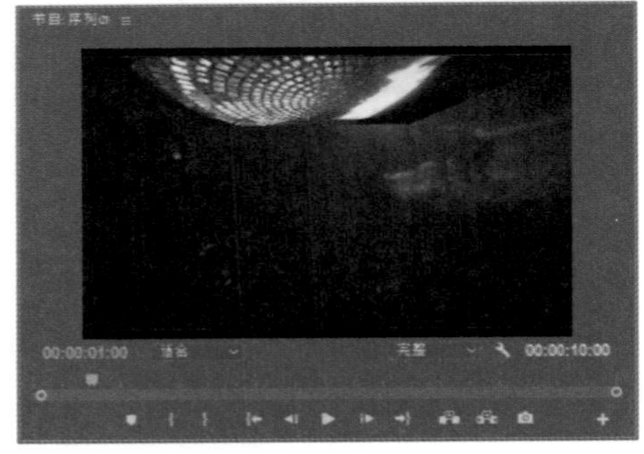

图 9-119　第 1 秒预览效果

12 选择视频 4 轨道中的素材，将时间指示器移到第 2 秒的位置。在效果控件面板中为“左上”和“右上”选项各添加一个关键帧，如图 9-120 所示。

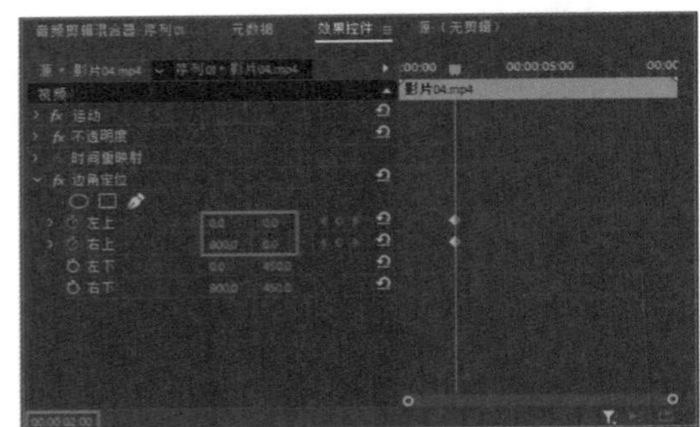

图 9-120　设置轨道 4 中素材的关键帧

13 将时间指示器移到第 3 秒的位置，为“左上”和“右上”选项各添加一个关键帧，然后将“左上”的坐标值改为 (200,337)，将“右上”的坐标值改为 (533,337)，如图 9-121 所示。

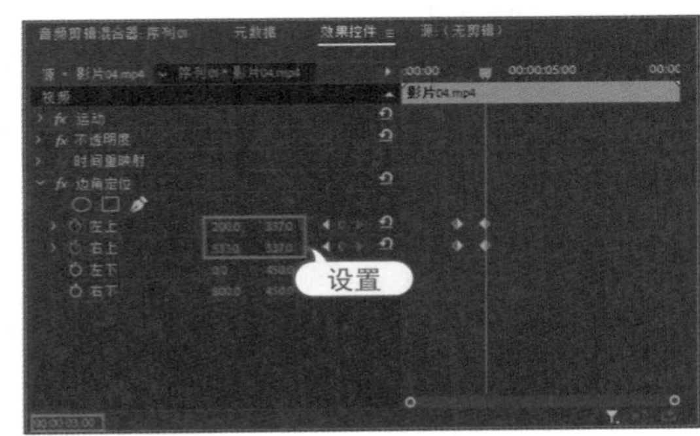

图 9-121　设置关键帧及参数 (二)

14 将时间指示器移到第 3 秒的位置，在节目监视器面板中预览影片，效果如图 9-122 所示。

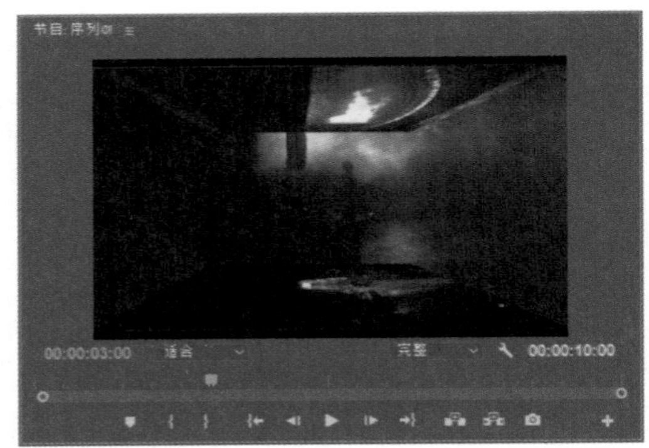

图 9-122　第 3 秒预览效果

15 选择视频 3 轨道中的素材，将时间指示器移到第 4 秒的位置，在效果控件面板中为“右上”和“右下”选项各添加一个关键帧，如图 9-123 所示。

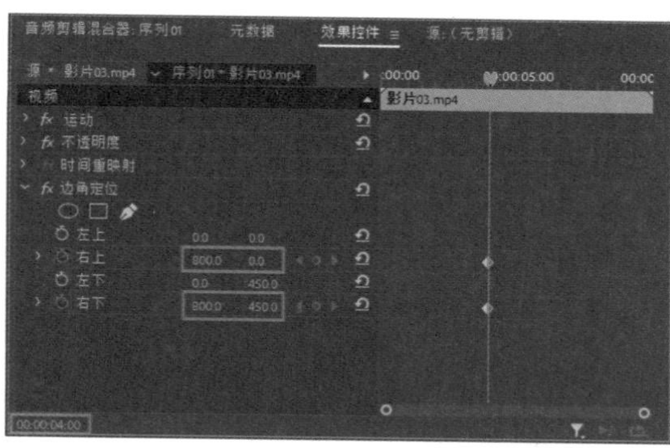

图 9-123　设置轨道 3 中素材的关键帧

16 将时间指示器移到第 5 秒的位置，继续为“右上”和“右下”选项各添加一个关键帧，并将“右上”的坐标值改为 (200,112)，将“右下”的坐标值改为 (200,337)，如图 9-124 所示。

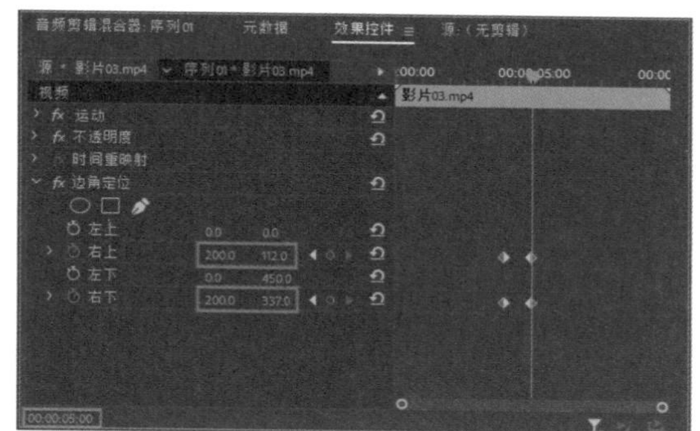

图 9-124　设置关键帧及参数 (三)

17 将时间指示器移到第 5 秒的位置，在节目监视器面板中预览影片，效果如图 9-125 所示。

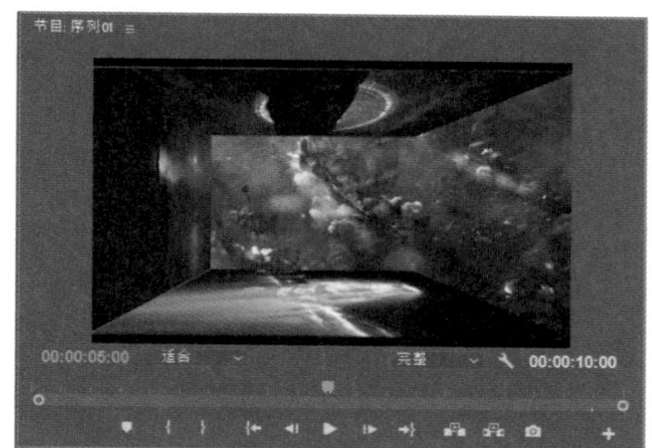

图 9-125　第 5 秒预览效果

18 选择视频 2 轨道中的素材，将时间指示器移到第 6 秒的位置，在效果控件面板中为“左上”和“左下”选项各添加一个关键帧，如图 9-126 所示。

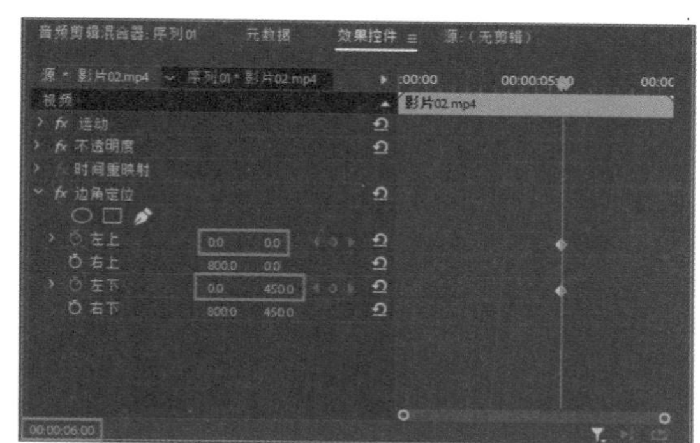

图 9-126　设置轨道 2 中素材的关键帧

19 将时间指示器移到第 7 秒的位置，在效果控件面板中继续为“左上”和“左下”选项各添加一个关键帧，并将“左上”的坐标值改为 (533,112)，将“左下”的坐标值改为 (533,337)，如图 9-127 所示。

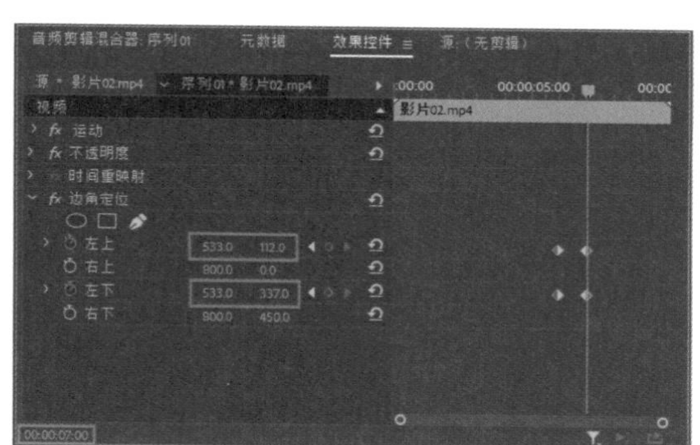

图 9-127　设置关键帧及参数 (四)

20 将时间指示器移到第 7 秒的位置，在节目监视器面板中预览影片，效果如图 9-128 所示。

图 9-128　第 7 秒预览效果

21 选择视频 1 轨道中的素材，将时间指示器移到第 8 秒的位置，在效果控件面板中展开“运动”选项组，在“缩放”选项中添加一个关键帧，如图 9-129 所示。

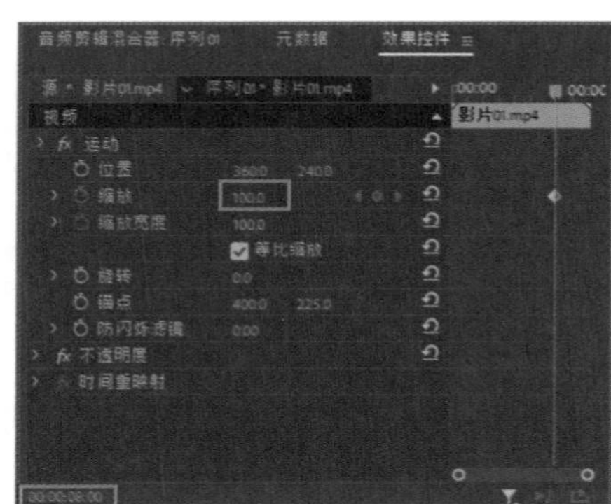

图 9-129　设置轨道 1 中素材的关键帧

进阶技巧：

当序列中多个视频轨道都有素材时，为了更好地对下方视频轨道中的素材进行操作和预览，在编辑下方视频轨道中的素材时，可以先将上方的视频轨道关闭。

22 将时间指示器移到第 9 秒的位置，在效果控件面板中为“缩放”选项添加一个关键帧，并设置“缩放”选项的值为 50，如图 9-130 所示。

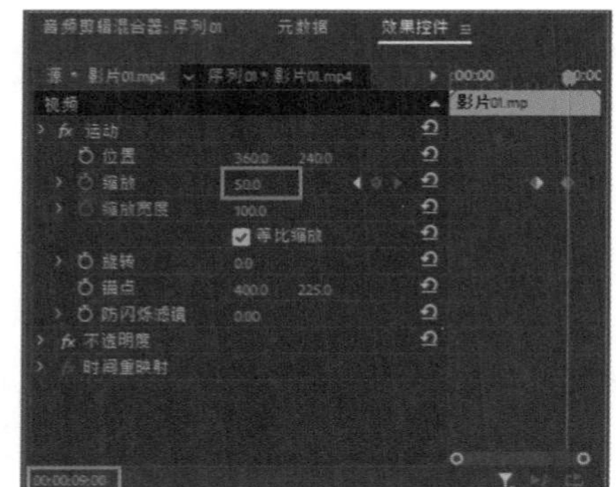

图 9-130　设置关键帧及参数（五）

23 将时间指示器移到第 9 秒的位置，在节目监视器面板中预览影片，效果如图 9-131 所示。

图 9-131　第 9 秒预览效果

9.4　高手解答

问：对素材添加视频效果后，如何禁用该效果？

答：对素材添加视频效果后，如果需要暂时禁用该效果，可以在效果控件面板中单击效果前面的“切换效果开关”按钮，此时，该效果前面的图标将变成禁用图标，即可禁用该效果。

问：对素材添加视频效果后，如何删除该效果？

答：对素材添加视频效果后，如果需要删除该效果，可以在效果控件面板中选中该效果，然后单击效果控件面板右上角的菜单按钮，在弹出的菜单中选择“移除所选效果”命令，即可将选中的效果删除。

问：“视频效果”中的“过渡”效果与“视频过渡”中对应的“过渡”效果有何不同？

答：“视频效果”中的“过渡”效果与“视频过渡”中对应的“过渡”效果在效果表现上相似。不同的是前者在自身图像上进行溶解过渡，后者是在前后两个素材间进行溶解过渡。

第10章 视频抠像与合成技术

如果在视频 2 轨道上放置一段视频影像或一张静态图片，在视频 1 轨道上放置另一段视频影像或另一张静态图片，那么在节目窗口中只能看到上面视频 2 轨道上的图像。如果要想看到两个轨道上的图像，就需要渐隐或叠加视频 2 轨道。本章将介绍两种创建素材合成效果的方法：Premiere 的“不透明度”选项和效果面板中的“视频效果”|“键控”效果。

练习实例：创建星光闪烁的夜空
练习实例：制作魔镜效果
练习实例：创建自由形状蒙版
练习实例：制作文字淡出效果
练习实例：更换人物背景
练习实例：创建人物面部马赛克

10.1 视频抠像与合成基础

在学习视频合成技术之前，首先要了解视频合成与抠像的基础知识。下面就介绍视频合成的方法和抠像的相关知识。

10.1.1 视频抠像的应用

抠像原理非常简单，就是将背景的颜色抠除，只保留主体对象，这样就可以进行视频合成等处理。在电视、电影行业中，非常重要的一个技术就是抠像。通过抠像技术可以任意更换背景，这就是影视中经常看到的奇幻背景或惊险镜头的制作方法，如图 10-1 和图 10-2 所示。

图 10-1　原素材

图 10-2　应用抠像技术后

10.1.2 视频合成的方法

影片合成的主要方法是将不同轨道的素材进行叠加，一种是对其不透明度进行调整，如图 10-3 所示；另一种则是通过键控 (即抠像) 合成，如图 10-4 所示。

图 10-3　使用不透明度合成

图 10-4　使用键控合成

10.2 设置画面的不透明度

在影视后期制作过程中，可以通过调整素材的不透明度，在各个视频轨道间进行素材的混合。用户可以在效果控件面板或时间轴面板中设置素材的不透明度。

10.2.1 在效果控件面板中设置不透明度

在效果控件面板中展开“不透明度”选项组，可以设置所选素材的不透明度。通过添加并设置不透明度的关键帧，可以创建视频画面的渐隐渐现效果。

练习实例：创建星光闪烁的夜空。	
文件路径	第 10 章 \ 闪烁的星空.prproj
技术掌握	设置关键帧、设置不透明度

01 新建一个项目和一个序列，并在项目面板中导入“星空.jpg”素材。

02 将导入的素材添加到时间轴面板中的视频 1 轨道上，如图 10-5 所示。

图 10-5 在视频轨道中添加素材

03 选中视频 1 轨道中的素材，在效果控件面板中展开“不透明度”选项组，在第 0 秒的时间位置为“不透明度”选项添加一个关键帧，如图 10-6 所示。

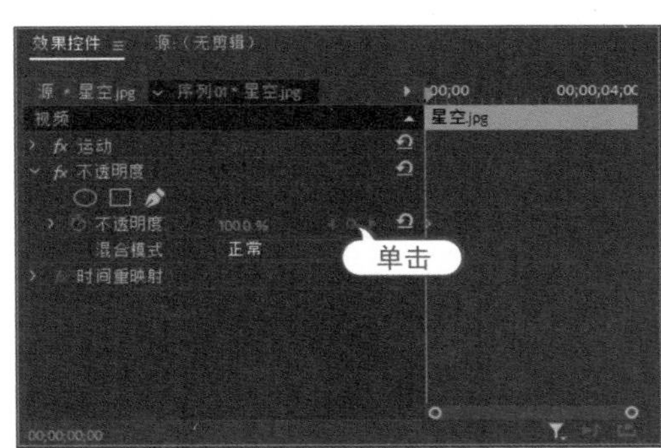

图 10-6 添加不透明度关键帧

04 将时间轴移到第 1 秒的位置，为“不透明度”选项添加一个关键帧，并设置不透明度为 30%，如图 10-7 所示。

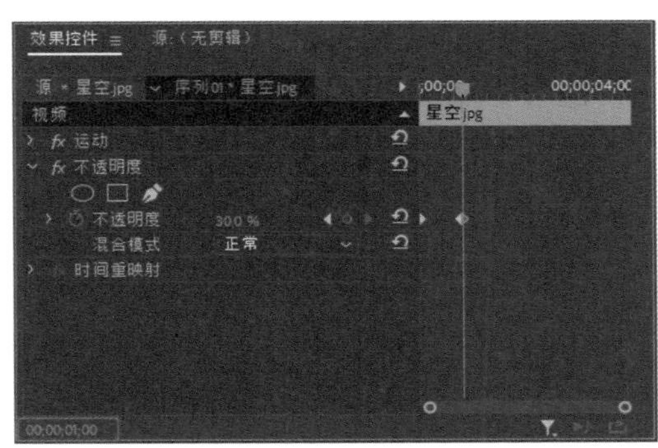

图 10-7 设置不透明度关键帧

05 选择创建好的两个关键帧，按 Ctrl+C 组合键对关键帧进行复制，然后将时间轴移到第 2 秒的位置，再按 Ctrl+V 组合键对关键帧进行粘贴，如图 10-8 所示。

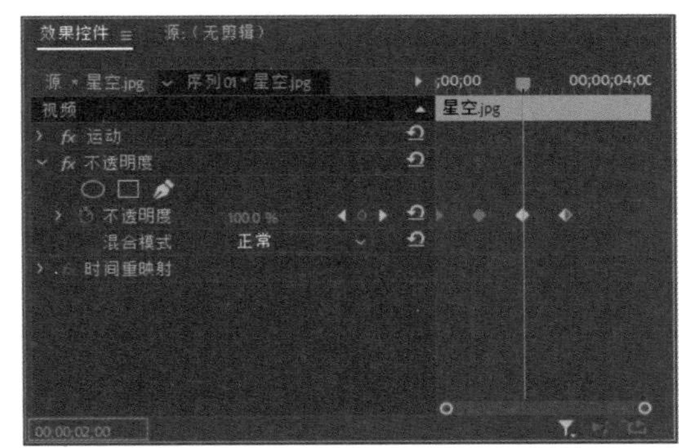

图 10-8 复制并粘贴关键帧

06 将时间轴移到第 4 秒的位置，然后按 Ctrl+V 组合键对刚才复制的两个关键帧进行粘贴，如图 10-9 所示。

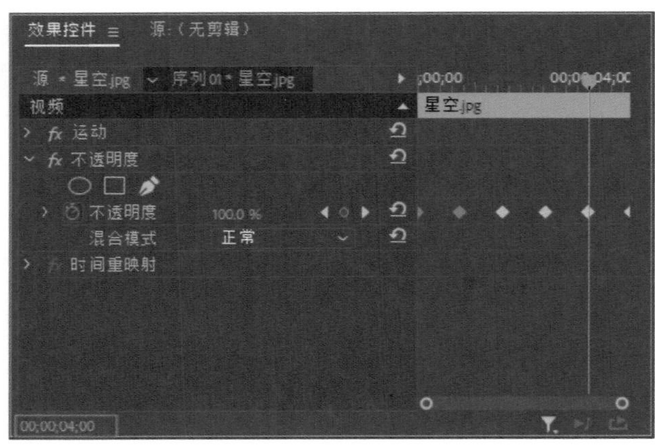

图 10-9　粘贴关键帧

07 在节目监视器面板中单击“播放-停止切换”按钮▶播放影片，预览设置不透明度后的影片效果，如图 10-10 所示。

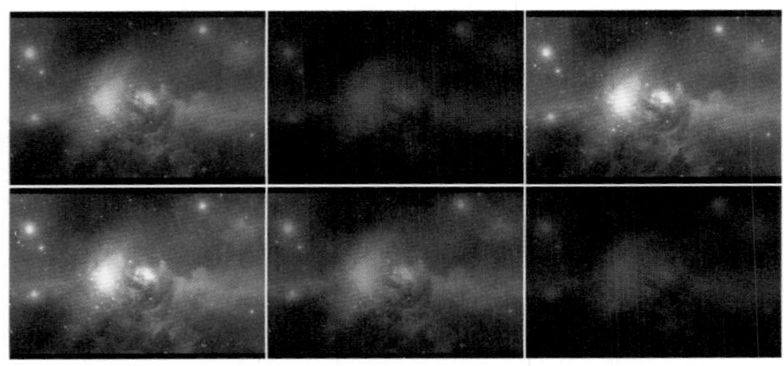

图 10-10　预览影片的不透明度变化效果

10.2.2　在时间轴面板中设置不透明度

将素材添加到时间轴面板的视频轨道中，然后拖动轨道上边缘展开该轨道，可以在素材上看到一条横线，这条横线用于控制素材的不透明度，如图 10-11 所示。上下拖动横线，可以调整该素材的不透明度，如图 10-12 所示。

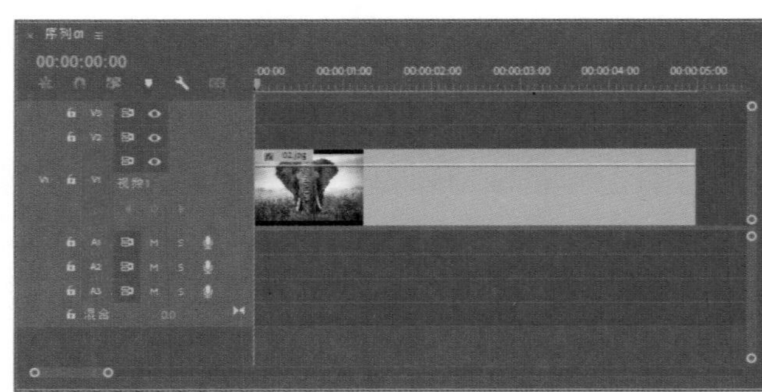

图 10-11　显示不透明度控制线

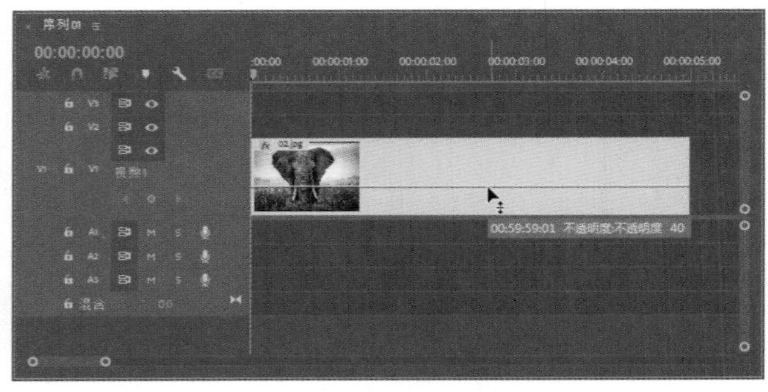

图 10-12　调整不透明度

练习实例：制作文字淡出效果。	
文件路径	第 10 章 \ 文字淡出效果.prproj
技术掌握	调整关键帧的不透明度

01 新建一个项目文件，然后在项目面板中导入“风景.jpg”和“文字.tif”素材对象。

02 选择“文件”|“新建”|“序列”命令，新建一个序列，然后将“风景.jpg”和“文字.tif”素材分别添加到序列的视频 1 和视频 2 轨道中，如图 10-13 所示。

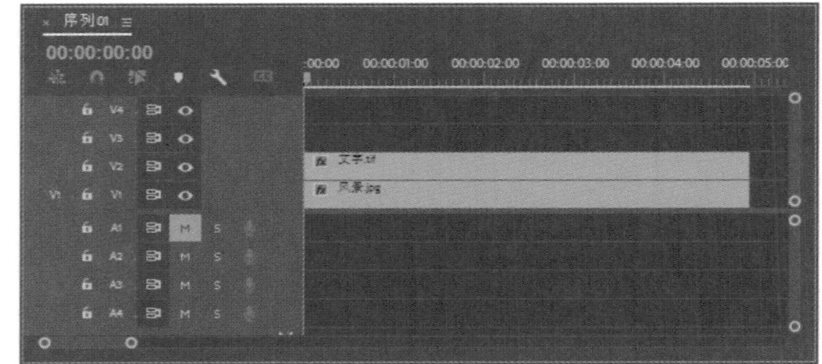

图 10-13　添加素材

03 将光标移到时间轴面板视频 2 轨道上方的边缘处，当光标呈现图标时向上拖动轨道上边界，展开轨道关键帧控件区域，如图 10-14 所示。

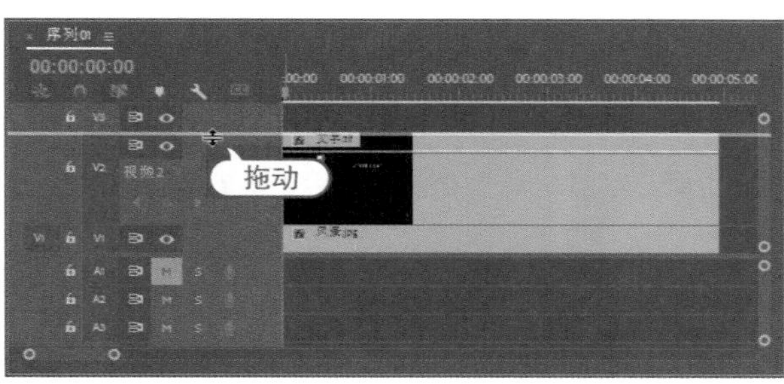

图 10-14　展开轨道关键帧控件区域

04 在视频 2 轨道中的素材上右击，在弹出的快捷菜单中选择“显示剪辑关键帧”|“不透明度”|“不透明度”命令，如图 10-15 所示。

图 10-15　设置关键帧类型

05 将时间指示器移到素材的入点处，然后单击“添加-移除关键帧”按钮◇，即可在轨道中的素材上添加一个关键帧，如图 10-16 所示。

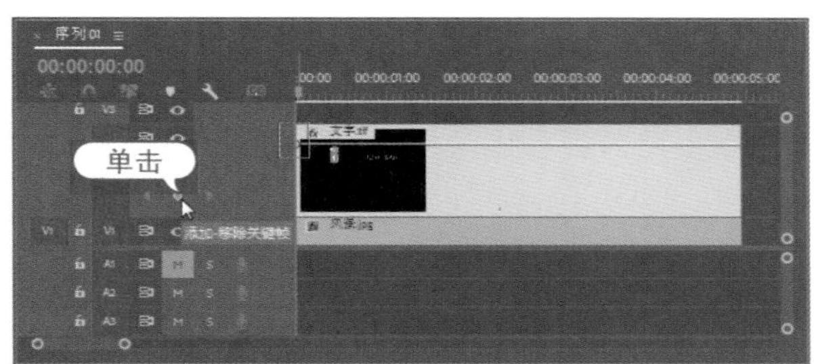

图 10-16　添加关键帧

06 移动时间指示器，然后单击“添加-移除关键帧”按钮◇，在其他两个位置各添加一个关键帧，如图 10-17 所示。

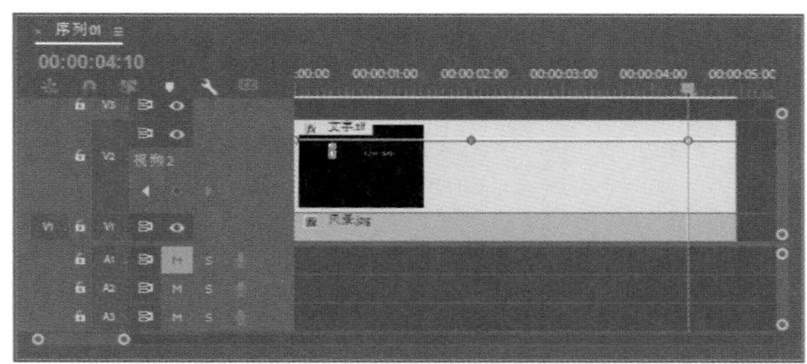

图 10-17　添加其他关键帧

07 将光标移到最后的关键帧上，然后按住鼠标左键，将该关键帧向下拖动，可以调整该关键帧的位置(可以改变素材在该帧的不透明度)，如图 10-18 所示。

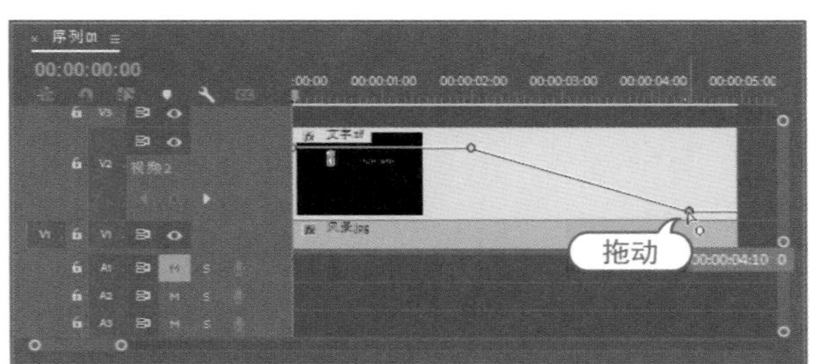

图 10-18　调整关键帧

08 在节目监视器面板中播放素材，可以预览到在不同的帧位置，文字素材的不透明度发生了变化，如图 10-19 所示。

图 10-19　预览影片效果

10.2.3　不透明度混合模式

在 Premiere Pro 2022 的“不透明度”选项的“混合模式”下拉列表中有 27 种混合模式，主要用来设置轨道中的图像与下面轨道中的图像进行色彩混合的方法，如图 10-20 所示。设置不同的混合模式，所产

生的效果也不同。下面将如图 10-21 所示的素材放在视频 1 轨道中，将如图 10-22 所示的素材放在视频 2 轨道中，然后通过设置视频 2 轨道中素材的不透明度混合模式，对各种混合模式进行详细介绍。

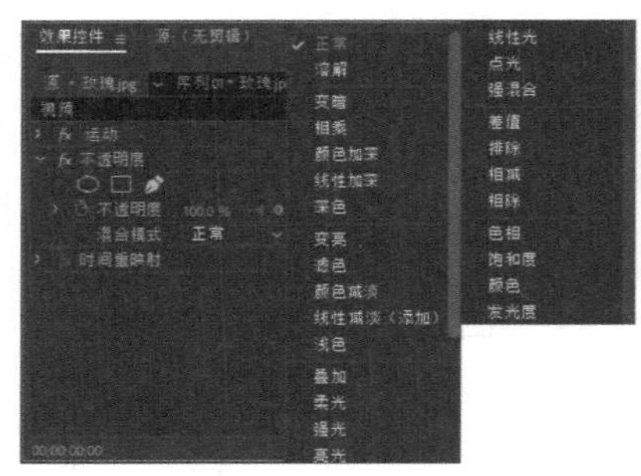

图 10-20　不透明度混合模式

图 10-21　素材 1

图 10-22　素材 2

1. 正常模式

该模式为系统默认的不透明度混合模式，在节目监视器面板中将显示最上方轨道中素材的原始效果。

2. 溶解模式

该模式会随机消失部分图像的像素，消失的部分可以显示下一轨道中的图像，从而形成两个轨道中的图像交融的效果。使用该模式可以配合不透明度使溶解效果更加明显。例如，设置火焰文字轨道的不透明度为 60%，得到的效果如图 10-23 所示。

3. 变暗模式

该模式将查看每个通道中的颜色信息，并将当前图像中较暗的色彩调整得更暗，较亮的色彩变得透明，效果如图 10-24 所示。

4. 相乘模式

该模式可以显示当前图像和下方轨道中图像颜色较暗的颜色，效果如图 10-25 所示。任何颜色与黑色复合将产生黑色，与白色复合将保持不变。

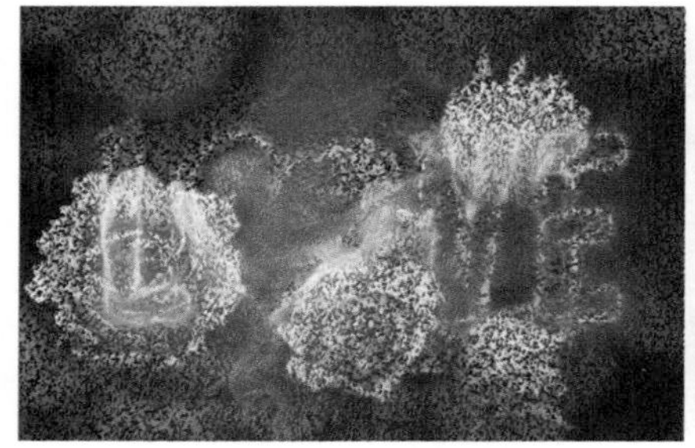

图 10-23　溶解模式

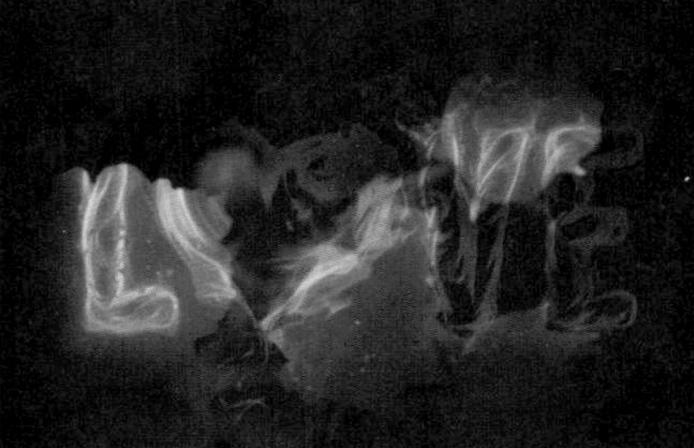

图 10-24　变暗模式

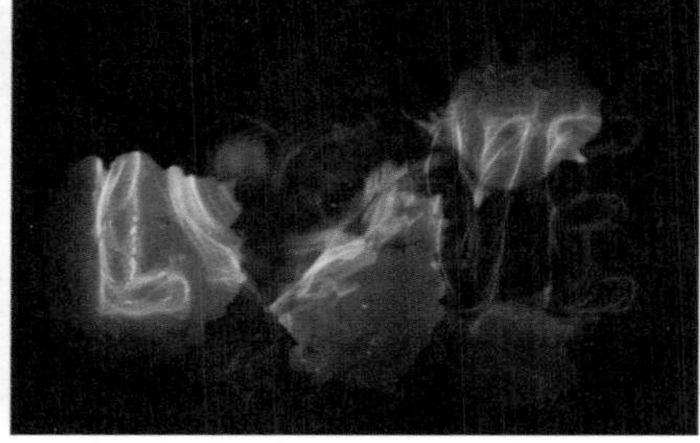

图 10-25　相乘模式

5. 颜色加深模式

该模式将增强当前图像与下面轨道中图像之间的对比度，使图像的亮度降低、色彩加深，与白色混合后不产生变化，效果如图 10-26 所示。

6. 线性加深模式

该模式可以查看每个通道中的颜色信息，并通过减小亮度使基色变暗以反映混合色，与白色混合后不产生变化，效果如图 10-27 所示。

7. 深色模式

该模式将当前图像和下方轨道中的图像颜色进行比较，并将两个轨道中相对较暗的像素创建为结果色，效果如图 10-28 所示。

图 10-26　颜色加深模式

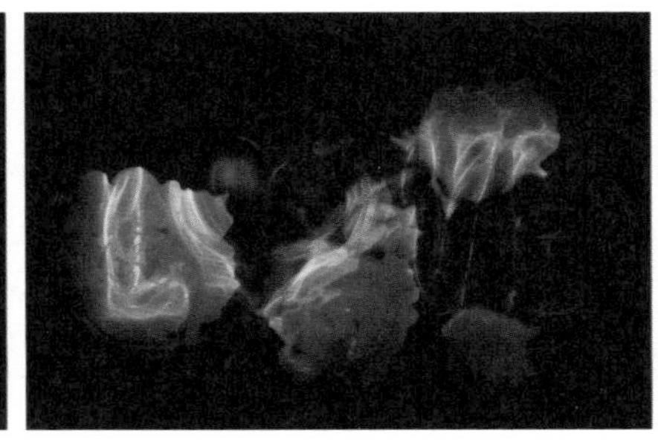

图 10-27　线性加深模式

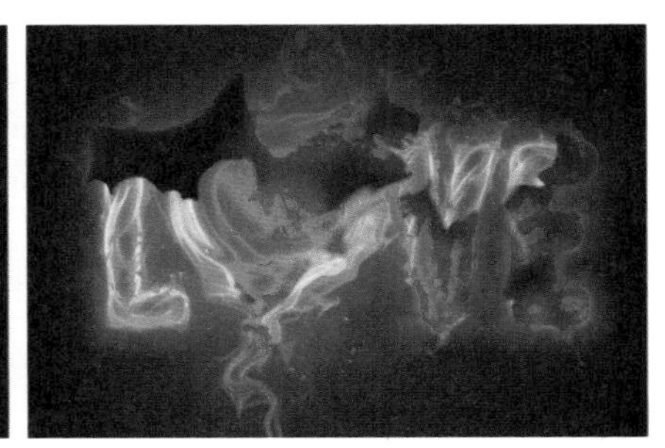

图 10-28　深色模式

8. 变亮模式

该模式与变暗模式的效果相反，选择基色或混合色中较亮的颜色作为结果色。比混合色暗的像素被替换，比混合色亮的像素保持不变，效果如图 10-29 所示。

9. 滤色模式

该模式和相乘模式正好相反，结果色总是较亮的颜色，并具有漂白的效果，如图 10-30 所示。

10. 颜色减淡模式

该模式通过减小对比度来提高混合后图像的亮度，与黑色混合不发生变化，效果如图 10-31 所示。

图 10-29　变亮模式

图 10-30　滤色模式

图 10-31　颜色减淡模式

11. 线性减淡（添加）模式

该模式可以查看每个通道中的颜色信息，并通过增加亮度使基色变亮以反映混合色。与黑色混合则不发生变化，效果如图 10-32 所示。

12. 浅色模式

该模式与深色模式相反，将当前图像和下方轨道中的图像颜色相比较，将两个轨道中相对较亮的像素创建为结果色，效果如图 10-33 所示。

13. 叠加模式

该模式用于复合或过滤颜色，最终效果取决于基色。图案或颜色在现有像素上叠加，同时保留基色的明暗对比。不替换基色，但基色与混合色相混合以反映原色的亮度或暗度，效果如图 10-34 所示。

图 10-32　线性减淡 (添加) 模式

图 10-33　浅色模式

图 10-34　叠加模式

14. 柔光模式

该模式将产生一种柔和光线照射的效果，使高亮度的区域更亮，暗调区域更暗，从而加大反差，效果如图 10-35 所示。

15. 强光模式

该模式将产生一种强烈光线照射的效果，它是根据当前图像的颜色亮度使下方轨道中图像的颜色更为浓重，效果如图 10-36 所示。

16. 亮光模式

该模式是根据混合色增加或减小对比度来加深或减淡颜色。如果混合色 (光源) 比 50% 灰色亮，则通过减小对比度使图像变亮。如果混合色比 50% 灰色暗，则通过增加对比度使图像变暗，效果如图 10-37 所示。

图 10-35　柔光模式

图 10-36　强光模式

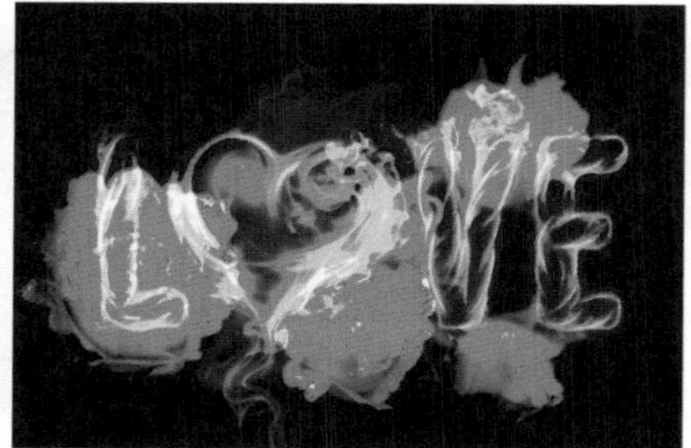

图 10-37　亮光模式

17. 线性光模式

该模式是根据当前图像的颜色增加或减小底层的亮度来加深或减淡颜色。如果当前图像的颜色比

50%灰色亮，则通过增加亮度使图像变亮。如果当前图像的颜色比50%灰色暗，则通过减小亮度使图像变暗，效果如图10-38所示。

18. 点光模式

该模式根据当前图像与下方图像的混合色来替换部分较暗或较亮像素的颜色，效果如图10-39所示。

19. 强混合模式

该模式取消了中间色的效果，混合的结果由下方图像颜色与当前图像亮度决定，效果如图10-40所示。

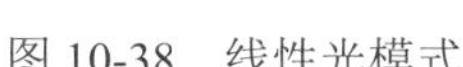

图10-38　线性光模式

图10-39　点光模式

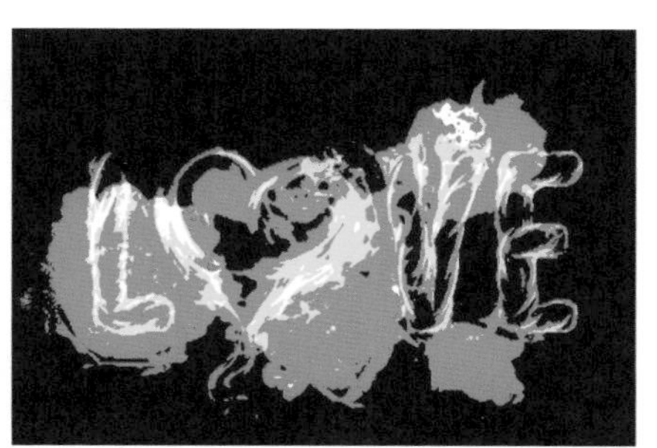

图10-40　强混合模式

20. 差值模式

该模式将用颜色较亮的输入值减去颜色较暗的输入值，用白色绘画可反转背景颜色；用黑色绘画不会发生变化，效果如图10-41所示。

21. 排除模式

该模式将创建一种与差值模式相似但对比度更低的效果，与白色混合会使下方图像的颜色产生相反的效果，与黑色混合不产生变化，效果如图10-42所示。

22. 相减模式

该模式从基色中减去混合色。在8位和16位图像中，任何生成的负片值都会相减为零，效果如图10-43所示。

图10-41　差值模式

图10-42　排除模式

图10-43　相减模式

23. 相除模式

该模式通过查看每个通道中的颜色信息，从基色中分割出混合色，效果如图10-44所示。

24. 色相模式

该模式用基色的亮度和饱和度以及混合色的色相创建结果色，效果如图 10-45 所示。

25. 饱和度模式

该模式是用下方图像颜色的亮度和色相以及当前图像颜色的饱和度创建结果色，效果如图 10-46 所示。在饱和度为 0 时，使用此模式不会产生变化。

图 10-44　相除模式

图 10-45　色相模式

图 10-46　饱和度模式

26. 颜色模式

该模式将使用当前图像的亮度与下方图像的色相和饱和度进行混合，效果如图 10-47 所示。

27. 发光度模式

该模式将使用当前图像的色相和饱和度与下方图像的亮度进行混合，其产生的效果与颜色模式相反，效果如图 10-48 所示。

图 10-47　颜色模式

图 10-48　发光度模式

10.3　“键控”合成技术

在效果面板中展开“视频效果”|“键控”素材箱，可以显示其中包含的 5 种效果，如图 10-49 所示，下面介绍在两个重叠的素材上运用各种“键控”特效得到合成效果。

10.3.1　Alpha 调整

对素材运用该效果，可以按前面画面的灰度等级来决定叠加的效果，效果控件面板中的参数如图 10-50 所示。

- 不透明度：用于调整画面的不透明度。
- 忽略 Alpha：选中该复选框后，将忽略 Alpha 通道效果。
- 反转 Alpha：选中该复选框后，将对 Alpha 通道进行反向处理。
- 仅蒙版：选中该复选框后，前景素材仅作为蒙版使用。

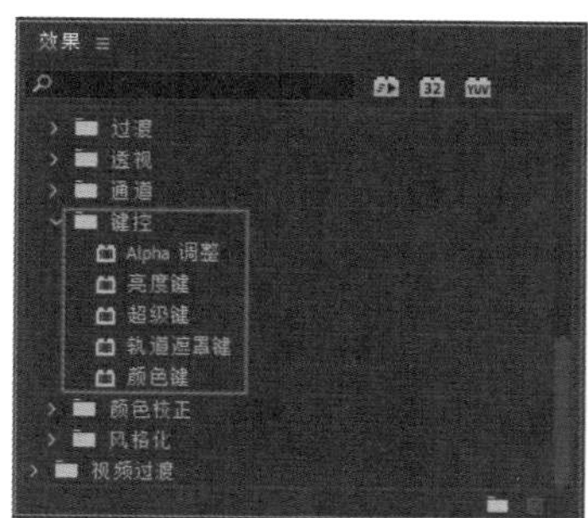

图 10-49　“键控”类型效果

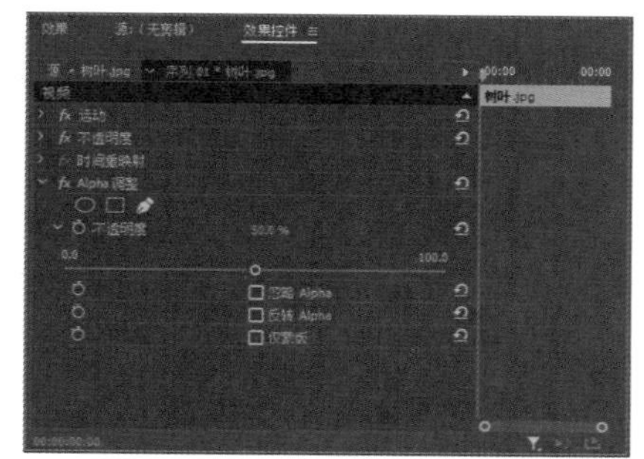

图 10-50　Alpha 调整参数

在素材上运用该效果后，通过调整效果控件面板中的不透明度，可以修改叠加的效果，如图 10-51、图 10-52 和图 10-53 所示。

图 10-51　轨道 1 素材

图 10-52　轨道 2 素材

图 10-53　Alpha 调整效果

10.3.2　亮度键

该效果在对明暗对比十分强烈的图像进行画面叠加时非常有用。在素材上运用该效果，可以将被叠加图像的灰度值设为透明，而且保持色度不变，如图 10-54 所示。该效果的参数如图 10-55 所示。

图 10-54　亮度键效果

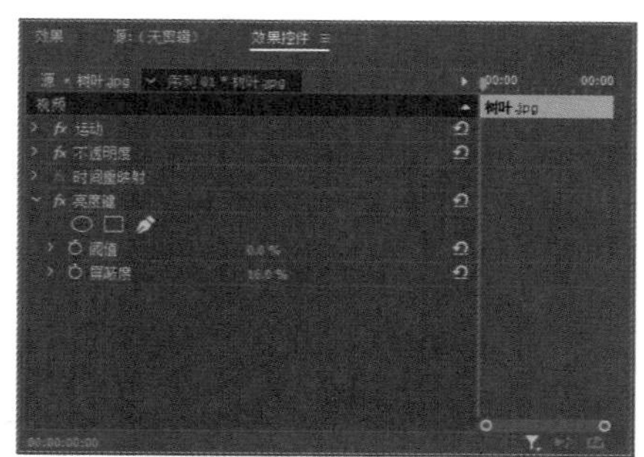

图 10-55　亮度键参数

- 阈值：用于指定透明度的临界值。较高的值会增大不透明度的范围。
- 屏蔽度：用于设置由“阈值”滑块指定的不透明区域的不透明度。较高的值会增加不透明度。

10.3.3 超级键

在素材上应用“超级键”效果，可以将素材的某种颜色及相似的颜色范围设置为透明。该效果通过“主要颜色”参数在两个素材间进行叠加，如图 10-56、图 10-57 和图 10-58 所示。

图 10-56 轨道 1 素材

图 10-57 轨道 2 素材

图 10-58 超级键合成效果

“超级键”效果的参数介绍如下。

- 输出：用于设置输出的类型，包括“合成”“Alpha 通道”和“颜色通道”选项，如图 10-59 所示。
- 设置：用于设置抠像类型，包括“默认”“弱效”“强效”和“自定义”选项，如图 10-60 所示。
- 主要颜色：用于设置透明的颜色值。

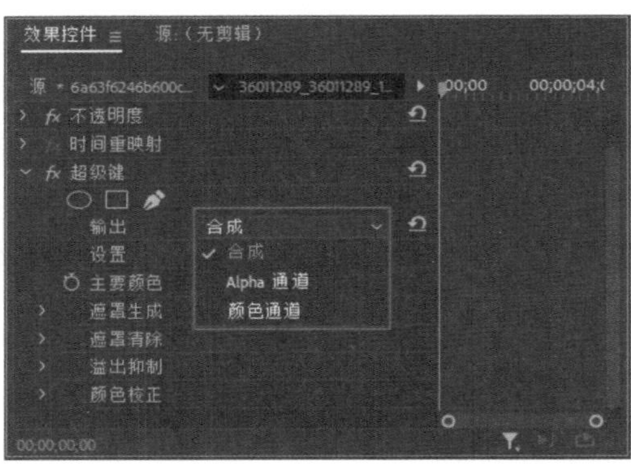

图 10-59 选择输出的类型

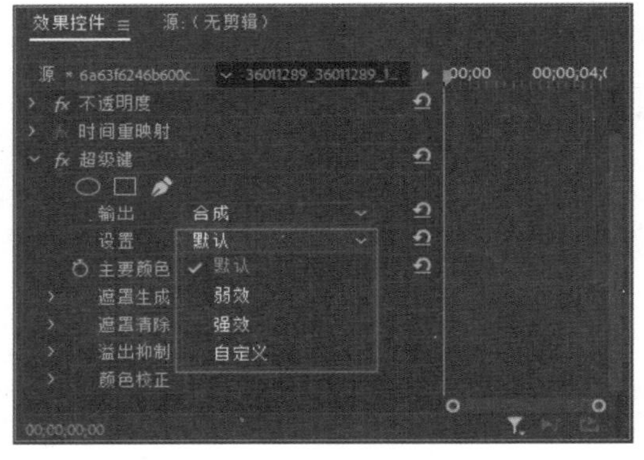

图 10-60 选择抠像的类型

- 遮罩生成：调整遮罩产生的属性，包括“透明度”“高光”“阴影”“容差”和“基值”选项，如图 10-61 所示。
- 遮罩清除：调整抑制遮罩的属性，包括“抑制”“柔化”“对比度”和“中间点”选项，如图 10-62 所示。

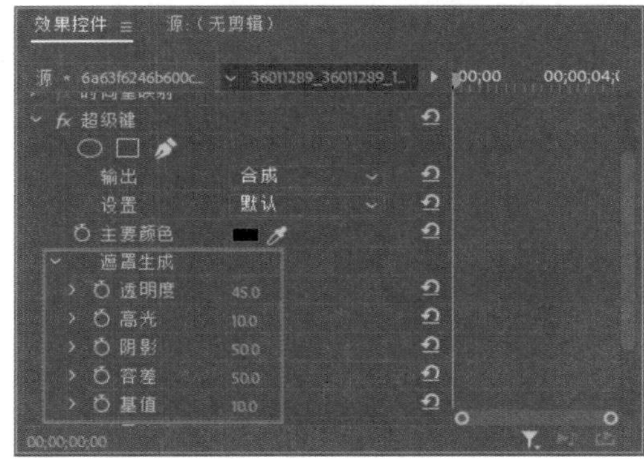

图 10-61 遮罩生成参数

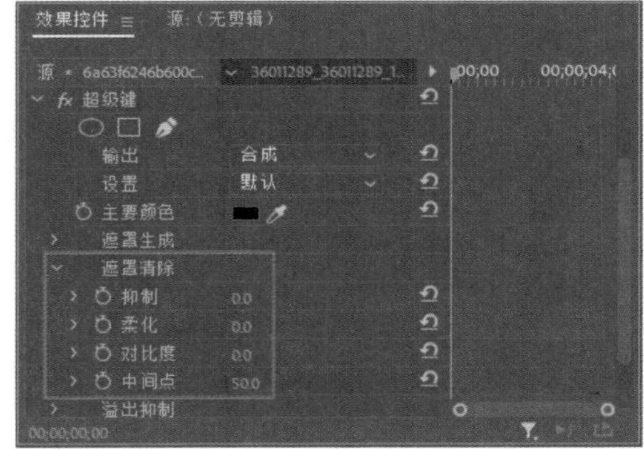

图 10-62 遮罩清除参数

- 溢出抑制：调整对溢出色彩的抑制，包括“降低饱和度”“范围”“溢出”和“亮度”选项，如图 10-63 所示。
- 颜色校正：调整图像的色彩，包括“饱和度”“色相”和“明亮度”选项，如图 10-64 所示。

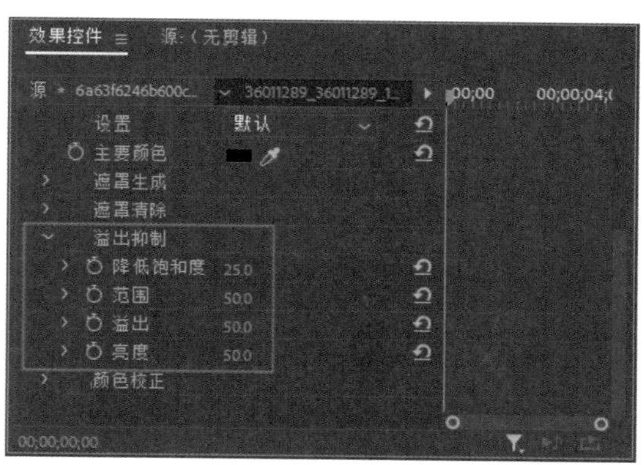
图 10-63　溢出抑制参数

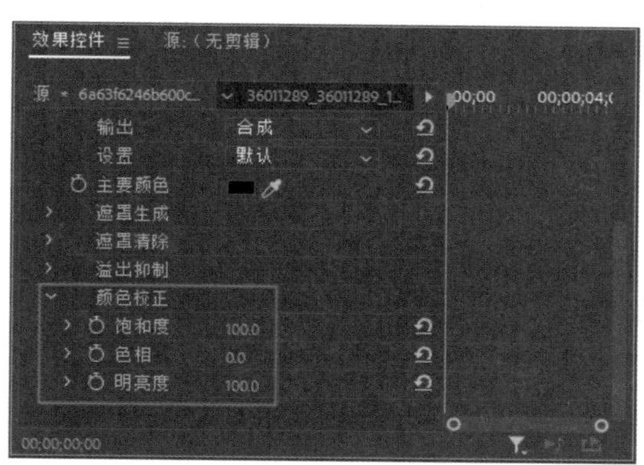
图 10-64　颜色校正参数

10.3.4　轨道遮罩键

该效果通过一个素材(叠加的素材)显示另一个素材(背景素材)，此过程中使用第三个图像作为遮罩，在叠加的素材中创建透明区域。此效果需要两个素材和一个遮罩，每个素材位于自身的轨道上。遮罩中的白色区域在叠加的素材中是不透明的，防止底层素材显示出来。遮罩中的黑色区域是透明的，而灰色区域是部分透明的。

包含运动素材的遮罩被称为移动遮罩或运动遮罩。此遮罩包括运动素材(如绿屏轮廓)或已做动画处理的静止图像遮罩。用户可以通过将运动效果应用于遮罩来对静止图像创作动画效果。

练习实例：制作魔镜效果。

文件路径	第 10 章 \ 魔镜效果.prproj
技术掌握	轨道遮罩键的应用

01 新建一个项目文件和一个序列，然后将素材导入项目面板中，如图 10-65 所示。

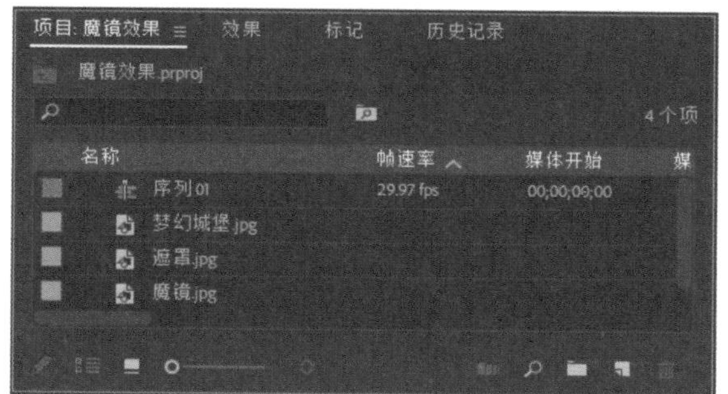
图 10-65　导入素材

02 将“梦幻城堡.jpg”素材添加到时间轴面板的视频 1 轨道中，如图 10-66 所示。

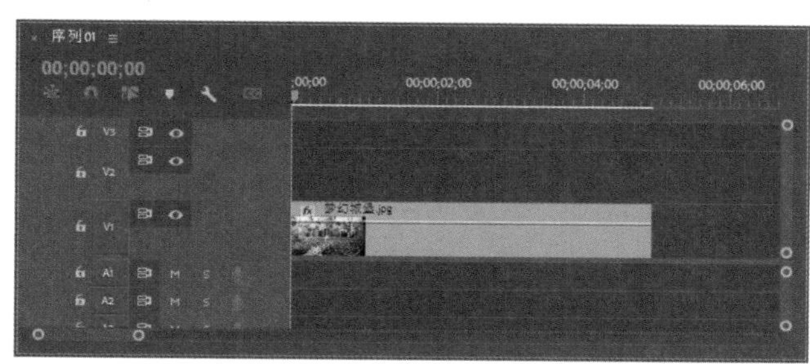
图 10-66　添加素材(一)

03 在节目监视器面板中对影片进行预览，效果如图 10-67 所示。

04 将“魔镜.jpg”素材添加到时间轴面板的视频 2 轨道中，如图 10-68 所示。

图 10-67　影片效果（一）

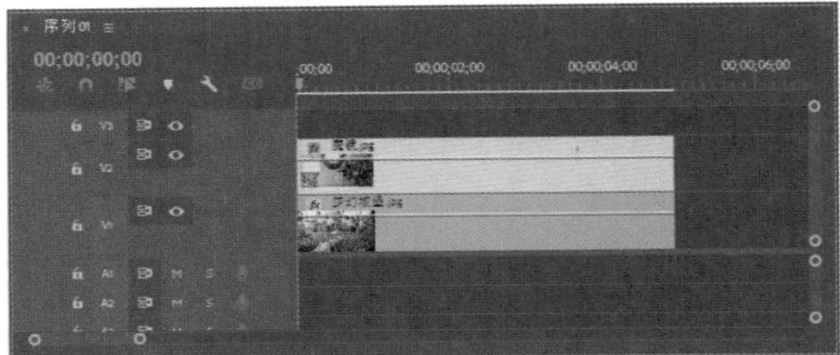

图 10-68　添加素材（二）

05 在节目监视器面板中对影片进行预览，效果如图 10-69 所示。

图 10-69　影片效果（二）

06 将“遮罩.jpg”素材添加到时间轴面板的视频 3 轨道中，如图 10-70 所示。

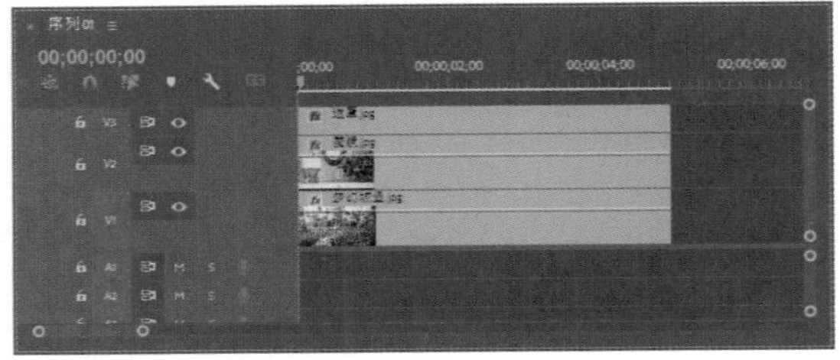

图 10-70　添加素材（三）

07 在节目监视器面板中对影片进行预览，效果如图 10-71 所示。

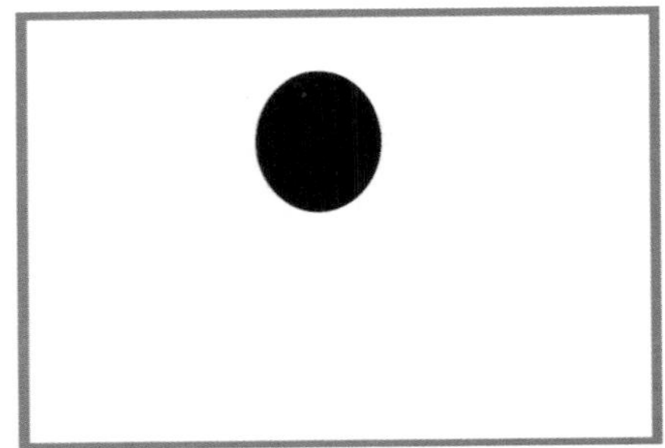

图 10-71　影片效果（三）

08 在效果面板中选择“视频效果”|“键控”|“轨道遮罩键”效果，如图 10-72 所示。

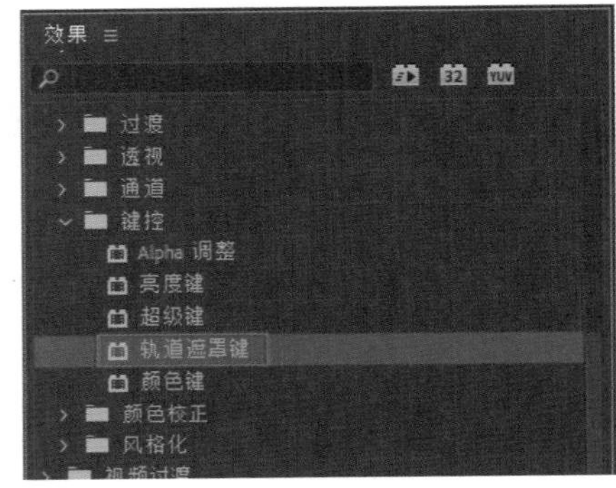

图 10-72　选择“轨道遮罩键”效果

09 将“轨道遮罩键”效果拖动到视频 2 轨道中的“魔镜.jpg”素材上，然后在效果控件面板中设置“遮罩”的轨道为“视频 3”，“合成方式”为“亮度遮罩”，如图 10-73 所示。

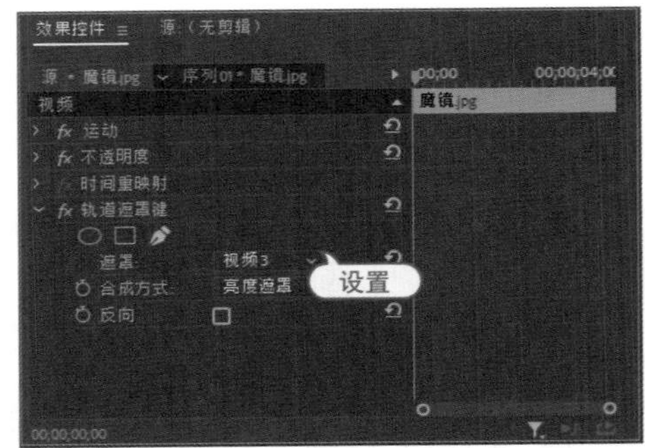

图 10-73　设置轨道遮罩键参数

10 在节目监视器面板中预览“轨道遮罩键”的视频效果，如图 10-74 所示。

图 10-74　轨道遮罩键效果

11 在时间轴面板中选择视频 1 轨道中的“梦幻城堡.jpg”素材，然后切换到效果控件面板中，设置素材的“位置”坐标为 360、150，然后在第 0 秒时为“缩放”选项添加一个关键帧，如图 10-75 所示。

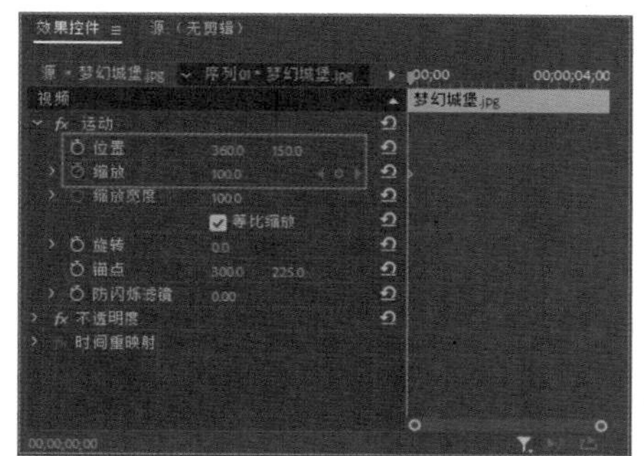

图 10-75　设置位置和缩放参数

12 将时间指示器移到“梦幻城堡.jpg”素材的出点位置，然后为“缩放”选项添加一个关键帧，并设置该帧缩放值为 33，如图 10-76 所示。

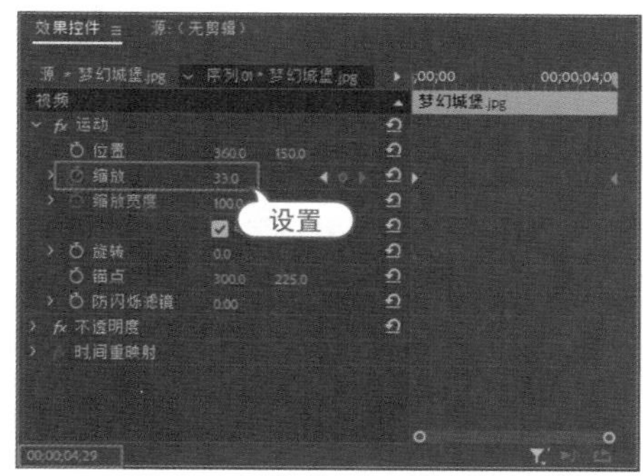

图 10-76　设置缩放关键帧

13 在节目监视器面板中对节目进行播放，预览轨道遮罩键的效果，如图 10-77 所示。

图 10-77　预览影片效果

10.3.5　颜色键

该效果用于抠出所有类似于指定的主要颜色的图像像素，抠出素材中的颜色时，该颜色或颜色范围将变得对整个素材透明。此效果仅修改素材的 Alpha 通道。在该效果的参数设置中，可以通过调整容差级别来控制透明颜色的范围，也可以对透明区域的边缘进行羽化，以便创建透明和不透明区域之间的平滑过渡，该效果的参数如图 10-78 所示。在效果控件面板中单击“颜色键”效果的“主要颜色”选项右侧的颜色图标，可以打开“拾色器”对话框，在该对话框中对需要指定的颜色进行设置，如图 10-79 所示。

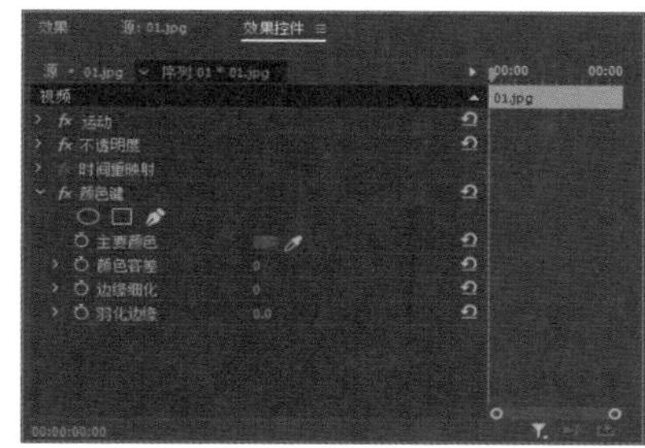

图 10-78　颜色键参数

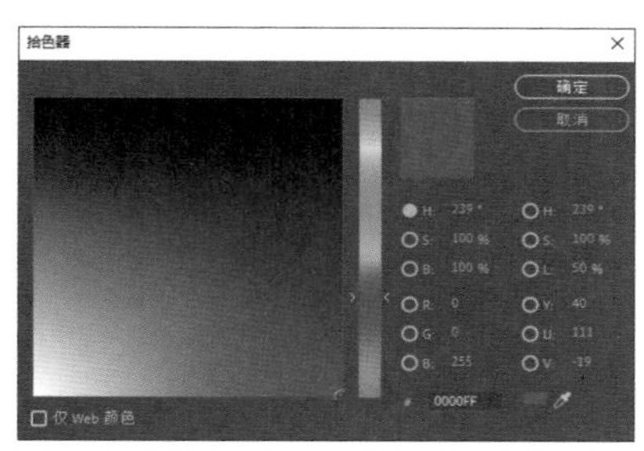

图 10-79　设置颜色

练习实例：更换人物背景。	
文件路径	第 10 章 \ 魔幻背景.prproj
技术掌握	颜色键的应用

01 新建一个项目文件和一个序列，然后将素材导入项目面板中，如图 10-80 所示。

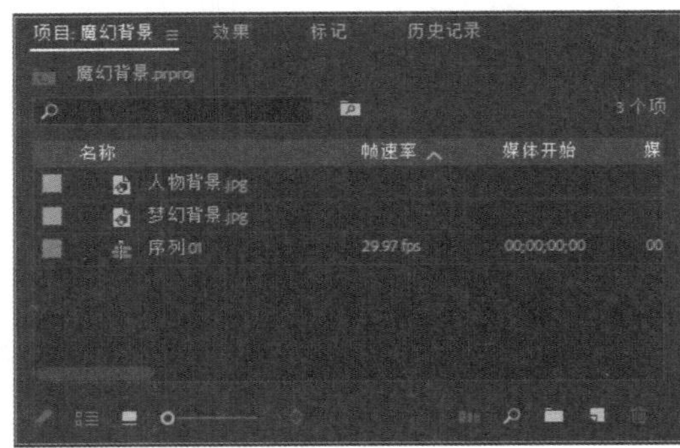

图 10-80　导入素材

02 将“梦幻背景.jpg”素材添加到时间轴面板的视频 1 轨道中，如图 10-81 所示。

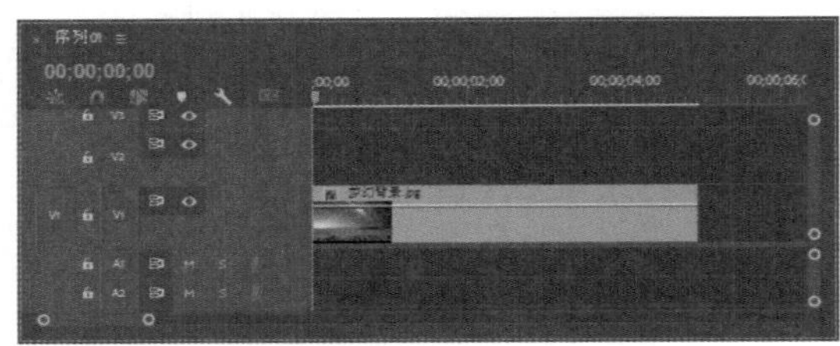

图 10-81　添加素材（一）

03 在节目监视器面板中对影片进行预览，效果如图 10-82 所示。

图 10-82　影片效果（一）

04 将“人物背景.jpg”素材添加到时间轴面板的视频 2 轨道中，如图 10-83 所示。

图 10-83　添加素材（二）

05 在节目监视器面板中对影片进行预览，效果如图 10-84 所示。

图 10-84　影片效果（二）

06 在效果面板中选择“视频效果”|“键控”|“颜色键”效果，如图 10-85 所示。

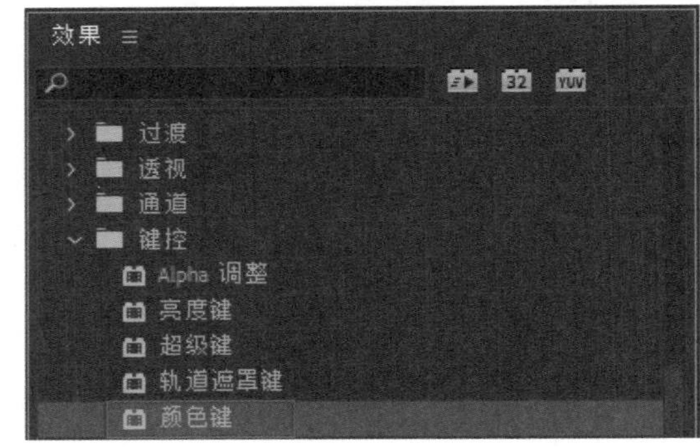

图 10-85　选择“颜色键”效果

07 将“颜色键”效果拖动到视频 2 轨道中的“人物背景.jpg”素材上。

08 在效果控件面板中设置“主要颜色”为人物背景的颜色（即蓝色），设置“颜色容差”为 100、“羽化边缘”为 0.5，如图 10-86 所示。

09 在节目监视器面板中预览应用颜色键更换人物背景的效果，如图 10-87 所示。

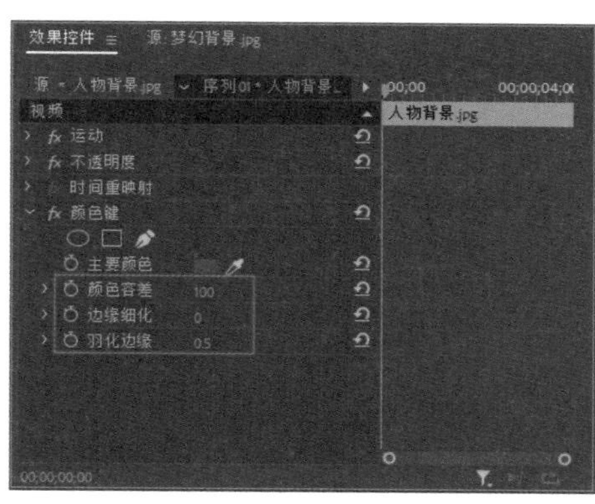

图 10-86　设置颜色键参数

图 10-87　更换人物背景的效果

10.4　“过时”键控效果

除了上述介绍的几种常用键控效果外，在“过时”素材箱中还有“差值遮罩”“图像遮罩键”“移除遮罩”和“非红色键”等多种以往版本的键控效果。

10.4.1　差值遮罩

使用该效果创建不透明度的方法是将源素材和差值素材进行比较，然后在源图像中抠出与差值图像中的位置和颜色均匹配的像素，如图 10-88~图10-91 所示。

图 10-88　原始图像

图 10-89　背景图像

图 10-90　上方轨道的图像

图 10-91　合成图像

为素材添加“差值遮罩”效果后，效果控件面板中的参数如图 10-92 所示。

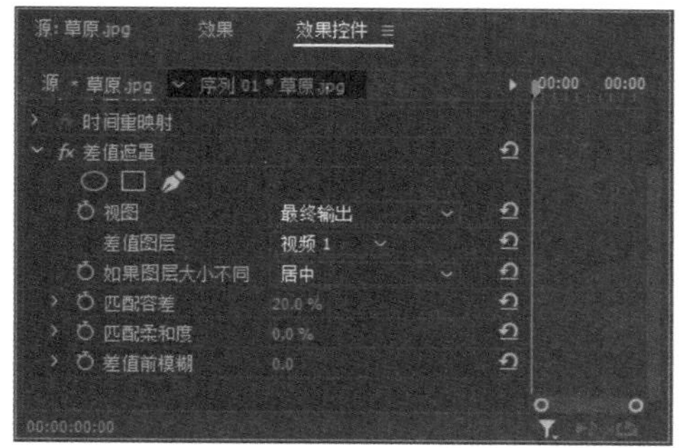

图 10-92　差值遮罩参数

知识点滴：

“差值遮罩”效果通常用于抠出移动物体后面的静态背景，然后放在不同的背景上。差值素材通常仅仅是背景素材的帧（在移动物体进入场景之前）。因此，差值遮罩效果最适合用于固定摄像机和静止背景拍摄的场景。

- 视图：用于指定节目监视器显示“最终输出”“仅限源”还是“仅限遮罩”。
- 差值图层：用于指定要用作遮罩的轨道。
- 如果图层大小不同：用于指定将前景图像居中还是对其进行拉伸。
- 匹配容差：用于指定遮罩必须在多大程度上匹配前景色才能被抠像。
- 匹配柔和度：用于指定遮罩边缘的柔和程度。
- 差值前模糊：用于模糊差异像素，清除合成图像中的杂点。

10.4.2 图像遮罩键

该效果根据静止图像素材 (充当遮罩) 的明亮度值抠出素材图像的区域。透明区域显示下方视频轨道中的素材产生的图像。用户可以指定项目中的任何静止图像素材来充当遮罩图像。图像遮罩键可根据遮罩图像的 Alpha 通道或亮度值来确定透明区域，如图 10-93、图 10-94 和图 10-95 所示。

图 10-93 叠加素材

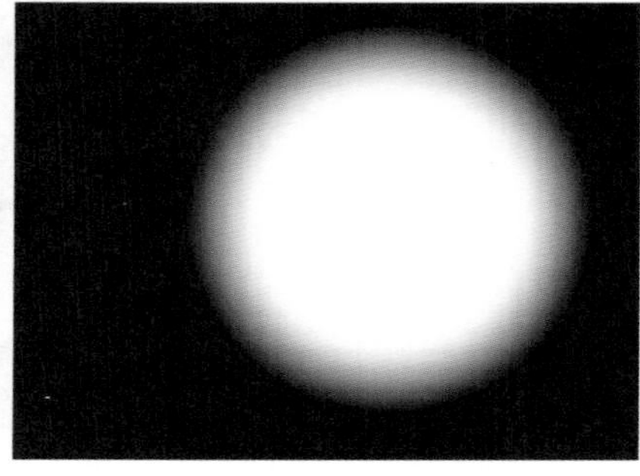

图 10-94 遮罩素材

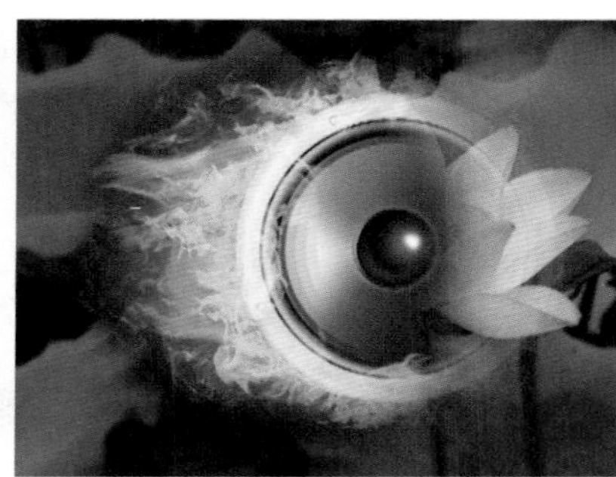

图 10-95 遮罩显示背景效果

10.4.3 移除遮罩

“移除遮罩”效果用于从某种颜色的素材中移除颜色底纹，可以将应用蒙版的图像产生的白色区域或黑色区域移除。将 Alpha 通道与独立文件中的填充纹理相结合时，此效果很有用。该效果的参数如图 10-96 所示，在该效果参数中可以设置“遮罩类型”为白色或黑色，如图 10-97 所示。

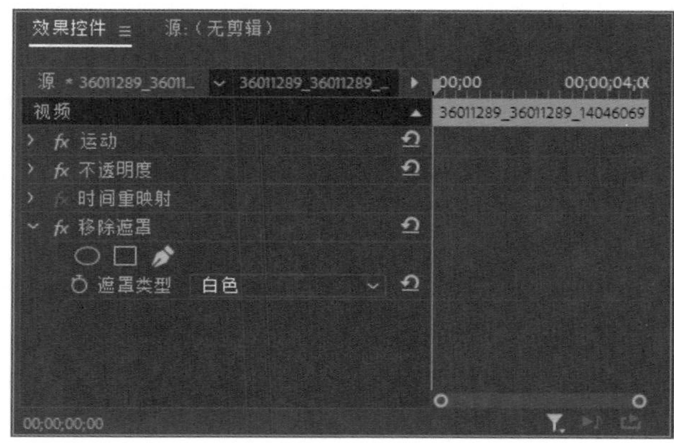

图 10-96 “移除遮罩”效果参数

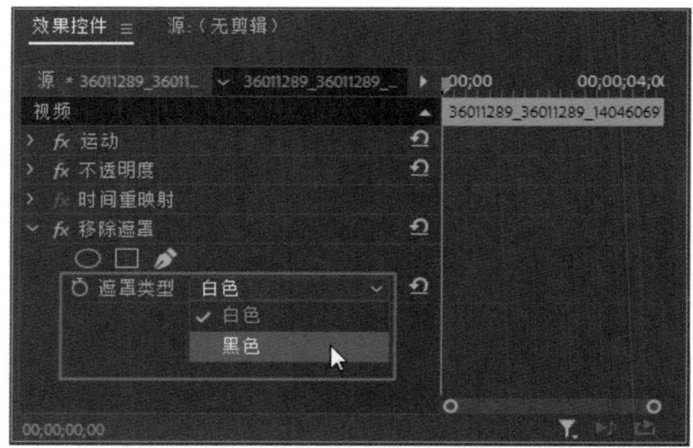

图 10-97 选择遮罩类型

10.4.4 非红色键

“非红色键”效果基于绿色或蓝色背景创建不透明度，此键可以控制两个素材的混合效果。在该效果的参数中，可以设置阈值、屏蔽度、去边、平滑等参数，如图 10-98 所示。

- 阈值：用于调整素材背景的不透明度。
- 屏蔽度：用于设置图像被键控的中止位置。
- 去边：通过选择其中的选项去除绿色或蓝色边缘，如图 10-99 所示。

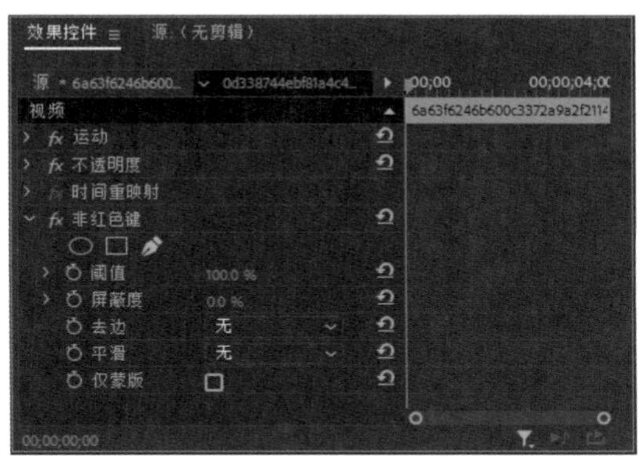

图 10-98 非红色键参数

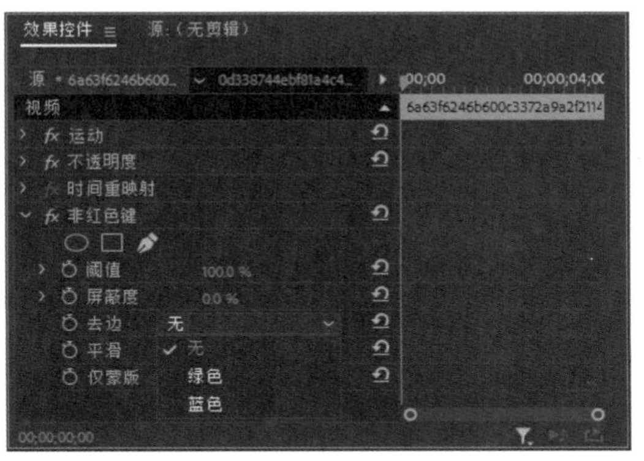

图 10-99 选择去边类型

- 平滑：用于设置锯齿消除，通过混合像素颜色来平滑边缘，包括“无”“低”和“高”选项。
- 仅蒙版：用于控制是否显示素材的 Alpha 通道。

10.5 蒙版与跟踪

在 Premiere Pro 2022 中可直接使用 After Effects 的蒙版与跟踪工具。下面介绍 Premiere Pro 2022 中的蒙版和跟踪的应用。

10.5.1 Premiere Pro 2022 中的蒙版

使用蒙版能够在剪辑中定义要模糊、覆盖、高光显示、应用效果或校正颜色的特定区域。使用蒙版还可以在不同的图像中做出多种效果，也可以制作出高品质的合成影像。

在 Premiere Pro 2022 中，用户可以使用形状工具创建不同形状的蒙版，如椭圆形或矩形，还可以使用钢笔工具绘制自由形状的蒙版。将应用于蒙版区域的效果添加到时间轴面板中的素材上，即可在效果控件面板中选择形状工具或钢笔工具创建所需蒙版。

1. 使用形状工具创建蒙版

Premiere Pro 2022 提供了两种形状工具：创建椭圆形蒙版和创建 4 点多边形蒙版工具。例如，展开效果控件面板中的“不透明度”选项，如图 10-100 所示，使用创建椭圆形蒙版工具和创建 4 点多边形蒙版工具分别可以创建如图 10-101 和图 10-102 所示的蒙版效果。

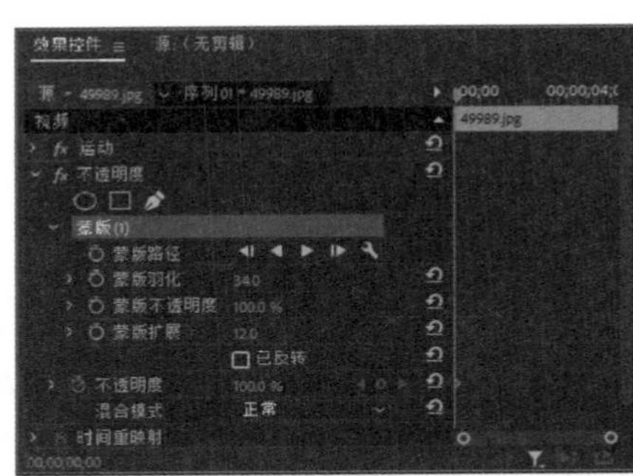

图 10-100　展开“不透明度”选项

图 10-101　创建椭圆形蒙版

图 10-102　创建多边形蒙版

2. 使用钢笔工具创建蒙版

在 Premiere Pro 2022 中，使用钢笔工具可以创建自由形状的蒙版。单击钢笔工具，可以通过绘制直线和曲线段来创建不同形状的蒙版。

知识点滴：

在效果控件面板中选择要删除的蒙版，然后按键盘上的 Delete 键可以将选择的蒙版删除。

练习实例：创建自由形状蒙版。	
文件路径	第 10 章 \ 蒙版.prproj
技术掌握	使用钢笔工具创建蒙版

01 新建一个项目文件和一个序列，然后将“花丛.jpg”和“蝴蝶.jpg”素材导入项目面板中。

02 将“花丛.jpg”素材添加到时间轴面板的视频 1 轨道中，在节目监视器面板中对影片进行预览，效果如图 10-103 所示。

图 10-103　影片效果(一)

03 将“蝴蝶.jpg”素材添加到时间轴面板的视频 2 轨道中，在节目监视器面板中对影片进行预览，效果如图 10-104 所示。

图 10-104　影片效果(二)

04 在效果控件面板中展开“不透明度”选项，单击该选项中的钢笔工具，在节目监视器面板中绘制蝴蝶区域蒙版，效果如图 10-105 所示。

05 在效果控件面板中展开“蒙版”选项组，设置“蒙版羽化”为 20。

06 在效果控件面板中展开“运动”选项组，然后修改“位置”和“缩放”参数，如图 10-106 所示。

图 10-105 绘制蝴蝶区域蒙版

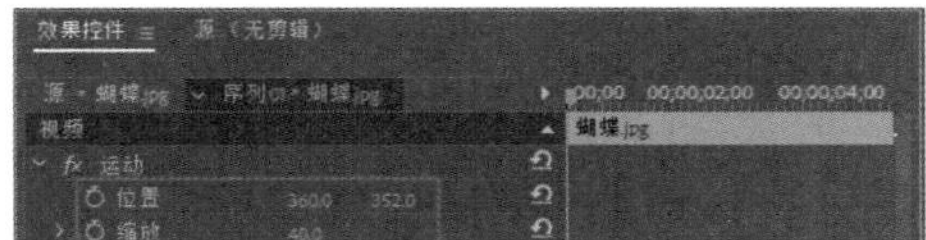

图 10-106 修改“位置”和“缩放”参数

07 在节目监视器面板中对影片进行预览，效果如图 10-107 所示。

图 10-107 修改后的蒙版效果

10.5.2 跟踪蒙版

使用跟踪蒙版功能，可以对影片中某个特殊对象进行跟踪遮挡。在效果控件面板中创建一个蒙版，展开“蒙版”选项组，即可使用“蒙版路径”选项中的工具对蒙版进行跟踪设置，如图 10-108 所示，单击“跟踪方法”按钮🔧，可以在弹出的快捷菜单中选择跟踪蒙版的方法，如图 10-109 所示。

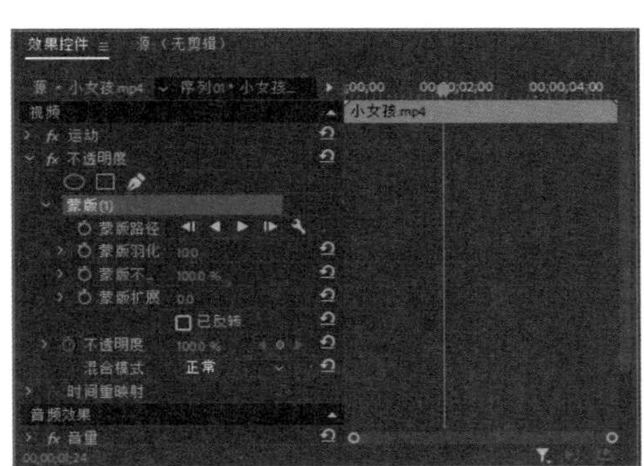

图 10-108 展开“蒙版”选项组

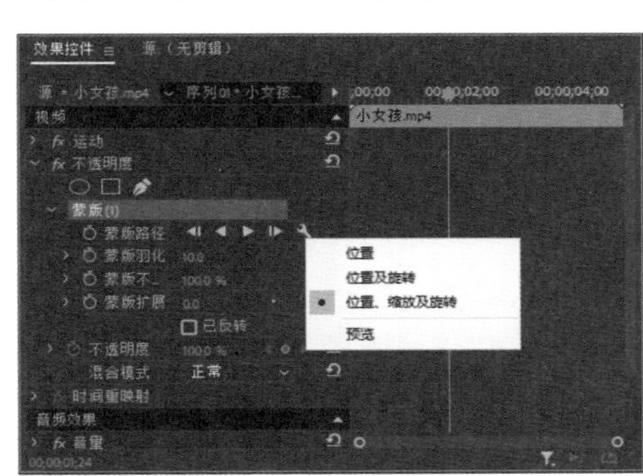

图 10-109 选择跟踪方法

练习实例：创建人物面部马赛克。	
文件路径	第 10 章 \ 跟踪蒙版.prproj
技术掌握	跟踪蒙版

01 新建一个项目文件和一个序列，将“影片.mp4”素材导入项目面板中，再将其添加到时间轴面板的视频 1 轨道中。

02 在效果面板中选择“视频效果”|“风格化”|“马赛克”效果，如图 10-110 所示。

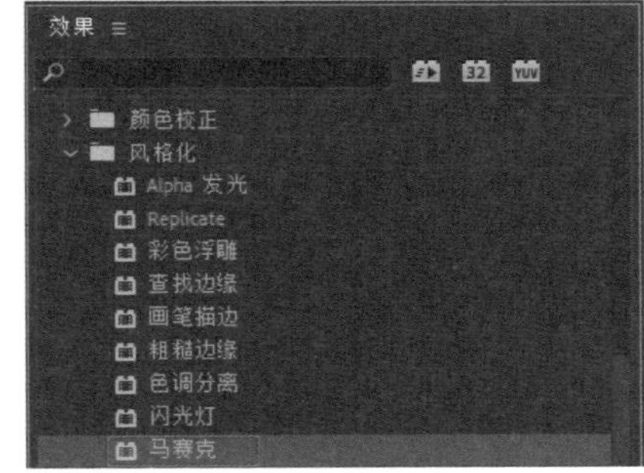

图 10-110 选择“马赛克”效果

03 将“马赛克”效果添加到视频 1 轨道中的“影片.mp4”素材上，在节目监视器面板中对影片进行预览，效果如图 10-111 所示。

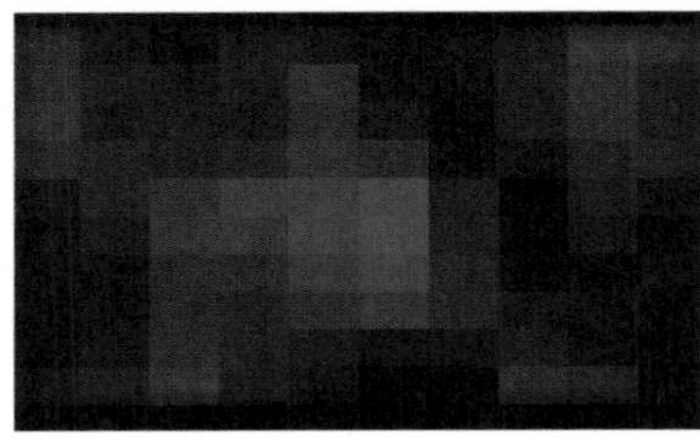

图 10-111　马赛克影片效果

04 在效果控件面板中展开“马赛克”效果选项，单击“创建椭圆形蒙版”按钮，如图 10-112 所示。

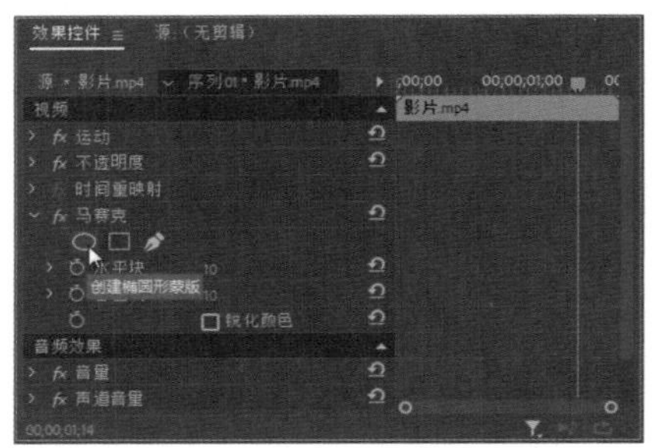

图 10-112　单击“创建椭圆形蒙版”按钮

05 在节目监视器面板中创建一个椭圆形蒙版，遮挡住人物的面部，如图 10-113 所示。

06 切换到效果控件面板中，单击“蒙版路径”选项中的“向前跟踪所选蒙版”按钮，即可对创建的蒙版进行跟踪，如图 10-114 所示。用户也可以通过移动时间指示器，对蒙版路径进行调整，以达到希望的效果。

图 10-113　创建椭圆形蒙版

图 10-114　向前跟踪所选蒙版

07 在节目监视器面板中对影片进行播放，可以预览跟踪蒙版的效果，如图 10-115 所示。

图 10-115　跟踪蒙版效果

10.6　高手解答

问：如何创建视频画面的渐隐渐现效果？

答：通过对视频画面添加并设置不透明度的关键帧，可以创建视频画面渐隐渐现的效果。

问：在抠像中常用的背景颜色有哪些？

答：在抠像中常用的背景颜色为蓝色和绿色，主要是因为人体的自然颜色中不包含这两种颜色，这样就不会与人物混合在一起，而在欧美地区拍摄人物时常使用绿色背景，这是因为欧美人的眼睛通常为蓝色。

问：使用什么键控效果可以抠出所有类似于指定的主要颜色的图像像素？

答：使用“颜色键”效果可以抠出所有类似于指定的主要颜色的图像像素。

第11章 视频调色技术

在 Premiere 中可以使用多种调色效果对素材进行色彩调整。在进行视频色彩调整之前，还需要了解色彩的基础知识。本章将学习调色效果的使用方法和基本应用等。

练习实例：制作蓝调照片

练习实例：更改背景颜色

练习实例：创建变色天空

11.1 色彩基础知识

色彩作为视频最显著的画面特征，能够在第一时间引起观众的关注。色彩对人们的心理活动有着重要的影响，特别是和情绪有非常密切的关系。

11.1.1 色彩设计概述

色彩设计就是颜色的搭配。自然界的色彩绚丽多变，而色彩设计的配色方案同样千变万化。当人们用眼睛观察自身所处的环境时，色彩就首先闯入人们的视线，产生各种各样的视觉效果，带给人不同的视觉体会，直接影响着人的美感认知、情绪波动乃至生活状态、工作效率。

11.1.2 色彩三要素

色彩是由色相、饱和度、明度 3 个要素组成的，下面介绍一下各要素的特点。

1. 色相

色相是色彩的一种最基本的感觉属性，这种属性可以使人们将光谱上的不同部分区分开来，即按红、橙、黄、绿、青、蓝、紫等色彩感觉区分色谱段。根据有无色相属性，可以将外界引起的色彩感觉分成两大体系：有彩色系与非彩色系。

- 有彩色系：有彩色系是指红、橙、黄、绿、青、蓝、紫等颜色。不同明度和纯度的红、橙、黄、绿、青、蓝、紫色调都属于有彩色系。有彩色系是由光的波长和振幅决定的，波长决定色相，振幅决定色调。有彩色系具有色相、饱和度和明度 3 个量度，如图 11-1 所示。
- 非彩色系：非彩色系是指白色、黑色和由白色、黑色调和形成的各种深浅不同的灰色系，即不具备色相属性的色觉。非彩色系只有明度一种量度，其饱和度等于零，如图 11-2 所示。

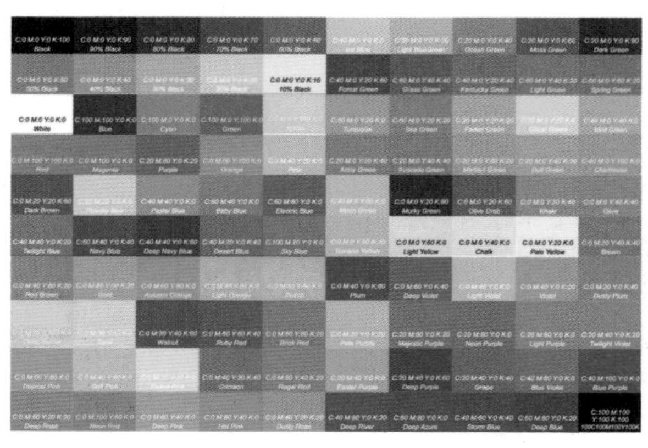

图 11-1　有彩色系

图 11-2　非彩色系

在阳光的作用下，大自然中的色彩变化是丰富多彩的，人们在这丰富的色彩变化当中，逐渐认识和了解了颜色之间的相互关系，并根据它们各自的特点和性质，总结出色彩的变化规律，并把颜色概括为原色、间色和复色 3 大类。

- 原色：原色也叫“三原色”，即红、黄、蓝 3 种基本颜色，如图 11-3 所示。自然界中的色彩种类繁多，变化丰富，但这 3 种颜色却是最基本的原色，原色是其他颜色调配不出来的。把原色相互混合，可以调配出其他颜色。

- 间色：间色也叫“二次色”，是由三原色调配出来的颜色。红与黄调配出橙色；黄与蓝调配出绿色；红与蓝调配出紫色。橙、绿、紫这 3 种颜色又叫“三间色”。在调配时，由于原色在分量多少上有所不同，所以能产生丰富的间色变化，如图 11-4 所示。
- 复色：复色也叫“复合色”，是用原色与间色相调或用间色与间色相调而成的“三次色”。复色是最丰富的色彩家族，千变万化，丰富异常，复色包括除原色和间色以外的所有颜色，如图 11-5 所示。

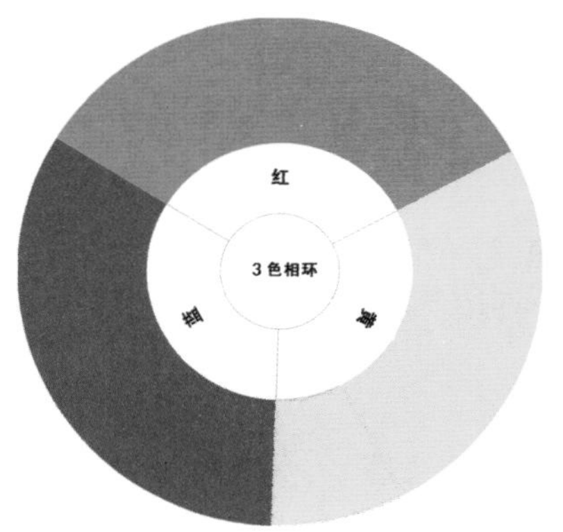

图 11-3　三原色

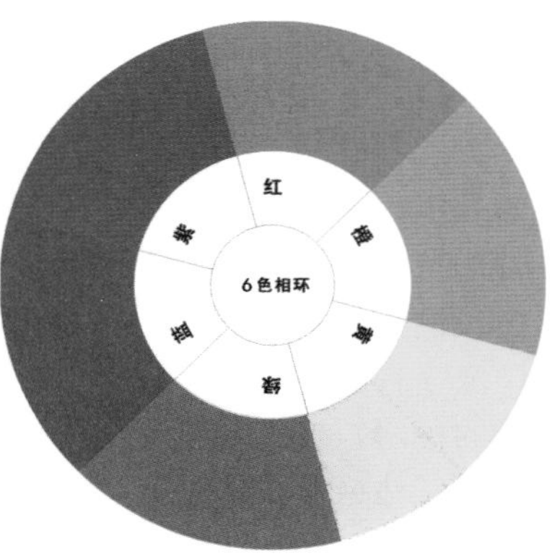

图 11-4　间色

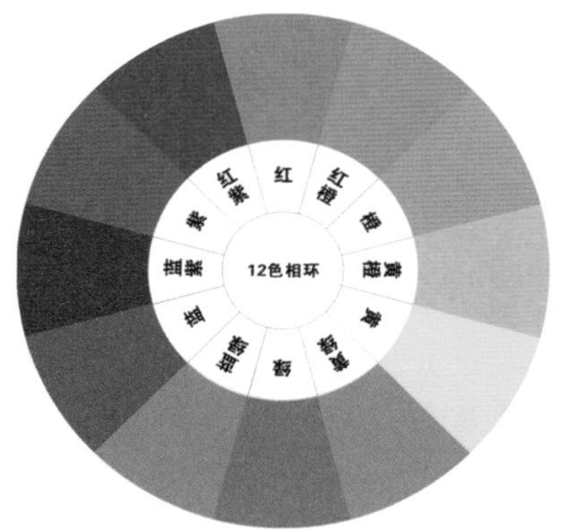

图 11-5　复色

2. 饱和度

饱和度是指色彩的纯度。饱和度是那种使人们对有色相属性的视觉在色彩鲜艳程度上做出评判的视觉属性。有彩色系的色彩，其鲜艳程度与饱和度成正比，根据人们使用色素的经验，色素浓度愈高，颜色愈鲜艳，饱和度也愈高。高饱和度会给人一种艳丽的感觉，如图 11-6 所示；低饱和度会给人一种灰暗的感觉，如图 11-7 所示。

图 11-6　高饱和度效果

图 11-7　低饱和度效果

3. 明度

明度是那种可以使人们区分出明暗层次的视觉属性。这种明暗层次决定亮度的强弱，即光刺激能量水平的高低。根据明度感觉的强弱，从最明亮到最暗可以分成3段水平：白——高明度、黑——低明度、灰——介于白与黑之间的中明度，如图 11-8 所示，各种彩色对应明度如图 11-9 所示。

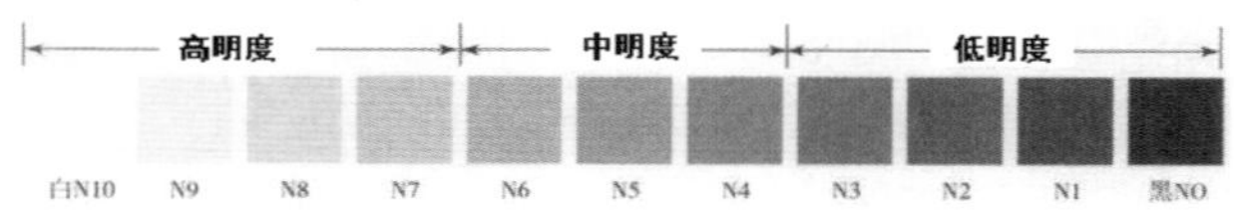

图 11-8　明度梯尺

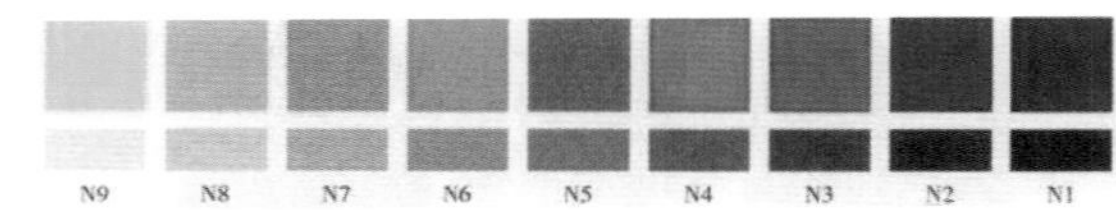

图 11-9　各种彩色对应明度

11.1.3　色彩搭配方法

颜色绝不会单独存在，一个颜色的效果是由多种因素来决定的：物体的反射光、周边搭配的色彩或观看者的欣赏角度等。下面将介绍 6 种常用的色彩搭配方法，掌握好这几种方法，能够让画面中的色彩搭配更具有美感。

- 互补设计：使用色相环上全然相反的颜色，得到强烈的视觉冲击力。
- 单色设计：使用同一种颜色，通过加深或减淡该颜色，来调配出不同深浅的颜色，使画面具有统一性。
- 中性设计：加入一种颜色的补色或黑色使其他色彩消失或中性化，这种画面显得更加沉稳、大气。
- 无色设计：不用彩色，只用黑、白、灰 3 种颜色。
- 类比设计：在色相环上任选 3 种连续的色彩，或选择任意一种明色和暗色。
- 冲突设计：在色相环中将一种颜色和它左边或右边的色彩搭配起来，形成冲突感。

11.2　颜色校正类视频效果

在“颜色校正”素材箱中包含 7 种效果，主要用来校正画面的色彩，如图 11-10 所示。下面介绍该类型的几种常用效果。

11.2.1　Brightness & Contrast(亮度与对比度)

该效果用于调整素材的亮度和对比度，并同时调节所有像素的亮部、暗部和中间色。对素材应用该效果后，其参数如图 11-11 所示。

图 11-10　“颜色校正”类型效果

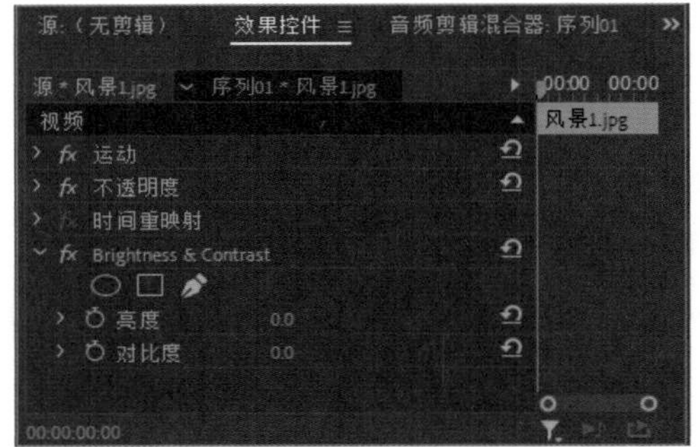

图 11-11　Brightness & Contrast(亮度与对比度)效果参数

- 亮度：用于控制素材的亮度。增加亮度值时，整个图像都会变亮；减小亮度值时，整个图像都会变暗。如图 11-12 所示为亮度值分别设置为 - 50 和 50 的对比效果。
- 对比度：用于控制素材的对比度。增加对比度值，会加大图像中最亮区域和最暗区域间的差异，这样也有助于创建更清晰的图像；减小对比度值，会降低图像的清晰度，整个图像会逐渐淡出。如图 11-13 所示为对比度值分别设置为 - 50 和 50 的效果对比。

图 11-12　不同亮度的效果对比

图 11-13　不同对比度的效果对比

11.2.2　Lumetri 颜色 (增强颜色)

Lumetri 颜色 (增强颜色) 提供专业质量的颜色分级和颜色校正工具。使用该效果，可以用全新的方式调整素材颜色、对比度和光照，如图 11-14 所示。在效果控件面板中的参数如图 11-15 所示。

图 11-14　应用 Lumetri 颜色 (增强颜色) 效果的效果对比

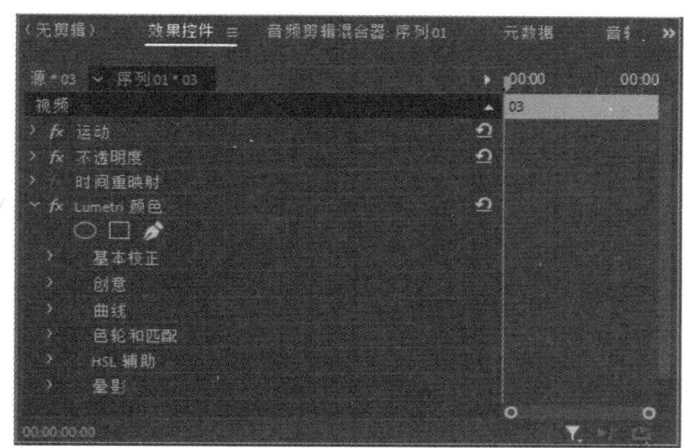

图 11-15　Lumetri 颜色 (增强颜色) 参数

- 基本校正：使用“基本校正”中的控件，可以修正过暗或过亮的视频，调整素材的白平衡 (色温和色彩)、色调 (曝光、对比度等) 和饱和度，如图 11-16 所示。
- 创意：“创意”部分的控件可以使用现有的预设快速调整剪辑的颜色，如图 11-17 所示。

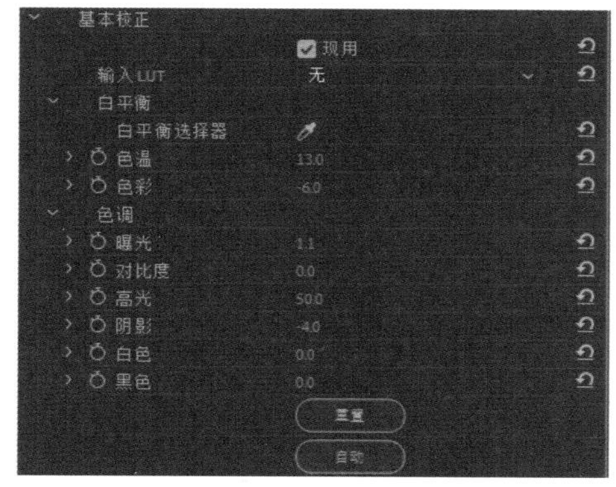

图 11-16　基本校正参数

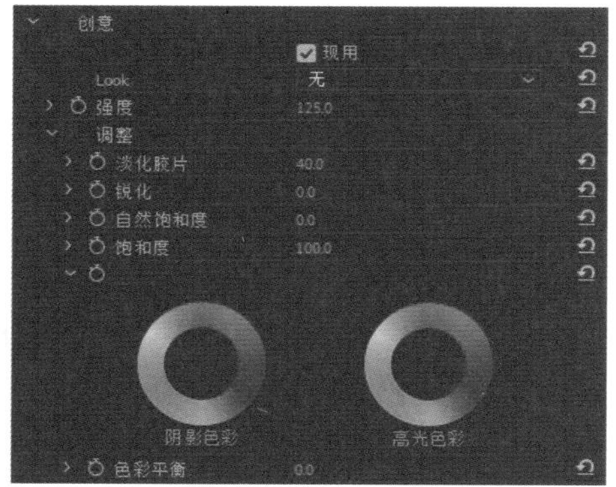

图 11-17　创意参数

- 曲线：利用 Premiere Pro 的曲线功能可以进行快速和精确的颜色调整，以获得自然的外观效果，如图 11-18 所示。

- 色轮和匹配：使用色轮可以仅对镜头的阴暗或光亮区域进行颜色调整，如图 11-19 所示。

图 11-18　曲线参数

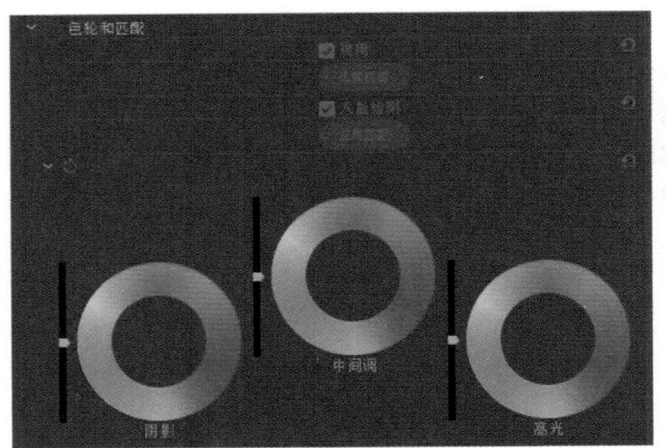

图 11-19　色轮和匹配参数

- HSL 辅助：通常用在主颜色校正完成后，与其他工具相结合，更好地控制镜头，如图 11-20 所示。
- 晕影：晕影是一种吸引观众关注帧中特定主题 (如人物或风景) 的微妙方法，如图 11-21 所示。

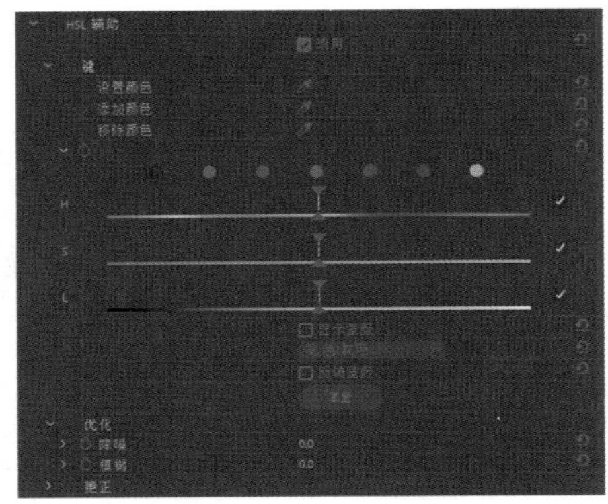

图 11-20　HSL 辅助参数

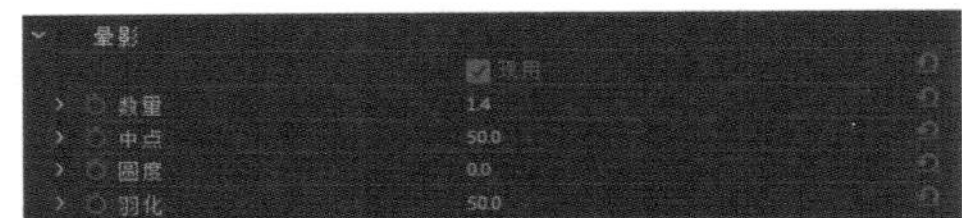

图 11-21　晕影参数

11.2.3　色彩

该效果可以通过指定的颜色对图像进行颜色映射处理，图 11-22 所示是设置“着色量”值为 0 和 100 的效果对比。在效果控件面板中的参数如图 11-23 所示。

图 11-22　应用“色彩”效果的效果对比

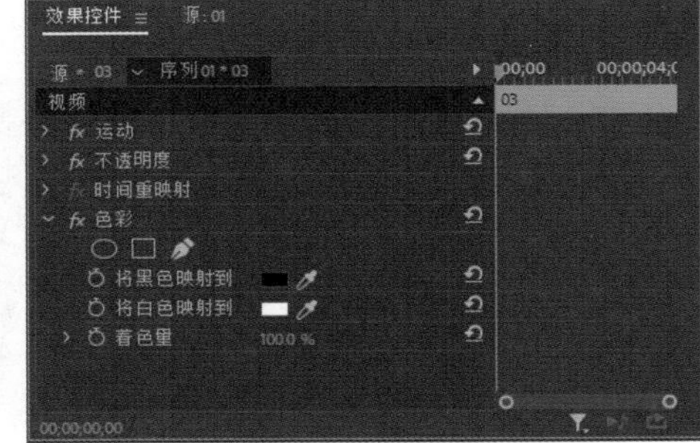

图 11-23　色彩参数

- 将黑色映射到：用于设置图像中改变映射颜色的黑色和灰色。
- 将白色映射到：用于设置图像中改变映射颜色的白色。

- 着色量：用于设置色调映射时的映射程度。

11.2.4 颜色平衡

该效果用于调整素材的颜色，图 11-24 所示是增加画面红色平衡值前后的效果对比。应用该效果后，在效果控件面板中的参数如图 11-25 所示。

图 11-24 增加画面红色平衡值前后的效果对比

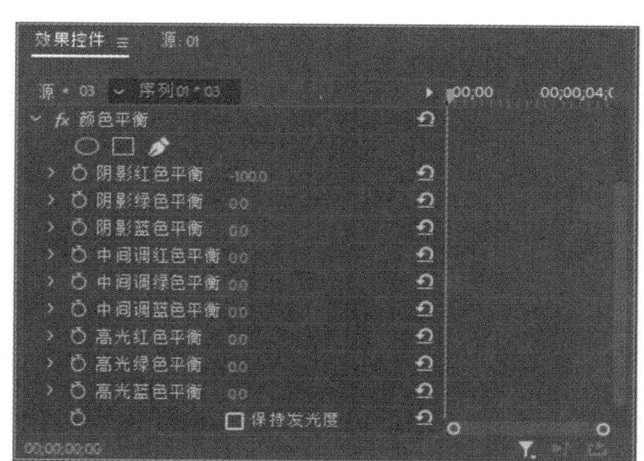

图 11-25 颜色平衡参数

- 阴影红色平衡、阴影绿色平衡、阴影蓝色平衡：用于调节阴影的 RGB(红绿蓝) 色彩平衡。
- 中间调红色平衡、中间调绿色平衡、中间调蓝色平衡：用于调节中间阴影的 RGB(红绿蓝) 色彩平衡。
- 高光红色平衡、高光绿色平衡、高光蓝色平衡：用于调节高光的 RGB(红绿蓝) 色彩平衡。

知识点滴：

“过时”素材箱中的“颜色平衡 (HLS)”效果同“颜色平衡”效果一样，也用于调整素材的颜色。不同的是，“颜色平衡 (HLS)”效果是通过调整素材的色相、亮度和饱和度等各项参数来改变素材的颜色的。

练习实例：制作蓝调照片。	
文件路径	第 11 章 \ 蓝调照片 .prproj
技术掌握	颜色平衡效果的应用

01 新建一个项目文件和一个序列，在项目面板中导入“玫瑰.jpg”素材，如图 11-26 所示。

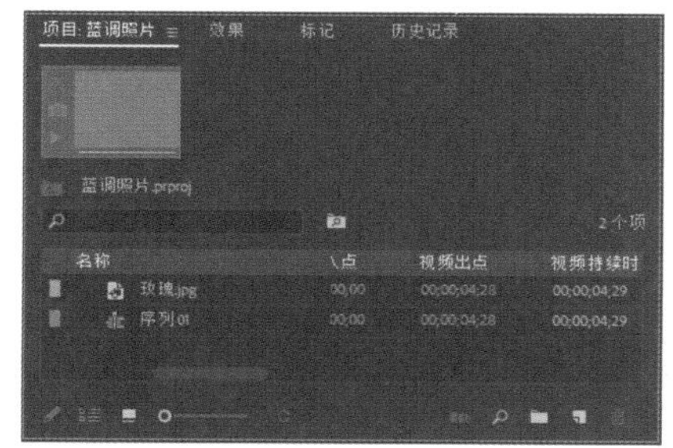

图 11-26 导入素材

02 将项目面板中的素材添加到时间轴面板的视频 1 轨道中，如图 11-27 所示。

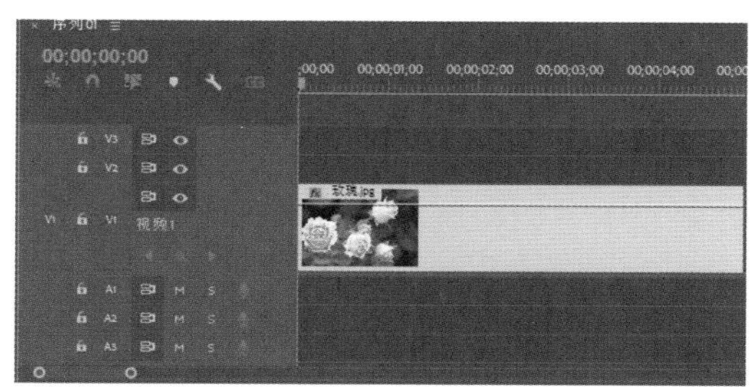

图 11-27 添加素材

03 在节目监视器面板中对序列中的素材进行预览，效果如图 11-28 所示。

04 在效果面板中选择“视频效果”|“颜色校正”|“颜色平衡”效果，如图 11-29 所示，将其添加到视频 1 轨道的素材上。

图 11-28　预览素材效果

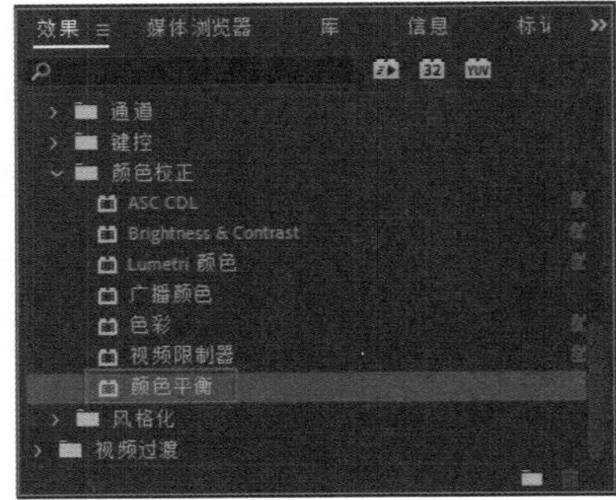

图 11-29　选择效果

05 在效果控件面板中展开“颜色平衡”效果参数，参照如图 11-30 所示设置各个平衡参数，并选中“保持发光度”复选框。

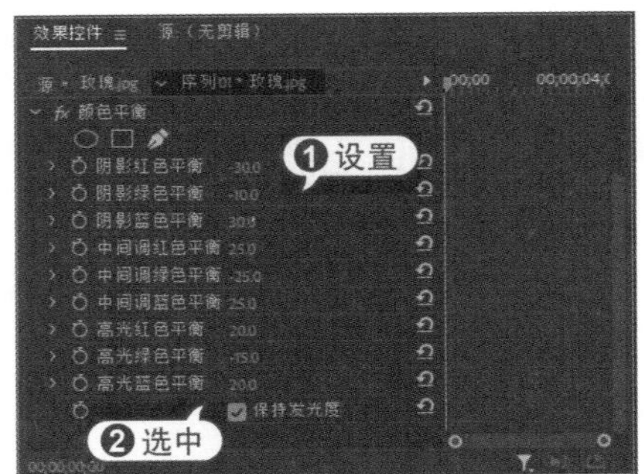

图 11-30　设置各个平衡参数

06 在节目监视器面板中对调整色调后的素材进行预览，效果如图 11-31 所示。

图 11-31　预览最终效果

11.3　图像控制类视频效果

在“图像控制”素材箱中包含 4 种视频效果，如图 11-32 所示，该类效果主要用于改变图像的色彩。

11.3.1　Gamma Correction（灰度系数校正）

在素材上运用该效果，可以在不改变图像的高亮区域和低亮区域的情况下，使图像变亮或变暗。在效果控件面板中可以控制灰度系数，如图 11-33 所示。

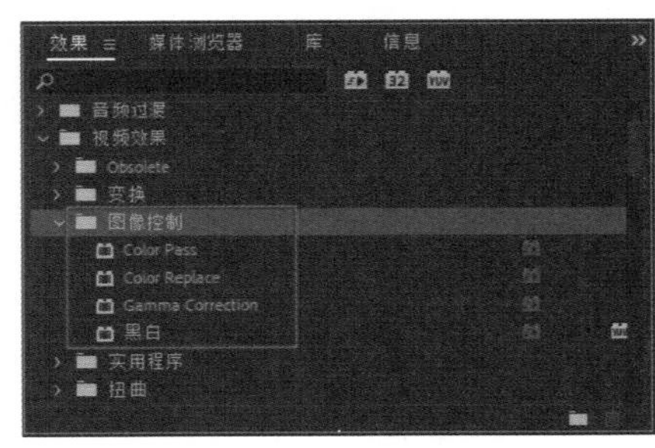

图 11-32　“图像控制”类型效果

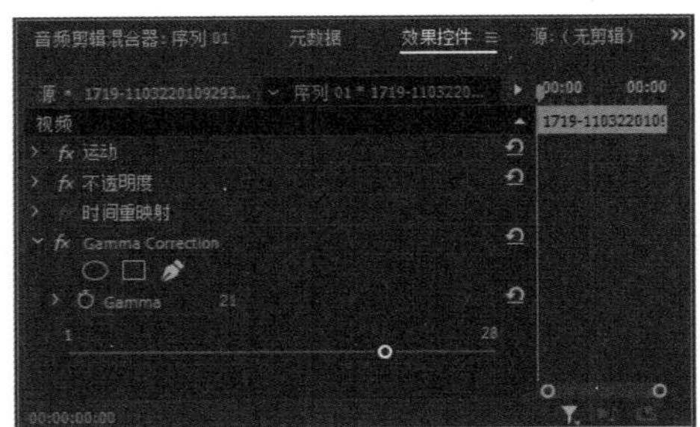

图 11-33　调节灰度系数

图 11-34 和图 11-35 所示是应用 Gamma Correction(灰度系数校正) 效果前后的效果对比。

图 11-34　原图像效果

图 11-35　灰度系数校正效果

11.3.2　Color Replace(颜色替换)

在素材上运用该效果，可以用指定的颜色代替选中的颜色以及与之相似的颜色。在效果控件面板中可以设置目标颜色和替换颜色，以及颜色的相似性，如图 11-36 所示。在效果控件面板中单击 Target Color(目标颜色) 或 Replace Color(替换颜色) 图标，可以在打开的“拾色器”对话框中选择要替换的目标颜色或需要使用的颜色，如图 11-37 所示。

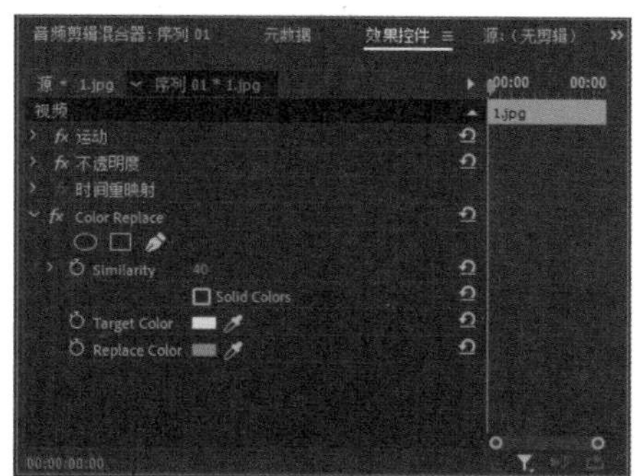

图 11-36　设置颜色替换参数

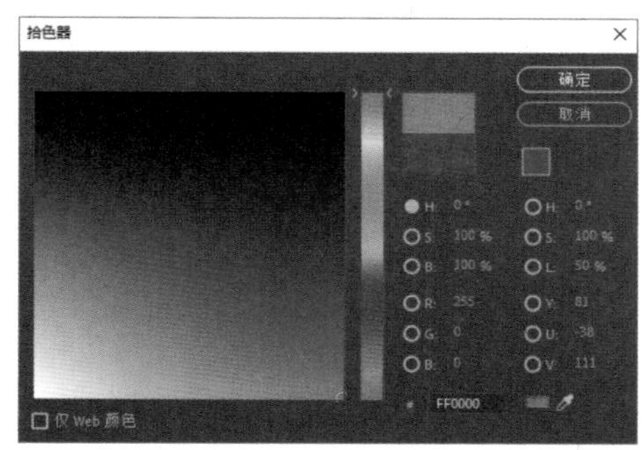

图 11-37　“拾色器”对话框

知识点滴：

Color Replace(颜色替换) 效果在对图像进行颜色替换的过程中，也可以使用效果控件面板中的吸管工具，在图像中吸取选择要替换的颜色和需要使用的颜色。

11.3.3　Color Pass(颜色过滤)

Color Pass(颜色过滤) 效果可以将图像中某种颜色以外的图像转换成灰度，Color Pass(颜色过滤) 参数如图 11-38 所示。使用 Color Pass(颜色过滤) 效果可强调图像的特定区域，如图 11-39 所示是将图像中金黄色以外的颜色转换为灰度后的效果。

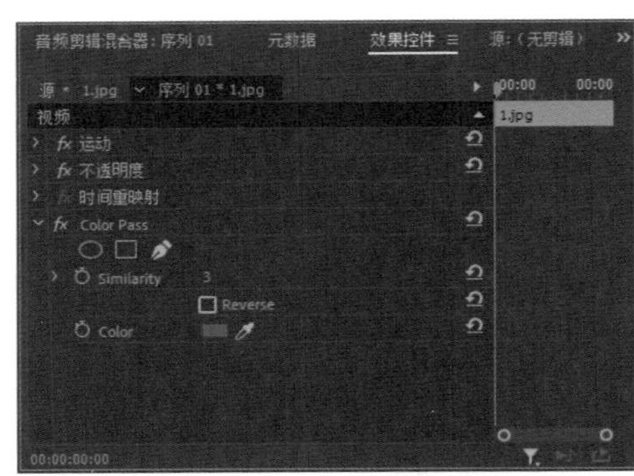

图 11-38　颜色过滤参数

图 11-39　颜色过滤效果

11.3.4　黑白

在素材上运用该效果，可以直接将彩色图像转换成灰度图像，该效果没有可设置的参数。

11.4　调整类视频效果

在“调整”素材箱中包含 4 种效果，如图 11-40 所示，主要用于对素材进行明暗度调整，以及对素材添加光照效果。

11.4.1　Extract(提取)

Extract(提取) 效果从视频剪辑中移除颜色，从而创建灰度图像。明亮度值小于输入黑色阶或大于输入白色阶的像素将变为黑色，该效果的参数如图 11-41 所示。

图 11-40　“调整”类型效果

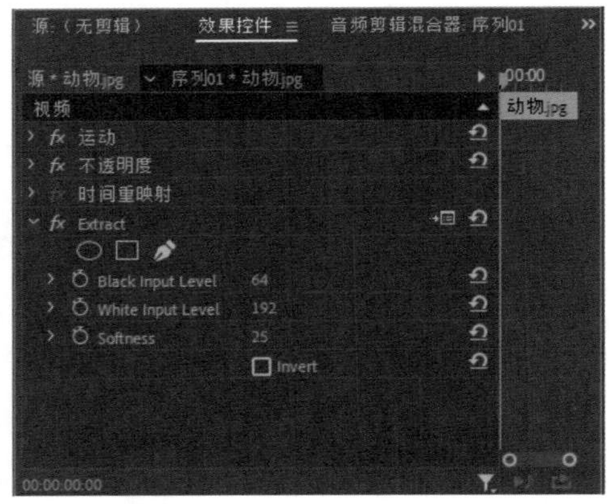

图 11-41　Extract 参数

- Black Input Level(输入黑色阶)：设置图像暗色的范围。
- White Input Level (输入白色阶)：设置图像亮度的范围。
- Softness(柔和度)：设置明暗过渡的柔和度。

- Invert(反转)：反转明暗效果。

图 11-42 和图 11-43 所示是对素材应用 Extract(提取) 效果前后的效果对比。

图 11-42　原图像效果

图 11-43　提取效果

11.4.2　Levels(色阶)

Levels(色阶) 效果通过设置 RGB 色阶、RGB Gamma(灰度系数)、R(红色) 色阶、R(红色) Gamma(灰度系数)、G(绿色) 色阶、G(绿色) Gamma(灰度系数)、B(蓝色) 色阶、B(蓝色) Gamma(灰度系数) 参数来调整素材的亮度和对比度，如图 11-44 所示。图 11-45 所示是设置 (R)Gamma(灰度系数) 为 180 的效果。

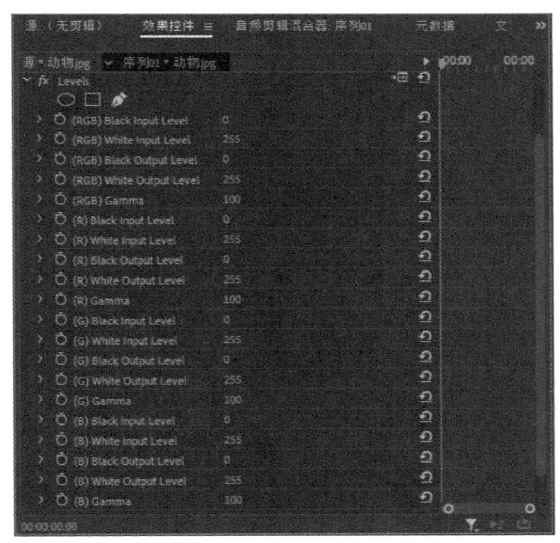

图 11-44　Levels 参数

图 11-45　色阶效果

11.4.3　ProcAmp(基本信号控制)

ProcAmp(基本信号控制) 效果模仿标准电视设备上的处理放大器。此效果用来调整图像的亮度、对比度、色相、饱和度及拆分百分比，参数如图 11-46 所示。图 11-47 所示是设置“亮度”为 15、“色相”为 20 的拆分效果。

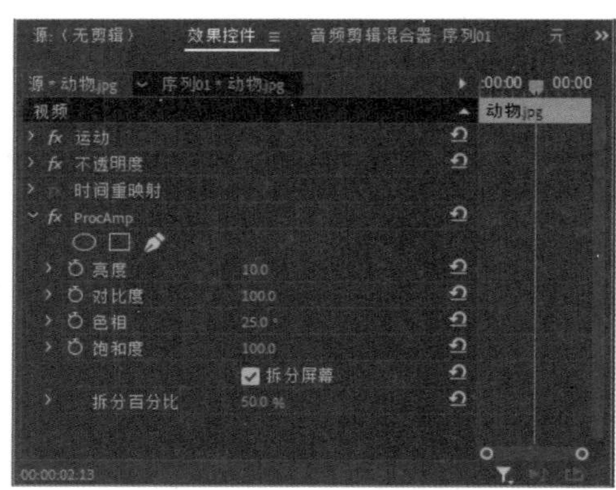

图 11-46　ProcAmp 效果参数

图 11-47　拆分效果

11.4.4　光照效果

在素材上应用光照效果，最多可采用五个光照来产生有创意的光照，其参数设置如图 11-48 所示。“光照效果”可用于控制光照属性，如光照类型、角度、强度、颜色、光照中心和光照传播等。“凹凸层”控件可以使用其他素材中的纹理或图案来产生特殊的光照效果。图 11-49 所示是默认的光照效果。

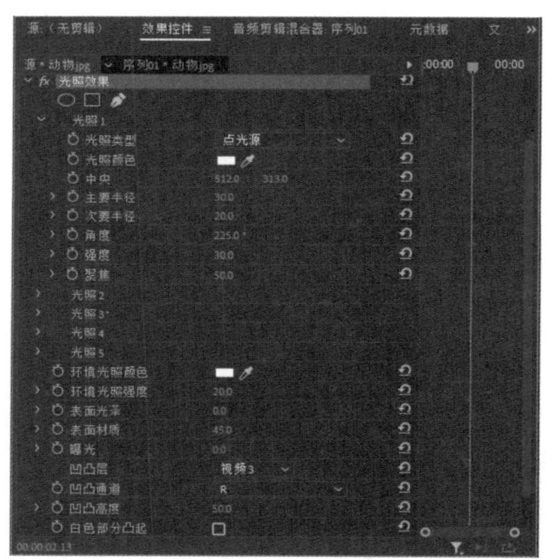

图 11-48　光照效果参数

图 11-49　默认的光照效果

- 光照 1：同光照 2~ 光照 5 一样，用于添加灯光效果。
- 环境光照颜色：用于设置灯光的颜色。
- 环境光照强度：用于控制灯光的强烈程度。
- 表面光泽：控制表面的光泽强度。
- 表面材质：设置表面的材质效果。
- 曝光：控制灯光的曝光大小。
- 凹凸层、凹凸通道、凹凸高度、白色部分凸起：分别用于设置产生浮雕的轨道、通道、大小和反转浮雕的方向。

11.5 过时类调色效果

在“过时”素材箱中包含多种调色效果，下面介绍其中常用的效果。

11.5.1 RGB 曲线

该效果通过对 R(红)、G(绿)、B(蓝) 进行曲线调节来校正素材图像的颜色，其参数如图 11-50 所示。

- 输出：在右侧的下拉列表中可以选择输出的形式，包括“合成”和“亮度”选项。
- 显示拆分视图：选中该复选框，可以开启剪切视图，以制作动画效果。
- 布局：用于设置剪切视图的方式，包括“水平”和“垂直”两种方式。
- 拆分视图百分比：用于调整、更正视图的大小。
- 主要：用于改变所有通道的亮度和对比度。
- 红色、绿色、蓝色：用于改变红色、绿色或蓝色通道的亮度和对比度。
- 辅助颜色校正：展开该选项组，可以通过其中各个选项 (如色相、饱和度、亮度等) 的设置对图像进行辅助颜色校正，如图 11-51 所示。

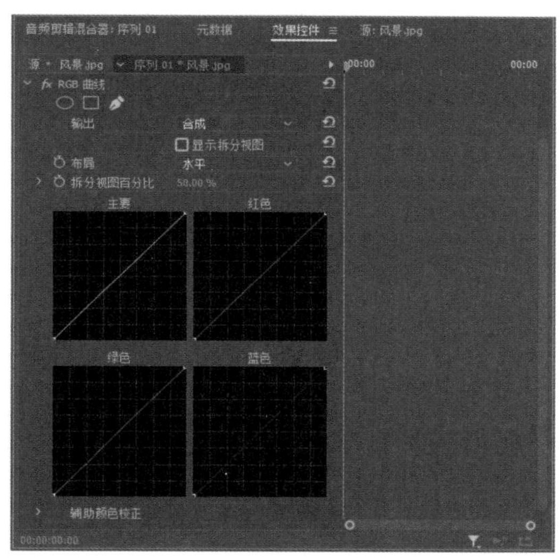

图 11-50 RGB 曲线参数

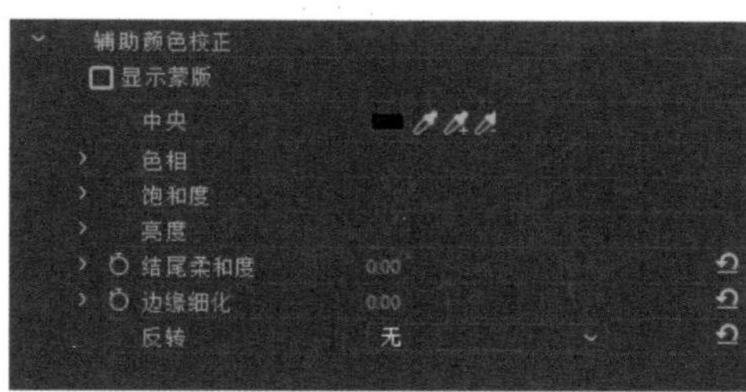

图 11-51 辅助颜色校正参数

练习实例：创建变色天空。	
文件路径	第 11 章 \ 变色天空.prproj
技术掌握	RGB 曲线效果的应用

01 新建一个项目文件和一个序列，在项目面板中导入“天空.jpg”素材，如图 11-52 所示。

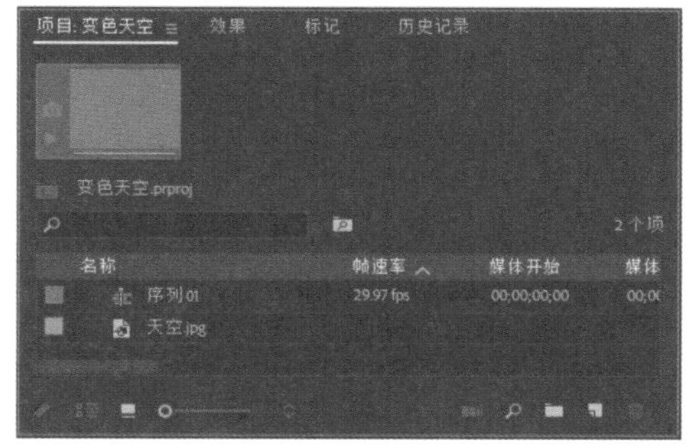

图 11-52 导入素材

02 将项目面板中的素材添加到时间轴面板的视频 1 轨道中，如图 11-53 所示。

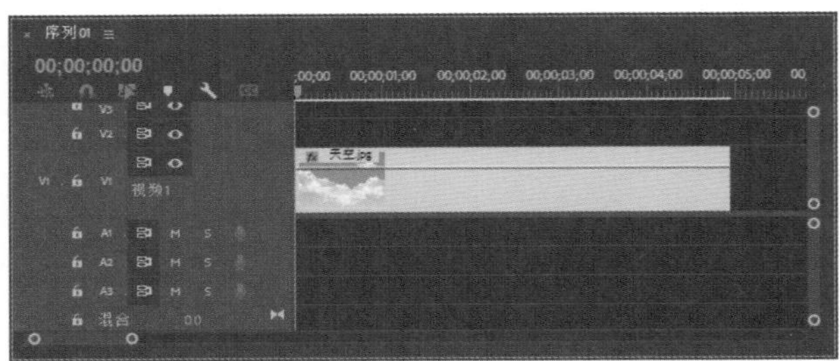

图 11-53　添加素材

03 在节目监视器面板中对序列中的素材进行预览，效果如图 11-54 所示。

图 11-54　预览素材效果

04 在效果面板中选择“视频效果”|“过时”|“RGB 曲线”效果，如图 11-55 所示，将其添加到视频 1 轨道的素材上。

05 在效果控件面板中展开“RGB 曲线”效果参数，参照如图 11-56 所示，降低主要、绿色和蓝色通道的亮度和对比度；增加红色通道的亮度和对比度。

06 在节目监视器面板中对调整 RGB 曲线后的素材进行预览，效果如图 11-57 所示。

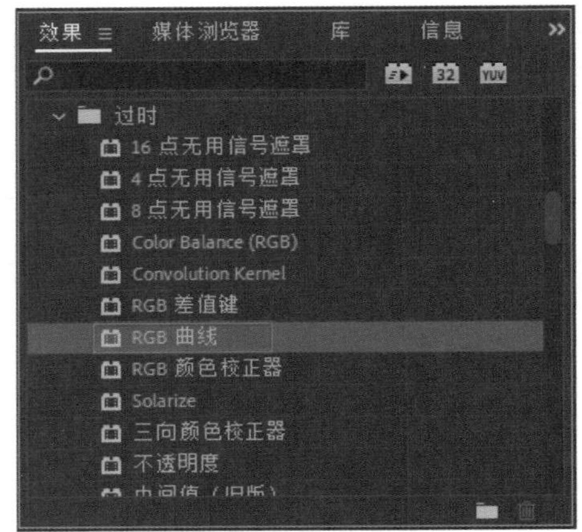

图 11-55　选择效果

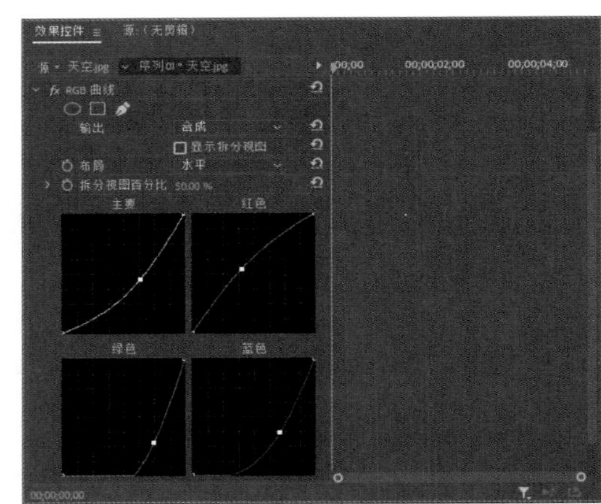

图 11-56　调整各通道的亮度和对比度

图 11-57　预览最终效果

11.5.2　RGB 颜色校正器

RGB 颜色校正器效果可以通过对红、绿、蓝通道的调整，达到校正素材色彩的目的，其参数如图 11-58 所示，展开 RGB 选项组，可以对素材的红、绿、蓝通道进行色调调整，如图 11-59 所示。

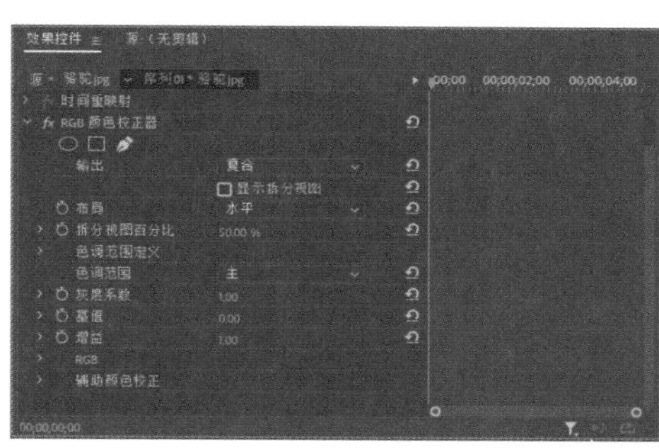

图 11-58　RGB 颜色校正器参数

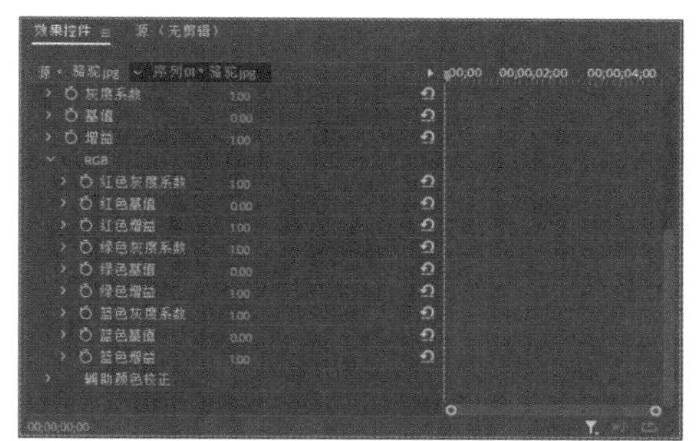

图 11-59　展开 RGB 选项组

使用 RGB 颜色校正器效果对如图 11-60 所示的素材进行颜色校正，设置“灰度系数”为 0.3、“红色灰度系数”为 1.4、“蓝色灰度系数”为 0.7、“绿色灰度系数”为 0.7，得到的效果如图 11-61 所示。

图 11-60　原素材效果

图 11-61　使用 RGB 颜色校正器后的效果

- 色调范围定义：展开该选项组，可以调整阴影阈值、阴影柔和度、高光阈值和高光柔和度的范围。
- 色调范围：在右侧的下拉列表中可以选择调节颜色范围的方式，包括“主”“高光”“中间调”和“阴影”4 种方式。
- 灰度系数：用于调整素材的灰度级别。
- 基值：用于设置素材调节的基础值。
- 增益：用于调整素材的曝光程度。
- RGB：用于对素材的红、绿、蓝通道进行色调调整。

11.5.3　亮度曲线

亮度曲线效果可以通过调整曲线来控制素材的亮度和对比度，其参数如图 11-62 所示。使用亮度曲线效果调整如图 11-63 所示的素材，提高亮度波形曲线，可以得到如图 11-64 所示的效果。

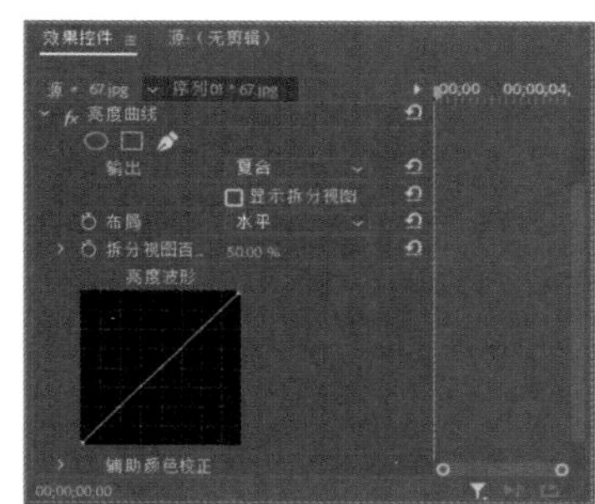

图 11-62　亮度曲线参数

图 11-63　原画面效果

图 11-64　增强亮度后的效果

11.5.4 阴影 / 高光

阴影 / 高光效果可以调整素材的阴影和高光，其参数如图 11-65 所示。使用阴影 / 高光效果调整如图 11-66 所示的素材，设置“阴影数量”为 20、“高光数量”为 60，得到的效果如图 11-67 所示。

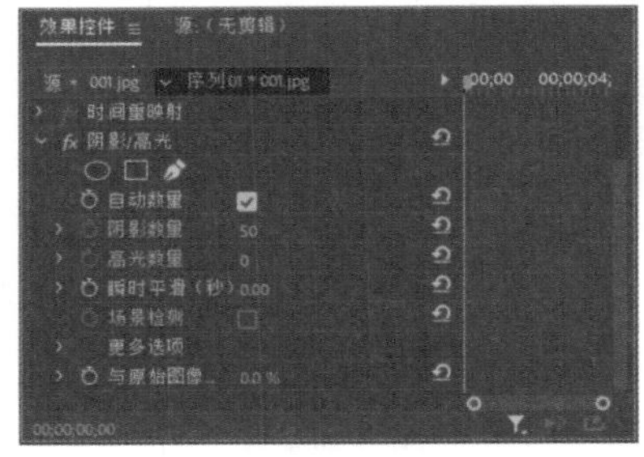

图 11-65　阴影 / 高光参数

图 11-66　原画面效果

图 11-67　调整阴影和高光后的效果

11.5.5 均衡

该效果可以通过 RGB、亮度和 Photoshop 样式 3 种方式对素材进行色彩均衡，图 11-68 所示是对素材进行色彩均衡前后的效果对比。应用该效果后，在效果控件面板中的参数如图 11-69 所示。

图 11-68　色彩均衡前后的效果对比

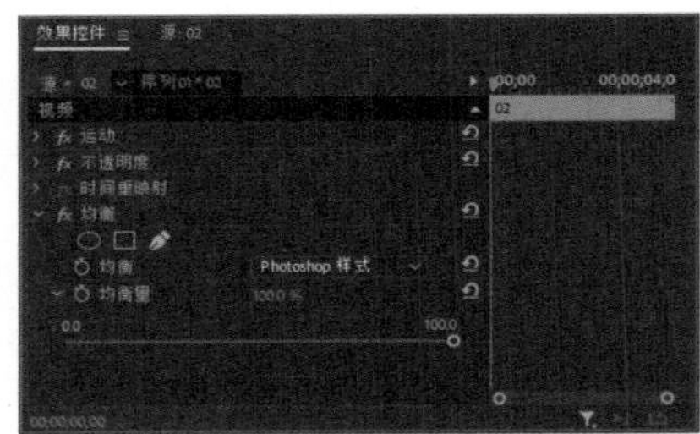

图 11-69　均衡参数

- 均衡：用来设置补偿的方式，包括 RGB、亮度和 Photoshop 样式 3 种方式。
- 均衡量：用来设置补偿的程度。

11.5.6 通道混合器

该效果使用当前颜色的混合值来修改一个颜色通道，以产生其他色彩调节难以实现的效果，图 11-70 所示是增加“红色 - 绿色”值前后的效果对比。在效果控件面板中的参数如图 11-71 所示。

知识点滴：

在通道混合器参数设置中，以红色开头的参数表示最终效果用于红色通道，以绿色开头的参数表示最终效果用于绿色通道，以蓝色开头的参数表示最终效果用于蓝色通道。

图 11-70 增加“红色 - 绿色”值前后的效果对比

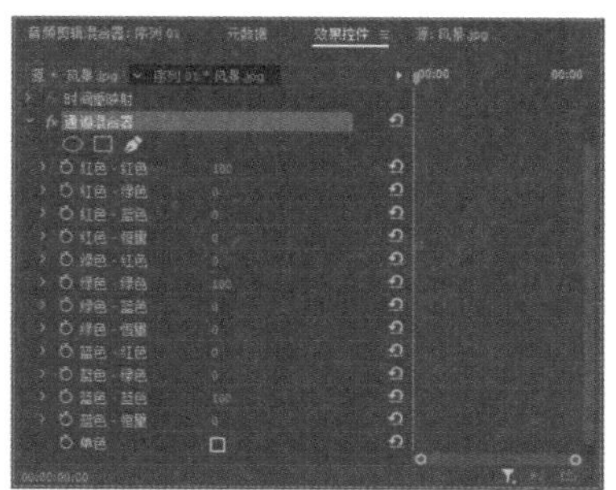

图 11-71 通道混合器参数

11.5.7 更改颜色

该效果允许修改素材的色相、饱和度以及指定颜色或颜色区域的亮度。对素材应用该效果后，其参数如图 11-72 所示。

- 视图：在右侧的下拉列表中可以选择“校正的图层”或“颜色校正蒙版”选项。选择“校正的图层”，在校正图像时会显示该图像。选择“颜色校正蒙版”，通过调节“匹配容差”值，可以显示表示校正区域的黑白蒙版，其中白色区域是颜色调节影响到的区域。图 11-73 所示是显示在节目监视器面板中的颜色校正蒙版。

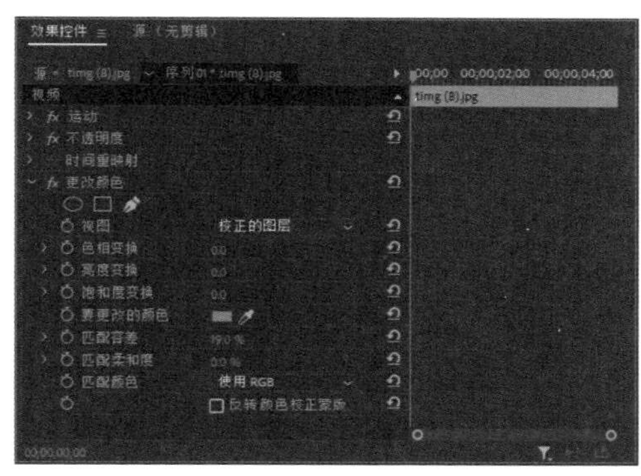

图 11-72 更改颜色参数

图 11-73 颜色校正蒙版

- 色相变换：该选项可以调节所应用颜色的色相。
- 亮度变换：该选项可以增加或减少颜色亮度。使用正数值，使图像变亮；使用负数值，使图像变暗。
- 饱和度变换：该选项可以增加或减少颜色的浓度。可以降低指定图像区域的饱和度 (向左拖动饱和度滑块)，这样使图像的一部分变成灰色而其他部分保持彩色，从而获得有趣的效果。
- 要更改的颜色：使用吸管工具单击图像，可以选择想要修改的颜色。
- 匹配容差：该选项可以控制要调整的颜色 (基于色彩更改) 的相似度。选择低限度值会影响与色彩更改相近的颜色。如果选择高限度值，图像的大部分区域都会受到影响。
- 匹配柔和度：该选项用于柔化颜色校正蒙版，也可以柔化实际校正的图像。
- 匹配颜色：在右侧的下拉列表中可以选择一种匹配颜色的方法，包括“使用 RGB”“使用色相”和“使用色度”。
- 反转颜色校正蒙版：选中该复选框，可以反转颜色校正蒙版。蒙版反转时，受到颜色校正影响的是蒙版中的黑色区域，而不是蒙版的亮度区域。

练习实例：更改背景颜色。	
文件路径	第 11 章 \ 浪漫时光.prproj
技术掌握	更改颜色、亮度与对比度

01 新建一个项目文件和一个序列，在项目面板中导入“浪漫时光.jpg”素材，如图 11-74 所示。

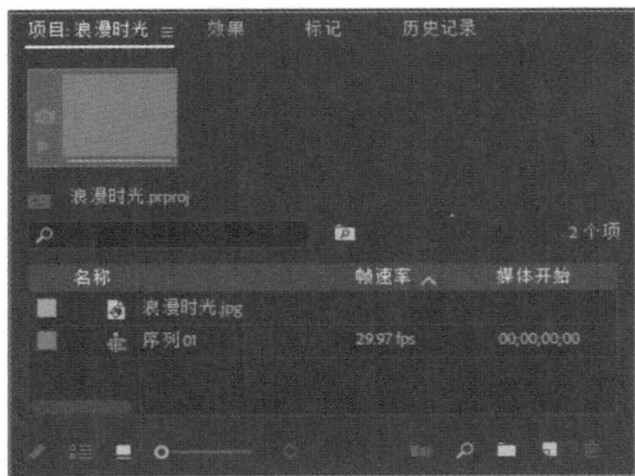

图 11-74　导入素材

02 将项目面板中的素材添加到时间轴面板的视频 1 轨道中，如图 11-75 所示。

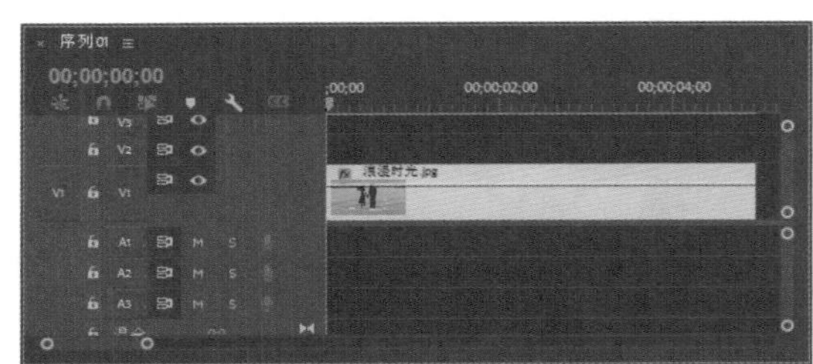

图 11-75　添加素材

03 在节目监视器面板中对序列中的素材画面进行预览，效果如图 11-76 所示。

图 11-76　预览素材效果

04 在效果面板中选择“视频效果”|“过时”|“更改颜色”效果，如图 11-77 所示，将其添加到视频 1 轨道的素材上。

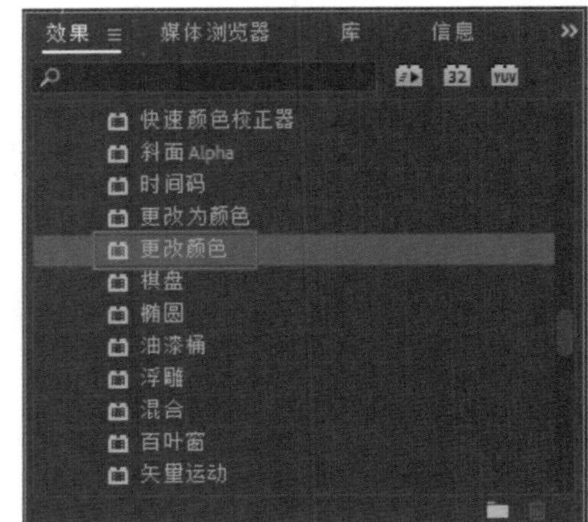

图 11-77　选择效果

05 在效果控件面板中展开“更改颜色”效果参数，设置“要更改的颜色”为画面背景色，然后开启“色相变换”选项的动画功能，在素材的入点处设置一个关键帧，并保持该帧的值不变，如图 11-78 所示。

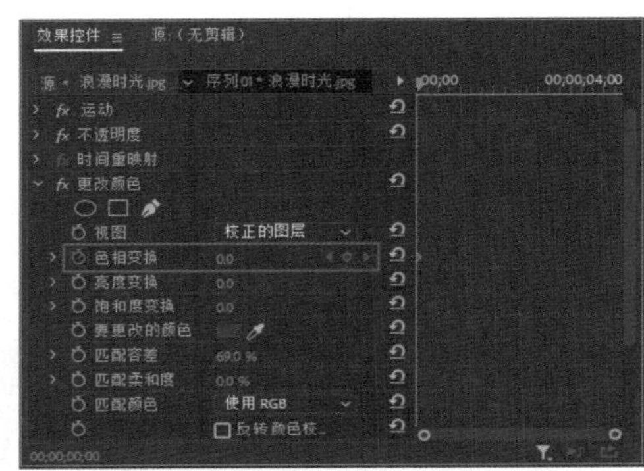

图 11-78　设置更改颜色的参数

06 在素材的出点处为“色相变换”选项添加一个关键帧，并调整“色相变换”的值，如图 11-79 所示。

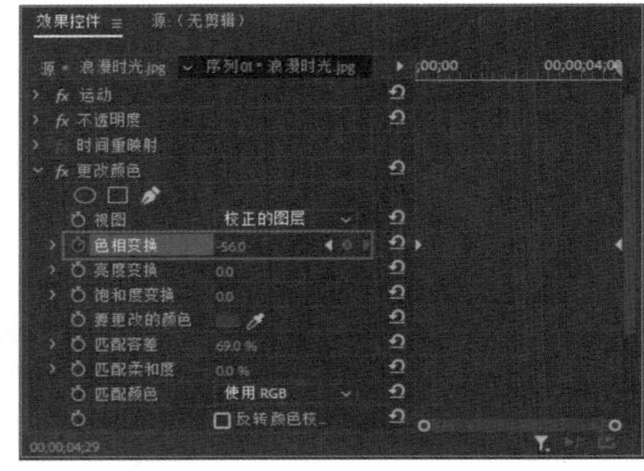

图 11-79　调整“色相变换”值

07 在节目监视器面板中对修改后的素材画面进行预览，效果如图 11-80 所示。

图 11-80　预览素材效果

08 在效果面板中选择“视频效果”|“颜色校正”|Brightness & Contrast(亮度与对比度)效果，如图 11-81 所示，将其添加到视频 1 轨道的素材上。

图 11-81　选择效果

09 在效果控件面板中展开 Brightness & Contrast (亮度与对比度)效果参数，然后将时间指示器移到素材的入点处，开启“亮度”和“对比度”选项的动画功能，并保持该帧的值不变，如图 11-82 所示。

10 在素材的出点处为“亮度”和“对比度”选项各添加一个关键帧，并调整“亮度”和“对比度”选项的值，如图 11-83 所示。

11 在节目监视器面板中对影片进行播放，预览影片颜色的变化，效果如图 11-84 所示。

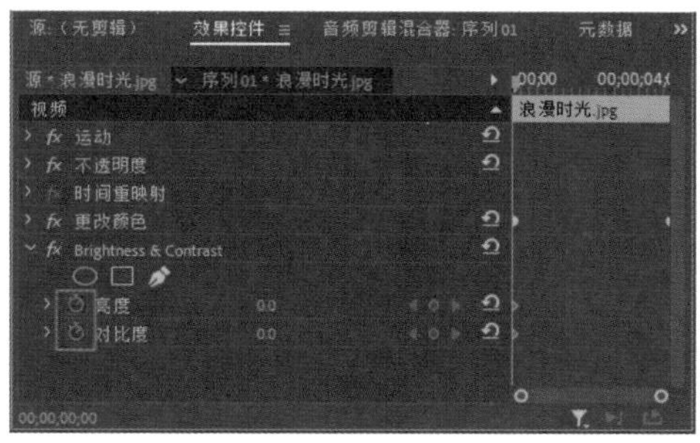

图 11-82　开启亮度与对比度动画功能

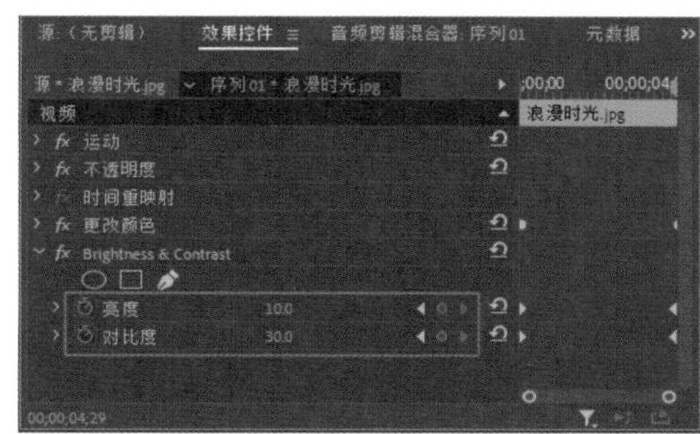

图 11-83　设置亮度与对比度参数

图 11-84　预览影片效果

知识点滴：

“更改为颜色”效果与“更改颜色”效果功能相似，它允许使用色相、饱和度和亮度快速地将选中的颜色转换成另一种颜色。修改一种颜色时，其他颜色不会受到影响。

11.5.8　三向颜色校正器

三向颜色校正器结合了快速颜色校正器和 RGB 颜色校正器的颜色校正功能，其参数如图 11-85 和图 11-86 所示。

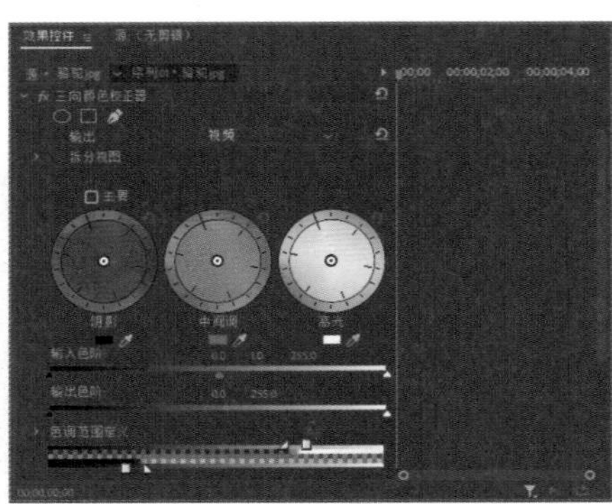

图 11-85　三向颜色校正器参数（一）

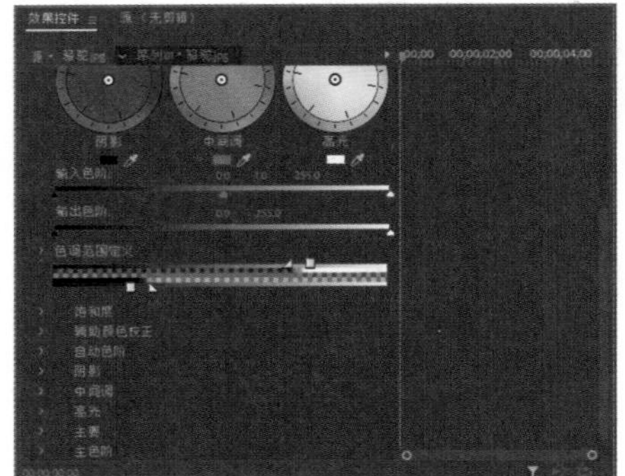

图 11-86　三向颜色校正器参数（二）

11.5.9　其他调色效果

在“过时”素材箱中除了上述调色效果外，还包括亮度校正器、快速颜色校正器、自动对比度、自动色阶和自动颜色等常用效果。

- 亮度校正器：用于调整素材的亮度和对比度。
- 快速颜色校正器：用于快速调整素材的颜色、色调与饱和度。
- 自动对比度：用于自动调整素材的对比度。
- 自动色阶：用于自动调整素材的色阶。
- 自动颜色：用于自动调整素材的色彩。

11.6　高手解答

问：进行视频色彩调整时，饱和度的作用是什么？

答：饱和度是那种使人们对有色相属性的视觉在色彩鲜艳程度上做出评判的视觉属性。有彩色系的色彩，其鲜艳程度与饱和度成正比，根据人们使用色素的经验，色素浓度越高，颜色越鲜艳，饱和度也越高。

问：调整视频的明亮度时，通常可以使用哪些效果？

答：调整视频的明亮度时，通常可以使用亮度与对比度、RGB 曲线、亮度曲线、色阶等效果。

问：调整视频的色彩时，通常可以使用哪些效果？

答：调整视频的色彩时，通常可以使用更改颜色、色彩、颜色平衡、颜色替换、颜色校正器等效果。

第12章 创建字幕与图形

使用字幕工具，不仅可在影视制作中创建字幕和演职员表，也可创建动画合成。很多影视的片头和片尾都会用到精彩的字幕，以使影片显得更为完整。字幕是影视制作中重要的信息表现元素，纯画面信息不能完全取代文字信息的功能。本章将针对字幕和图形的制作方法，以及字幕的应用进行详细的讲解，在 Premiere Pro 2022 中，可以使用传统的旧版标题功能和最新的字幕功能创建所需的文字。

练习实例：创建静态字幕
练习实例：创建向左游动的字幕
练习实例：绘制并编辑图形
练习实例：设置字幕的文本格式
练习实例：调用预设字幕和图形
练习实例：创建向上滚动的字幕
练习实例：应用阴影和描边样式
练习实例：新建字幕
练习实例：为视频添加字幕

12.1 创建旧版标题字幕

旧版标题功能延续了早期版本用于创建影片字幕的功能，适用于创建内容简短或具有文字效果(如描边、阴影等)的字幕。用户在创建旧版标题字幕之前，首先需要认识和使用字幕设计面板。

12.1.1 字幕设计面板

在 Premiere Pro 2022 的字幕设计面板中，可以完成文字与图形的创建和编辑功能，给用户在文字编辑的过程中带来极大的便利。字幕设计面板的组成如图 12-1 所示。

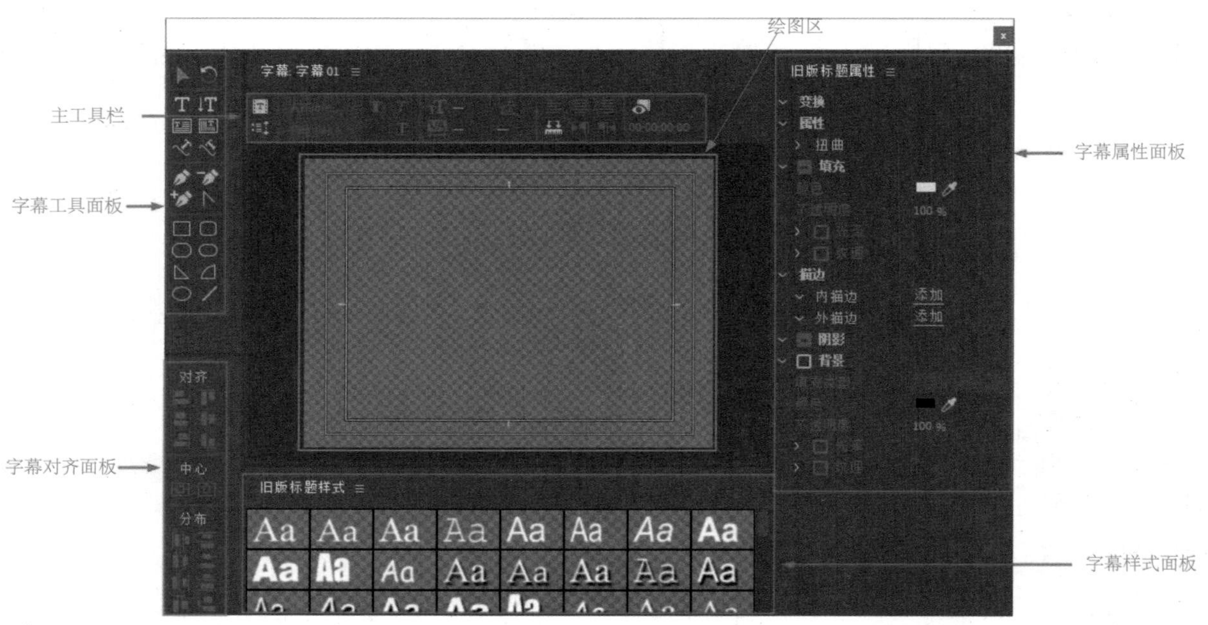

图 12-1 字幕设计面板

- 主工具栏：用于指定创建静态文字、游动文字或滚动文字，还可以指定是否基于当前字幕新建字幕，或者使用其中的选项选择字体和对齐方式等。
- 字幕工具面板：该面板包括文字工具和图形工具，以及一个显示当前样式的预览区域。
- 字幕对齐面板：该面板中的图标用于设置对齐或分布文字或图形对象。
- 字幕样式面板：该面板中的图标用于对文字和图形对象应用预置和自定义样式。
- 字幕属性面板：该面板中的设置用于转换文字或图形对象，以及为其指定样式。
- 绘图区：此处用于编辑文字内容或创建图形对象。

12.1.2 标题字幕工具

在 Premiere Pro 2022 中，可以使用字幕设计面板中相应的字幕工具，创建横排文字、垂直文字、区域文字、路径文字和图形等对象，字幕工具面板如图 12-2 所示。

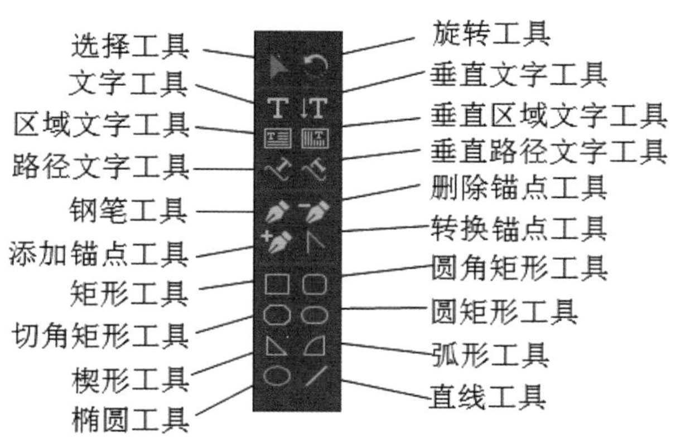

图 12-2　字幕工具面板

- 选择工具：使用该工具，可以在绘图区选择文字。
- 旋转工具：使用该工具，可以在绘图区旋转文字。
- 文字工具：使用该工具，可以在绘图区创建横排文字，如图 12-3 所示。
- 垂直文字工具：使用该工具，可以在绘图区创建垂直文字，如图 12-4 所示。

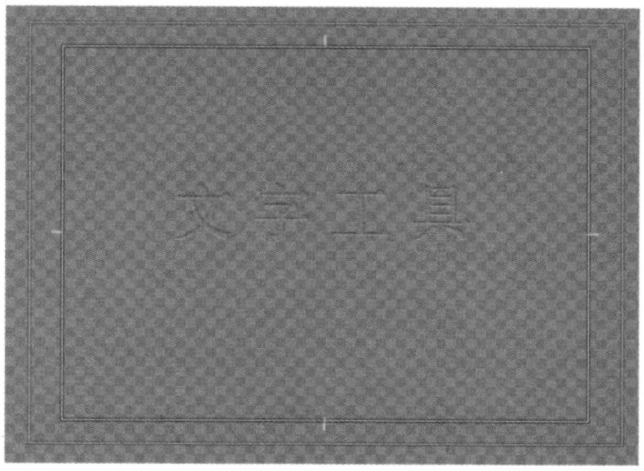

图 12-3　创建横排文字

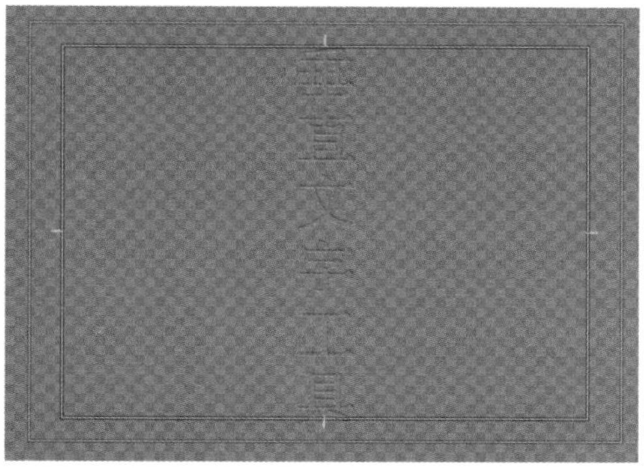

图 12-4　创建垂直文字

- 区域文字工具：使用该工具，可以创建横排文字区域，如图 12-5 所示。
- 垂直区域文字工具：使用该工具，可以创建垂直文字区域，如图 12-6 所示。

图 12-5　创建横排文字区域

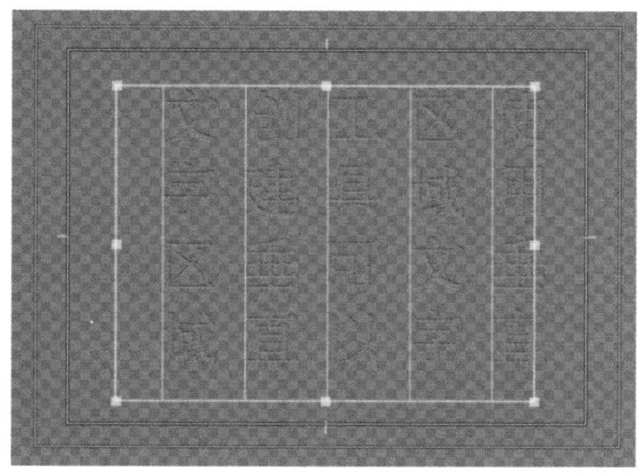

图 12-6　创建垂直文字区域

- 路径文字工具：使用该工具，可以绘制一条路径，然后输入的文字将沿着该路径进行横向排列，如图 12-7 所示。

- 垂直路径文字工具：使用该工具，可以绘制一条路径，然后输入的文字将沿着该路径进行垂直排列，如图 12-8 所示。

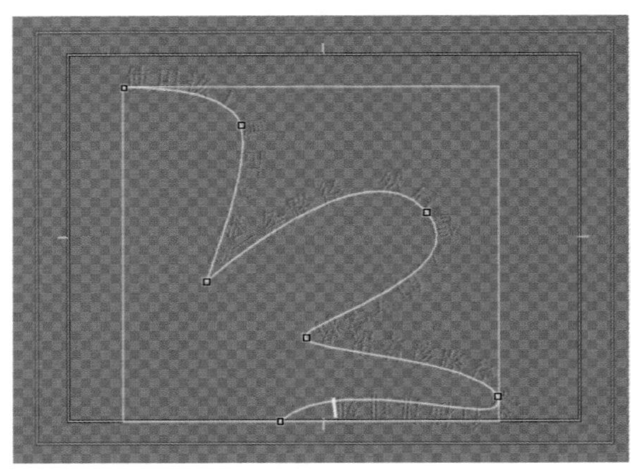

图 12-7　创建横排路径文字

图 12-8　创建垂直路径文字

- 钢笔工具：使用贝塞尔曲线在绘图区创建曲线图形。
- 添加锚点工具：在绘图区将锚点添加到路径上。
- 删除锚点工具：在绘图区从路径上删除锚点。
- 转换锚点工具：在绘图区将曲线点转换成拐点，或将拐点转换成曲线点。
- 矩形工具：使用该工具，可以在绘图区创建矩形。
- 切角矩形工具：使用该工具，可以在绘图区创建切角矩形。
- 圆角矩形工具：使用该工具，可以在绘图区创建圆角矩形。
- 圆矩形工具：使用该工具，可以在绘图区创建圆矩形。
- 楔形工具：使用该工具，可以在绘图区创建楔形。
- 弧形工具：使用该工具，可以在绘图区创建弧形。
- 椭圆工具：使用该工具，可以在绘图区创建椭圆形。
- 直线工具：使用该工具，可以在绘图区创建直线。

12.1.3　新建标题字幕

Premiere 中的默认标题字幕包括静态字幕、滚动字幕和游动字幕。在视频中创建长篇幅的文字时，视频画面通常只能显示一部分文字内容，其他文字会被隐藏。这时，如果在屏幕中应用上下滚动或左右游动的文字，则可以解决这种问题。

1. 静态字幕

如果在视频画面中需要添加标题文字或其他简单的文字，则可以通过创建静态字幕来完成文字的添加。

练习实例：创建静态字幕。	
文件路径	第 12 章 \ 静态字幕.prproj
技术掌握	创建默认静态字幕

01 新建一个项目文件和一个序列，然后在项目面板中导入“静态字幕背景.jpg”素材，如图 12-9 所示，将该素材添加到时间轴面板的视频 1 轨道中。

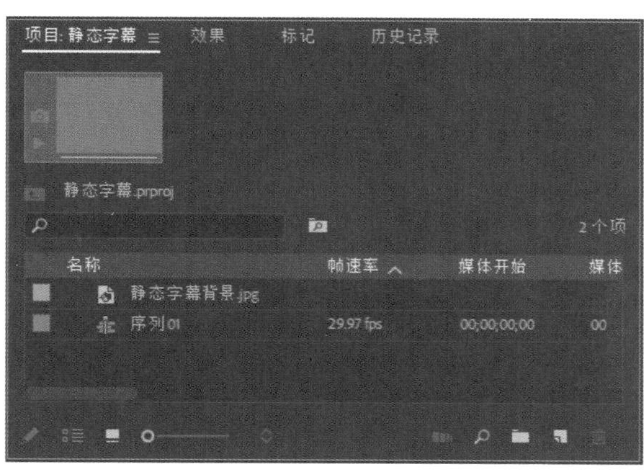

图 12-9　导入素材

02 选择“文件”|“新建”|“旧版标题”命令，在打开的“新建字幕”对话框中设置字幕的名称，如图 12-10 所示。

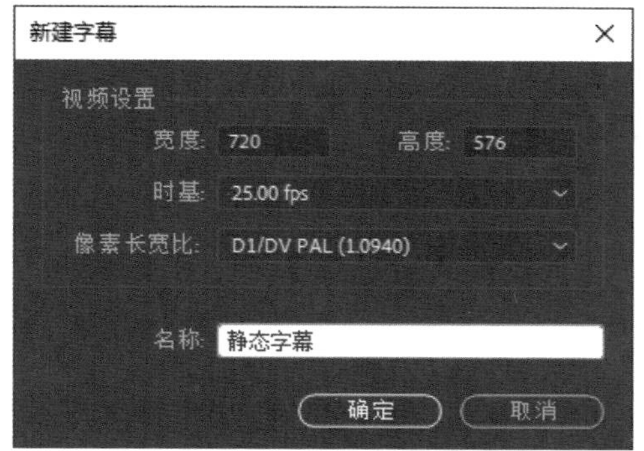

图 12-10　新建字幕

03 在“新建字幕”对话框中单击“确定”按钮，打开字幕设计面板，单击“显示背景视频”图标，在字幕设计面板的绘图区显示视频素材，如图 12-11 所示。

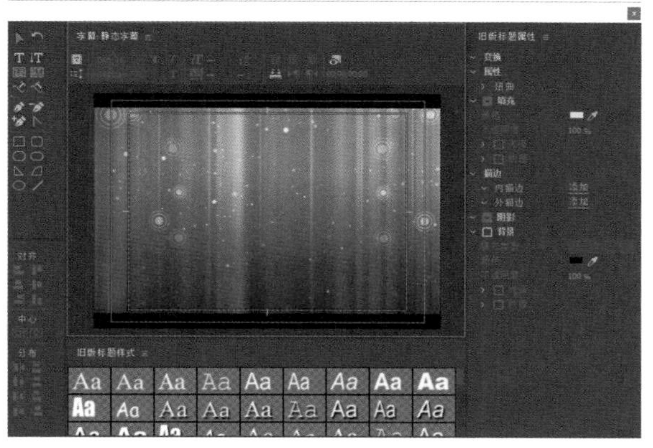

图 12-11　显示背景视频

知识点滴：

使用 Premiere 旧版标题字幕功能创建的字幕对象会自动添加到项目面板中，作为项目文件的素材。

04 在字幕工具面板中单击“文字工具”按钮，然后在绘图区单击鼠标指定创建文字的位置，即可开始输入文字内容，如图 12-12 所示。

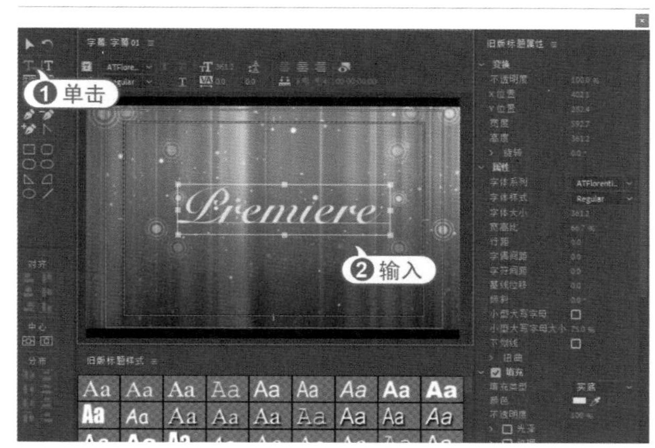

图 12-12　输入文字内容

05 单击字幕设计面板右上方的“关闭”按钮，关闭字幕设计面板，新建的字幕对象将显示在项目面板中，如图 12-13 所示。

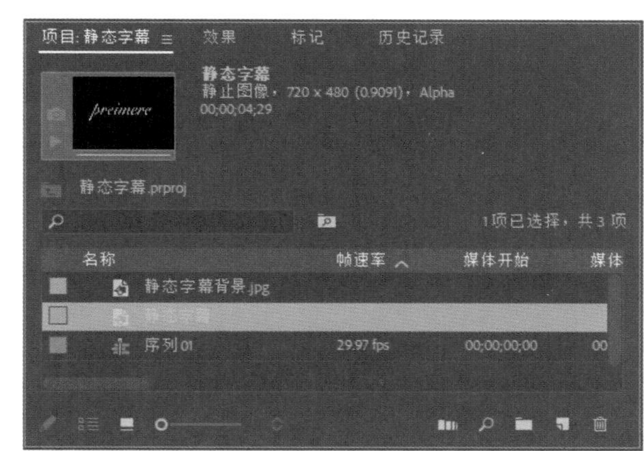

图 12-13　生成字幕对象

2. 滚动字幕

在 Premiere 中，可以创建由下向上滚动的字幕，用户还可以根据需要设置字幕是否开始或结束于屏幕外。

练习实例：创建向上滚动的字幕。	
文件路径	第 12 章 \ 滚动字幕.prproj
技术掌握	创建滚动字幕

01 新建一个项目文件和一个序列，然后在项目面板中导入“落叶.jpg”素材，如图 12-14 所示，将该素材添加到时间轴面板的视频 1 轨道中。

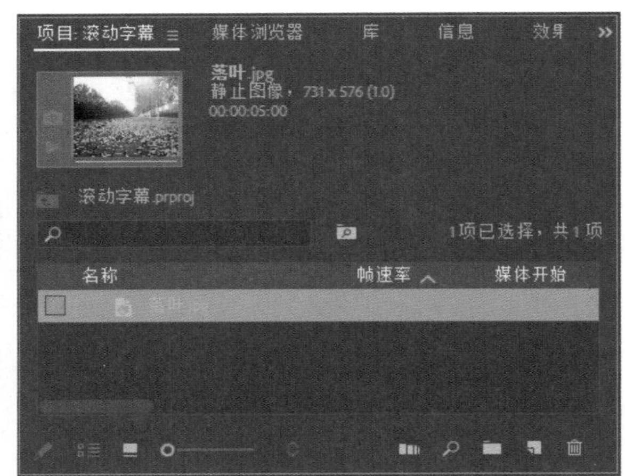

图 12-14　导入素材

02 选择“文件” | “新建” | “旧版标题”命令，在打开的“新建字幕”对话框中对字幕命名并单击“确定”按钮，如图 12-15 所示。

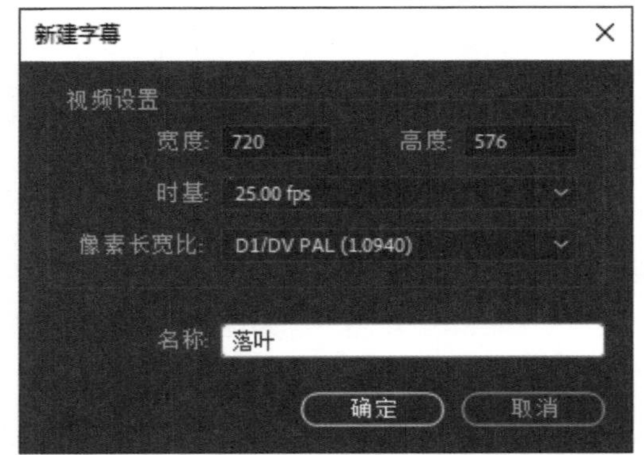

图 12-15　新建字幕

03 在打开的字幕设计面板中单击“显示背景视频”图标，在字幕设计面板的绘图区显示视频素材，如图 12-16 所示。

04 在字幕设计面板的绘图区创建文字内容，并在“旧版标题属性”面板中设置文字的字体和颜色等，如图 12-17 所示。

图 12-16　显示背景画面

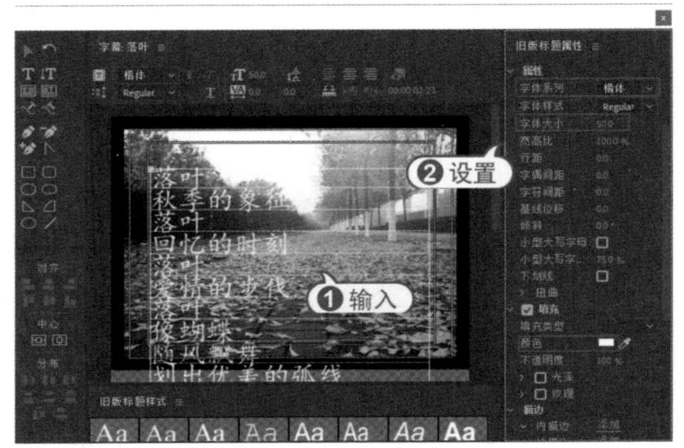

图 12-17　输入文字并设置文字的属性

05 在字幕设计面板中单击“滚动 / 游动选项”按钮，打开“滚动 / 游动选项”对话框，然后在该对话框中选中“滚动”单选按钮，再选中“开始于屏幕外”和“结束于屏幕外”复选框并单击“确定”按钮，如图 12-18 所示。

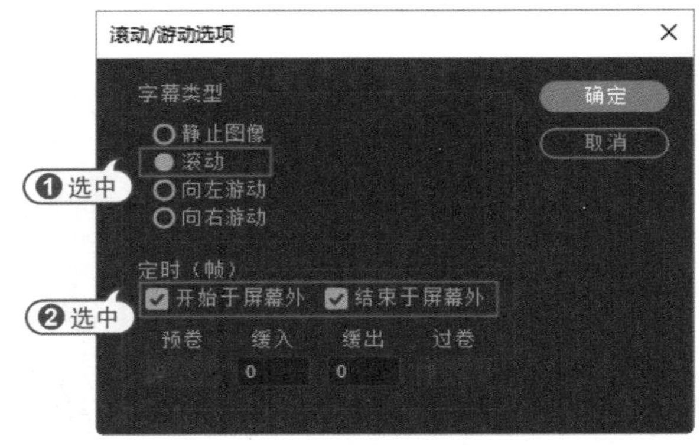

图 12-18　设置字幕滚动效果

06 关闭字幕设计面板，创建的字幕对象将显示在项目面板中，如图 12-19 所示。

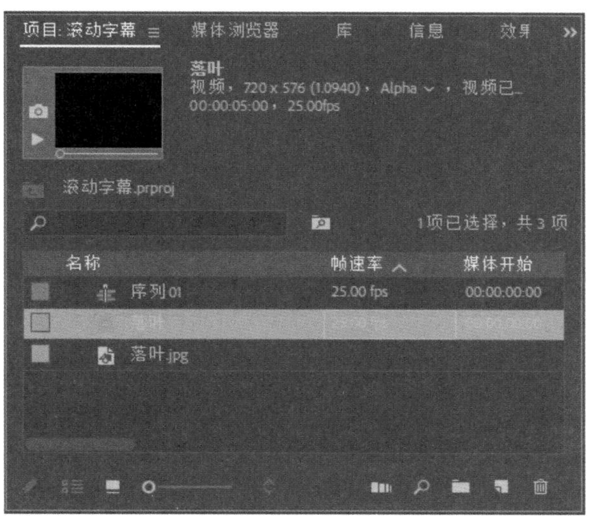

图 12-19　创建的字幕

07 将创建的字幕对象拖动到时间轴面板的视频 2 轨道中，如图 12-20 所示。

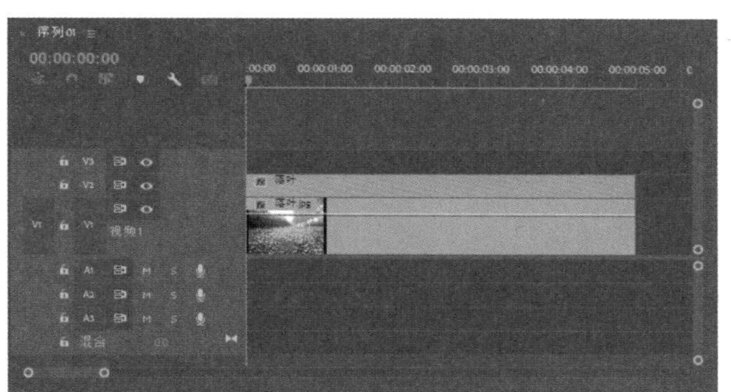

图 12-20　在视频轨道中添加字幕

08 在节目监视器面板中单击“播放-停止切换”按钮▶播放影片，可以预览字幕的滚动效果，如图 12-21 所示。

图 12-21　字幕滚动效果

3. 游动字幕

在 Premiere 中，不仅可以创建滚动字幕，还可以创建由左向右或由右向左游动的字幕。创建游动字幕的操作如下。

练习实例：创建向左游动的字幕。	
文件路径	第 12 章 \ 游动字幕.prproj
技术掌握	创建游动字幕

01 新建一个项目文件和一个序列，然后在项目面板中导入一个“雅西高速.jpg”素材，将该素材添加到时间轴面板的视频 1 轨道中。

02 选择“文件”|“新建”|“旧版标题”命令，在打开的“新建字幕”对话框中对字幕命名并单击“确定”按钮，然后在字幕设计面板中输入字幕文字并设置文字的属性，如图 12-22 所示。

图 12-22　输入文字并设置文字的属性

03 在字幕设计面板中单击“滚动 / 游动选项”按钮，打开“滚动 / 游动选项”对话框，然后在该对话框中选中“向左游动”单选按钮，再选中“开始于屏幕外”和“结束于屏幕外”复选框并单击“确定”按钮，如图 12-23 所示。

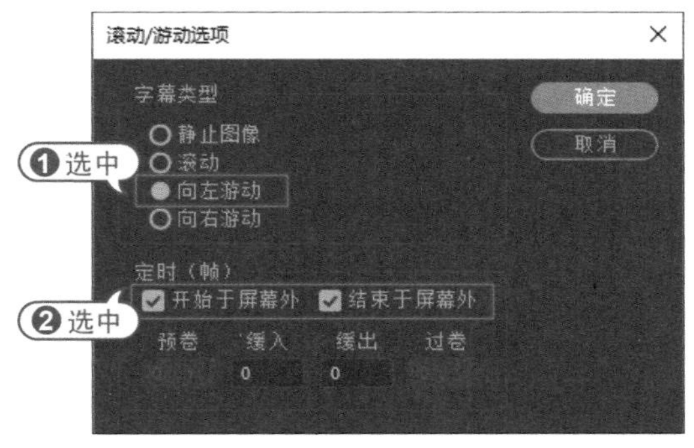

图 12-23　设置字幕游动选项

04 关闭字幕设计面板，将创建的字幕添加到时间轴面板的视频 2 轨道中，然后在节目监视器面板中进行播放，预览游动字幕的效果，如图 12-24 所示。

图 12-24　游动字幕效果

12.1.4　设置文字属性

在字幕设计面板中创建文字内容后，可以在“旧版标题属性”面板中对文字进行设置，包括文字的字体、大小、颜色、轮廓线和阴影等。“旧版标题属性”面板中包含 6 个参数设置选项组：变换、属性、填充、描边、阴影和背景，如图 12-25 所示。

1. 变换

创建文字内容后，在“旧版标题属性”面板中单击“变换”选项组前面的三角形按钮，可以展开该选项组，在该选项组中可以设置文字在画面中的不透明度、位置、尺寸、旋转等属性，如图 12-26 所示。

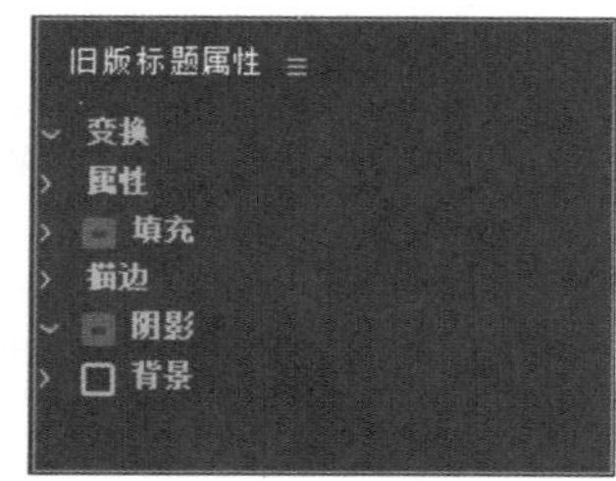

图 12-25　“旧版标题属性”面板

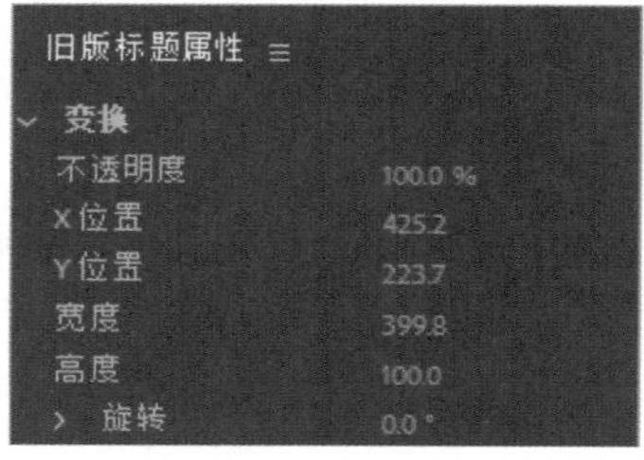

图 12-26　文字变换参数

2. 属性

在“旧版标题属性”面板的“属性”选项组中提供了多种针对文字的字体、字号以及其他基本属性的参数设置，如图 12-27 所示。

“属性”选项组中各个选项的作用如下。

- 字体系列：在右侧的下拉列表中可以选择被选中文字的字体，如图 12-28 所示。
- 字体样式：在右侧的下拉列表中可以选择被选中文字的样式。
- 字体大小：用于设置被选中文字的大小。
- 宽高比：用于设置被选中文字的长宽比例。
- 行距：用于调整输入文字的行间距。
- 字偶间距：根据相邻字符的形状调整所选文字的间距，更适合用于罗马字中。
- 字符间距：用于设置所选文字的字符间距。
- 基线位移：用于调整输入文字的基线。该项只对英文有效，对中文无效。
- 倾斜：用于设置输入文字的倾斜度。

- 小型大写字母：可以把所有的英文都改为大写。
- 小型大写字母大小：配合“小型大写字母”选项使用，调整转换后大写字母的大小。
- 下画线：为编辑的文字添加下画线。
- 扭曲：将文字分别向 X 轴和 Y 轴方向变形。

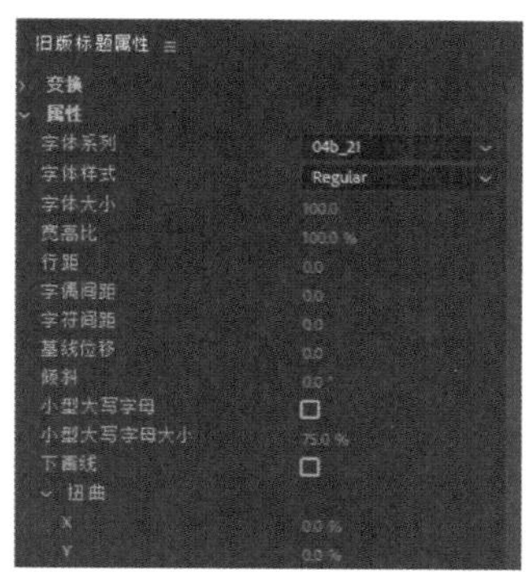

图 12-27　设置文字属性

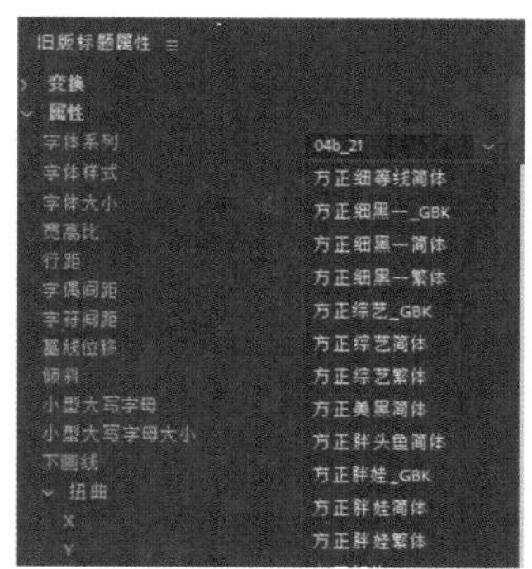

图 12-28　设置文字字体

3. 填充

“旧版标题属性”面板中的“填充”选项组用于设置文字的填充色。在“填充”选项组中提供了填充类型、光泽和纹理等选项，如图 12-29 所示。

“填充”选项组中主要选项的作用如下。

- 填充类型：Premiere 提供了 7 种填充类型，分别是实底、线性渐变、径向渐变、四色渐变、斜面、消除和重影，如图 12-30 所示。
- 光泽：该选项用于为对象添加一条光泽线。“颜色”选项用于改变光泽的颜色；“不透明度”选项用于设置光泽的不透明度；“大小”选项用于设置光泽的宽度；“角度”选项用于设置光泽的角度；“偏移”选项用于调整光泽的位置。
- 纹理：该选项用于对字幕设置纹理效果。

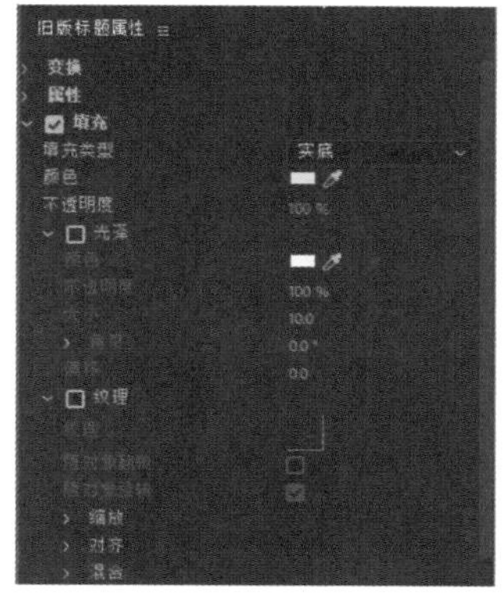

图 12-29　文字填充设置

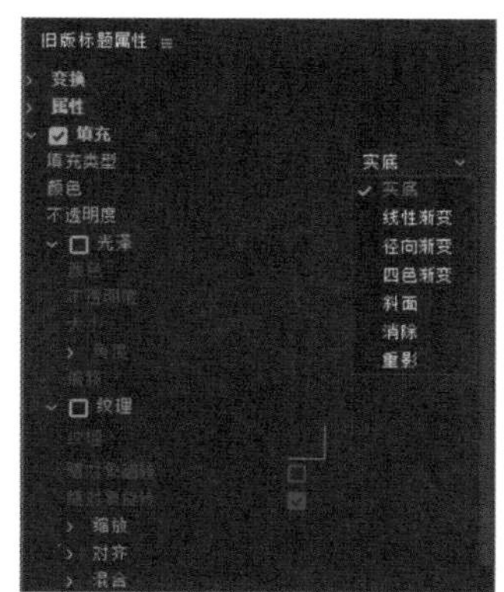

图 12-30　选择填充类型

4. 描边

“旧版标题属性”面板中的“描边”选项组用于对文字添加轮廓线，可以设置文字的内轮廓线和外轮廓线。Premiere 提供了深度、边缘和凹进 3 种描边方式，描边参数如图 12-31 所示。展开描边选项，单

击“内描边”或“外描边”选项右侧的“添加”按钮，就可以根据选项提示为对象添加轮廓线效果，效果如图 12-32 所示。

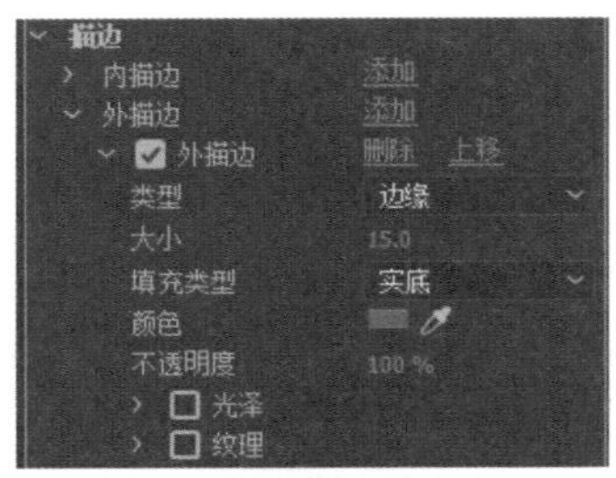

图 12-31　描边参数

图 12-32　描边效果

5. 阴影

“旧版标题属性”面板中的“阴影”选项组用于为文字添加阴影，效果如图 12-33 所示。在“阴影”选项组中可以设置阴影的颜色、不透明度、角度、阴影与原文字之间的距离，以及阴影的宽度和扩展程度，阴影参数如图 12-34 所示。

图 12-33　阴影效果

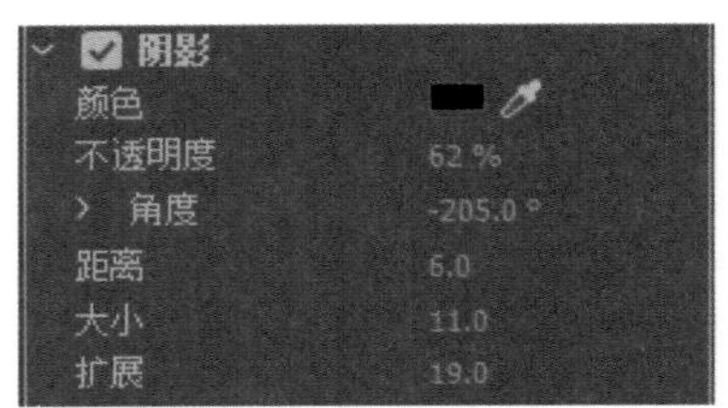

图 12-34　阴影参数

6. 背景

“旧版标题属性”面板中的“背景”选项组用于为字幕添加背景，可以设置背景的填充类型、颜色、不透明度、光泽和纹理等，如图 12-35 所示。图 12-36 所示是文字添加渐变色背景后的效果。

图 12-35　背景参数

图 12-36　背景效果

12.1.5　应用字幕样式

在 Premiere 的字幕设计面板中，“旧版标题样式”面板为文字和图形提供了预置样式。因此，用户在创建字幕时不用每次都选择字体、大小和颜色，只需为文字选择一个样式，即可应用样式中所有的属性。

练习实例：应用阴影和描边样式。	
文件路径	第 12 章\应用样式.prproj
技术掌握	应用字幕样式

01 新建一个项目文件，然后选择“文件”|“新建”|“旧版标题”命令，打开“新建字幕”对话框，在该对话框中设置字幕的名称并单击“确定”按钮，如图 12-37 所示。

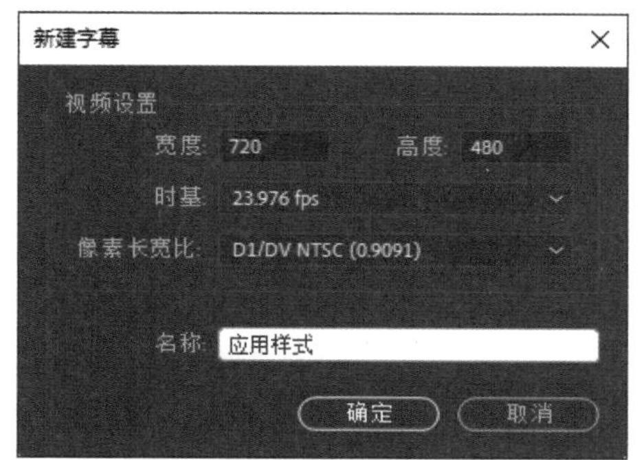

图 12-37　新建字幕

02 打开字幕设计面板，使用文字工具在绘图区中创建文字 Premiere，如图 12-38 所示。

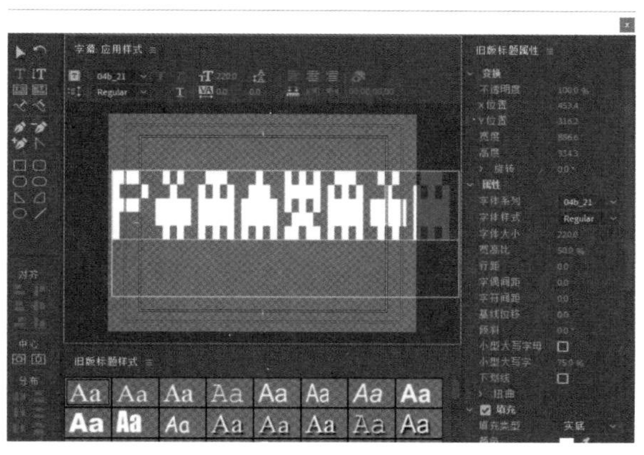

图 12-38　创建文字内容

03 在“旧版标题样式”面板中单击一种字幕样式，即可对当前选中的文字应用该样式，如图 12-39 所示。

图 12-39　应用标题样式

04 在“旧版标题样式”面板中拖动垂直滚动条，可以显示其他的字幕样式，单击一种字幕样式，即可更改当前文字的样式效果，如图 12-40 所示。

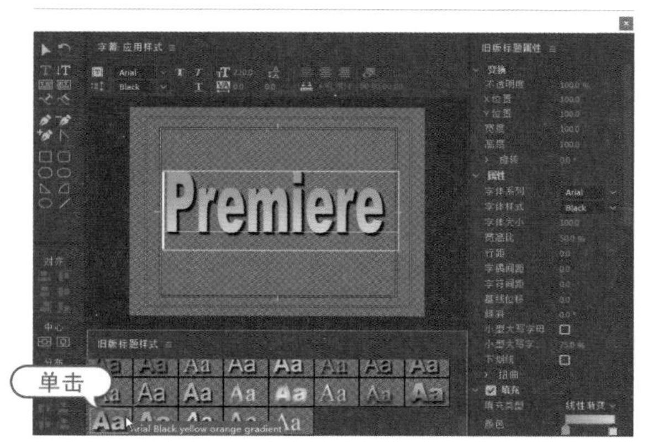

图 12-40　更改标题样式

知识点滴：

用户可以在设置好文字属性后，单击“旧版标题样式”面板中的菜单按钮，在弹出的菜单中选择“新建样式”命令，从而创建新样式。

12.1.6　绘制与编辑图形

字幕工具面板中的绘图工具包括“矩形工具”“圆角矩形工具”“切角矩形工具”“楔形工具”“弧形工具”“椭圆工具”和“直线工具”等。使用这些工具，可以在绘图区绘制相应的图形。绘制图形后，还可以对图形进行填充、编辑等操作。

练习实例：绘制并编辑图形。	
文件路径	第 12 章 \ 椭圆图形.prproj
技术掌握	绘制图形、编辑图形

01 新建一个项目文件，然后选择“文件”|“新建”|“旧版标题”命令，新建一个字幕对象。

02 打开字幕设计面板，单击“椭圆工具”按钮，然后在绘图区单击并拖动光标，即可创建一个椭圆，设置其宽度为450、高度为300，如图 12-41 所示。

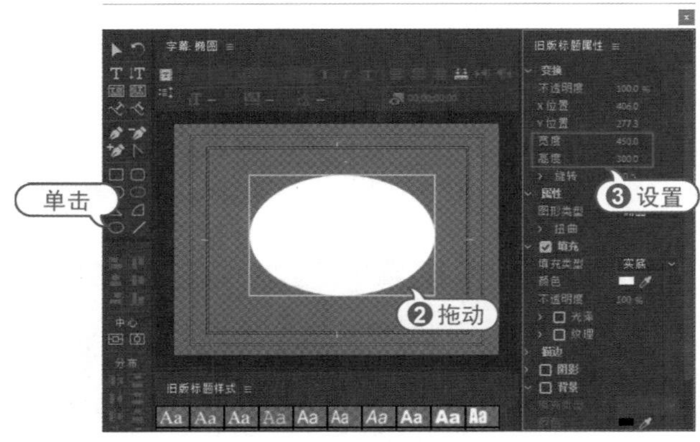

图 12-41　绘制椭圆

03 在“填充”选项组中单击“填充类型”下拉列表，然后选择“径向渐变”选项，如图 12-42 所示。

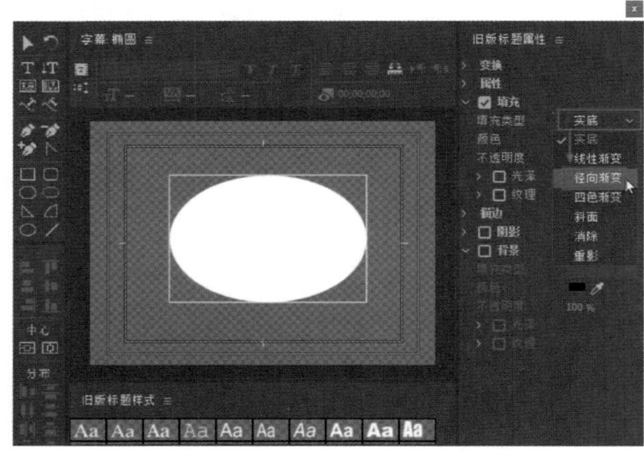

图 12-42　选择填充类型

04 设置径向渐变的颜色由黄色到红色渐变，效果如图 12-43 所示。

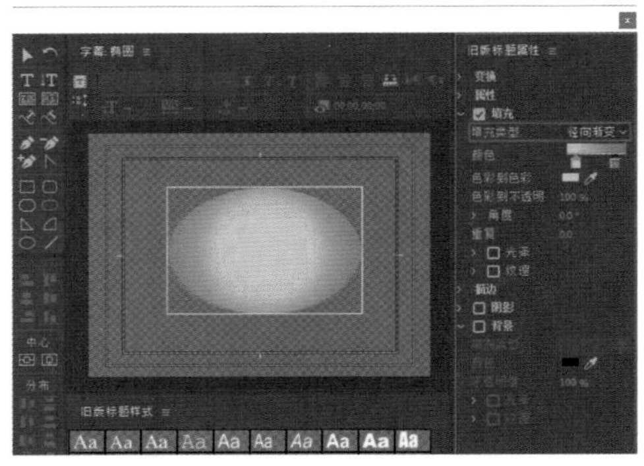

图 12-43　设置渐变颜色

05 在“填充”选项组中选中“光泽”复选框，并单击该选项前方的三角形按钮，将该选项展开，设置光泽大小为 100、角度为 135°，效果如图 12-44 所示。

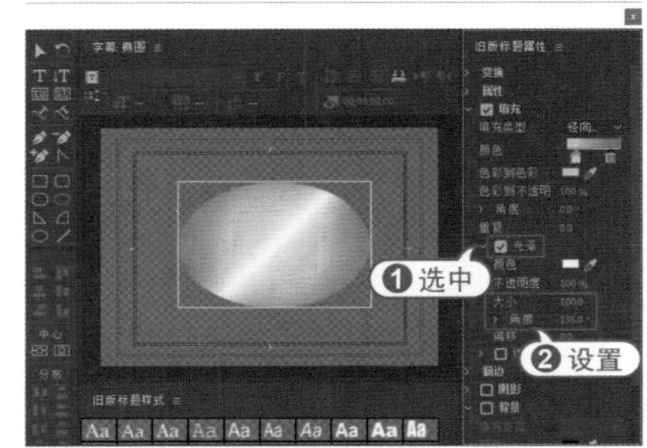

图 12-44　设置光泽效果

06 在“描边”选项组中单击“内描边”选项右侧的“添加”按钮，然后设置内描边大小为 20，描边颜色为暗红色，效果如图 12-45 所示。

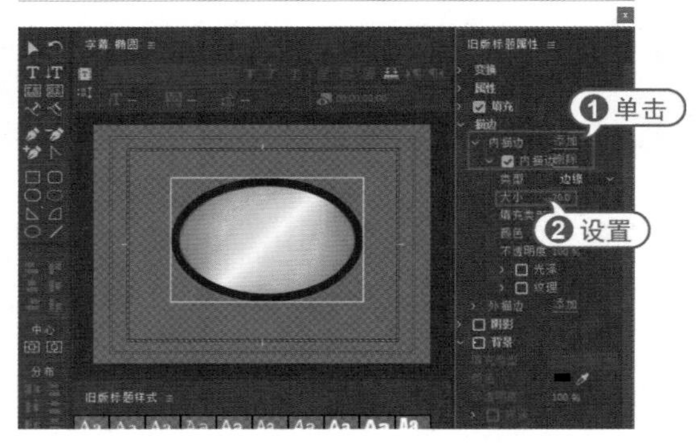

图 12-45　设置描边效果

07 在“阴影”选项组中选中“阴影”复选框，设置阴影的距离为 15，效果如图 12-46 所示。

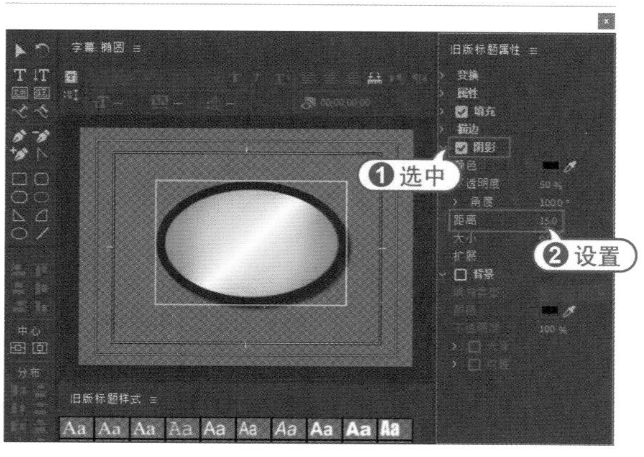

图 12-46　设置阴影效果

08 单击“选择工具”按钮，选择图形后，将鼠标指针移到图形边缘的控制手柄上，单击并拖动控制手柄，即可调整图形的大小，如图 12-47 所示。

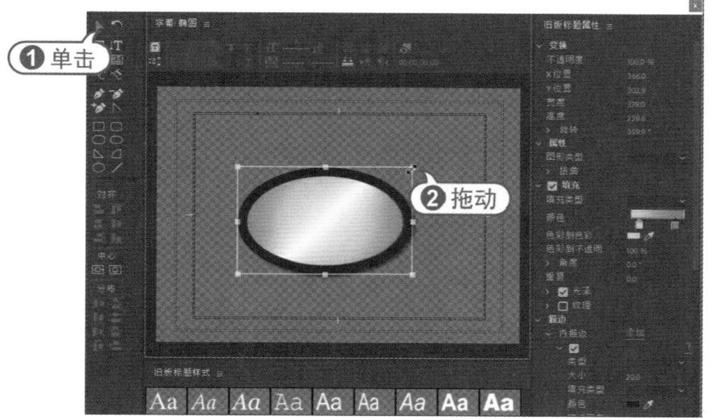

图 12-47　调整图形大小

09 选择图形，然后将鼠标指针移到所选对象的一个形状控制手柄上。当光标变成一个两端各有一个箭头的曲线形状时，按住并拖动控制手柄，即可旋转图形，如图 12-48 所示。

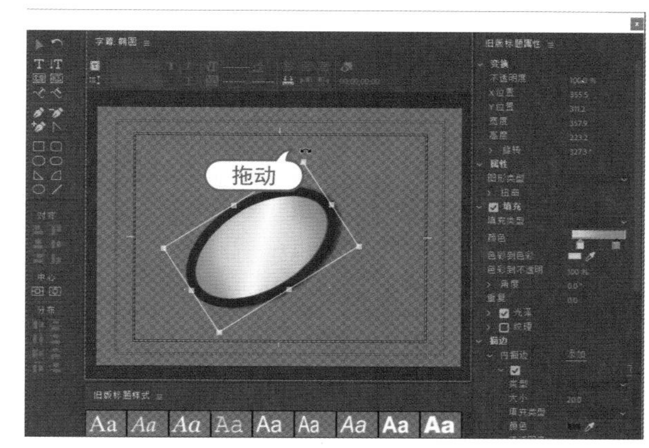

图 12-48　旋转图形

10 选择图形，然后按住并拖动对象到新的位置，即可移动图形，如图 12-49 所示。

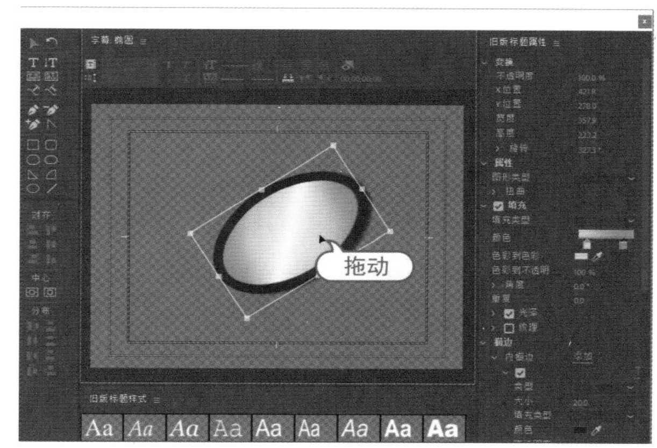

图 12-49　移动图形

知识点滴：

在“旧版标题属性”面板的“变换”选项组中设置“位置”“宽度”“高度”和“旋转”值，可以精确地调整图形的位置、大小和角度。

12.2　创建新字幕

在 Premiere Pro 2022 中，允许创建新字幕对象，这些字幕可以直接应用到项目中，也可以添加到视频中，为影片添加字幕文字。

12.2.1 新建字幕

选择“窗口”|“工作区”|“字幕”命令，可以进入“字幕”工作区。在该工作区中将打开文本面板，通过文本面板中的“字幕”选项卡可以新建字幕，新建字幕时将自动创建一个字幕轨道，并将字幕放置在轨道上。

练习实例：新建字幕。	
文件路径	第 12 章 \ 新字幕.prproj
技术掌握	创建新字幕

01 新建一个项目和一个序列，然后导入“秋色.jpg”素材，并添加到时间轴面板的视频 1 轨道中，素材预览效果如图 12-50 所示。

图 12-50　添加素材

02 选择“窗口”|“工作区”|“字幕”命令，进入“字幕”工作区，在文本面板中选择“字幕”选项卡，然后单击“创建新字幕轨”按钮，如图 12-51 所示。

图 12-51　单击“创建新字幕轨”按钮

03 在打开的“新字幕轨道”对话框中设置“格式”为“副标题”，如图 12-52 所示，然后单击“确定”按钮，在时间轴面板中将增加一个“副标题”轨道，如图 12-53 所示。

图 12-52　“新字幕轨道”对话框

图 12-53　增加“副标题”轨道

04 单击“字幕”选项卡上方的“添加新字幕分段”按钮，如图 12-54 所示，在“字幕”选项卡中将出现“新建字幕”文本块，如图 12-55 所示。

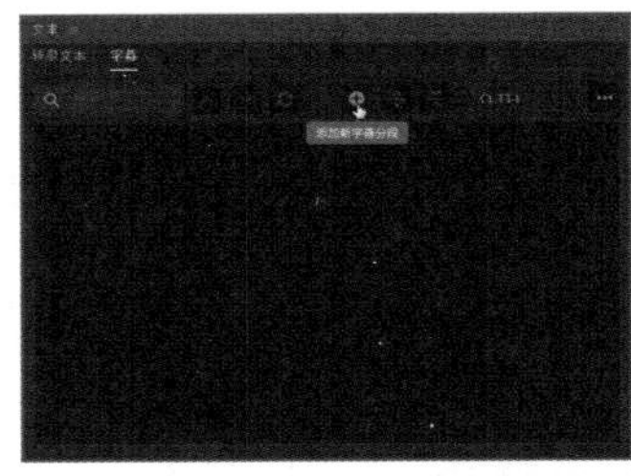

图 12-54　单击“添加新字幕分段”按钮

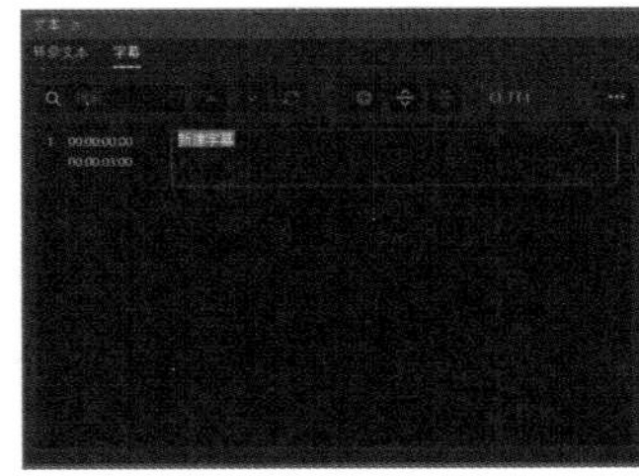

图 12-55　出现“新建字幕”文本块

知识点滴：

当系统发生变化后，“字幕”选项卡上方的“添加新字幕分段”按钮有时会消失，在这种情况下，用户可以单击“字幕”选项卡右上方的标题菜单按钮…，在弹出的菜单中选择“添加新字幕分段”命令，来新建字幕文本块。

05 在字幕文本块中输入新的文字内容，如图 12-56 所示。

06 在节目监视器面板中调整文字的位置，并调整文字的大小，效果如图 12-57 所示。

图 12-56 输入新文字

图 12-57 文字效果

12.2.2 设置字幕文本格式

创建好字幕后，用户可以在基本图形面板中设置字幕文字的文本格式(如文本颜色、大小、位置和背景颜色)等。选择字幕轨道上的一条字幕，然后选择“窗口”|“基本图形”命令，打开基本图形面板，在该面板中可以对字幕进行格式化处理，如图 12-58 所示。

1. 更改字体

在“基本图形”面板的“文本”选项组中可以更改字幕的字体、文本对齐方式和间距，如图 12-59 所示。

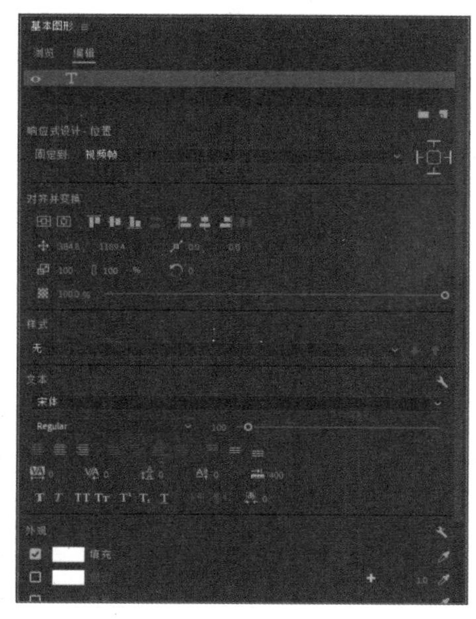

图 12-58 “基本图形”面板

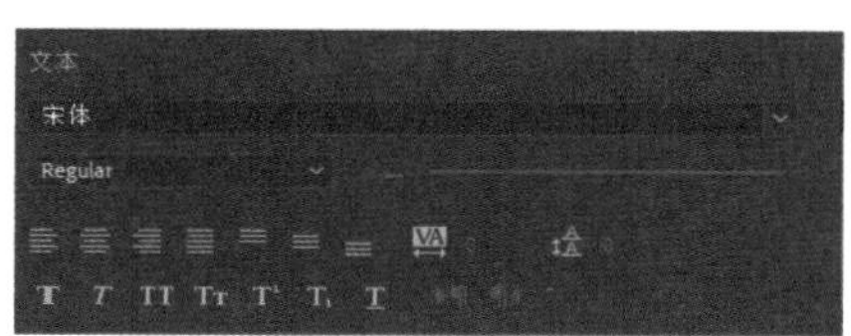

图 12-59 “文本”选项组

在“文本”选项组中可以设置文本的以下属性。

- 字体：可以设置文本的字体、字体样式和字体大小。
- 段落对齐方式：如需水平对齐，可使用左对齐文本、居中对齐文本、右对齐文本和两端对齐；如需垂直对齐，可使用顶部对齐文本、文本垂直居中和底对齐文本。
- 字距：扩大或缩小字符间距。
- 行距：扩大或缩小字行之间的垂直距离。
- 仿样式：粗体、斜体、全部大写字母、小型大写字母、上标、下标、下画线。

2. 更改文本位置

使用“对齐并变换”选项组中的选项可以对齐文本并更改文本的位置，如图 12-60 所示。更改文本的位置包括以下几种方式。

- 使用区域定位字幕：可以在不同的区域设置字幕位置，以便将字幕放置在屏幕上的不同区域。
- 微调位置：在“设置水平位置”选项和“设置垂直位置”选项中可以为区域设置添加偏移量。
- 更改文本框大小：通过“设置水平缩放”选项和“设置垂直缩放”选项可以缩小或扩大文本框的大小，这将影响文本环绕和段落对齐设置。

知识点滴：

垂直和水平文本对齐方式也会根据区域位置自动进行设置。

3. 更改文本外观

使用“外观”选项组中的“填充”“描边”“背景”和“阴影”选项可以更改文本外观，如图 12-61 所示。

图 12-60 “对齐并变换”选项组

图 12-61 “外观”选项组

- 填充：更改字幕的颜色。
- 描边：可以为字幕添加单个或多个描边。
- 背景：添加字幕背景框，可以选择背景框颜色，并更改不透明度。
- 阴影：添加字幕阴影，可以设置阴影不透明度、角度和距离等。

练习实例：设置字幕的文本格式。	
文件路径	第 12 章 \ 设置字幕文本格式 .prproj
技术掌握	设置字幕的文本格式

01 新建一个项目和一个序列，然后在项目中导入“中秋 .jpg”素材，如图 12-62 所示。

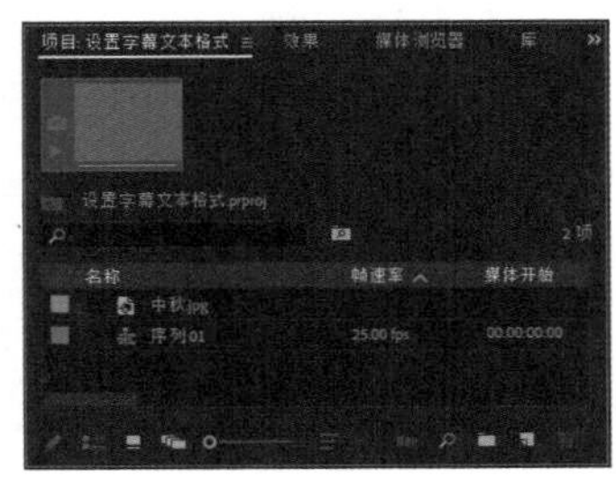

图 12-62 导入素材

02 将导入的素材添加到时间轴面板的视频 1 轨道中，在节目监视器中对素材进行预览，效果如图 12-63 所示。

图 12-63　素材预览效果

03 打开文本面板，在“字幕”选项卡中单击“创建新字幕轨”按钮，然后根据提示创建一个“副标题”字幕，在时间轴面板中将增加一个“副标题”轨道，如图 12-64 所示。

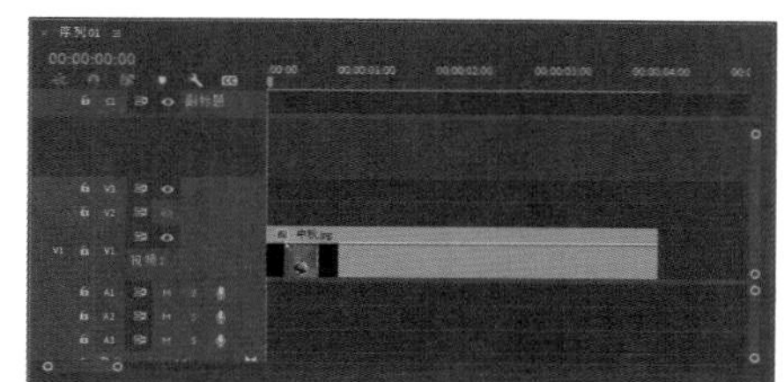

图 12-64　增加“副标题”轨道

04 单击“字幕”选项卡上方的“添加新字幕分段”按钮，在出现的“新建字幕”文本块中输入文字内容，通过按 Enter 键和空格键调整文字的位置，如图 12-65 所示。

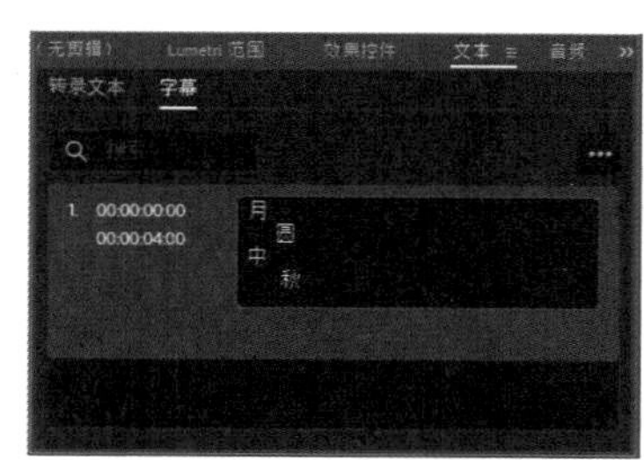

图 12-65　输入文字并调整文字的位置

05 打开“基本图形”面板，选择“编辑”选项卡，然后设置文本的字体、字号和行距，如图 12-66 所示，得到的字幕效果如图 12-67 所示。

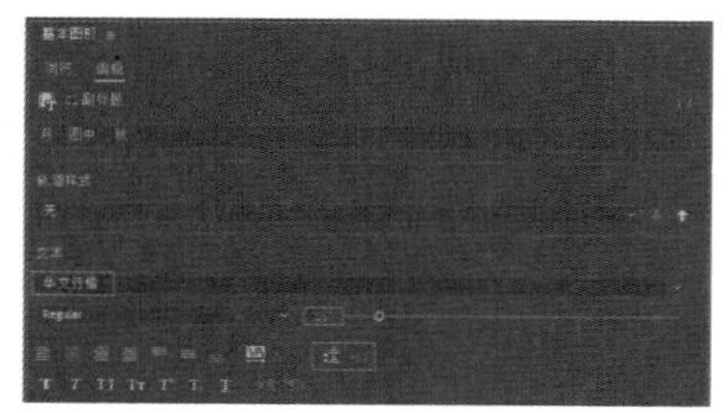

图 12-66　设置文本的字体、字号和行距

图 12-67　字幕效果

06 在“对齐并变换”选项组中更改字幕的位置为正中，如图 12-68 所示，然后在节目监视器面板中适当拖动字幕，调整字幕位置，效果如图 12-69 所示。

图 12-68　更改字幕的位置

图 12-69　字幕效果

07 在“外观”选项组中单击填充的颜色图标，如图 12-70 所示，打开“拾色器”对话框，设置文字的颜色为橘黄色，如图 12-71 所示。

图 12-70　单击填充的颜色图标

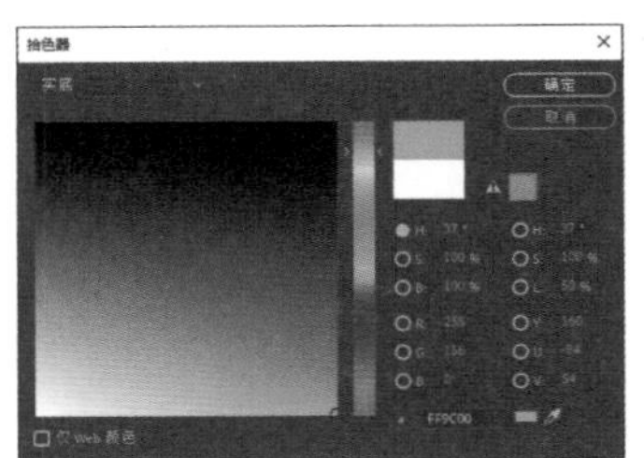

图 12-71　设置文字填充颜色

08 在“外观”选项组中选中“描边”复选框，并设置描边的颜色为金黄色、描边宽度为 8，如图 12-72 所示，文字描边效果如图 12-73 所示。

图 12-72　设置文字描边

图 12-73　文字描边效果

知识点滴：

单击“描边”选项右方的 +（加号）按钮，可以为文字添加新的描边；选中“背景”和“阴影”复选框，可以为文字添加背景和阴影效果。

09 在工具面板中单击“文字工具”按钮，如图 12-74 所示。

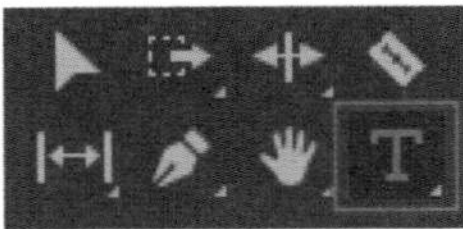

图 12-74　单击“文字工具”按钮

10 在字幕右上角绘制一个文本框，作为输入文字的区域，如图 12-75 所示，此时在时间轴面板的视频 2 轨道中将增加一个图形素材，如图 12-76 所示。

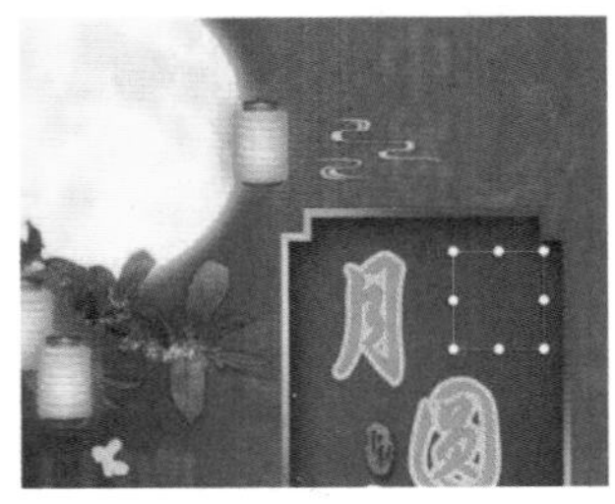

图 12-75　绘制文本框

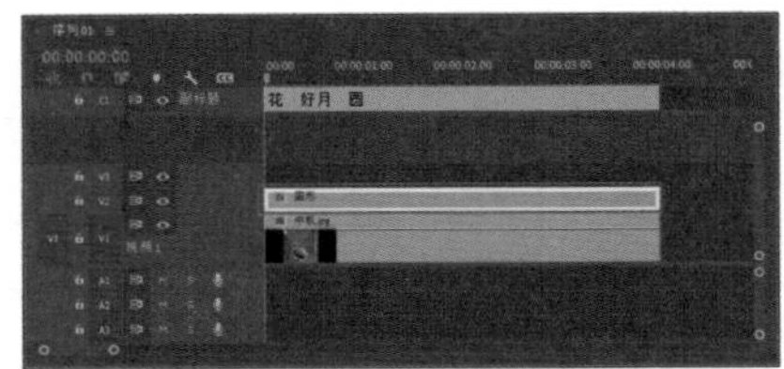

图 12-76　增加图形素材

11 在文本框中输入文字内容，然后在基本图形面板中设置文字的字体、字号，并设置文字的填充颜色为橘黄色，如图 12-77 所示，文字效果如图 12-78 所示。

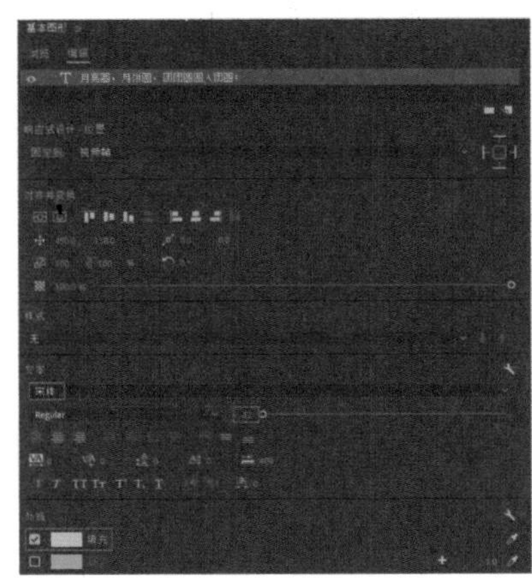

图 12-77　设置文字格式

图 12-78　文字效果

12 使用同样的方法在图形上方创建日期文字，效果如图 12-79 所示。

图 12-79　创建日期文字

13 在工具面板中按住“钢笔工具”按钮，在弹出的子工具中选择“矩形工具”，如图 12-80 所示。

图 12-80　选择“矩形工具”

14 在日期文字处绘制矩形框，如图 12-81 所示。

15 在工具面板中按住“文字工具”按钮，在弹出的子工具中选择“垂直文字工具”，如图 12-82 所示。

图 12-81　绘制矩形框

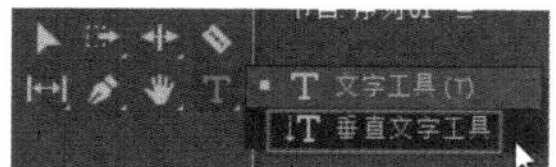

图 12-82　选择“垂直文字工具”

16 在“月圆中秋”文字右方创建竖排文字，完成本例的制作，效果如图 12-83 所示。

图 12-83　最终效果

12.2.3　创建字幕样式

用户可以创建字幕样式，以便在整个字幕轨道中使用统一的样式。样式会保存基本图形面板中所做的所有设置，包括字体、对齐方式、颜色等。为一条字幕设置“轨道样式”后，该样式会应用到该轨道的所有字幕上，用户可以对不同的轨道使用不同的样式。

设置好字幕的属性后，在基本图形面板的“轨道样式”下拉列表中选择“创建样式”选项，如图 12-84 所示，在打开的“新建文本样式”对话框中为样式指定一个名称，如图 12-85 所示，然后单击“确定”，即可创建一个新的样式。新的文本样式将显示在“轨道样式”下拉列表中，如图 12-86 所示。

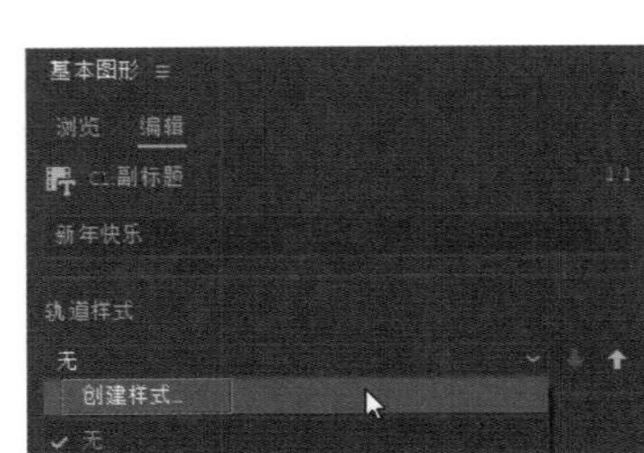

图 12-84　选择“创建样式”选项

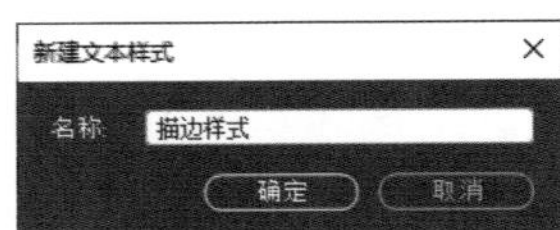

图 12-85　新建文本样式

图 12-86　新文本样式

12.2.4　在视频轨道中编辑字幕

字幕在时间轴面板中有自己的轨道，用户可以像编辑其他任何视频轨道一样对其进行编辑。

1. 打开或关闭字幕轨道

在时间轴面板中单击“切换活动字幕轨道”图标，如图 12-87 所示，可以关闭字幕轨道，如图 12-88 所示；再次单击切换眼睛图标，可以打开字幕轨道。

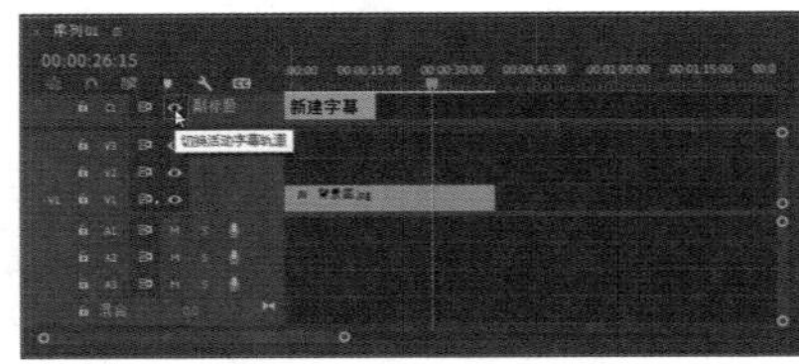

图 12-87　单击“切换活动字幕轨道”图标

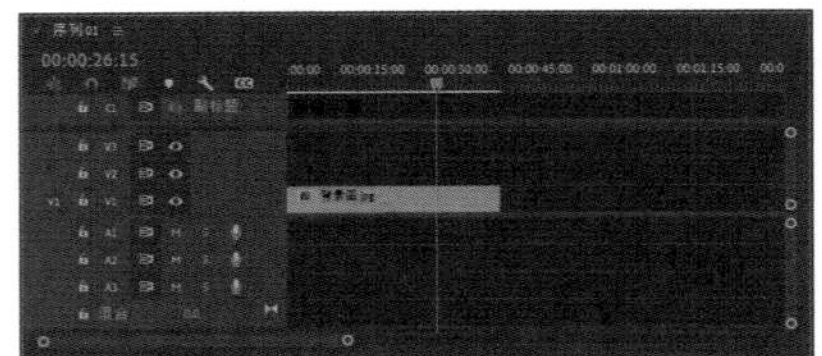

图 12-88　关闭字幕轨道

2. 修剪字幕轨道

与视频或音频一样，用户可以通过拖动字幕的出入点来调整字幕的出入点，图 12-89 所示是调整字幕的出点；也可以使用“剃刀工具”对字幕进行切割，如图 12-90 所示。

图 12-89　调整字幕的出点

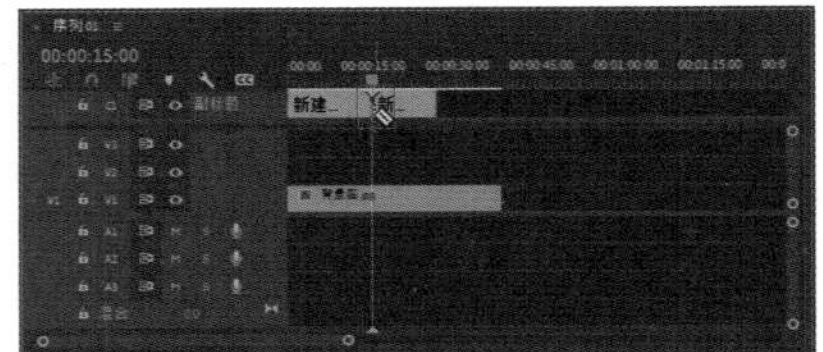

图 12-90　切割字幕

3. 添加或删除字幕轨道

在创建字幕后，用户还可以继续添加或删除字幕轨道。

- 添加字幕轨道：右击字幕轨道标题，在弹出的快捷菜单中选择“添加单个轨道”命令，如图 12-91 所示，在打开的“新字幕轨道”对话框中进行确定，即可添加一个字幕轨道，如图 12-92 所示。
- 删除字幕轨道：右击某个字幕轨道标题，在弹出的快捷菜单中选择“删除单个轨道”命令，如图 12-93 所示，即可删除该字幕轨道，如图 12-94 所示。

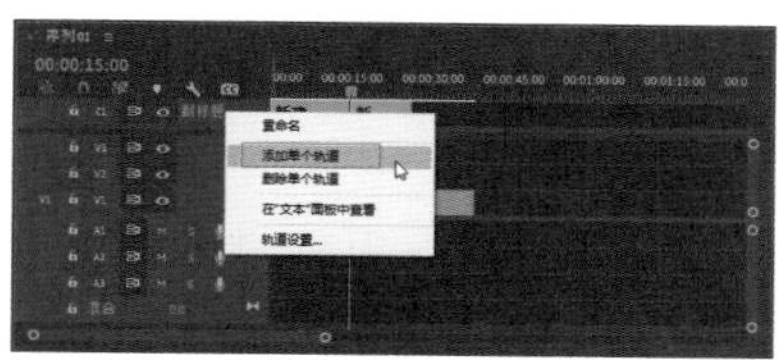

图 12-91 选择“添加单个轨道”命令

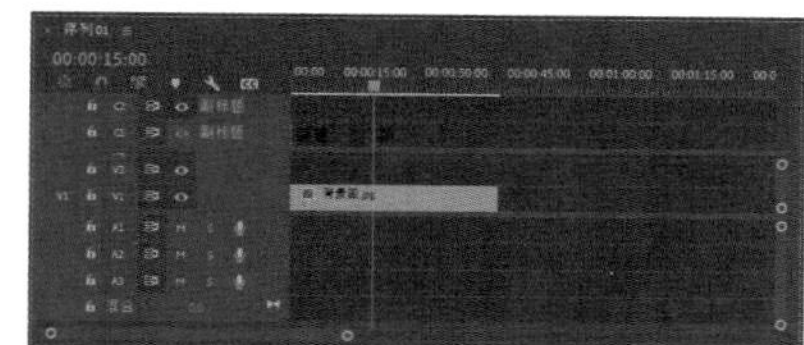

图 12-92 添加字幕轨道

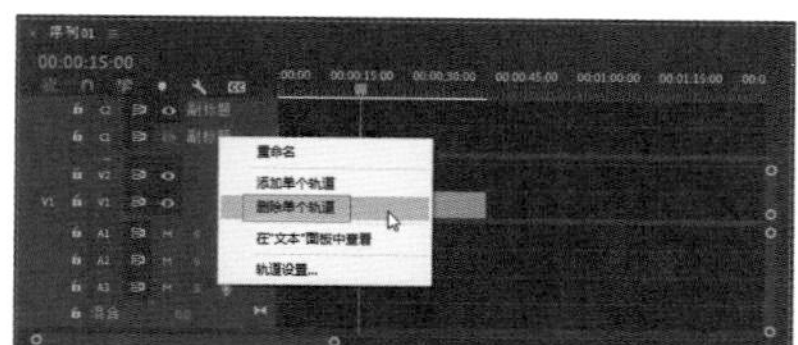

图 12-93 选择“删除单个轨道”命令

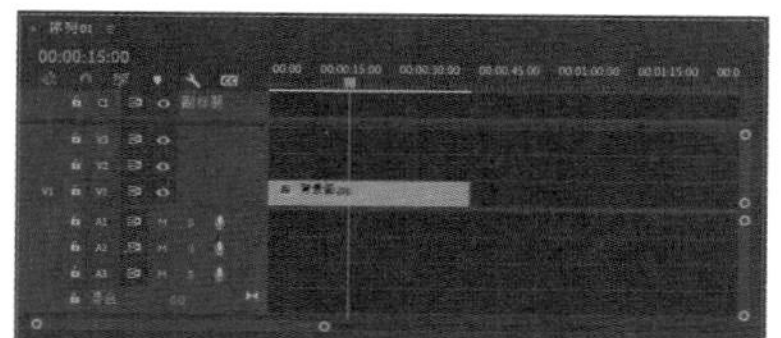

图 12-94 删除字幕轨道

4. 隐藏或显示字幕轨道

在时间轴面板中单击 CC 图标，在弹出的菜单中可以选择隐藏或显示字幕轨道的命令，如图 12-95 所示，图 12-96 所示是隐藏所有字幕轨道的效果。

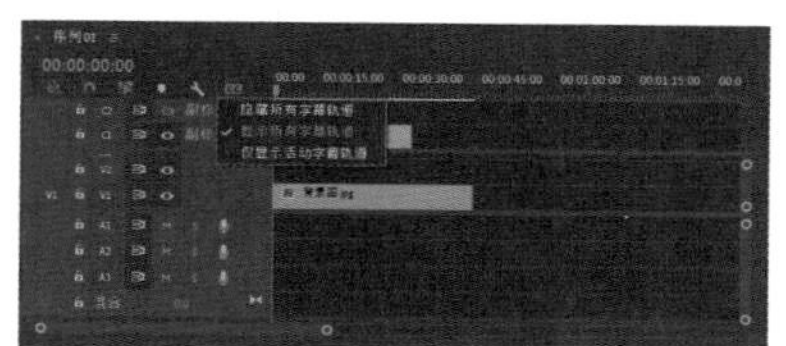

图 12-95 字幕轨道的隐藏或显示命令

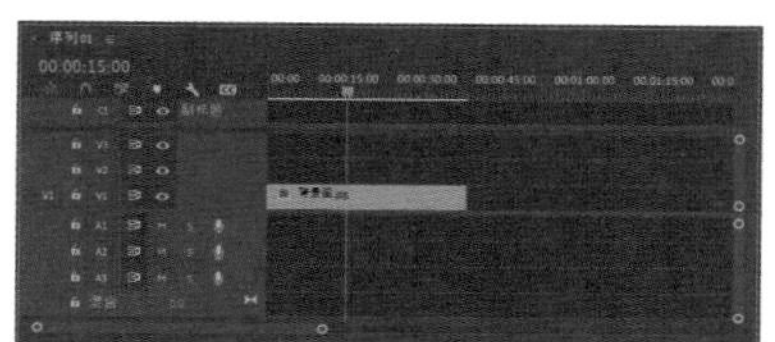

图 12-96 隐藏字幕轨道

12.2.5 导出字幕

完成创建或编辑字幕之后，可以使用“文件”|“导出”|“字幕”或“文件”|“导出”|“媒体”命令导出包含字幕的序列。

1. 使用导出字幕命令

选择字幕所在的序列，然后选择“文件”|“导出”|“字幕”命令，打开进行字幕设置的对话框，单击“确定”按钮，如图 12-97 所示，在打开的“另存为”对话框中设置字幕的导出路径和名称，如图 12-98 所示，单击“保存”按钮，即可导出包含字幕的序列。

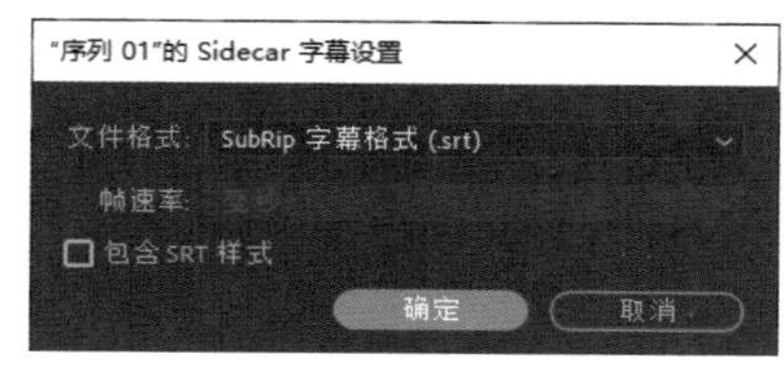

图 12-97 字幕设置

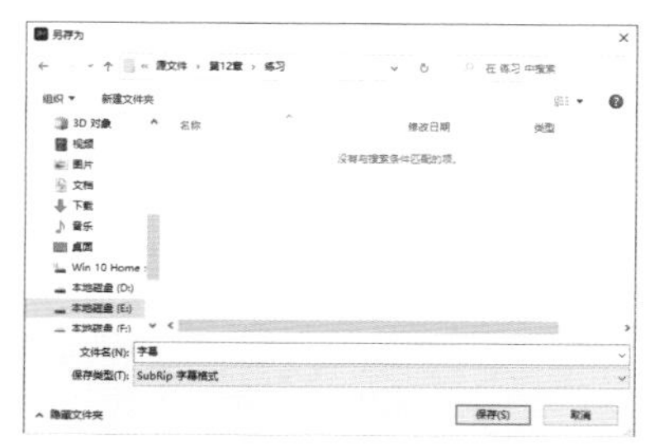

图 12-98 设置字幕的导出路径和名称

2. 使用导出媒体命令

选择字幕所在的序列，然后选择“文件”|“导出”|“媒体”命令，打开“导出设置”对话框，在该对话框右下方选择“字幕”选项卡，可以设置导出字幕的选项，如图 12-99 所示。在“导出选项”下拉列表中，可以选择导出字幕的选项，如图 12-100 所示，然后单击“导出”按钮，即可导出字幕序列。

“导出选项”下拉列表中的选项说明如下。

- 无：不包括任何类型的字幕，仅导出序列中的视频和音频。
- 创建 Sidecar 文件：导出 Sidecar 字幕文件，支持的格式包括 SCC、MCC、XML、STL、SRT 和 DFXMP。
- 将字幕录制到视频：将序列中的字幕与视频和音频一起导出。

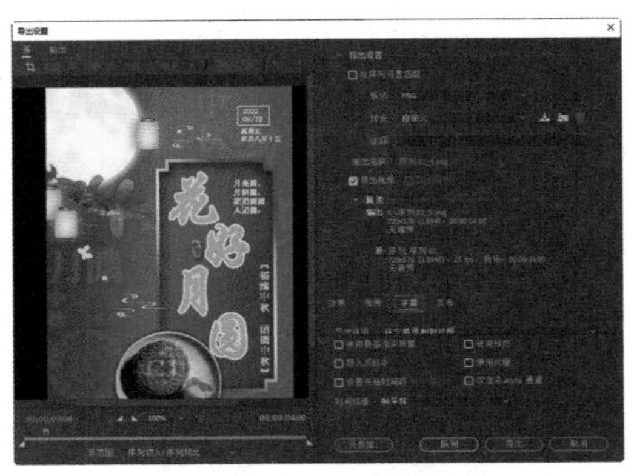

图 12-99　选择“字幕”选项卡

图 12-100　字幕导出选项

知识点滴：

在“导出设置”对话框的“字幕”选项卡中，“导出选项”的默认选项为“无”，如果在导出媒体设置时，没有修改该选项，在导出视频时，将不会导出字幕对象。

12.2.6　在视频流中添加字幕

在 Premiere Pro 2022 中创建的新字幕可以添加到视频流中。例如，用户可以在使用播放器播放影片时添加影片的对白字幕。

练习实例：为视频添加字幕。	
文件路径	第 12 章\
技术掌握	在视频流中添加字幕

01 打开一个媒体播放器，播放“大海 .mp4”视频素材，该素材只有 MTV 影像，没有唱词字幕，如图 12-101 所示。接下来为 MTV 影像添加唱词字幕。

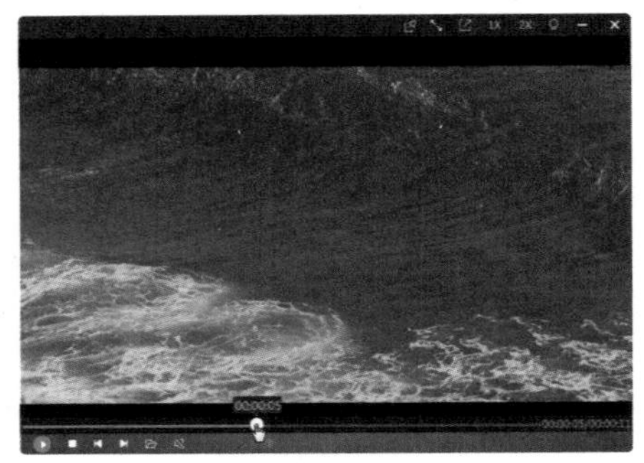

图 12-101　无字幕的视频影像

02 找到前面导出的唱词字幕，然后将其直接拖入播放器的影像窗口中，即可为当前影像添加唱词字幕，如图 12-102 所示。

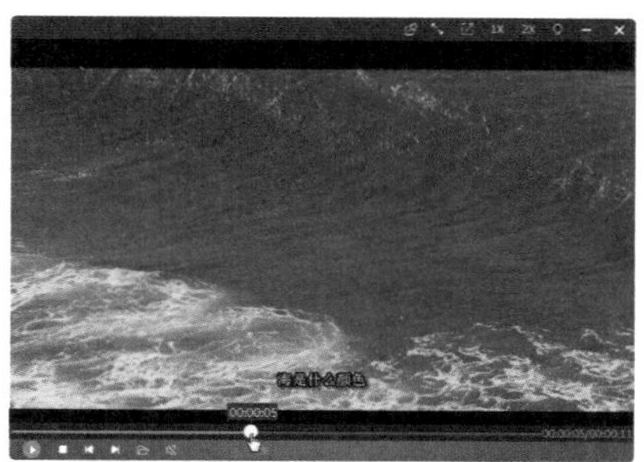

图 12-102　添加唱词字幕

03 在播放器窗口中右击，在弹出的快捷菜单中选择“字幕选择”命令，可以在子菜单中选择字幕对象(如果添加了多个字幕)或字幕设置，这里选择“字幕设置”命令，如图 12-103 所示。

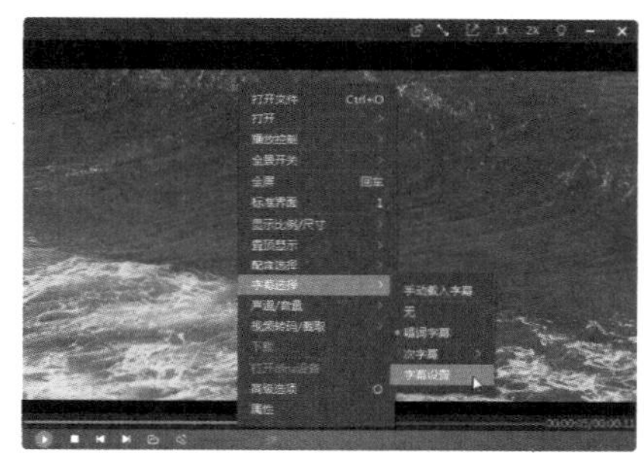

图 12-103　选择命令

04 在打开的“字幕调节”对话框中可以设置字幕效果，这里将字号设置为“大”，如图 12-104 所示，修改后的字幕效果如图 12-105 所示。

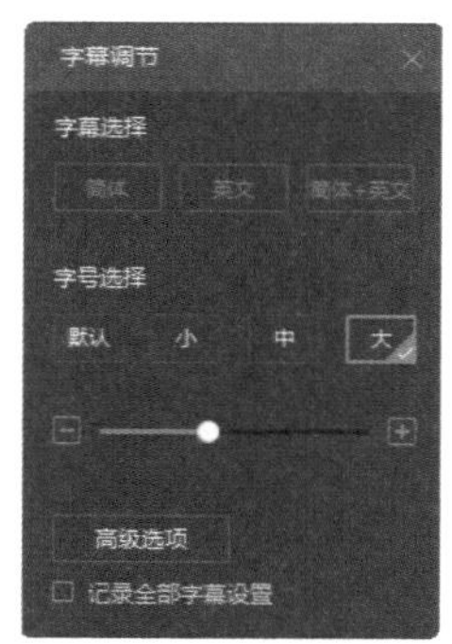

图 12-104　调节字幕

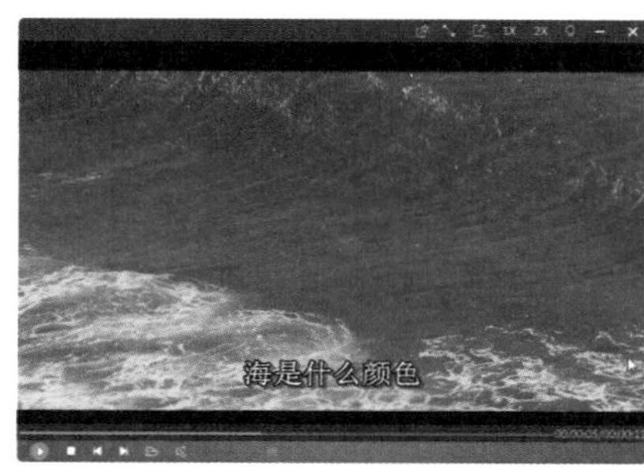

图 12-105　修改后的字幕效果

知识点滴：

在“字幕调节”对话框中单击“高级选项”按钮，可以调节字幕的字体、大小、延迟时间等。

12.3　应用预设字幕与图形

在基本图形面板中，用户可以直接调用 Premiere 预设的字幕和图形对象，且这些对象不会占用项目面板中的位置。

练习实例：调用预设字幕和图形。	
文件路径	第 12 章 \ 预设字幕和图形.prproj
技术掌握	调用预设的字幕和图形

01 选择“窗口”|“基本图形”命令，打开基本图形面板，如图 12-106 所示。

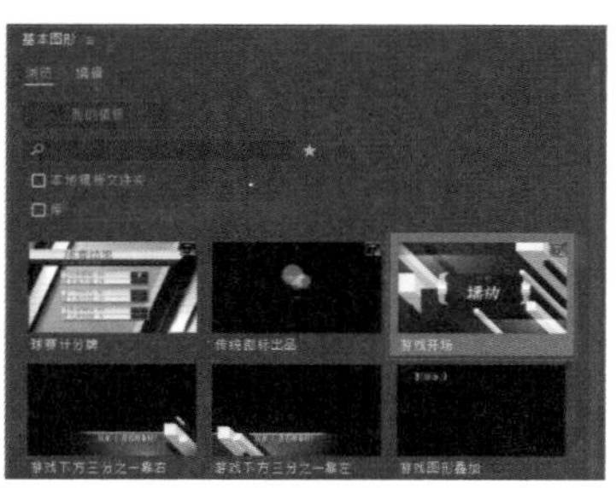

图 12-106　打开基本图形面板

02 在基本图形面板中将预设的字幕（如“游戏开场”）拖入时间轴面板的视频轨道中，如图 12-107 所示。

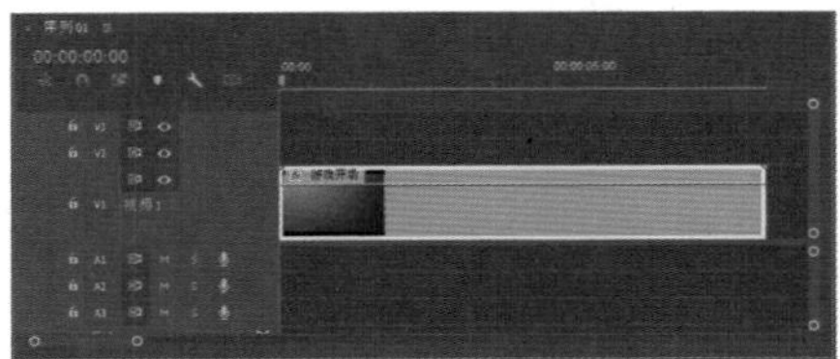

图 12-107　将预设字幕添加到时间轴面板中

03 拖动时间轴面板中的当前时间指示器，显示预设图形的文字内容，如图 12-108 所示。

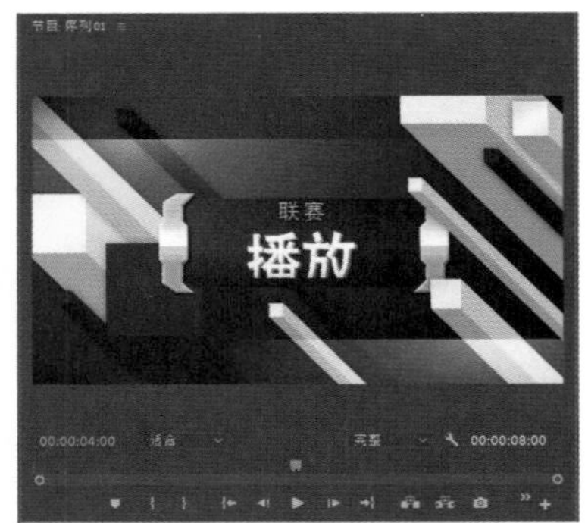

图 12-108　显示文字内容

04 选择工具面板中的文字工具，再选择预设图形中的文字，然后重新输入文字，对文字内容进行修改，如图 12-109 所示。

图 12-109　修改文字内容

05 在节目监视器面板中单击“播放-停止切换”按钮▶，可以播放预设字幕的影片效果，如图 12-110 所示。

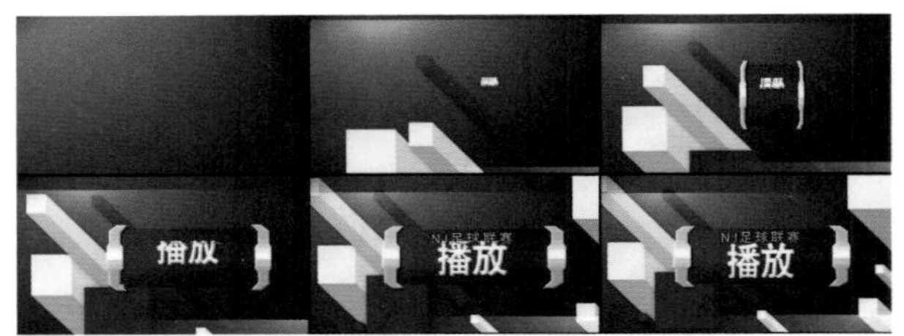

图 12-110　播放预设字幕的影片效果

12.4　高手解答

问：在视频中创建长篇幅的文字时，视频画面通常只能显示一部分文字，这时可以采用什么方式显示其他文字？

答：在视频中创建长篇幅的文字时，视频画面通常只能显示一部分文字内容，其他部分的文字会被隐藏，这时，如果通过创建滚动字幕或游动字幕，使文字在屏幕中上下滚动或左右游动，则可以解决这种问题。

问：在创建多个标题字幕时，如果要将多个字幕的文字设置为相同的文字效果，使用什么方法比较方便？

答：在创建多个标题字幕时，如果要将多个字幕的文字设置为相同的文字效果，可以先设置好其中一个字幕的文字样式，然后将该文字的样式保存，在创建其他字幕时，再将保存的文字样式直接应用到其他字幕中的文字上。

问：在创建好字幕后，为什么在导出视频时，只能导出视频画面，不能导出创建的字幕？

答：导出媒体视频时，在“导出设置”对话框中，字幕的“导出选项”默认为“无”，在这种情况下就不能导出字幕，这时需要将字幕的“导出选项”修改为“将字幕录制到视频”，就可以将字幕与视频一起导出来。

第13章 音频处理

在影视作品中，音频的编辑是不可缺少的一部分。为影片添加背景音乐和音效可以突出主题，烘托气氛，声音与影片画面相结合可以产生更加丰富的效果。本章将介绍音频编辑的相关知识，包括音频的基础知识、音频素材的编辑方法、添加音频特效以及音轨混合器的应用等。

练习实例：添加音频素材
练习实例：制作淡入淡出的声音效果
练习实例：为素材添加音频效果
练习实例：调整素材的音频增益
练习实例：制作摇摆旋律
练习实例：在音轨混合器中应用音频效果

13.1　初识音频

在 Premiere 中进行音频编辑之前，需要对声音及描述声音的术语有所了解，这有助于了解正在使用的声音是什么类型，以及声音的品质如何。

13.1.1　音频采样

在数字声音中，数字波形的频率由采样率决定。许多摄像机使用 32000Hz 的采样率录制声音，每秒录制 32000 个样本。采样率越高，声音可以再现的频率范围也就越广。要再现特定频率，通常应该使用双倍于频率的采样率对声音进行采样。因此，要再现人们可以听到的 20000Hz 的最高频率，所需的采样率至少是每秒 40000 个样本 (CD 是以 44100Hz 的采样率进行录音的)。

将音频素材导入项目面板后，会显示声音的采样率和声音位等相关参数。如图 13-1 所示的音频是 44100Hz 采样率和 16 位声音位。

13.1.2　声音位

在数字化声音时，由数千个数字表示振幅或波形的高度和深度。在这期间，需要对声音进行采样，以数字方式重新创建一系列的 1 和 0。如果使用 Premiere 的音轨混合器对旁白进行录音，那么先由麦克风处理来自人们的声音声波，然后通过声卡将其数字化。在播放旁白时，声卡将这些 1 和 0 转换回模拟声波。

高品质的数字录音使用的位也更多。CD 品质的立体声最少使用 16 位 (较早的多媒体软件有时使用 8 位的声音，如图 13-2 所示，这会提供音质较差的声音，但生成的数字声音文件较小)。因此，可以将 CD 品质声音的样本数字化为一系列 16 位的 1 和 0(如 1011011011101010)。

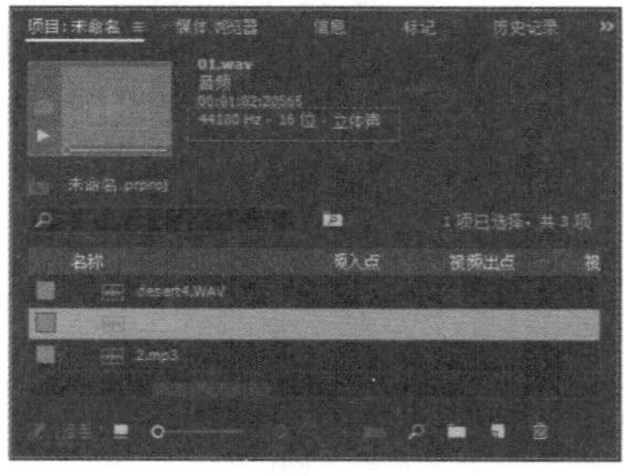

图 13-1　声音的相关参数

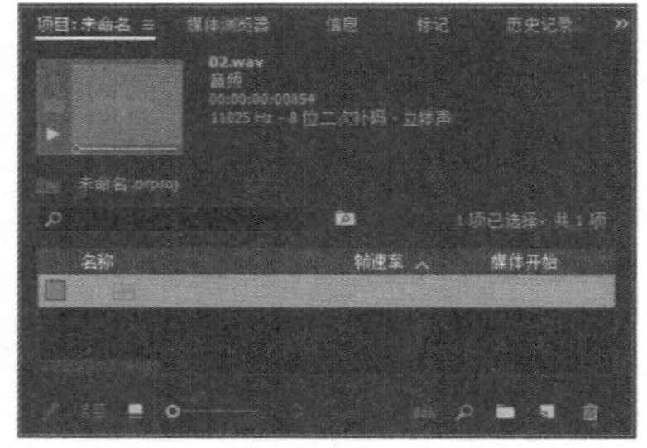

图 13-2　8 位的声音

13.1.3　比特率

比特率是指每秒传送的比特数，单位为 bps(bit per second)。比特率越高，传送数据的速度越快。声音中的比特率是指将模拟声音信号转换成数字声音信号后，单位时间内的二进制数据量，是间接衡量音频质量的一个指标。

声音中的比特率 (码率) 原理与视频中的相同，都是指由模拟信号转换为数字信号后，单位时间内的二进制数据量。声音的比特率类似于图像分辨率，高比特率生成更流畅的声波，就像高图像分辨率能生成更平滑的图像一样。

13.1.4 声音文件的大小

由于声音文件可能会比较大，因此在进行影片编辑时需要估算声音文件的大小。用户可以通过位深乘以采样率来估算声音文件的大小。声音的位深越大，采样率就越高，声音文件也会越大。

13.2 音频的基本操作

在 Premiere 中可以进行音频参数的设置，还可以进行音频声道格式的设置。当需要使用多个音频素材时，还可以添加音频轨道。

13.2.1 设置音频参数

选择“编辑”|“首选项”|“音频”命令，在打开的“首选项”对话框中，可以对音频参数进行一些初始设置，如图 13-3 所示。在“首选项”对话框左侧的列表中选择“音频硬件”选项，可以对默认输入和输出的音频硬件进行选择，如图 13-4 所示。

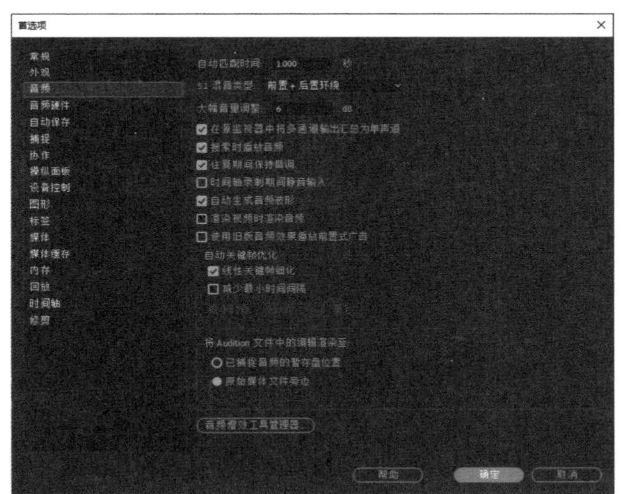

图 13-3　音频参数设置

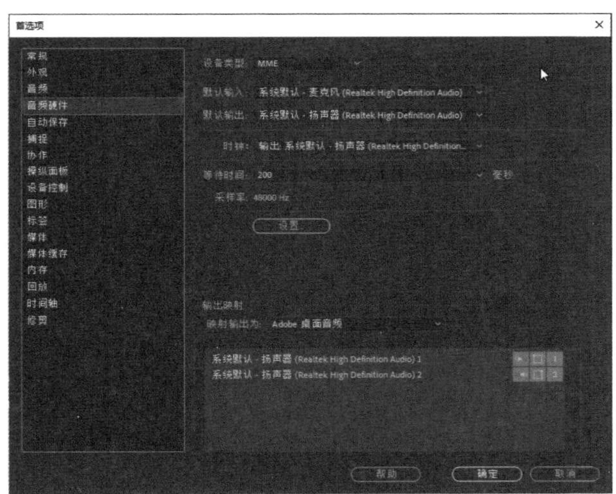

图 13-4　音频硬件设置

13.2.2 选择音频声道

Premiere 中包含 3 种音频声道：单声道、立体声和 5.1 声道，各种声道的特点如下。

- 单声道：只包含一个声道，是比较原始的声音复制形式。当通过两个扬声器回放单声道信息时，可以明显感觉到声音是从两个音箱中间传递到听众耳朵里的。
- 立体声：包含左右两个声道，立体声技术彻底改变了单声道缺乏对声音位置的定位这一状况。这种技术可以使听众清晰地分辨出各种乐器来自何方。
- 5.1 声道：5.1 声音系统来源于 4.1 环绕，不同之处在于它增加了一个中置单元。中置单元负责传送低于 80Hz 的声音信号，在欣赏影片时有利于加强人声，把对话集中在整个声场的中部，以增强整体效果。

如果要更改素材的音频声道，可以先选中该素材，然后选择“剪辑”|“修改”|“音频声道”命令。在打开的“修改剪辑”对话框中单击“剪辑声道格式”下拉列表，在其中选择一种声道格式，如图 13-5 所示，即可将音频素材修改为对应的声道，如图 13-6 所示。

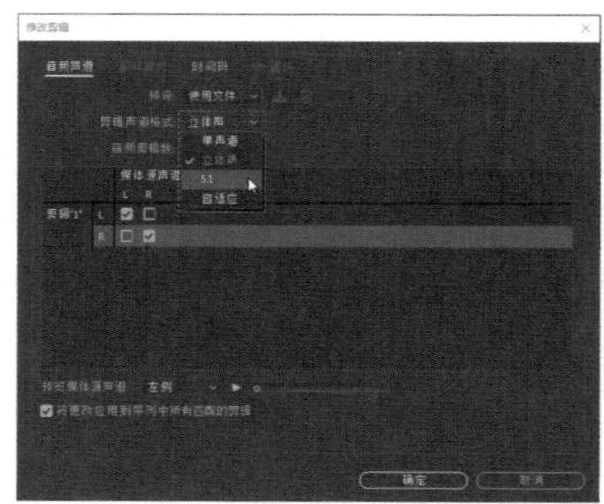

图 13-5　选择音频声道

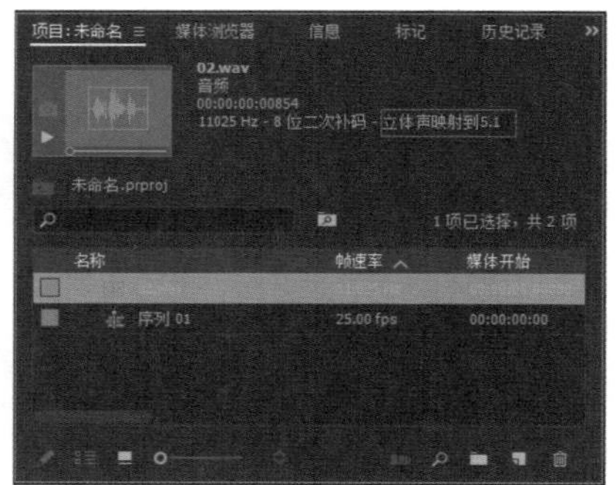

图 13-6　修改音频声道

13.2.3　添加和删除音频轨道

选择“序列”|“添加轨道”命令，在打开的“添加轨道”对话框中可以设置添加音频轨道的数量。在该对话框中单击“轨道类型”下拉列表，在其中可以选择添加的音频轨道类型，如图 13-7 所示。

选择“序列”|“删除轨道”命令，在打开的“删除轨道”对话框中可以删除音频轨道。在该对话框中单击“所有空轨道”下拉列表，在其中可以选择要删除的音频轨道，如图 13-8 所示。

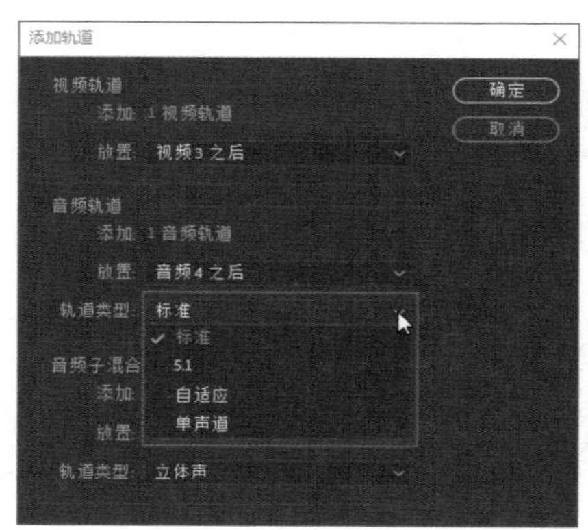

图 13-7　添加音频轨道

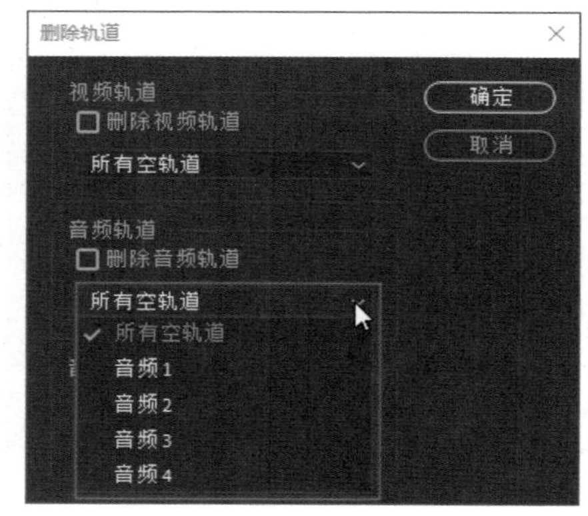

图 13-8　删除音频轨道

在 Premiere Pro 2022 中，各种音频轨道的特点如下。

- 标准音轨：可以同时容纳单声道和立体声音频剪辑。
- 单声道音轨：包含一条音频声道。如果将立体声音频素材添加到单声道轨道中，立体声音频素材通道将由单声道轨道汇总为单声道。
- 5.1 声道音轨：包含了 3 条前置音频声道（左声道、中置声道和右声道）、两条后置或环绕音频声道（左声道和右声道）和一条超重低音音频声道。在 5.1 声道音轨中只能包含 5.1 音频素材。
- 自适应音轨：只能包含单声道、立体声和自适应素材。对于自适应音轨，可通过对工作流程效果最佳的方式将源音频映射至输出音频声道。处理可录制多个音轨的摄像机录制的音频时，这种音轨类型非常有用。处理合并后的素材或多机位序列时，也可使用这种音轨。

13.2.4　添加音频

在编辑影视作品时，将音频素材添加到时间轴面板的音频轨道上，即可将音频效果添加到影片中。

练习实例：添加音频素材。	
文件路径	第 13 章 \ 添加音频.prproj
技术掌握	为影片添加音频

01 选择“文件”|“新建”|“项目”命令，打开“新建项目”对话框，创建一个项目文件。

02 选择“文件”|“导入”命令，将视频素材“01.MOV”和音频素材“01.mp3” 导入项目面板中，如图 13-9 所示。

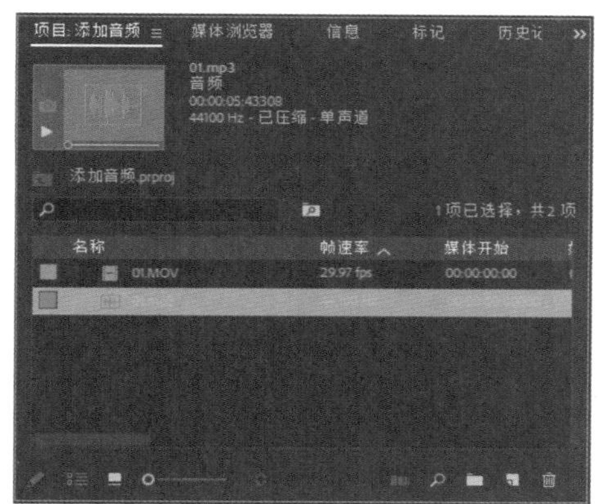

图 13-9　导入视频和音频素材

03 在项目面板中选择视频素材，然后右击，在弹出的快捷菜单中选择“速度 / 持续时间”命令，如图 13-10 所示。

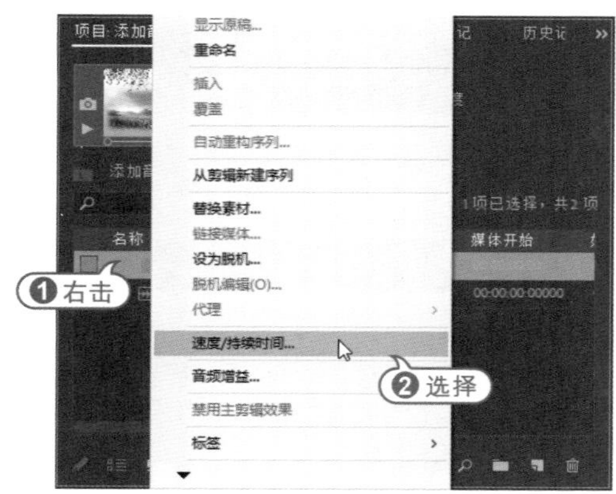

图 13-10　选择命令

04 在打开的“剪辑速度 / 持续时间”对话框中设置持续时间为 6 秒，单击“确定”按钮，如图 13-11 所示。

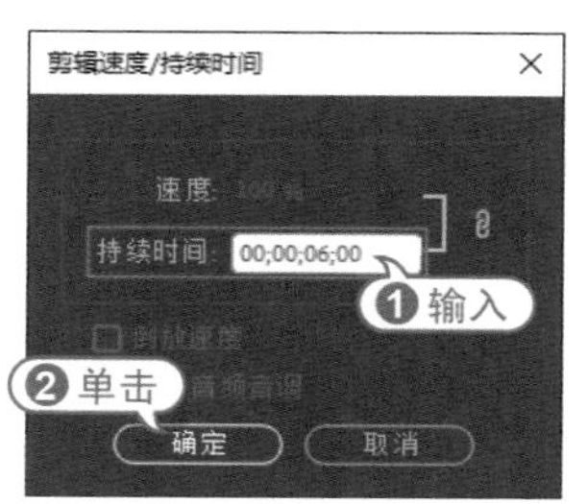

图 13-11　设置持续时间

05 新建一个序列，然后将项目面板中的视频素材“01.MOV”添加到时间轴面板的视频 1 轨道中，如图 13-12 所示。

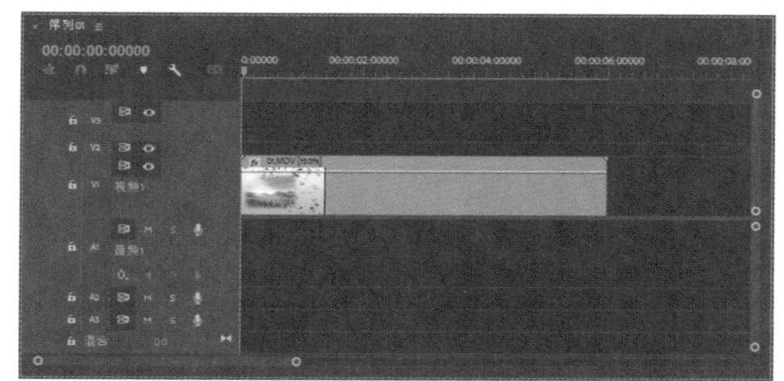

图 13-12　添加视频素材

06 将项目面板中的音频素材“01.mp3”拖动到时间轴面板的音频 1 轨道中，并使其入点与视频轨道中视频素材的入点对齐，如图 13-13 所示。

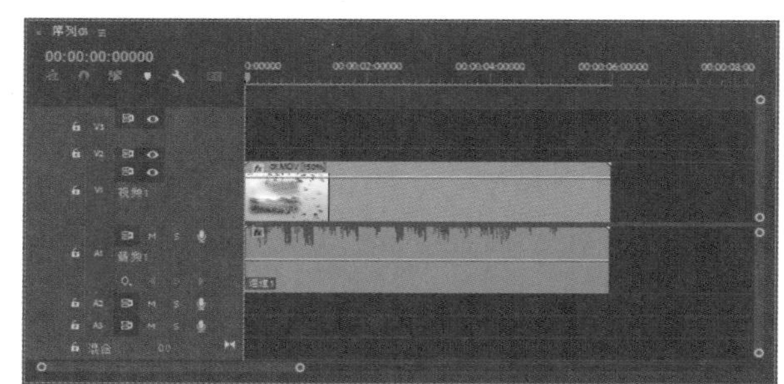

图 13-13　添加音频素材

07 单击节目监视器面板下方的“播放-停止切换”按钮▶，可以预览视频效果，并试听添加的音频效果。

13.3 音频编辑

在 Premiere 的时间轴面板中可以进行一些简单的音频编辑。例如，用户可以解除音频与视频的链接，以便单独修改音频对象；也可以在时间轴面板中缩放音频素材波形，还可以使用剃刀工具分割音频。

13.3.1 控制音频轨道

为了使时间轴面板更好地适用于音频编辑，用户可以进行音频轨道的折叠 / 展开、显示音频时间单位、缩放显示音频素材等操作。

1. 折叠 / 展开轨道

同视频轨道一样，可以通过拖动音频轨道的下边缘，展开或折叠该轨道。展开音频轨道后，会显示轨道中素材的声道和声音波形。

2. 显示音频时间单位

默认情况下，时间轴面板中的时间单位是视频帧单位，用户可以通过设置，将其修改为音频时间单位。单击时间轴面板上方的菜单按钮，在弹出的菜单中选择“显示音频时间单位”命令，如图 13-14 所示，可以将单位更改为音频时间单位。

3. 缩放显示音频素材

在时间轴面板中，音频显示过长或过短，都不利于对其进行编辑。同编辑视频素材一样，用户可以通过单击并拖动时间轴缩放滑块来缩放显示音频素材，如图 13-15 所示。

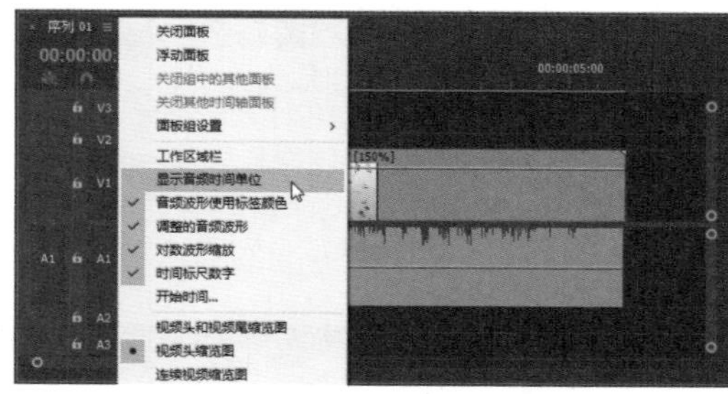

图 13-14　选择命令

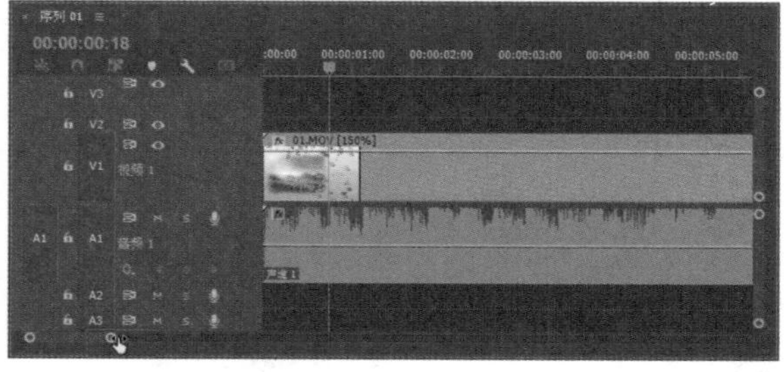

图 13-15　拖动时间轴缩放滑块

13.3.2 设置音频单位格式

在节目监视器面板中进行编辑时，标准测量单位是视频帧。对于可以逐帧精确设置入点和出点的视频编辑而言，这种测量单位已经很完美。但是，对于音频的编辑还可以更为精确。例如，如果想编辑一段长度小于一帧的声音，Premiere 就可以使用与帧对应的音频“单位”来显示音频时间。用户可以用毫秒或可能是最小的增量——音频采样来查看音频单位。

选择“文件”|“项目设置”|“常规”命令，打开“项目设置”对话框，在音频“显示格式”下拉列表中可以设置音频单位的格式为“毫秒”或“音频采样”，如图 13-16 所示。

13.3.3 设置音频速度和持续时间

在 Premiere 中，用户不仅可以修剪音频素材的长度，还可以通过修改音频素材的速度或持续时间来增加或减小音频素材的长度。

在时间轴面板中选中要调整的音频素材，然后选择“剪辑”|“速度 / 持续时间”命令，打开“剪辑速度 / 持续时间”对话框。在该对话框的“持续时间”文本框中可以对音频的长度进行调整，如图 13-17 所示。

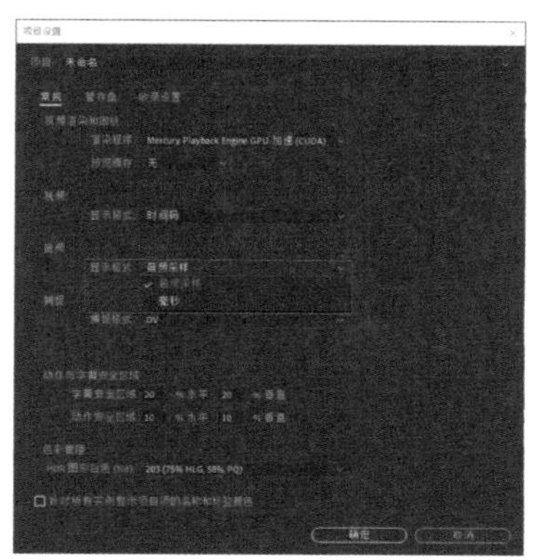

图 13-16　设置音频单位格式

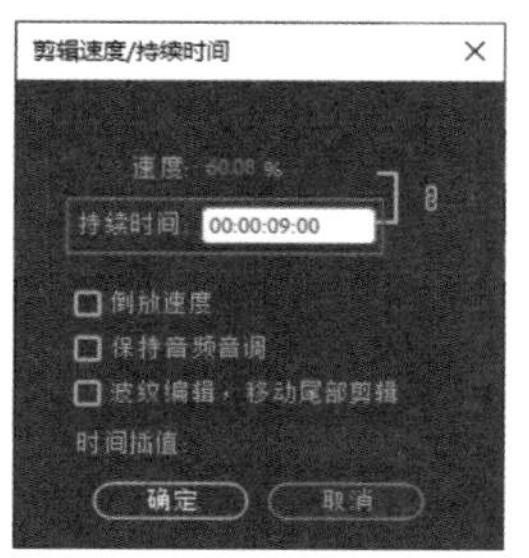

图 13-17　调整持续时间

知识点滴：

当改变“剪辑速度 / 持续时间”对话框中的速度值时，音频的播放速度会发生改变，从而可以使音频的持续时间发生改变，改变后的音频素材的节奏也随之改变。

13.3.4 修剪音频素材的长度

由于修改音频素材的持续时间会改变音频素材的播放速度，当音频素材过长时，为了不影响音频素材的播放速度，可以在时间轴面板中向左拖动音频的边缘，以减小音频素材的长度；或者使用剃刀工具对音频素材进行切割，再将多余部分的音频删除，从而改变音频轨道上音频素材的长度。

13.3.5 音频和视频链接

默认情况下，音视频素材的视频和音频为链接状态，将音视频素材放入时间轴面板中，会同时选中视频和音频对象。在移动、删除其中一个对象时，另一个对象也将发生相应的操作。在编辑音频素材之前，用户可以根据实际需要，解除视频和音频的链接。

1. 解除音频和视频的链接

将音视频素材添加到时间轴面板中并将其选中，然后选择“剪辑”|“取消链接”命令，或者在时间轴面板中右击音频或视频，然后选择“取消链接”命令，即可解除音频和视频的链接。解除链接后，就可以单独选择音频或视频来对其进行编辑。

2. 重新链接音频和视频

在时间轴面板中选中要链接的视频和音频素材，然后选择“剪辑”|“链接”命令，或者在时间轴面板中右击音频或视频素材，然后选择“链接”命令，即可链接音频和视频素材。

进阶技巧：

在时间轴面板中先选择一个视频或音频素材，然后按住 Shift 键，单击其他素材，即可同时选择多个素材，也可以通过框选的方式同时选择多个素材。

3. 暂时解除音频与视频的链接

Premiere 提供了一种暂时解除音频与视频链接的方法。用户可以先按住 Alt 键，然后单击素材的音频或视频部分将其选中，再松开 Alt 键，通过这种方式可以暂时解除音频与视频的链接，如图 13-18 所示。暂时解除音频与视频的链接后，可以直接拖动选中的音频或视频，在释放鼠标之前，素材的音频和视频仍然处于链接状态，但是音频和视频不再处于同步状态，如图 13-19 所示。

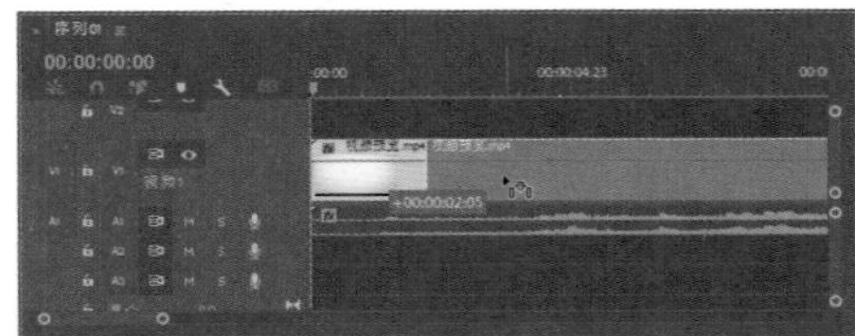

图 13-18　按住 Alt 键选中音频或视频素材

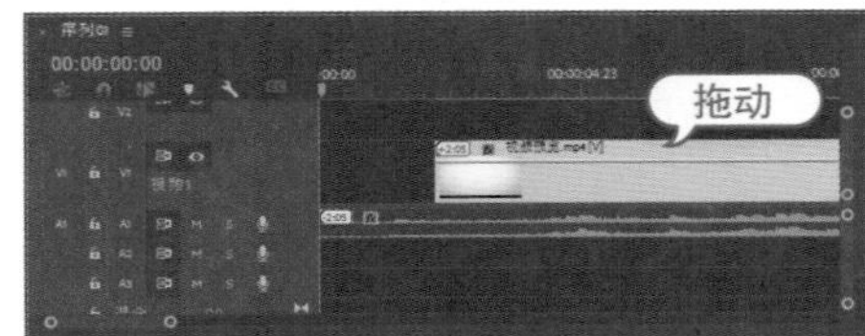

图 13-19　拖动素材

进阶技巧：

如果在按住 Alt 键的同时直接拖动素材的音频或视频，则是对选中的部分进行复制。

4. 设置音频与视频同步

如果暂时解除了音频与视频的链接，素材的音频和视频将处于不同步状态，这时用户可以通过解除音频与视频链接的操作，重新调整音频与视频素材，使其处于同步状态。或是先解除音频与视频的链接，然后在时间轴面板中选中要同步的音频和视频，再选择“剪辑”|“同步”命令，打开“同步剪辑”对话框。在该对话框中可以设置素材同步的方式，如图 13-20 所示。图 13-21 所示是音频与视频出点同步的效果。

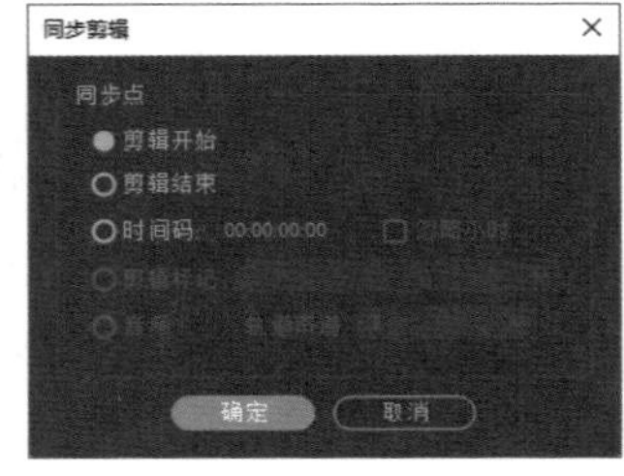

图 13-20　“同步剪辑”对话框

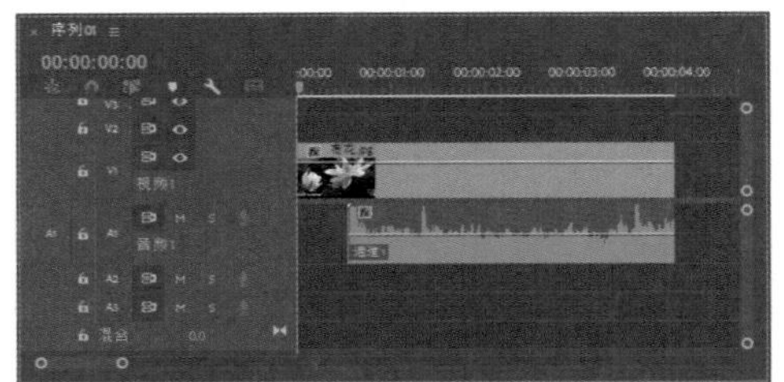

图 13-21　出点同步

13.3.6 调整音频增益

音频增益指的是音频的声调高低。当一个视频片段同时拥有几个音频素材时，就需要平衡这几个素材的增益。如果一个素材的音频信号或高或低，就会严重影响播放时的音频效果。

练习实例：调整素材的音频增益。	
文件路径	第 13 章 \ 音频增益.prproj
技术掌握	调整音频增益

01 在项目面板中导入音频素材，然后双击音频素材，在源监视器面板中查看素材的音频波形，效果如图 13-22 所示。

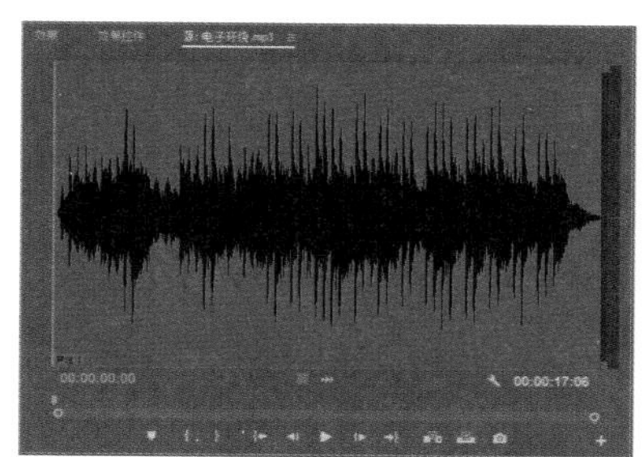

图 13-22　修改前的音频波形

02 将音频素材添加到时间轴面板中，在时间轴面板中选中需要调整的音频素材，然后选择“剪辑”|“音频选项”|“音频增益”命令，打开“音频增益”对话框，如图 13-23 所示。

03 单击“调整增益值”选项的数值，然后输入新的数值，修改音频的增益值，单击“确定”按钮，如图 13-24 所示。

04 完成设置后，播放修改后的音频素材，可以试听音频效果，也可以打开源监视器面板，查看处理后的音频波形，如图 13-25 所示。

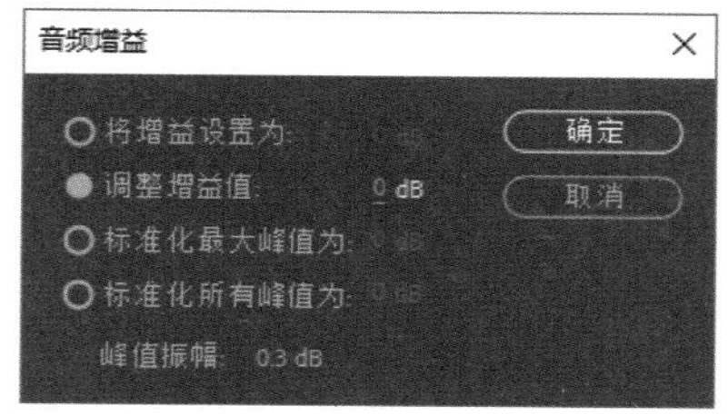

图 13-23　“音频增益”对话框

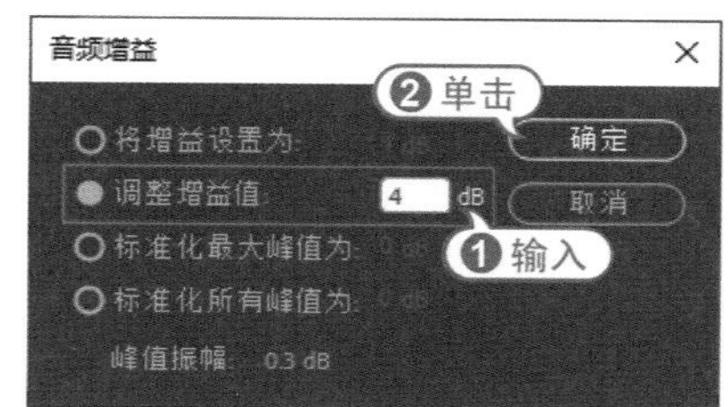

图 13-24　修改增益值

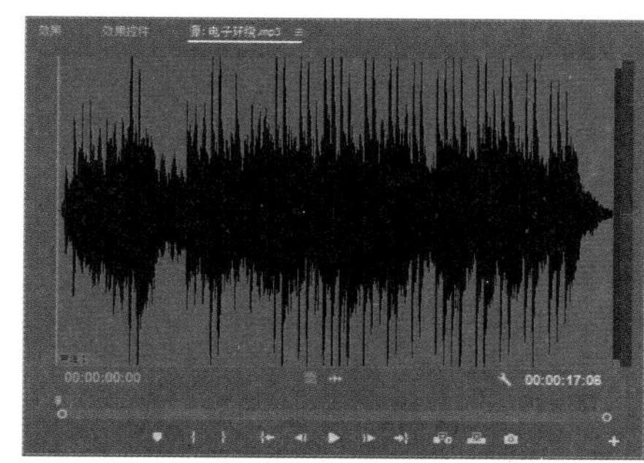

图 13-25　修改后的音频波形

13.4 应用音频特效

在Premiere影视编辑中，可以对音频对象添加特殊效果，如淡入淡出、摇摆效果和系统自带的音频效果，从而使音频效果更加和谐、美妙。

13.4.1 制作淡入淡出的音效

在许多影视片段的开始和结束处，都使用了声音的淡入淡出变化，使场景内容的展示更加自然和谐。在 Premiere 中可以通过编辑关键帧，为加入时间轴面板中的音频素材制作淡入淡出的效果。

练习实例：制作淡入淡出的声音效果。	
文件路径	第 13 章 \ 淡入淡出.prproj
技术掌握	设置音频关键帧

01 新建一个项目文件和一个序列，然后将视频和音频素材导入项目面板中，如图 13-26 所示。

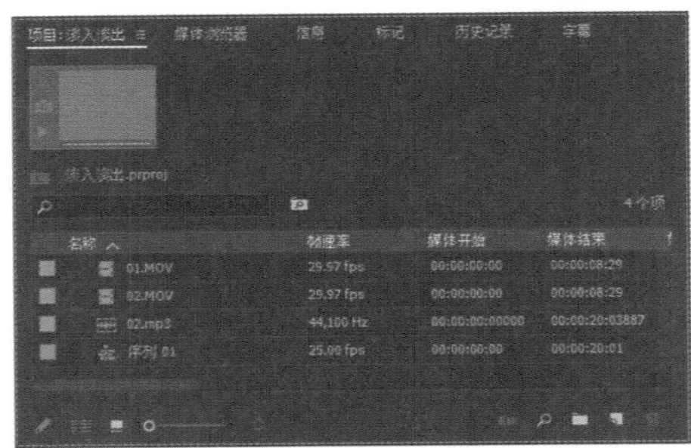

图 13-26　导入素材

02 将视频和音频素材分别添加到时间轴面板的视频和音频轨道中，如图 13-27 所示。

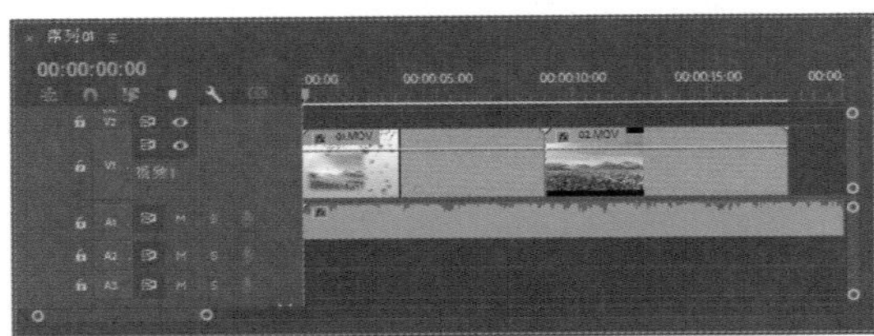

图 13-27　添加素材

03 在时间轴面板中向左拖动音频素材的出点，使音频素材与视频素材的出点对齐，如图 13-28 所示。

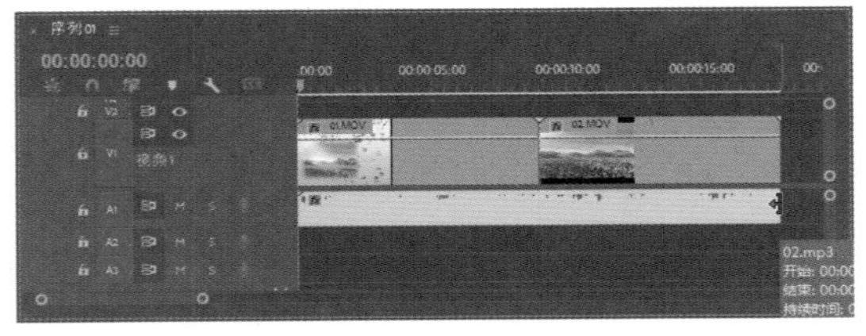

图 13-28　拖动素材出点

04 展开音频 1 轨道，在音频 1 轨道中单击“显示关键帧”按钮，然后选择“轨道关键帧”|“音量”命令，如图 13-29 所示。

05 选择音频轨道中的音频素材，然后将时间指示器移到第 0 秒的位置，再单击音频 1 轨道上的“添加-移除关键帧”按钮，在此添加一个关键帧，如图 13-30 所示。

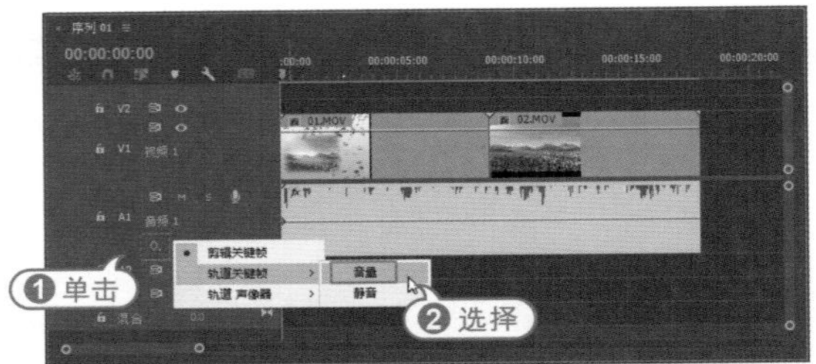

图 13-29　设置关键帧类型

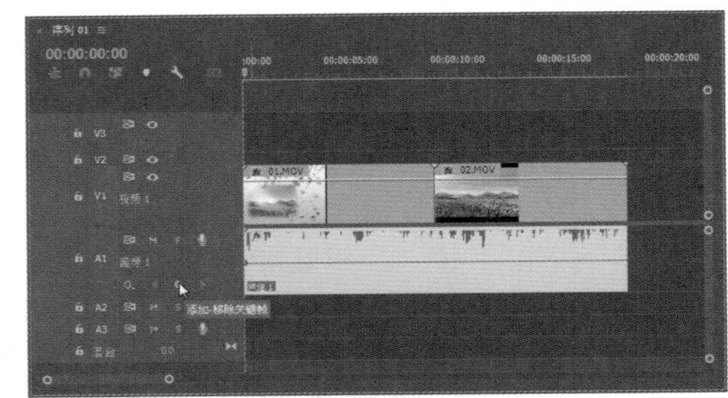

图 13-30　添加关键帧（一）

06 将时间指示器移到第 2 秒的位置，继续在音频 1 轨道中为音频素材添加一个关键帧，如图 13-31 所示。

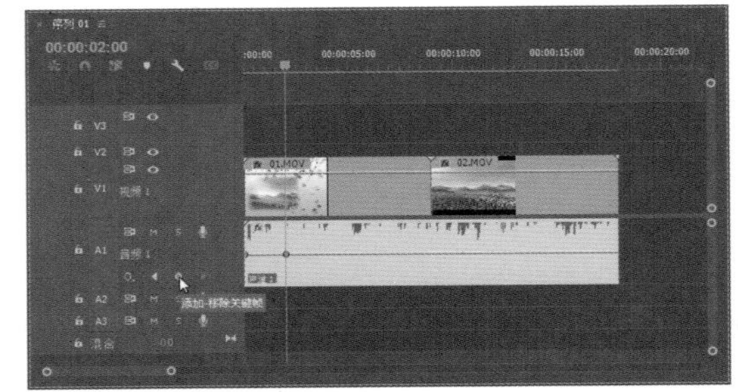

图 13-31　添加关键帧（二）

07 将第 0 秒位置的关键帧向下拖动到最下端，使该帧的声音大小为 0，制作声音的淡入效果，如图 13-32 所示。

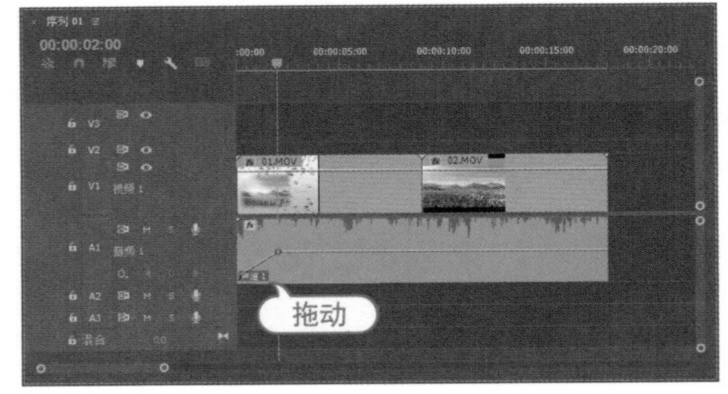

图 13-32　制作声音的淡入效果

08 在第16秒和第18秒的位置，分别为音频1轨道中的音频素材添加一个关键帧，如图13-33所示。

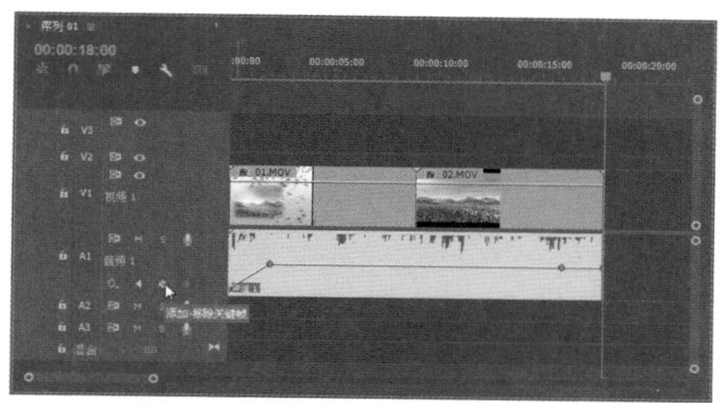

图13-33　添加关键帧（三）

09 将第18秒的关键帧向下拖动到最下端，使该帧的声音大小为0，制作声音的淡出效果，如图13-34所示。

10 单击节目监视器面板下方的"播放-停止切换"按钮▶，可以试听音频的淡入淡出效果。

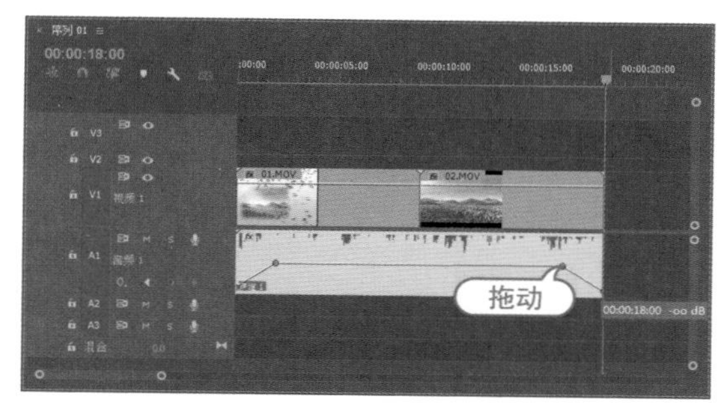

图13-34　制作声音的淡出效果

进阶技巧：

在效果控件面板中设置和修改音频素材的音量级别关键帧，也可以制作声音的淡入淡出效果。

13.4.2　制作声音的摇摆效果

在时间轴面板中进行音频素材的编辑时，右击音频素材上的fx图标，在弹出的快捷菜单中选择"声像器"|"平衡"命令，可以通过添加控制点来设置音频素材声音的摇摆效果，将立体声道的声音改为在左右声道间来回切换播放的效果。

练习实例：制作摇摆旋律。	
文件路径	第13章\摇摆旋律.prproj
技术掌握	声音平衡控制

01 创建一个项目文件和一个序列，然后将音频素材导入项目面板中，如图13-35所示。

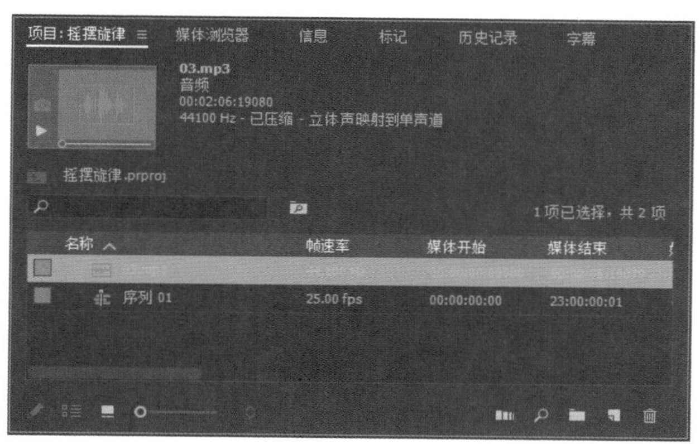

图13-35　导入素材

02 将音频素材添加到时间轴面板的音频1轨道中，如图13-36所示。

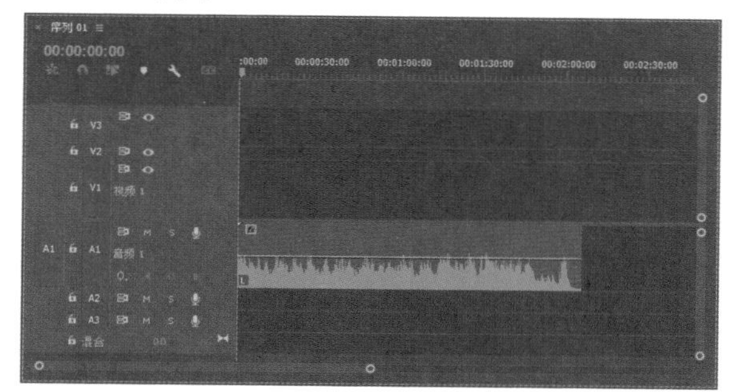

图13-36　添加素材

03 在音频1轨道中右击音频素材上的fx图标，在弹出的快捷菜单中选择"声像器"|"平衡"命令，如图13-37所示。

04 展开音频1轨道，当时间指示器处于第0秒的位置时，单击音频1轨道中的"添加-移除关键帧"按钮◆，在音频1轨道中添加一个关键帧，如图13-38所示。

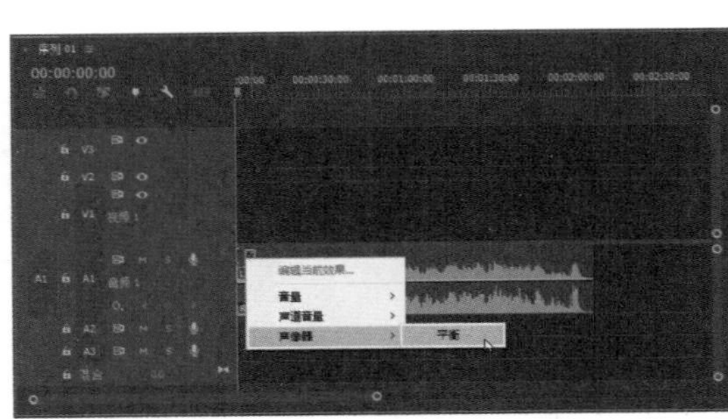

图 13-37　选择“声像器”|“平衡”命令

图 13-38　添加关键帧

05 将时间指示器移到第 15 秒的位置，单击音频 1 轨道中的“添加 - 移除关键帧”按钮◆添加一个关键帧，然后将添加的关键帧向下拖动到最下端，如图 13-39 所示。

06 将时间指示器移到第 30 秒的位置，单击音频 1 轨道中的“添加 - 移除关键帧”按钮◆添加一个关键帧，然后将添加的关键帧向上拖动到最上端，如图 13-40 所示。

07 使用同样的方法，在每隔 15 秒的位置，分别为音频素材添加一个关键帧，并调整各个关键帧的位置，如图 13-41 所示。

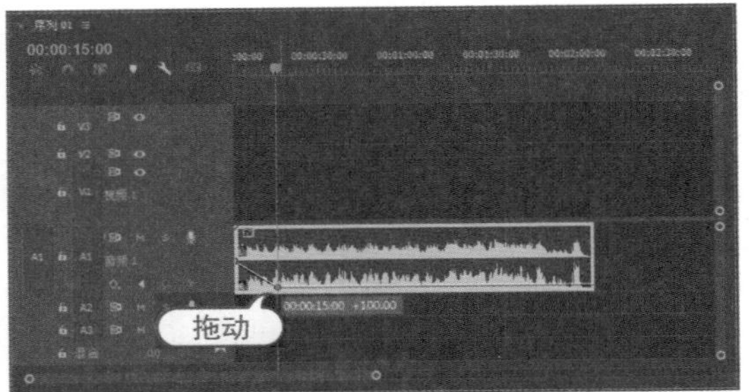

图 13-39　添加并调整关键帧 (一)

图 13-40　添加并调整关键帧 (二)

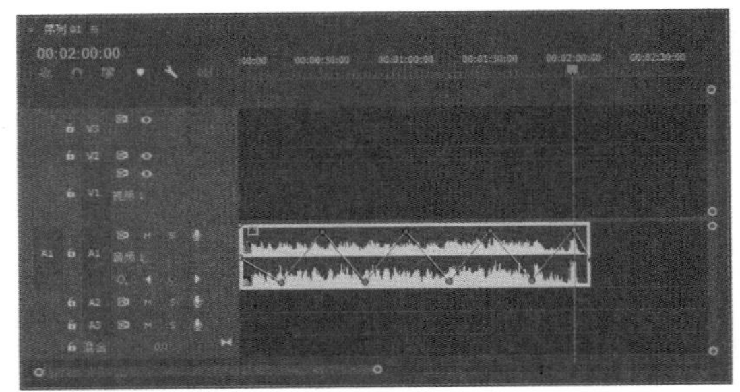

图 13-41　添加并调整其他关键帧

08 单击节目监视器面板下方的“播放 - 停止切换”按钮▶，试听音乐的摇摆效果。

13.4.3　应用音频效果

在 Premiere 的效果面板中集成了音频过渡和音频效果。音频过渡中提供 3 个交叉淡化过渡，如图 13-42 所示。在使用音频过渡效果时，只需要将其拖动到音频素材的入点或出点位置，然后在效果控件面板中进行具体设置即可。

“音频效果”素材箱中存放着 40 多种声音特效，如图 13-43 所示。将这些特效直接拖放到时间轴面板中的音频素材上，即可对该音频素材应用相应的特效。

“音频效果”素材箱中常用音频效果的作用如下。

- 多功能延迟：一种多重延迟效果，可以对素材中的原始音频添加多达四次回声。
- 多频段压缩器：它是一个可以分波段控制的三波段压缩器。当需要柔和的声音压缩器时，使用这个效果。
- 低音：允许增加或减少较低的频率 (等于或低于 200Hz)。
- 平衡：允许控制左右声道的相对音量，正值可增大右声道的音量，负值可增大左声道的音量。

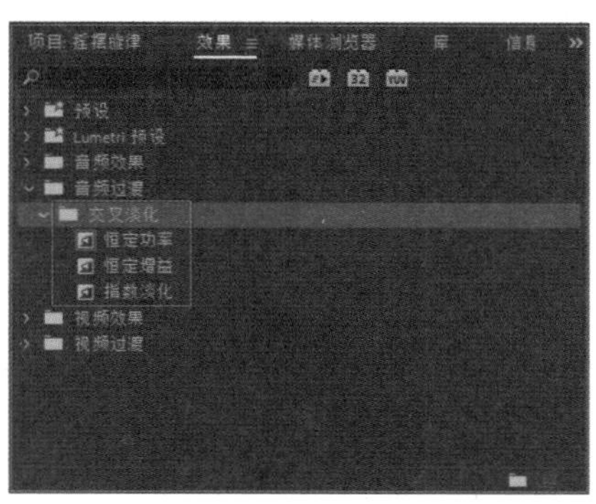

图 13-42 音频过渡

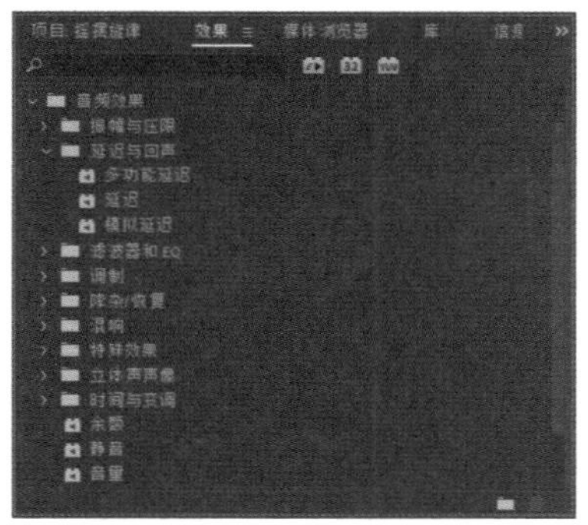

图 13-43 音频效果

- 声道音量：允许单独控制素材或轨道的立体声或 5.1 声道中每一个声道的音量。每一个声道的电平单位为分贝。
- 室内混响：通过模拟室内音频播放的声音，为音频素材添加气氛和温馨感。
- 消除嗡嗡声：一种滤波效果，可以删除超出指定范围或波段的频率。
- 反转：将所有声道的相位颠倒。
- 高通：删除低于指定频率界限的频率。
- 低通：删除高于指定频率界限的频率。
- 延迟：可以添加音频素材的回声。
- 参数均衡器：可以增大或减小与指定中心频率接近的频率。
- 互换声道：可以交换左右声道信息的布置。只能应用于立体声素材。
- 高音：允许增大或减小高频 (4000Hz 或更高)。Boost 控制项指定调整的量，单位为分贝。
- 音量：音量效果可以提高音频电平而不被修剪，只有当信号超过硬件允许的动态范围时才会出现修剪，这时往往导致音频失真。

练习实例：为素材添加音频效果。

文件路径	第 13 章 \ 添加音频效果.prproj
技术掌握	添加音频效果

01 新建一个项目文件，然后在项目面板中导入视频和音频素材，如图 13-44 所示。

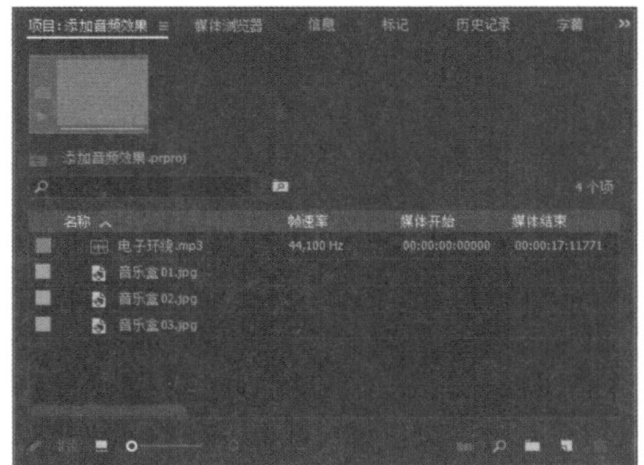

图 13-44 导入素材

02 新建一个序列，将视频和音频素材分别添加到视频和音频轨道中，并调整视频素材和音频素材的出点，如图 13-45 所示。

图 13-45 添加素材

03 在效果面板中选择“音频效果”|“混响”|“室内混响”效果，如图 13-46 所示，然后将其拖动到时间轴面板的音频素材“电子环绕 .mp3”上，为音频素材添加室内混响效果。

04 选择“窗口”|“效果控件”命令，在打开的效果控件面板中可以设置室内混响音频效果的参数，如图 13-47 所示。

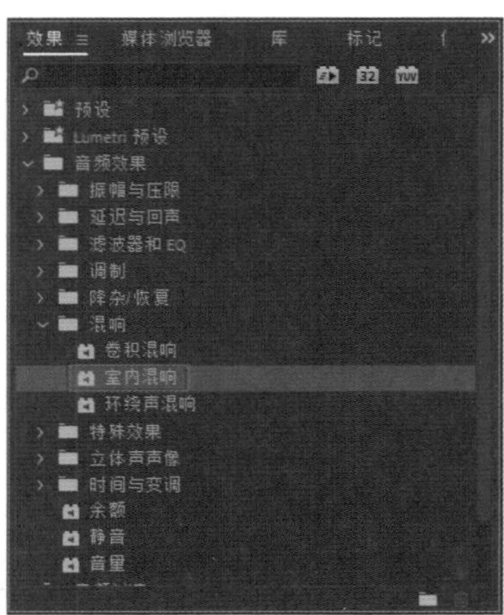

图 13-46　选择“室内混响”效果

05 单击节目监视器面板下方的“播放-停止切换”按钮▶，可以试听添加特效后的音频效果。

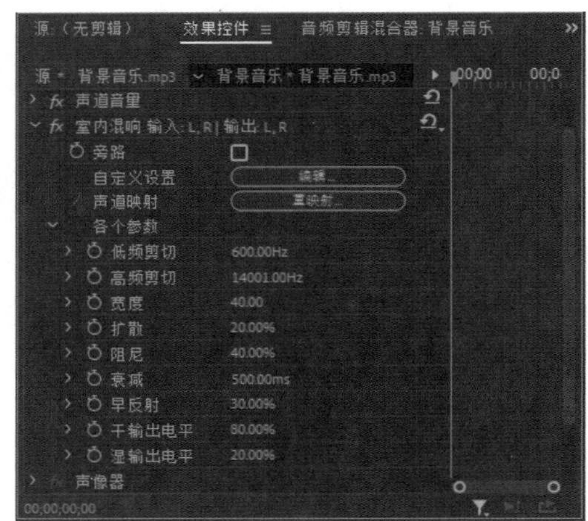

图 13-47　效果控件面板

13.5　应用音轨混合器

Premiere 的音轨混合器是音频编辑中最强大的工具之一，在有效地运用该工具之前，应该熟悉其控件和功能。

13.5.1　认识音轨混合器面板

选择“窗口”|“音轨混合器”命令，可以打开音轨混合器面板，如图 13-48 所示。在 Premiere 的音轨混合器面板中可以对音轨素材的播放效果进行编辑和实时控制。音轨混合器面板为每一条音轨都提供了一套控制方法，每条音轨也根据时间轴面板中的相应音频轨道进行编号。使用该面板，可以设置每条轨道的音量大小、静音等。

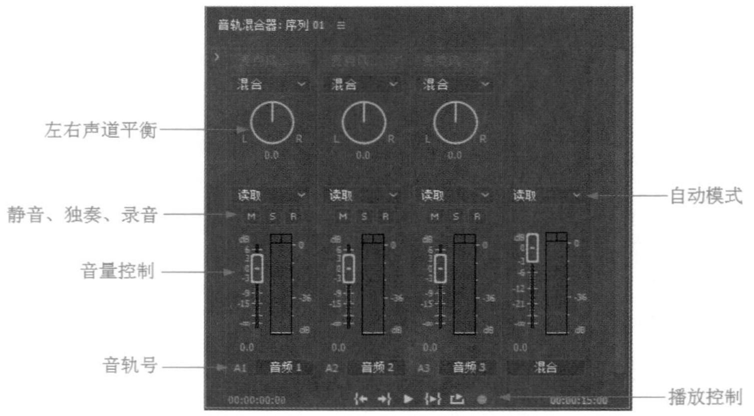

图 13-48　音轨混合器面板

- 左右声道平衡：将该旋钮向左转用于控制左声道，向右转用于控制右声道，也可以单击旋钮下面的数值栏，然后通过输入数值来控制左右声道，如图 13-49 所示。
- 静音、独奏、录音：M(静音轨道) 按钮控制静音效果；S(独奏轨道) 按钮可以使其他音轨上的片段变成静音效果，只播放该音轨片段；R(启用轨道以进行录制)按钮用于录音控制，如图13-50所示。

图13-49　左右声道平衡

图13-50　静音、独奏、录音控制

- 音量控制：将滑块向上下拖动，可以调节音量的大小，旁边的刻度用来显示音量值，单位是dB(分贝)，如图13-51所示。
- 音轨号：对应着时间轴面板中的各个音频轨道，如图13-52所示，如果在时间轴面板中增加了一条音频轨道，则在音轨混合器面板中也会显示相应的音轨号。

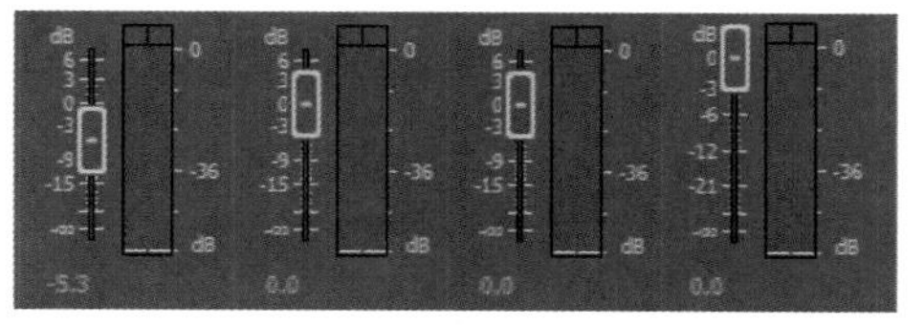

图13-51　音量控制

图13-52　音轨号

- 自动模式：在该下拉列表中可以选择一种音频控制模式，如图13-53所示。
- 播放控制：这些按钮包括转到入点、转到出点、播放-停止切换、从入点到播放出点、循环和录制按钮，如图13-54所示。

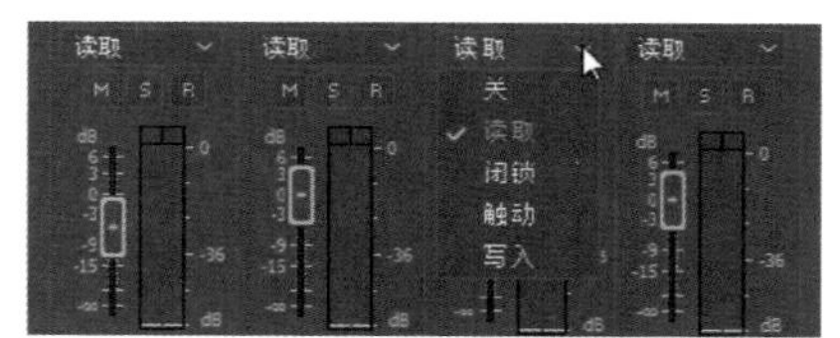

图13-53　自动模式

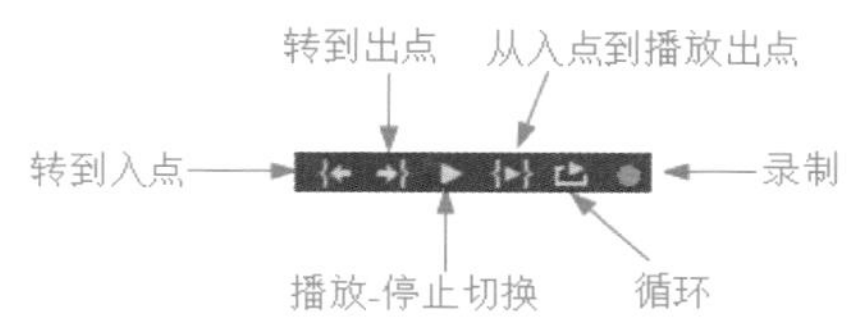

图13-54　播放控制按钮

13.5.2　声像调节和平衡控件

在输出到立体声轨道或5.1轨道时，“左/右平衡”旋钮用于控制单声道轨道的级别。因此，通过声像平衡调节，可以增强声音效果(比如随着鸟儿从视频监视器的右边进入视野，右声道中发出鸟儿的鸣叫声)。

平衡用于重新分配立体声轨道和5.1轨道中的输出。在一条声道中增加声音级别的同时，另一条声道的声音级别将减少，反之亦然。可以根据正在处理的轨道类型，使用“左/右平衡”旋钮控制平衡和声像调节。在使用声像调节或平衡时，单击并拖动“左/右平衡”旋钮上的指示器，或拖动旋钮下方的数字读数，也可以单击数字读数并输入一个数值，如图13-55、图13-56和图13-57所示。

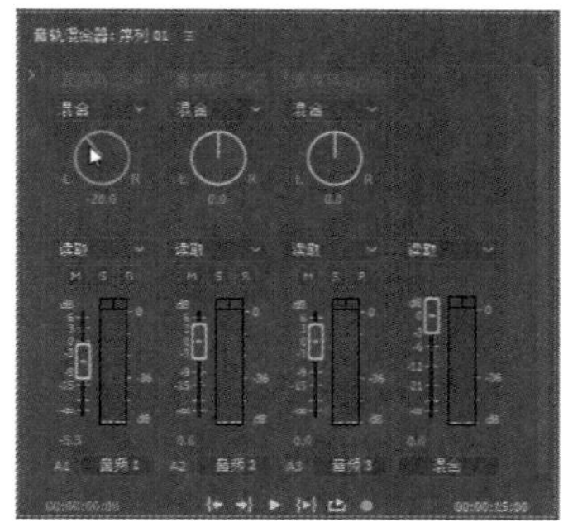

图13-55　拖动指示器

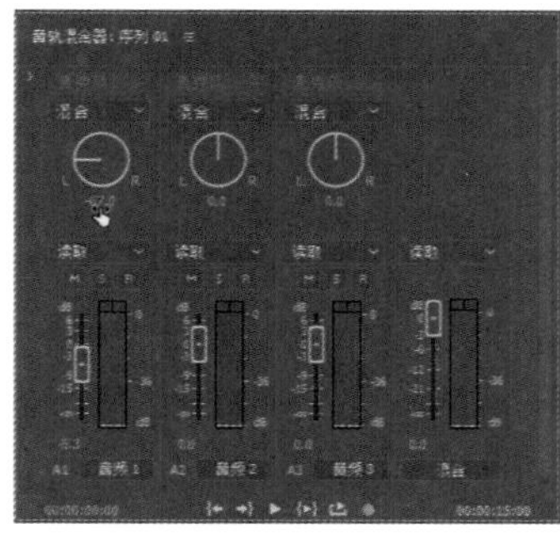

图13-56　拖动数字

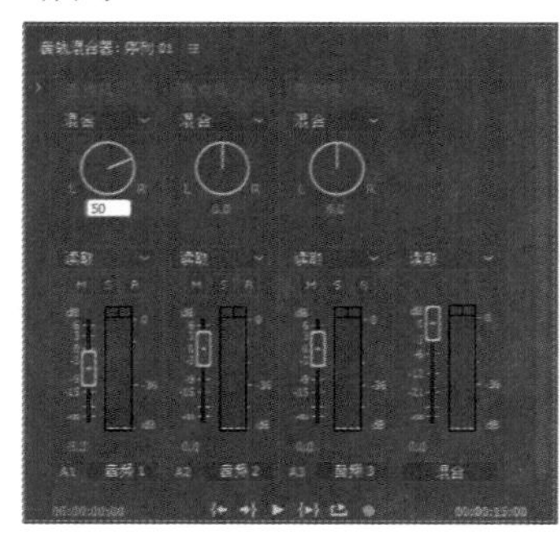

图13-57　输入数值

13.5.3 添加效果

在进行音频编辑的操作中，可以将效果添加到音轨混合器中，先单击音轨混合器面板左上角的“显示/隐藏效果和发送”按钮▶，如图 13-58 所示，展开效果区域，然后将效果加载到音轨混合器的效果区域，再调整效果的个别控件，如图 13-59 所示。

知识点滴：

在音轨混合器面板中，一个效果控件显示为一个旋钮。一条音频轨道可以同时添加 1~5 种效果。

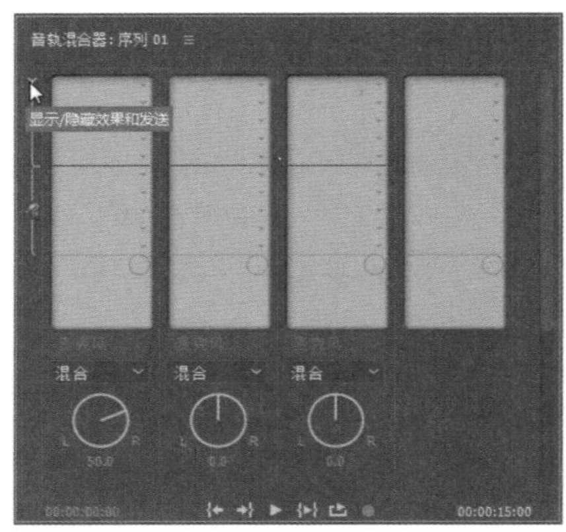

图 13-58　单击按钮

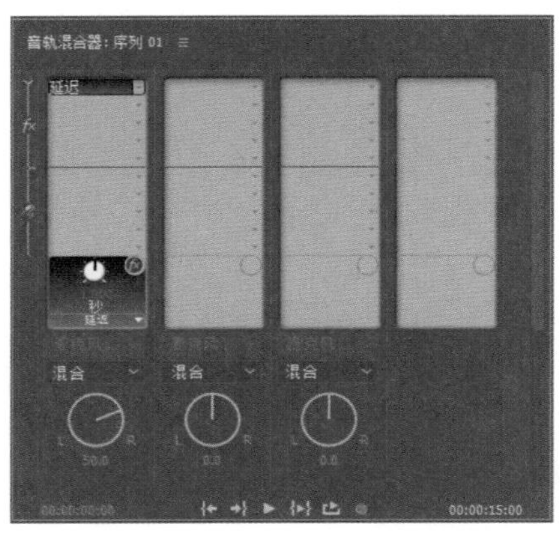

图 13-59　加载效果

练习实例：在音轨混合器中应用音频效果。	
文件路径	第 13 章 \ 音轨混合器.prproj
技术掌握	应用音轨混合器

01 新建一个项目文件和一个序列，然后导入音频素材，并将其添加到时间轴面板的音频 1 轨道中，如图 13-60 所示。

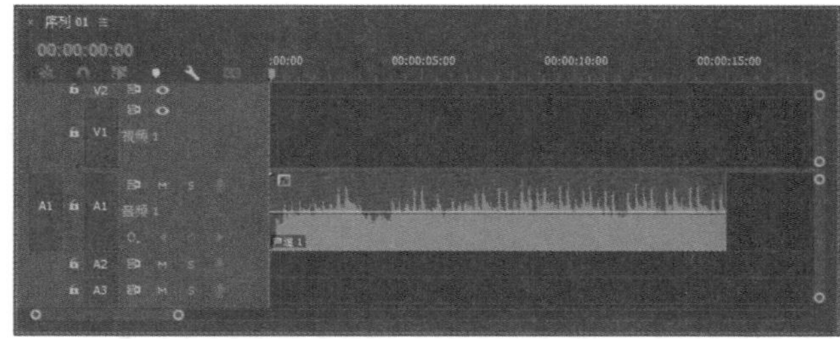

图 13-60　添加音频素材

02 展开音频 1 轨道，在音频 1 轨道中单击“显示关键帧”按钮◆，然后选择“轨道关键帧”|“音量”命令，如图 13-61 所示。

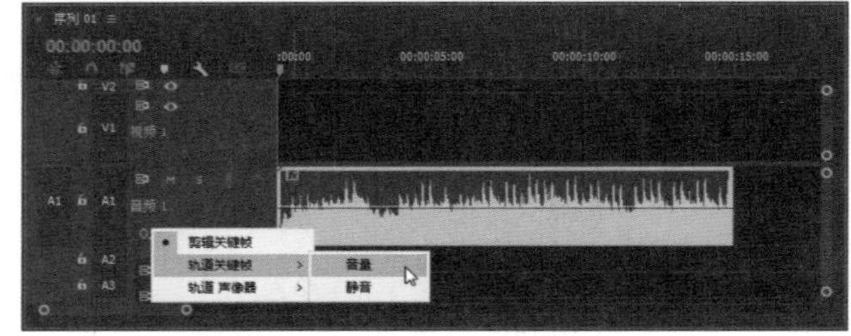

图 13-61　选择“音量”命令

03 选择“窗口”|“音轨混合器”命令，打开音轨混合器面板。单击音轨混合器面板左上角的“显示/隐藏效果和发送”按钮▶，展开效果区域。

04 在要应用效果的轨道中，单击效果区域的“效果选择”下拉按钮，打开音频效果列表，从效果列表中选择想要应用的效果，如图 13-62 所示。在音轨混合器面板的效果区域就会显示该效果，如图 13-63 所示。

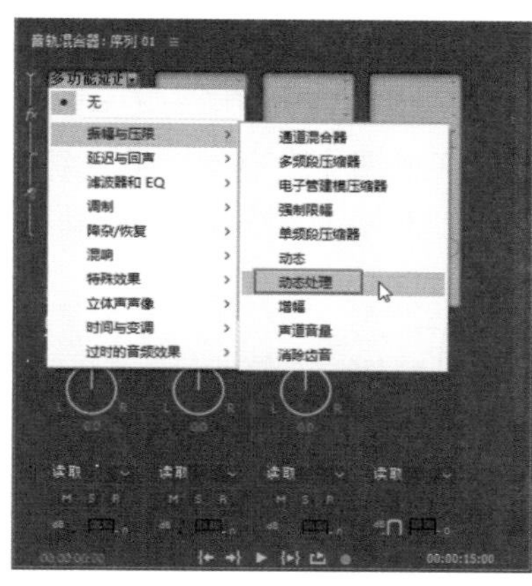

图 13-62　选择要应用的效果

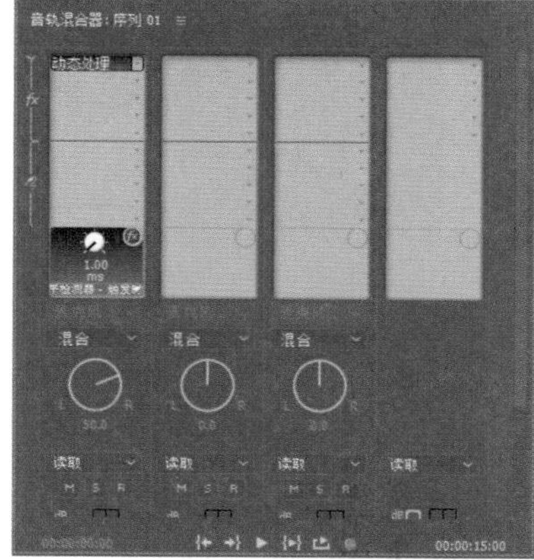

图 13-63　显示应用的效果

05 如果要切换到效果的另一个控件，可以单击控件名称右侧的下拉按钮，并在弹出的列表中选择另一个控件，如图 13-64 所示。

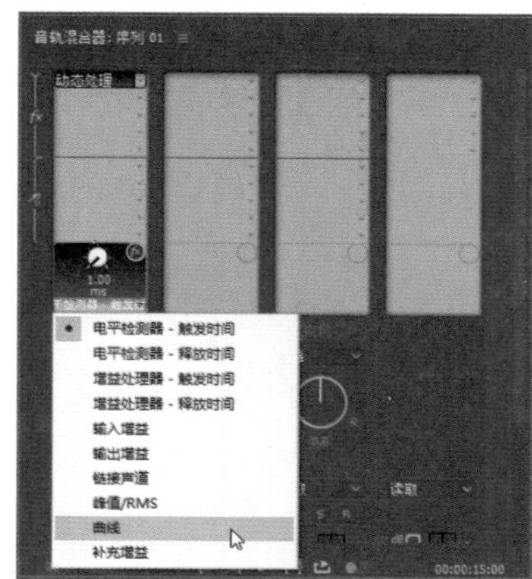

图 13-64　选择另一个控件

06 单击音频 1 中的“自动模式”下拉按钮，然后在下拉列表中选择“触动”模式，如图 13-65 所示。

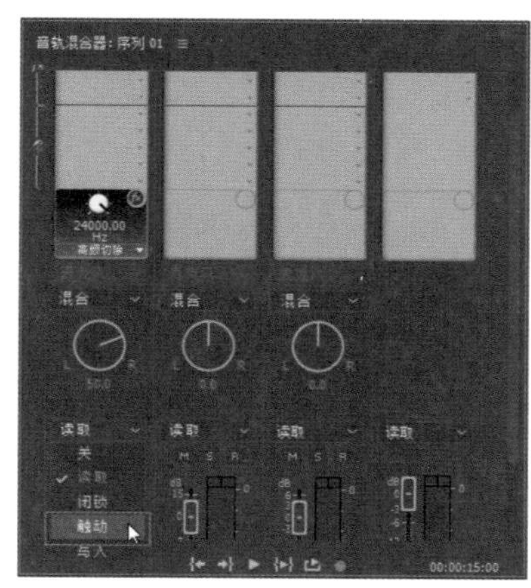

图 13-65　选择“触动”模式

07 单击音轨混合器面板中的“播放 - 停止切换”按钮，同时根据需要调整效果音量，如图 13-66 所示。

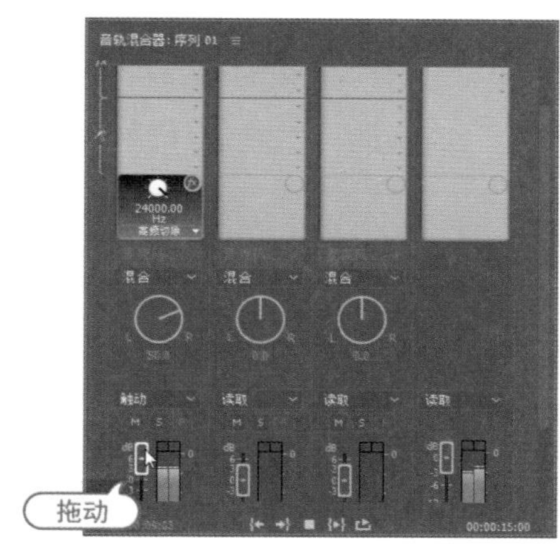

图 13-66　根据需要调整效果音量

08 在时间轴面板中可以显示调整效果后的轨道关键帧发生的变化，效果如图 13-67 所示。

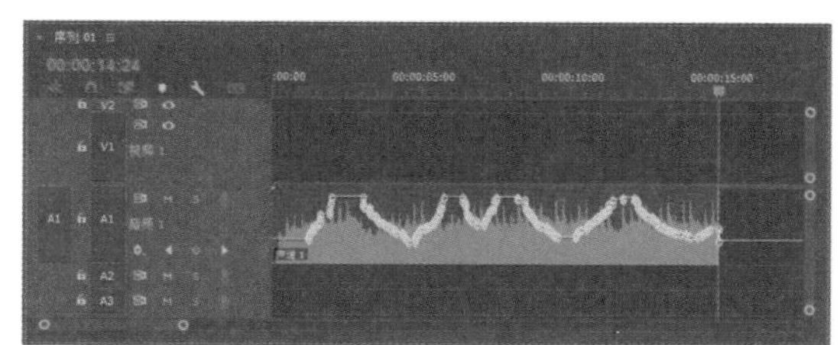

图 13-67　调整后的轨道关键帧

13.5.4 关闭效果

在音轨混合器面板中单击效果控件旋钮右边的旁路开关按钮，在该图标上会出现一条斜线，此时可以关闭相应的效果，如图 13-68 所示。如果要重新启动该效果，只需要再次单击旁路开关按钮即可。

13.5.5 移除效果

如果要移除音轨混合器面板中的音频效果，单击该效果名称右边的“效果选择”下拉按钮，然后在下拉列表中选择“无”选项即可，如图 13-69 所示。

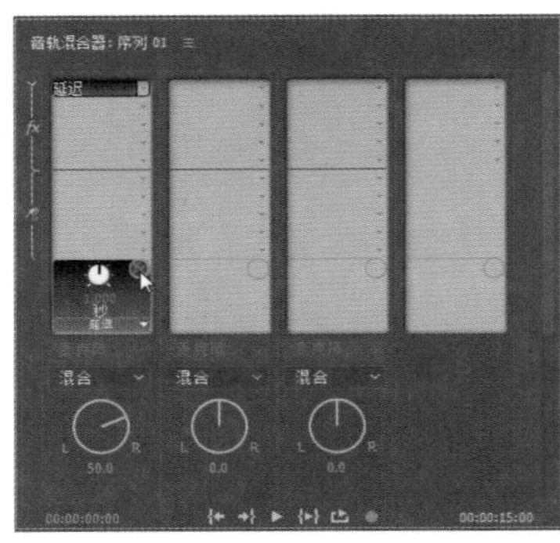

图 13-68　关闭效果

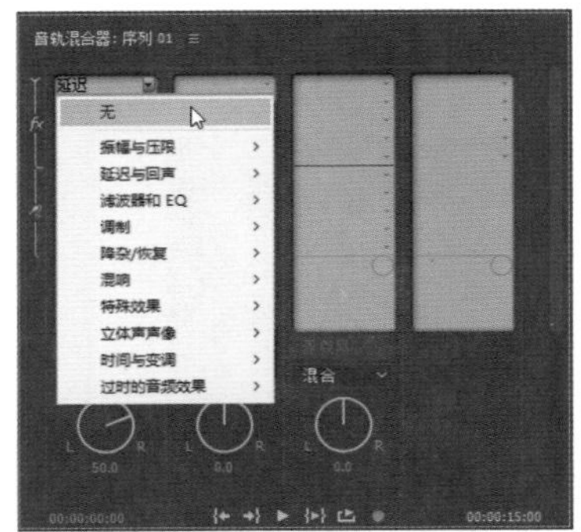

图 13-69　移除音频效果

13.6 高手解答

问：音频采样是指什么？

答：音频采样是指将模拟音频转成数字音频的过程。

问：音轨混合器面板的作用是什么？

答：在音轨混合器面板中可以对音轨素材的播放效果进行编辑和实时控制。音轨混合器面板为每一条音轨都提供了一套控制方法，每条音轨也根据时间轴面板中的相应音频轨道进行编号，使用该面板，可以设置每条轨道的音量大小、静音等。

问：如何制作声音的淡入淡出效果？

答：调整声音效果时，可以在效果控件面板中制作声音的淡入淡出效果。将时间指示器移到相应的位置，在效果控件面板中设置音量的级别数值，即可添加音量的关键帧，设置音量级别关键帧从低到高，可得到声音的淡入效果；设置音量级别关键帧从高到低，可得到声音的淡出效果。另外，在时间轴面板中通过对声音素材进行关键帧设置，也可以制作声音的淡入淡出效果。

第14章 渲染与输出

使用 Premiere 在编辑视频的过程中，如果添加了视频过渡和视频效果等特效，要想看到实时的画面效果，就需要对工作区进行渲染。当完成项目的编辑后，需要将项目输出为影片，以便在其他计算机中对影片效果进行保存和观看。本章将介绍项目渲染和输出的操作方法及相关知识，包括项目的渲染和生成、项目文件导出的格式、图片导出与设置、视频导出与设置、音频导出与设置等操作。

练习实例：导出影片文件

练习实例：导出单帧图片

练习实例：导出序列图片

练习实例：导出音频文件

14.1 项目渲染

Premiere 中的渲染是在编辑过程中不生成文件而只浏览节目实际效果的一种播放方式。在编辑工作中应用渲染，可以检查素材之间的组接关系和观看应用特效后的效果。由于渲染可以采用较低的画面质量，速度比输出节目快，便于随时对节目进行修改，从而能够提高编辑效率。

14.1.1 Premiere 的渲染方式

Premiere 对项目文件支持两种渲染方式：实时渲染和生成渲染。

1. 实时渲染

实时渲染支持所有的视频效果、过渡效果、运动设置和字幕效果。使用实时渲染不需要进行任何生成工作，可节省时间。如果在项目中应用了较复杂的效果，可以降低画面品质或降低帧速率，以便在渲染过程中达到正常的渲染效果。

2. 生成渲染

生成渲染需要对序列中的所有内容和效果进行生成工作。生成的时间与序列中素材的复杂程度有关。使用生成渲染播放视频的质量较高，便于检查细节上的纰漏，通常只选择一部分内容进行生成渲染。

知识点滴：

当视频素材不能以正常的帧速率播放时，时间轴面板的时间标尺处将出现红线提示；当能够以正常的帧速率播放时，时间轴面板的时间标尺处将出现绿线提示。

14.1.2 渲染文件的暂存盘设置

实时渲染和生成渲染在渲染视频时都会生成渲染文件。为了提高渲染速度，应选择转速快、空间大的本地硬盘暂存渲染文件。

选择“文件”|“项目设置”|“暂存盘”命令，打开“项目设置”对话框，可以在该对话框“暂存盘”选项卡的“视频预览”和“音频预览”选项中设置渲染文件的暂存盘路径，如图 14-1 所示。

14.1.3 项目的渲染与生成

完成视频作品的后期编辑处理后，在时间轴面板中拖动工作区域条以显示要渲染的区域，然后选择“序列”|“渲染入点到出点”命令，即可渲染入点到出点的影片效果。

渲染文件生成后，在时间轴面板中的工作区上方和时间标尺下方之间的红线会变成绿线，表明相应视频素材片段已经生成了渲染文件，在节目监视器面板中将自动播放渲染后的效果。生成的渲染文件将暂存在设置的暂存盘文件夹中，如图 14-2 所示。

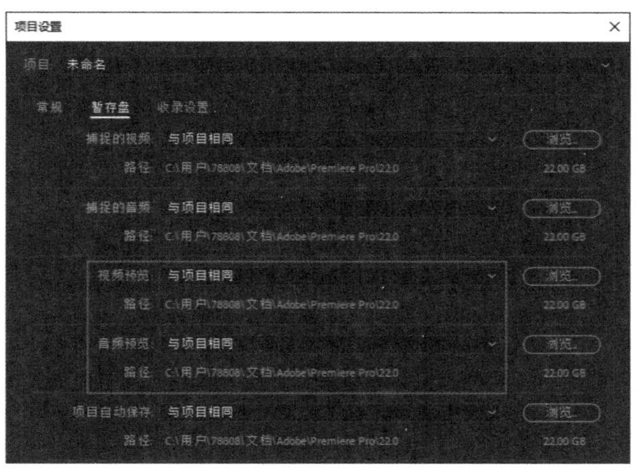

图 14-1　设置渲染文件的暂存盘

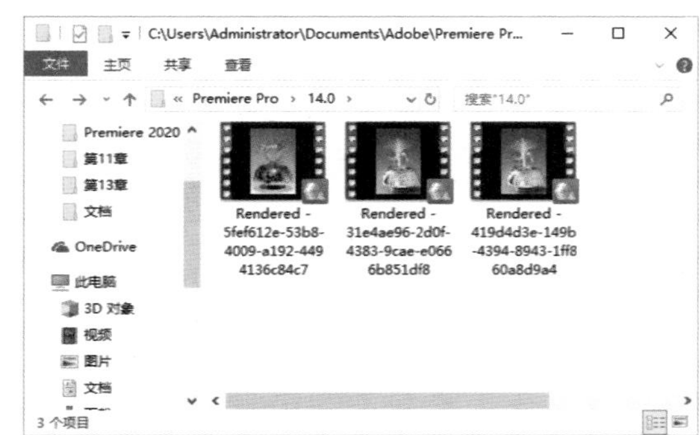

图 14-2　暂存的渲染文件

知识点滴：

如果项目文件未被保存，在退出 Premiere 后，暂存的渲染文件将会被自动删除。

14.2　项目输出

项目输出工作就是对编辑好的项目进行导出，将其发布为最终作品。在完成 Premiere 项目的视频和音频编辑后，即可将其作为数字文件输出进行观赏。

14.2.1　项目输出类型

在 Premiere 中，可以将项目以多种类型进行输出。选择“文件”|“导出”命令，可以在弹出的子菜单中选择导出文件的类型。

在 Premiere Pro 2022 中，项目输出类型主要有如下几种。

- 媒体：用于导出影片文件，是常用的导出方式。
- 字幕：用于导出字幕文件。
- 磁带：导出到磁带中。
- EDL：将项目文件导出为 EDL 格式。EDL(Editorial Determination List，编辑决策列表) 是一个表格形式的列表，由时间码值形式的电影剪辑数据组成。
- OMF：将项目文件导出为 OMF 格式。
- AAF：将项目文件导出为 AAF 格式。AAF(Advanced Authoring Format，高级制作格式) 是一种用于多媒体创作及后期制作、面向企业界的开放式标准。
- Final Cut Pro XML：将项目文件导出为 XML 格式。XML 是 Internet 环境中跨平台的、依赖于内容的技术，是当前处理结构化文档信息的重要工具。

14.2.2 影片的导出与设置

在 Premiere Pro 2022 中，将项目文件作为影片导出的格式通常包括 Windows Media、AVI、QuickTime 和 MPEG4 等，用户可以在计算机中直接双击这些格式的视频对象进行观看。

1. 影片导出的常用设置

在导出项目的设置中，可以在“导出设置”对话框中进行必要的设置，以便得到需要的导出效果。

选择“文件”|“导出”|“媒体”命令，可以在“导出设置”对话框中进行基本的导出设置，包括导出的源范围、导出的类型和格式、视频设置和音频设置等，如图 14-3 所示。

1) 预览视频效果

在“导出设置”对话框中选择“源”选项卡，可以预览源文件效果；选择“输出”选项卡，可以预览基于当前设置的视频效果。

2) 设置导出内容

在“导出设置”对话框下方单击“源范围”下拉按钮，在弹出的下拉列表中可以选择要导出的内容是整个序列还是工作区域，或是其他内容，如图 14-4 所示。

图 14-3 “导出设置”对话框

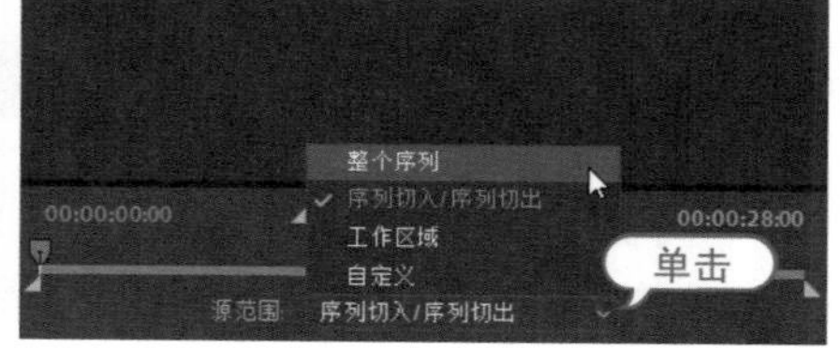

图 14-4 选择要导出的内容

3) 设置导出格式

在“导出设置”对话框右侧单击“导出设置”选项组中的“格式”下拉按钮，在弹出的下拉列表中可以选择导出项目的格式，其中包括各种图片和视频格式，如图 14-5 所示。

4) 设置视频编解码器

在“导出设置”对话框右侧选择“视频”选项卡，单击“视频编解码器”下拉按钮，在弹出的下拉列表中可以选择导出影片的视频编解码器，如图 14-6 所示。

5) 基本视频设置

在“视频”选项卡中展开“基本视频设置”选项组，在其中可以设置视频画面的质量、宽度、高度和帧速率等，如图 14-7 所示。

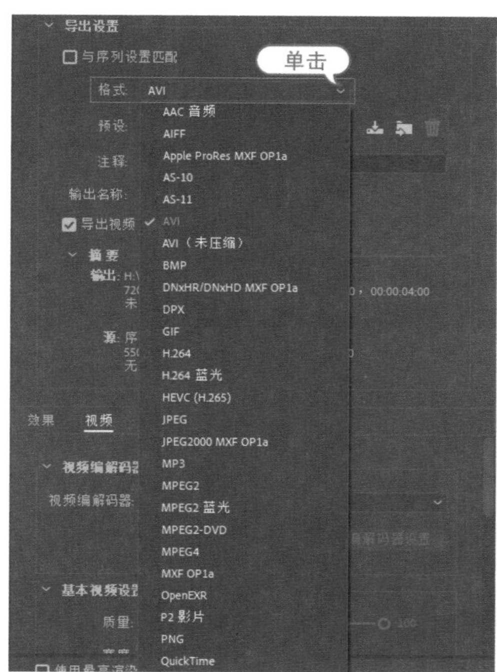

图 14-5 选择导出的格式

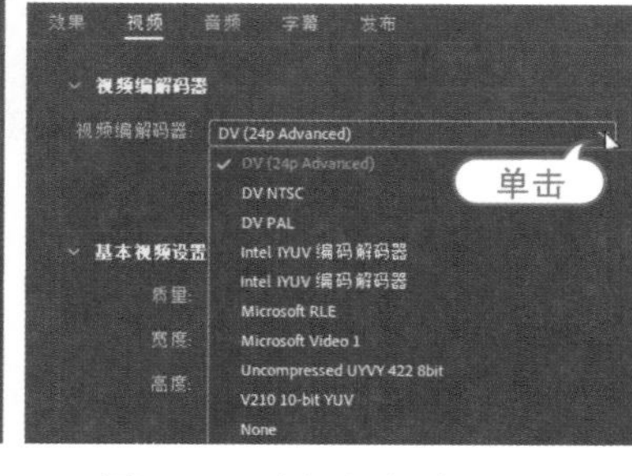

图 14-6 选择视频编解码器

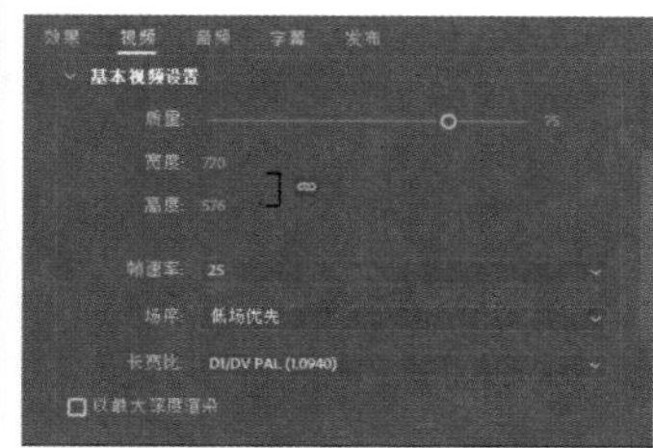

图 14-7 基本视频设置

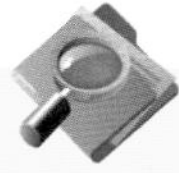

知识点滴：

对影片设置不同的视频编解码器，得到的视频质量和视频大小也不相同。

6) 画面裁剪

在“导出设置”对话框中选择“源”选项卡，然后选择“裁剪导出视频”工具，可以对画面进行裁剪，如图 14-8 所示。如果要使用像素精确地进行裁剪，可以单击“左侧”“顶部”“右侧”或“底部”数字并输入准确的值。如果想更改裁剪的纵横比，可以单击“裁剪比例”下拉按钮，然后在下拉列表中选择裁剪纵横比，如图 14-9 所示。

要预览裁剪的视频效果，可以选择“输出”选项卡。如果想缩放视频的帧大小以适合裁剪边框，可以在“源缩放”下拉列表中选择“缩放以适合”选项，如图 14-10 所示。

图 14-8 裁剪源视频

图 14-9 选择裁剪比例

图 14-10 预览视频裁剪效果

7) 保存、导出和删除预设

如果对预设进行更改，可以将自定义预设保存到磁盘中，以便以后使用。在保存预设后，还可以导入或删除它们。

- 保存预设：用于保存一个编辑过的预设以备将来使用，或以之作为比较导出效果的样本。单击“保存预设”按钮，如图 14-11 所示，在打开的“选择名称”对话框中输入预设名称，如图 14-12 所示，选中“保存效果设置”复选框可以保存效果设置；选中“保存发布设置”复选框可以保存发布设置。

图 14-11　单击“保存预设”按钮

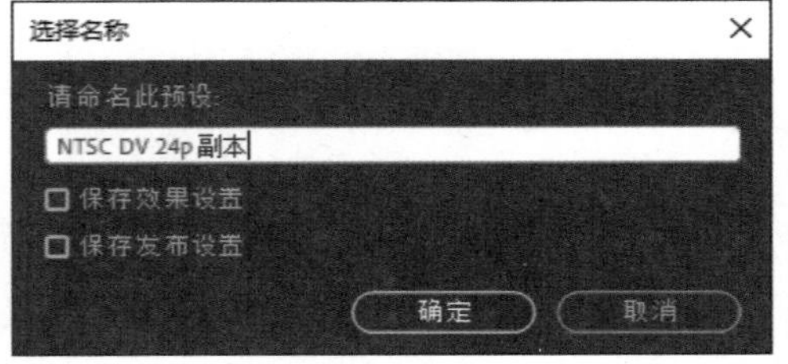

图 14-12　“选择名称”对话框

- 导入预设：导入自定义预设的最简单方法是单击“预设”下拉按钮，并从下拉列表中选择它。另外可以单击“安装预设”按钮，然后从弹出的如图 14-13 所示的“导入预设”对话框中加载预设，预设文件的扩展名为 .epr。
- 删除预设：要删除预设，首先加载预设，然后单击“删除预设”按钮，会出现一条警告，警告此删除过程不可恢复，如图 14-14 所示，单击“确定”按钮即可。

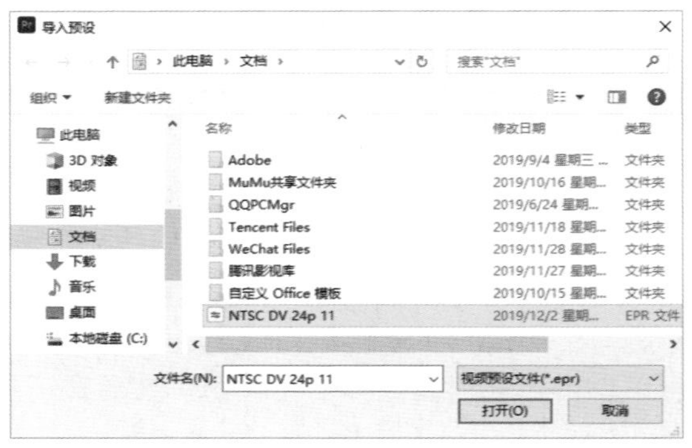

图 14-13　加载预设

图 14-14　删除预设

2. 导出影片

要将编辑好的项目导出为影片对象，首先需要在时间轴面板中选中要导出的序列，然后选择“文件”|“导出”|“媒体”命令对其进行导出。

练习实例：导出影片文件。	
文件路径	第 14 章 \ 蝴蝶.3gp
技术掌握	导出影片文件

01 打开“蝴蝶.prproj”文件，单击时间轴面板中的“序列 01”将其选中，如图 14-15 所示。

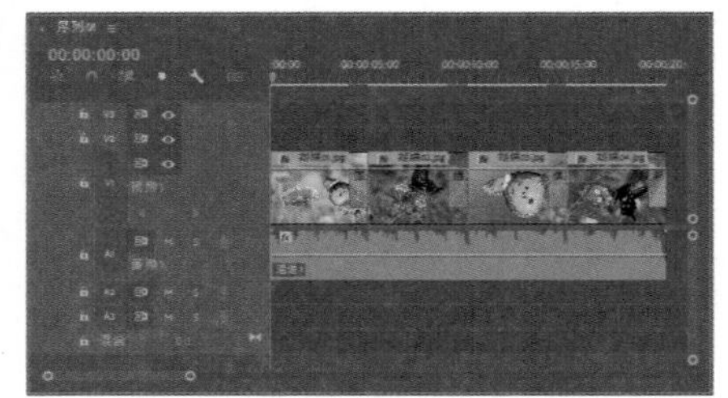

图 14-15　选中要导出的序列

02 选择“文件”|“导出”|“媒体”命令，打开“导出设置”对话框。在“导出设置”对话框下方单击“源范围”下拉按钮，选择要导出的内容为“整个序列”，如图 14-16 所示。

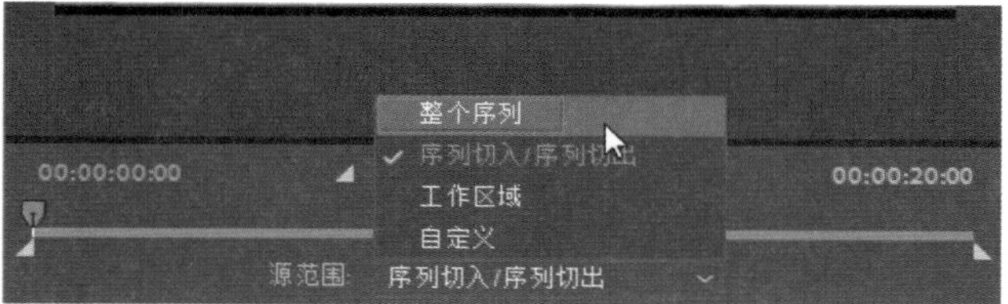

图 14-16　导出整个序列

03 在“导出设置”对话框下方单击“适合”下拉按钮，在弹出的下拉列表中选择导出影片的比例为100%，如图 14-17 所示。

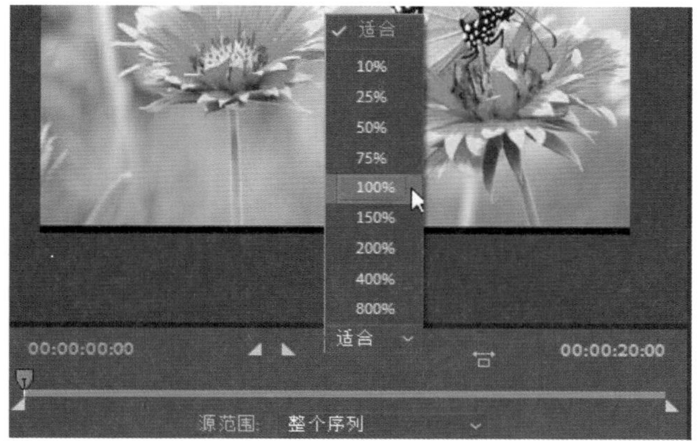

图 14-17　选择要导出的比例

04 在“导出设置”选项组中单击“格式”下拉按钮，在弹出的下拉列表中选择导出项目的影片格式为 MPEG4，如图 14-18 所示。

图 14-18　选择导出的影片格式

05 在“导出设置”选项组的“输出名称”选项中单击输出的名称，如图 14-19 所示。

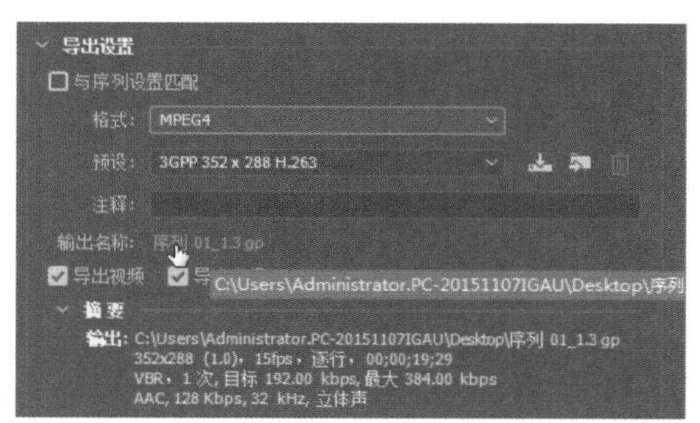

图 14-19　在“输出名称”选项中单击输出的名称

06 在打开的“另存为”对话框中设置导出的路径和文件名，如图 14-20 所示，单击“保存”按钮，返回“导出设置”对话框。

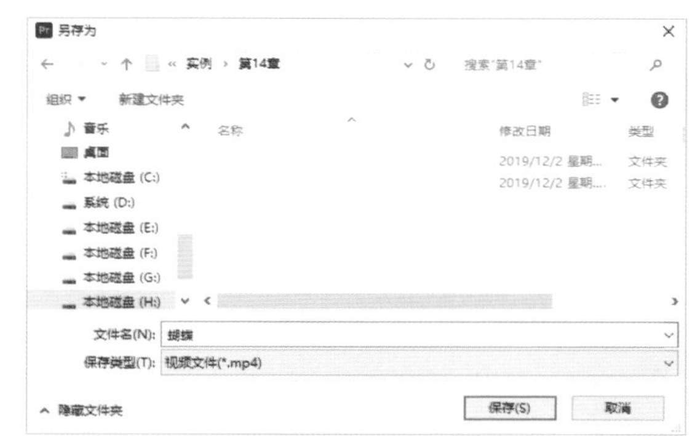

图 14-20　设置路径和文件名

07 根据需要设置导出的类型，如果不想导出音频，就取消选中“导出音频”复选框，如图 14-21 所示。

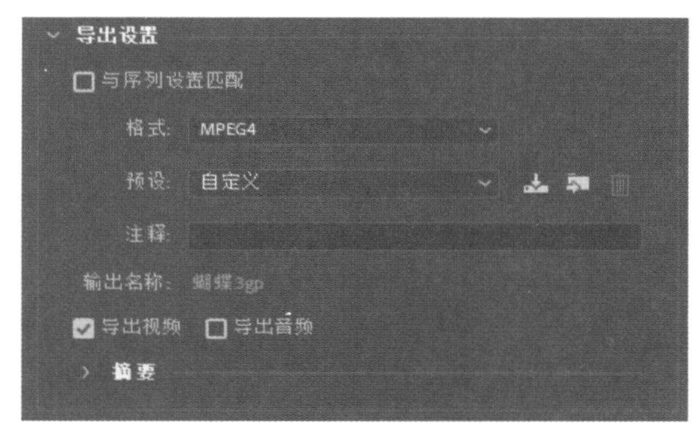

图 14-21　设置导出的类型

08 展开“视频”选项卡，在其中可更改视频设置，如视频的宽度和高度、帧速率和电视标准等，如图 14-22 所示。

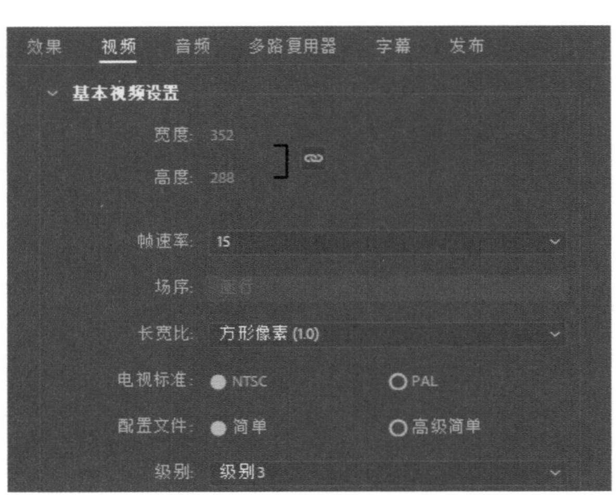

图 14-22　更改视频设置

09 单击“导出”按钮，即可将项目序列导出为指定的影片文件，然后使用播放软件即可播放导出的影片文件，如图 14-23 所示。

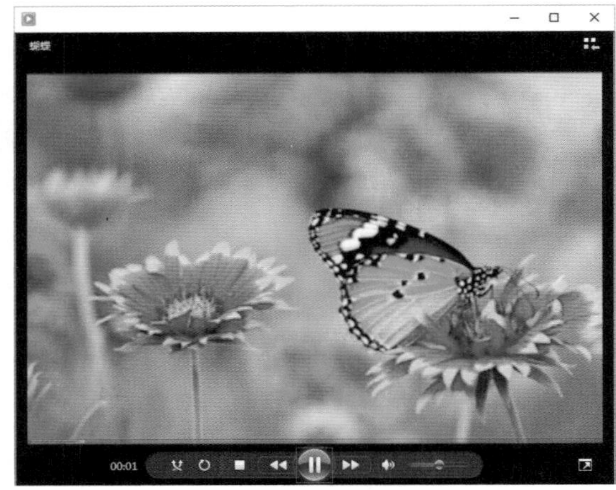

图 14-23　播放影片内容

14.2.3　图片的导出与设置

在 Premiere 中，不仅可以将编辑好的项目文件导出为影片格式，还可以将其导出为序列图片或单帧图片。

1. 图片的导出格式

在 Premiere Pro 2022 中可以将编辑好的项目文件导出为图片格式，其中包括 BMP、GIF、JPG、PNG、TAG 和 TIF 格式。

- BMP(Windows Bitmap)：这是一种由 Microsoft 公司开发的位图文件格式。几乎所有的常用图像软件都支持这种格式。该格式对图像大小无限制，并支持 RLE 压缩，缺点是占用空间大。
- GIF：流行于 Internet 上的图像格式，是一种较为特殊的格式。
- TAG(Targa)：这是国际上的图形图像工业标准，是一种常用于数字化图像等高质量图像的格式。一般情况下，文件为 24 位和 32 位，是图像由计算机向电视转换的首选格式。
- TIF(TIFF)：这是一种由 Aldus 公司开发的位图文件格式，支持大部分操作系统，支持 24 位颜色，对图像大小无限制，支持 RLE、LZW、CCITT 及 JPEG 压缩。
- JPG(JPEG)：JPG 图片以 24 位颜色存储单个光栅图像。JPG 是与平台无关的格式，支持最高级别的压缩，不过这种压缩是有损耗的。
- PNG：是一种于 20 世纪 90 年代中期开始开发的图像文件存储格式，其目的是试图替代 GIF 和 TIFF 文件格式，同时增加一些 GIF 文件格式所不具备的特性。

2. 导出序列图片

编辑好项目文件后，可以将项目文件中的序列导出为序列图片，即以序列图片的形式显示序列中每一帧的图片效果。

练习实例：导出序列图片。	
文件路径	第 14 章 \ 序列图片 \
技术掌握	导出序列图片

01 打开“太阳.prproj”项目文件，在时间轴面板中选择要导出的序列。

02 选择“文件”|“导出”|“媒体”命令，打开“导出设置”对话框，然后单击“格式”下拉按钮，在弹出的下拉列表中选择导出格式为图片格式(如JPEG)，如图 14-24 所示。

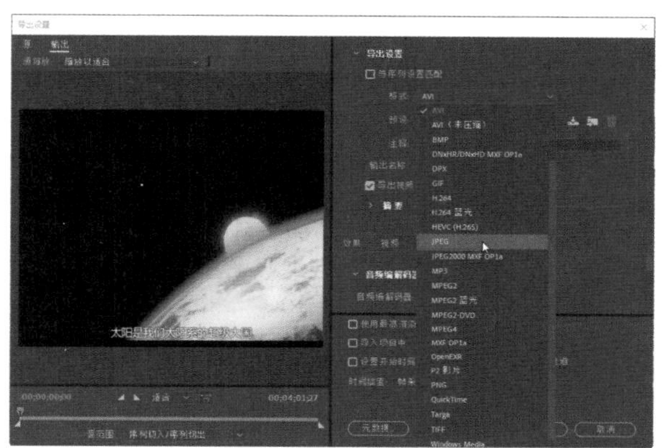

图 14-24　选择导出的图片格式

03 在“输出名称”选项中单击输出的名称，打开“另存为”对话框，设置存储文件的名称和路径后，单击“保存”按钮，如图 14-25 所示。

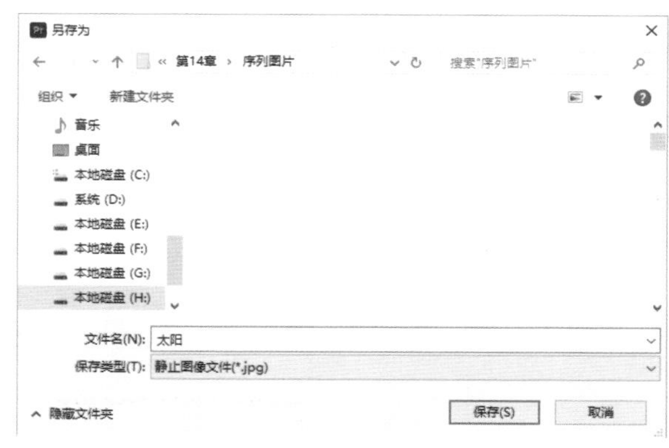

图 14-25　“另存为”对话框

04 返回“导出设置”对话框，在“视频”选项卡中设置图片的质量、宽度和高度，并选中“导出为序列”复选框，如图 14-26 所示。

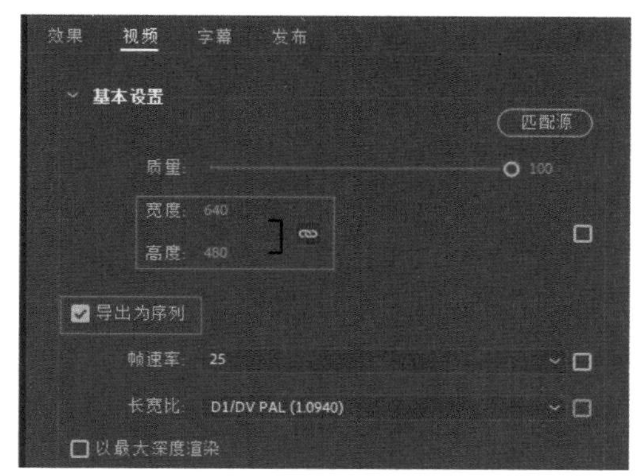

图 14-26　设置图片属性

进阶技巧：

要设置导出图片的宽度、高度、帧速率和长宽比，首先要取消选中各选项后面的匹配源复选框。

05 单击“导出”按钮，导出静止图像的序列，本例导出的序列图像如图 14-27 所示。

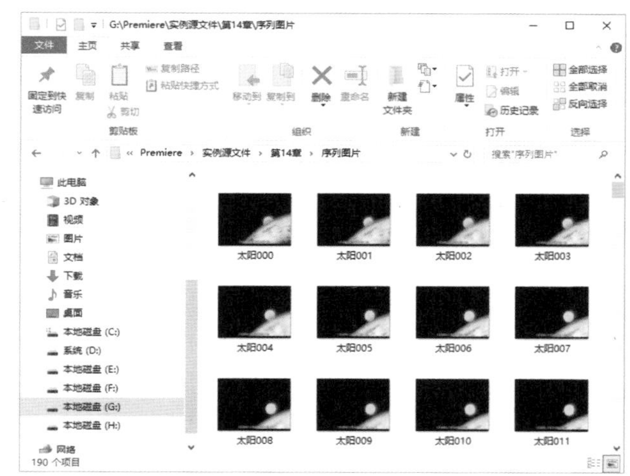

图 14-27　导出的序列图像

3. 导出单帧图片

完成项目文件的创建时，有时需要将项目中的某一帧画面导出为静态图片文件。例如，对影片项目中制作的视频特效画面进行取样操作等。

练习实例：导出单帧图片。	
文件路径	第 14 章 \ 单帧图片 \ 太阳.tif
技术掌握	导出单帧图片

01 打开“太阳.prproj”项目文件，然后在时间轴面板中将时间指示器拖动到需要导出帧的位置，如图 14-28 所示。

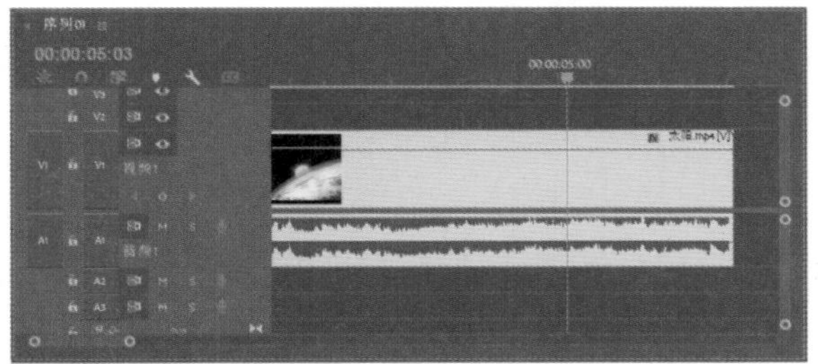

图 14-28　定位时间指示器

02 在节目监视器面板中可以预览目前帧的画面，确定需要导出内容的画面，如图 14-29 所示。

图 14-29　预览画面

03 选择“文件”|“导出”|“媒体”命令，打开“导出设置”对话框，单击“格式”下拉按钮，在弹出的下拉列表中选择导出格式为图片格式(如 TIFF)，如图 14-30 所示。

04 在“输出名称”选项中单击导出的名称，打开“另存为”对话框，设置存储文件的名称和路径。单击“确定”按钮，返回“导出设置”对话框，在“基本设置”选项组中设置图片的宽度和高度。取消选中“导出为序列”复选框，如图 14-31 所示，然后单击“导出”按钮导出图片。

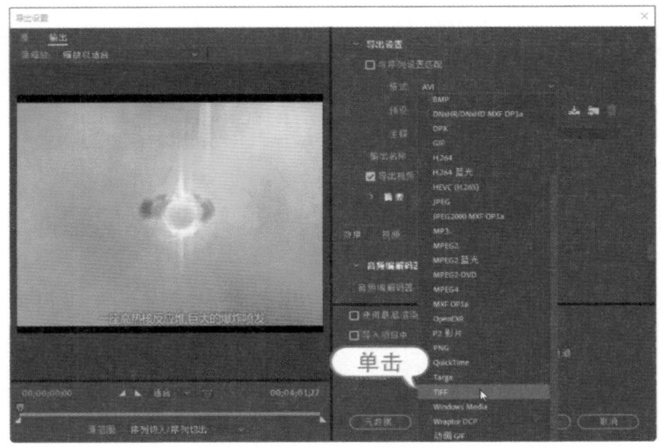

图 14-30　选择导出的图片格式

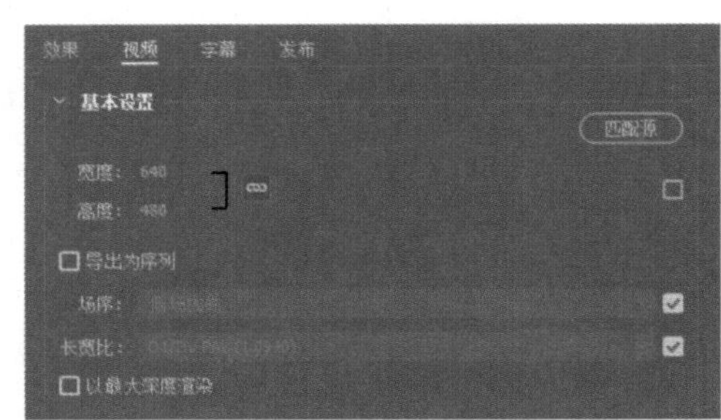

图 14-31　设置图片属性

进阶技巧：

要将项目序列中的某帧图像导出为单帧图片，一定要在“基本设置”选项组中取消选中“导出为序列”复选框。

05 导出图片后，即可在导出位置预览导出的单帧图片效果，如图 14-32 所示。

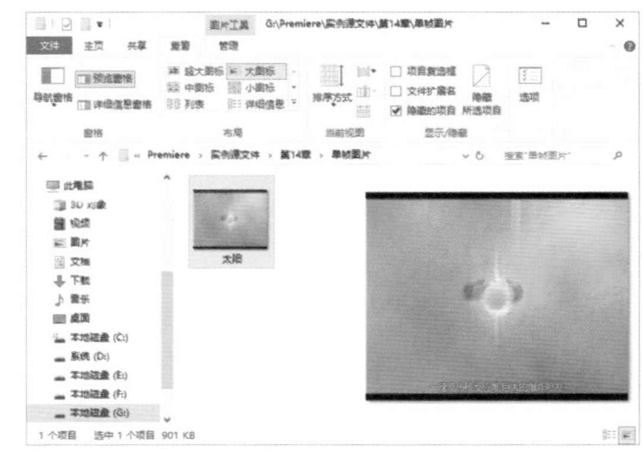

图 14-32　预览图片效果

14.2.4 音频的导出与设置

在 Premiere 中，除了可以将编辑好的项目导出为图片文件和影音文件外，还可以将项目文件导出为纯音频文件。Premiere Pro 2022 可以导出的音频文件包括 WAV、MP3、ACC 等格式。

练习实例：导出音频文件。	
文件路径	第 14 章 \ 纯音乐 .wav
技术掌握	导出音频文件

01 打开“蝴蝶.prproj”项目文件，选择“文件”|“导出”|“媒体”命令，打开“导出设置”对话框，在“格式”下拉列表中选择一种音频格式(如“波形音频”)，如图 14-33 所示。

图 14-33 选择音频格式

02 在“输出名称”选项中单击导出的名称，打开“另存为”对话框，设置存储文件的名称和路径，然后单击“保存”按钮，如图 14-34 所示。

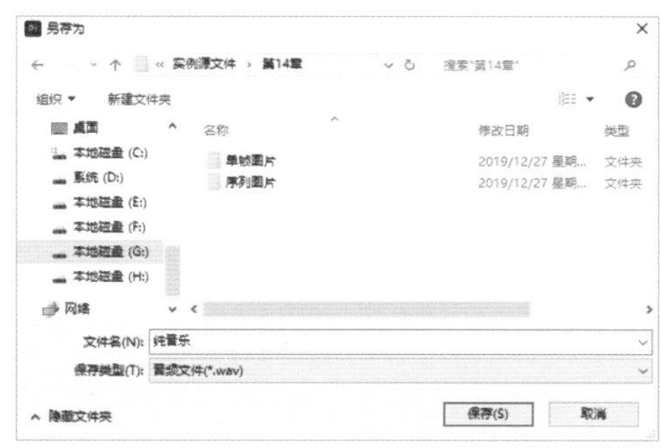

图 14-34 “另存为”对话框

03 返回“导出设置”对话框，在“音频编解码器”下拉列表中选择需要的编解码器，如图 14-35 所示。

04 在“采样率”下拉列表中选择需要的音频采样率，如图 14-36 所示。

图 14-35 设置音频编解码器

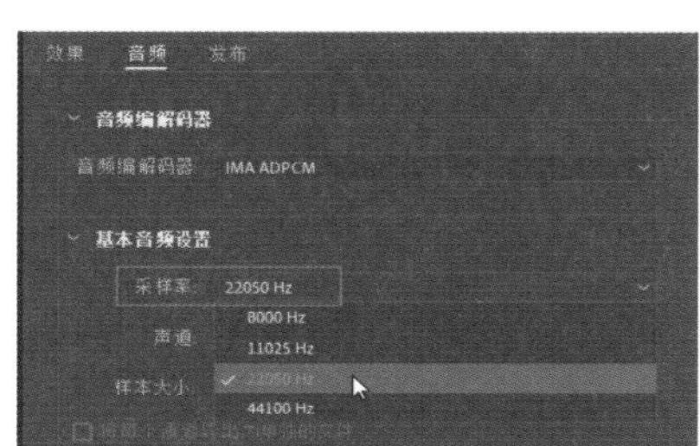

图 14-36 设置音频采样率

- 采样率：降低采样率可以减小文件，并加速最终产品的渲染。采样率越高，质量越好，但处理时间越长。
- 样本大小：立体 32 位是最高设置，8 位单声道是最低设置。样本大小的位深度越低，生成的文件越小，渲染时间也越少。

05 在“声道”选项中选择“单声道”模式，然后单击“导出”按钮，即可将项目文件导出为音频文件，如图 14-37 所示。

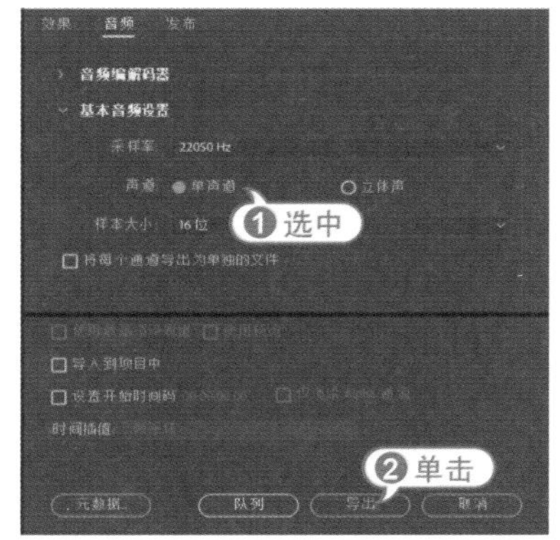

图 14-37 选择声道并单击“导出”按钮

14.3　高手解答

问：为什么输出很短的AVI格式视频，文件都非常大？

答：由于AVI是一种无损的压缩模式，这种视频格式的好处是兼容性好、调用方便、图像质量好，缺点是占用空间大。如果选择无压缩的AVI输出格式，输出的文件还会更大，所以在对图像质量要求不是特别高的情况下，输出影片时，通常选择MP4、MOV等格式。

问：Premiere支持哪几种渲染方式，各种渲染方式有什么特点？

答：Premiere对项目文件支持实时渲染和生成渲染两种方式。实时渲染支持所有的视频效果、过渡效果、运动设置和字幕效果。使用实时渲染不需要进行任何生成工作，可节省时间。如果项目中应用了较复杂的效果，可以降低画面品质或降低帧速率，以便在渲染过程中达到正常的渲染效果；生成渲染需要对序列中的所有内容和效果进行生成工作。生成的时间与序列中素材的复杂程度有关。使用生成渲染播放视频的质量较高，便于检查细节的纰漏，通常只选择一部分内容进行生成渲染。

问：输出音频时，通常可以使用什么方法减小文件？

答：输出音频时，可以通过降低音频的采样率来减小文件。

第15章 综合实例

使用 Premiere 可以制作出各种各样的视频效果、电子相册、片头、广告等影片。只要掌握了 Premiere 的具体操作方法，就可以制作出所需要的效果。本章将通过制作实例的方式对前面所学的知识进行巩固和运用，帮助读者掌握 Premiere 在实际工作中的应用，并达到举一反三的效果。

综合实例：制作企业宣传片头

综合实例：制作旅游宣传片

15.1 制作企业宣传片头

企业宣传片是介绍自有企业主营业务、产品、企业规模及人文历史的专题片，主要用于展现企业历史、企业形象、经营理念和企业文化等。

15.1.1 案例效果

本节将介绍使用 Premiere Pro 2022 制作企业宣传片头的具体操作，本例的最终效果如图 15-1 所示。

图 15-1 企业宣传片头效果

15.1.2 案例分析

在制作该宣传片头前，首先要构思该宣传片头所要展现的内容和希望达到的效果，然后收集需要的素材，再使用 Premiere 进行视频编辑。

(1) 将收集和制作的素材导入 Premiere 中进行编辑。

(2) 对背景素材的长度进行适当调节，然后根据视频所需长度，调整各个照片素材的持续时间。

(3) 在字幕设计面板中创建需要的字幕，并设置好文字样式。

(4) 根据背景素材的效果，适当调整各个字幕素材和图片素材在时间轴面板的入点位置。

(5) 对素材添加视频运动效果和淡入淡出效果，使影片效果更加丰富。

15.1.3 案例制作

由于本例选用的背景影片中的音频存在淡入淡出的效果，因此不需要对音频进行编辑。本例的制作，主要分为创建项目文件、添加素材、创建字幕、编辑影片素材和输出影片等主要环节，具体操作如下。

综合实例：制作企业宣传片头。	
文件路径	第 15 章 \ 企业宣传片头.prproj
技术掌握	企业宣传片头的制作流程和方法

1. 创建项目文件

01 启动 Premiere Pro 2022 应用程序，新建一个名为“企业宣传片头”的项目文件。

02 选择“编辑”|“首选项”|“时间轴”命令，打开“首选项”对话框，设置“静止图像默认持续时间”为 3 秒，如图 15-2 所示，单击“确定”按钮。

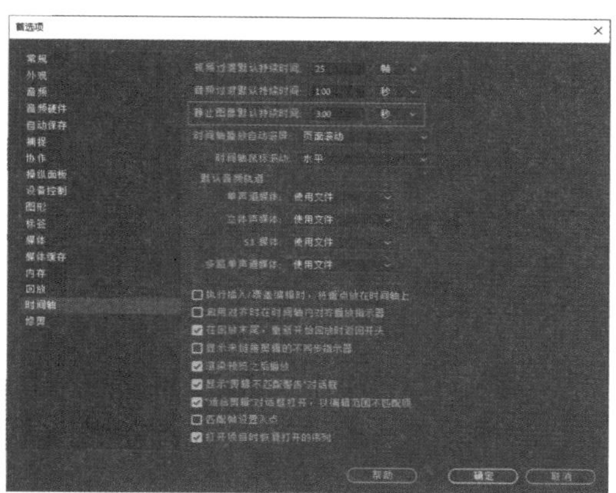

图 15-2　设置图片的默认持续时间

03 选择“文件”|“新建”|“序列”命令，打开“新建序列”对话框，如图 15-3 所示，保持默认的参数并确定，创建一个新序列。

图 15-3　“新建序列”对话框

2. 添加素材

01 选择“文件”|“导入”命令，打开“导入”对话框，导入本例中需要的素材，如图 15-4 所示。

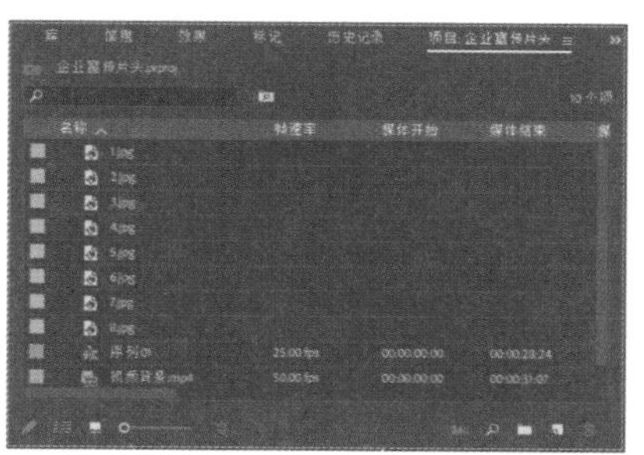

图 15-4　导入素材

02 在项目面板中单击“新建素材箱”按钮，创建一个名为“图片”的素材箱，然后将图片素材拖入“图片”素材箱中，如图 15-5 所示。

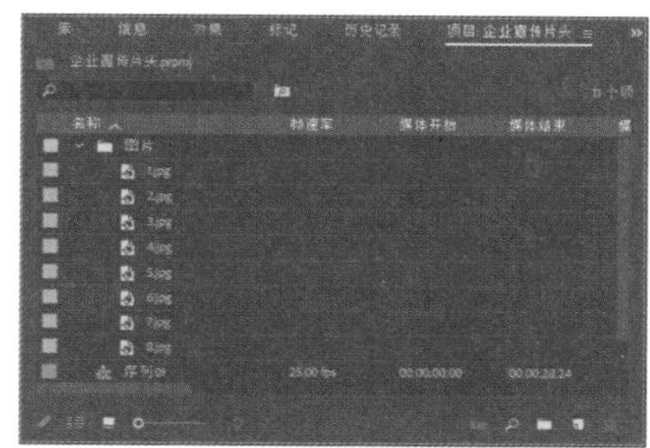

图 15-5　新建素材箱并将图片素材拖入素材箱中

3. 创建字幕

01 选择“文件”|“新建”|“旧版标题”菜单命令，在打开的“新建字幕”对话框中输入字幕名称并单击“确定”按钮，如图 15-6 所示。

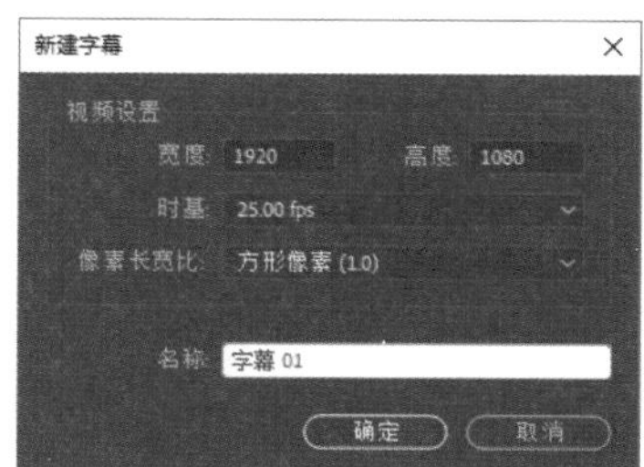

图 15-6　“新建字幕”对话框

02 在字幕设计面板中单击工具栏上的“文字工具”按钮，在绘图区单击鼠标并输入文字内容，然后适当调整文字的位置、字体系列和字体大小，再选中

“填充”复选框，设置填充类型为“斜面”，填充颜色为黄色，阴影颜色为暗红色，如图 15-7 所示。

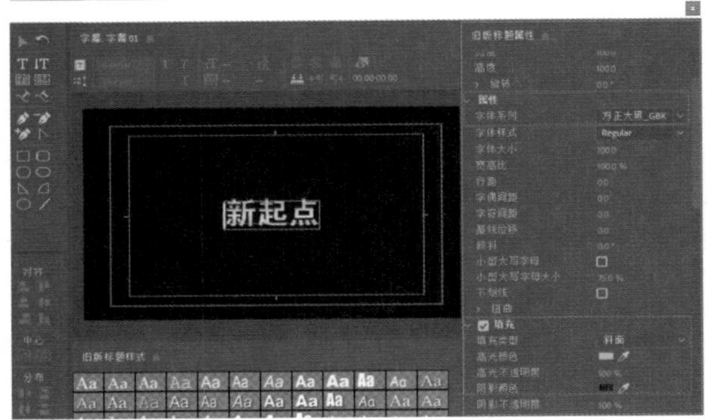

图 15-7　设置文字属性和填充效果

03 在字幕属性面板中向下拖动滚动条，添加一个外描边，并设置外描边参数；再选中“阴影”复选框，并设置阴影参数，如图 15-8 所示。

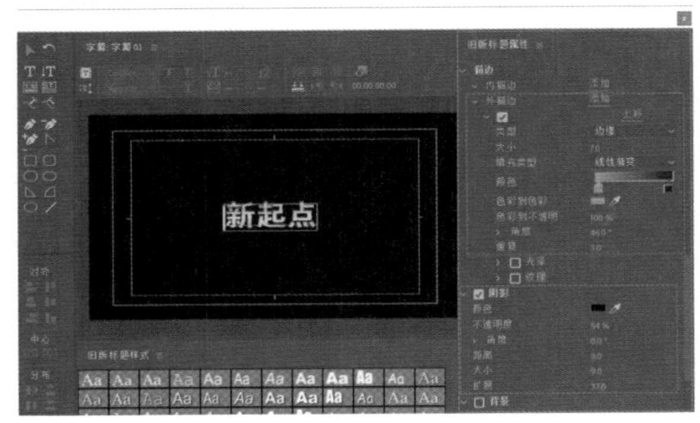

图 15-8　设置外描边和阴影参数

04 关闭字幕设计面板，使用同样的方法创建其他字幕。在项目面板中新建一个名为“文字”的素材箱，将创建的字幕拖入该素材箱中，如图 15-9 所示。

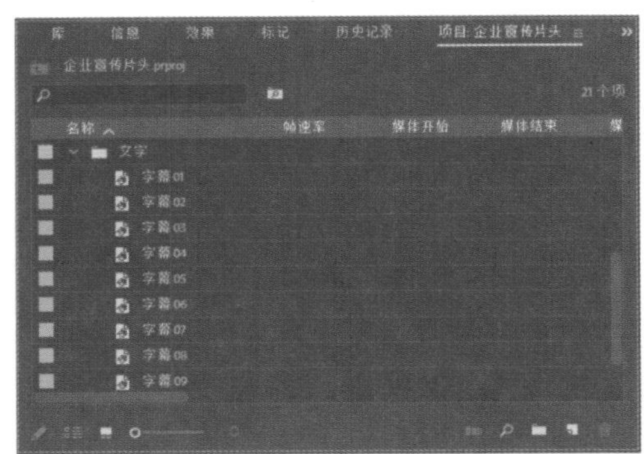

图 15-9　创建其他字幕对象

4. 剪辑背景影片

01 将“视频背景.mp4”素材添加到时间轴面板的视频 1 轨道中，素材的入点位置为第 0 秒，如图 15-10 所示。

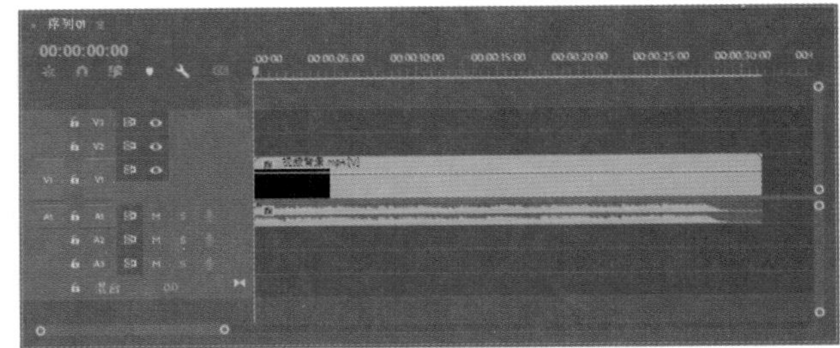

图 15-10　添加视频素材

02 将当前时间指示器移到第 29 秒的位置，单击工具箱中的“剃刀工具”按钮，然后在此时间位置单击鼠标，将视频背景素材切割开，如图 15-11 所示。

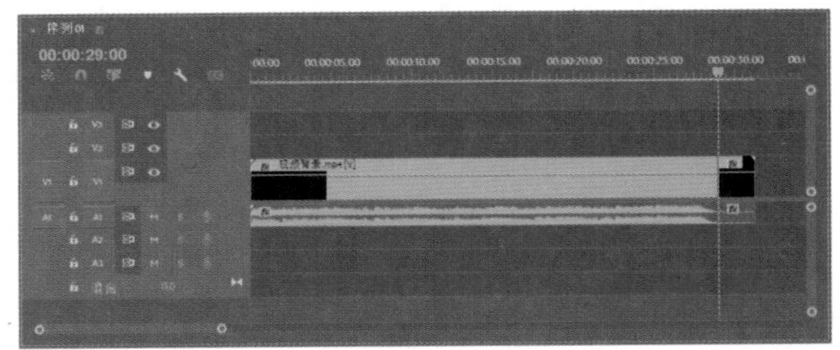

图 15-11　切割视频背景素材

03 选择视频素材后面多余的视频，按 Delete 键将其删除，如图 15-12 所示。

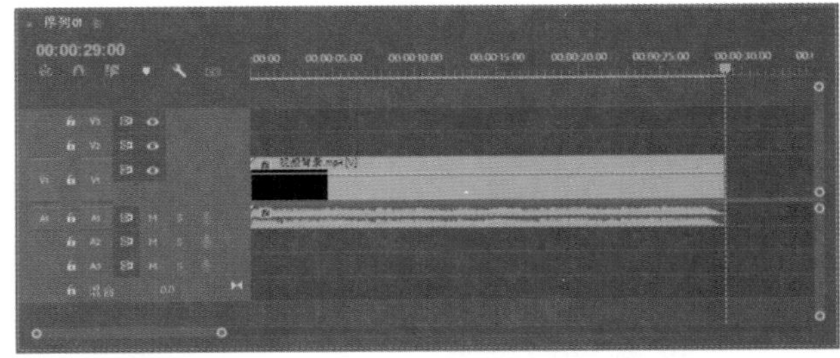

图 15-12　删除多余视频

5. 编辑影片

01 将当前时间指示器移到第 5 秒的位置，然后将“1.jpg~8.jpg”图片素材依次添加到时间轴面板的视频 2 轨道中，如图 15-13 所示。

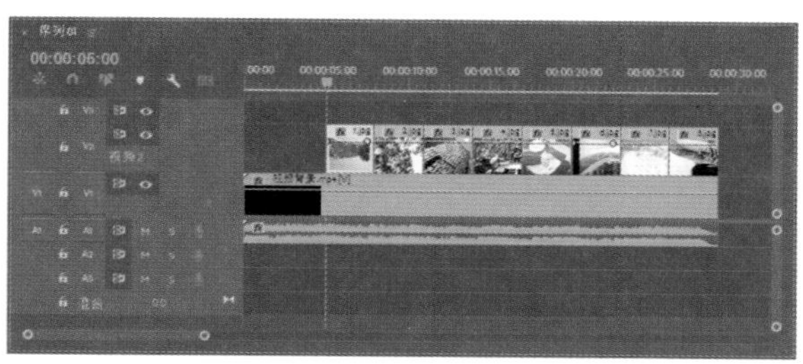

图 15-13　添加图片素材

02 选择视频 2 轨道中的“1.jpg”素材，打开效果控件面板，在“混合模式”下拉列表中选择“滤色”选项，如图 15-14 所示。

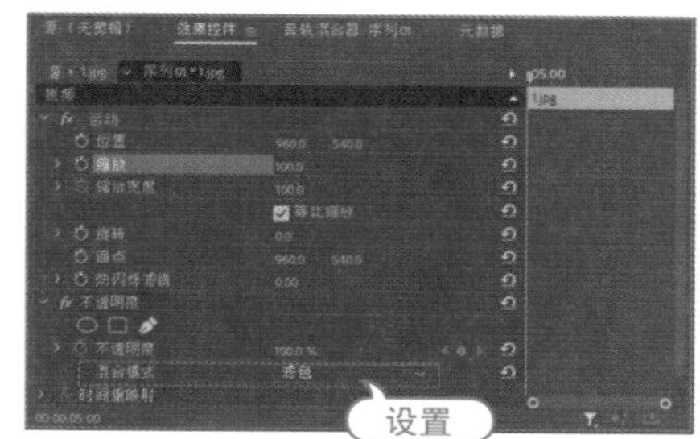

图 15-14　设置混合模式

03 在节目监视器面板中对应用“滤色”混合模式的结果进行预览，效果如图 15-15 所示。

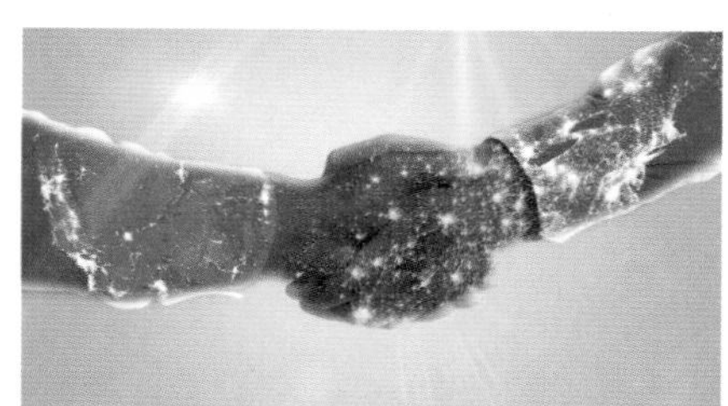

图 15-15　预览效果

04 切换到效果控件面板中，在第 5 秒和第 7 秒的位置为“缩放”选项各添加一个关键帧，并设置第 7 秒的缩放值为 120，如图 15-16 所示。

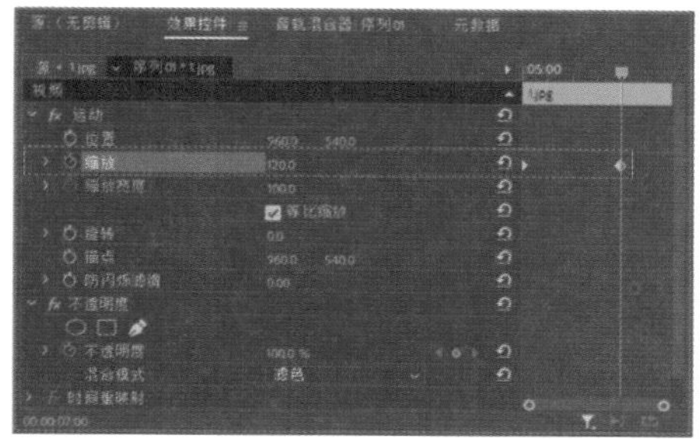

图 15-16　添加并设置关键帧

05 在节目监视器面板中对图片的运动效果进行预览，效果如图 15-17 所示。

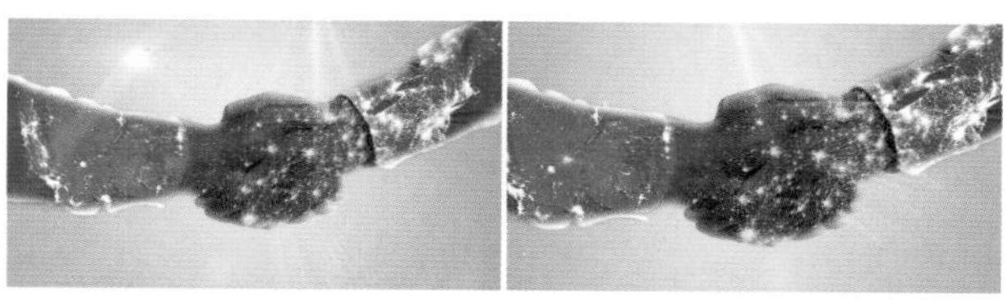

图 15-17　预览效果

06 在效果控件面板中选择创建的缩放关键帧，然后单击鼠标右键，在弹出的快捷菜单中选择“复制”命令，如图 15-18 所示。

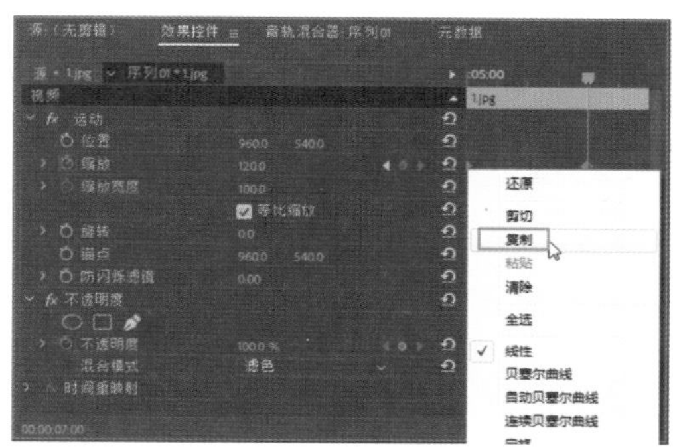

图 15-18　选择“复制”命令

07 在时间轴面板中选择视频 2 轨道中的“2.jpg”素材，将当前时间指示器移到第 8 秒的位置，然后在效果控件面板中单击鼠标右键，在弹出的快捷菜单中选择“粘贴”命令，如图 15-19 所示。

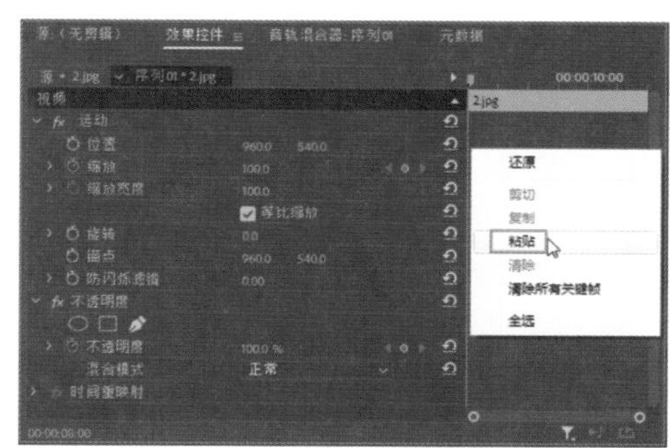

图 15-19　选择“粘贴”命令

08 在“混合模式”下拉列表中选择“滤色”选项，如图 15-20 所示。

09 在第 11 秒、第 14 秒、第 17 秒、第 20 秒、第 23 秒、第 26 秒的位置分别为其他图片素材粘贴复制的缩放关键帧，并将各图片的“混合模式”修改为“滤色”。

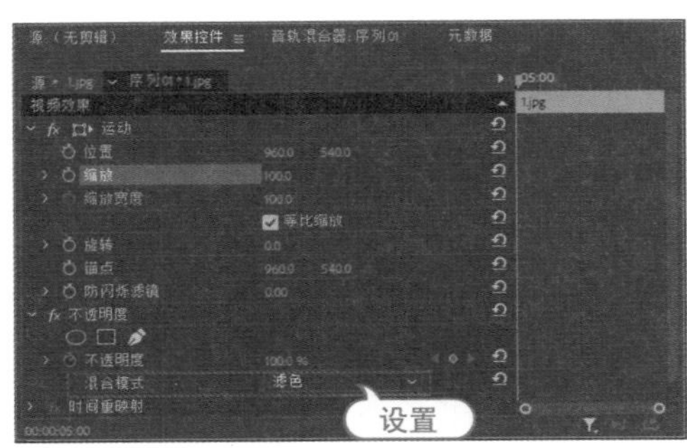

图 15-20　设置混合模式

6. 编辑字幕动画效果

01 在项目面板中选中所有的字幕素材，然后单击鼠标右键，在弹出的快捷菜单中选择“速度 / 持续时间”命令，如图 15-21 所示。

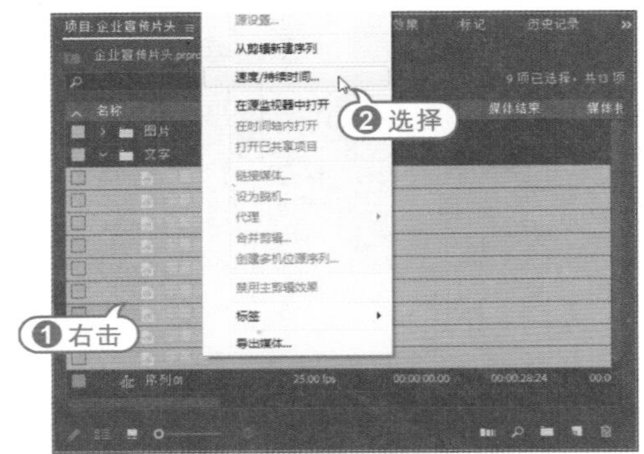

图 15-21　选择“速度 / 持续时间”命令

02 在打开的“剪辑速度 / 持续时间”对话框中设置字幕的持续时间为 2 秒，如图 15-22 所示，单击“确定”按钮。

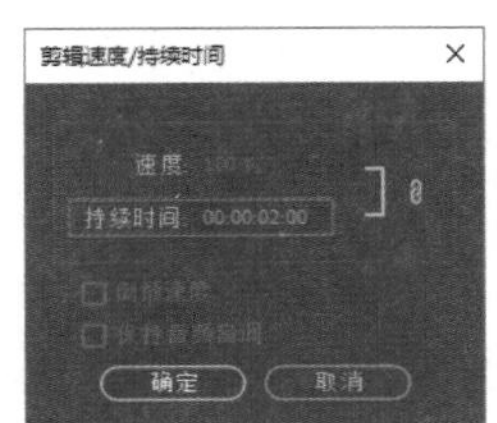

图 15-22　设置持续时间

03 分别在第 2 秒、第 5 秒、第 8 秒、第 11 秒、第 14 秒、第 17 秒、第 20 秒、第 23 秒和第 26 秒的位置，依次将“字幕 01”~“字幕 09”素材添加到视频 3 轨道中，效果如图 15-23 所示。

04 选择视频 3 轨道中的“字幕 01”素材，然后打开效果控件面板，在第 2 秒的位置为“缩放”选项添加一个关键帧，设置该帧的缩放值为 400，如图 15-24 所示。

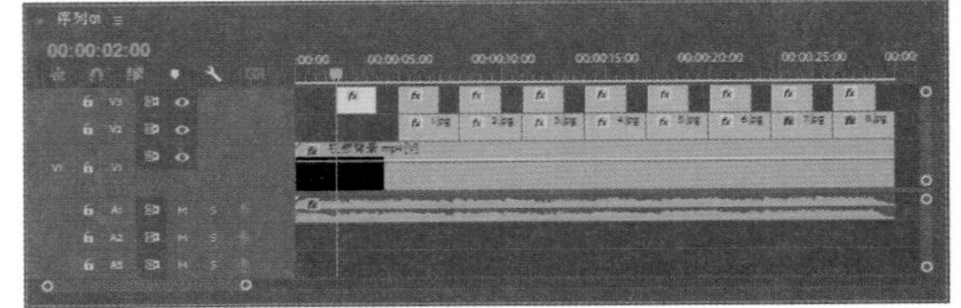

图 15-23　添加字幕素材

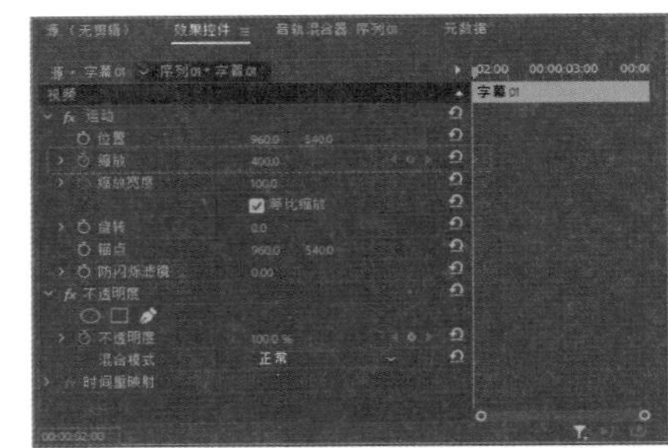

图 15-24　添加并设置关键帧 (一)

05 在第 2 秒 20 帧的位置为“缩放”选项添加一个关键帧，设置缩放值为 100，如图 15-25 所示。

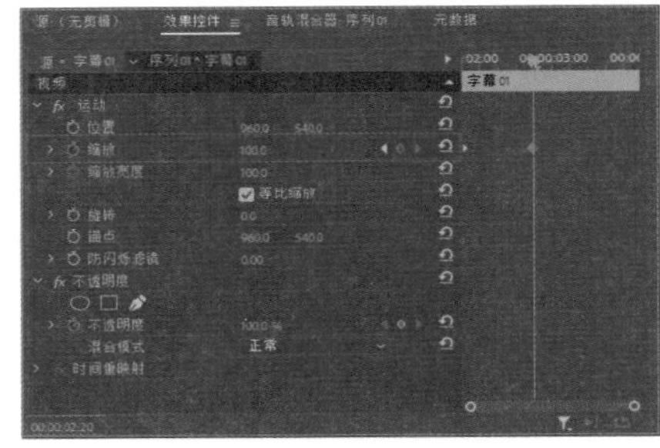

图 15-25　添加并设置关键帧 (二)

06 在第 2 秒、第 2 秒 05 帧、第 3 秒 20 帧和第 3 秒 24 帧的位置为“不透明度”选项各添加一个关键帧，设置第 2 秒 (如图 15-26 所示) 和第 3 秒 24 帧的不透明度为 0。

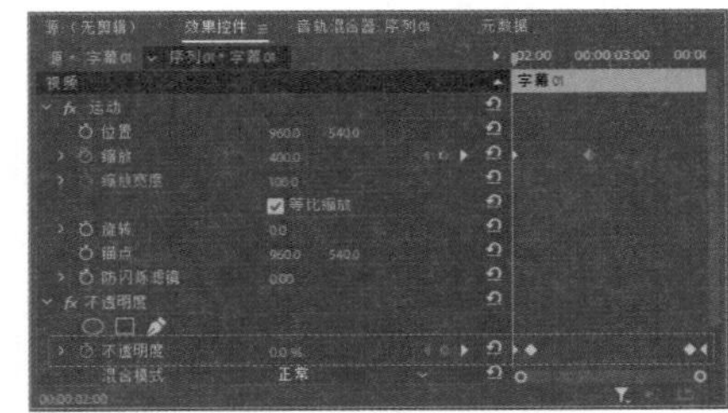

图 15-26　添加并设置关键帧 (三)

07 在节目监视器面板中对字幕的变化效果进行预览，效果如图 15-27 所示。

图 15-27　预览效果

08 在效果控件面板中将创建好的不透明度关键帧依次粘贴到其他字幕素材中，将缩放关键帧依次粘贴到“字幕 02”“字幕 03”和“字幕 09”素材中。

7. 输出影片文件

01 选择“文件”|“导出”|“媒体”命令，打开“导出设置”对话框，在“格式”下拉列表中选择一种影片格式 (如 H.264)，如图 15-28 所示。

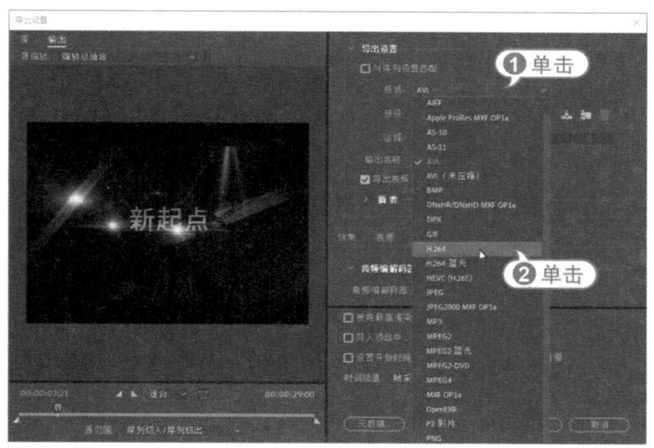

图 15-28　选择影片格式

02 在“输出名称”选项中单击输出的名称，在打开的“另存为”对话框中设置存储文件的名称和路径，如图 15-29 所示，然后单击“保存”按钮。

03 返回“导出设置”对话框，在“音频”选项卡中设置音频的参数，如图 15-30 所示，然后单击“导出”按钮，将项目文件导出为影片文件。

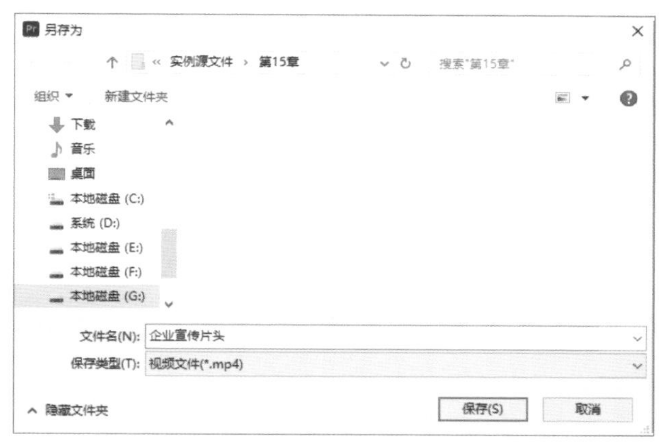

图 15-29　设置文件的名称和路径

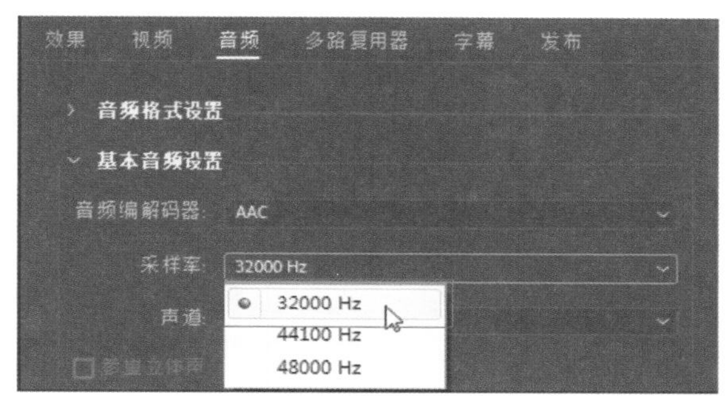

图 15-30　设置音频参数

04 将项目文件导出为影片文件后，可以在相应的位置找到导出的文件，并且可以使用媒体播放器对该文件进行播放，效果如图 15-31 所示，完成本实例的制作。

图 15-31　播放影片

15.2 制作旅游宣传片

旅游宣传片是对一个旅游景点精要的展示和表现，通过一种视觉的传播路径，提高旅游景点的知名度和曝光率，以便更好地吸引投资和增加旅游人数，彰显旅游景点品质及个性，挖掘出景点的地域文化特征，增强景点吸引力的影像视频。

15.2.1 案例效果

本节将介绍使用 Premiere Pro 2022 制作旅游宣传片的具体操作，本例的最终效果如图 15-32 所示。

图 15-32 旅游宣传片效果

15.2.2 案例分析

本例首先要构思该宣传片所要展现的内容和希望达到的效果，然后收集需要的素材，再使用 Premiere 进行视频编辑。

(1) 创建项目和序列，然后导入素材，并添加到时间轴面板的轨道中，在素材间添加视频切换效果。

(2) 在素材之间添加视频过渡效果，使影片过渡效果更丰富。

(3) 在字幕设计器窗口或字幕面板中创建需要的字幕对象，然后根据需要将这些字幕添加到时间轴面板的视频轨道中。

(4) 为了使影片效果更自然，需要对影片的开始和结尾部分制作淡入淡出效果。

(5) 对特别的素材添加视频效果，以及添加动画效果。

15.2.3 案例制作

根据对本例的制作分析，可以将其分为 8 个主要部分进行操作：创建项目文件、添加素材、制作影片片头效果、创建字幕、编辑影片文字、制作影片片尾效果、编辑音频素材和输出影片文件。

综合实例：制作旅游宣传片。	
文件路径	第 15 章 \ 旅游宣传片.prproj
技术掌握	旅游宣传片的制作流程和方法

1. 创建项目文件

01 启动 Premiere Pro 2022 应用程序，新建一个名为“旅游宣传片”的项目文件。

02 选择“编辑”|“首选项”|“时间轴”命令，打开“首选项”对话框，设置“静止图像默认持续时间”为 4 秒，单击“确定”按钮，如图 15-33 所示。

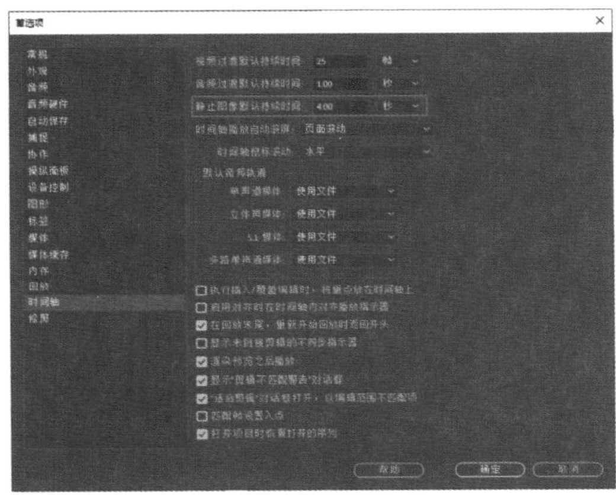

图 15-33　设置图像默认持续时间

03 选择“文件”|“新建”|“序列”命令，打开“新建序列”对话框，如图 15-34 所示，在“序列预设”选项卡中保持默认的参数。

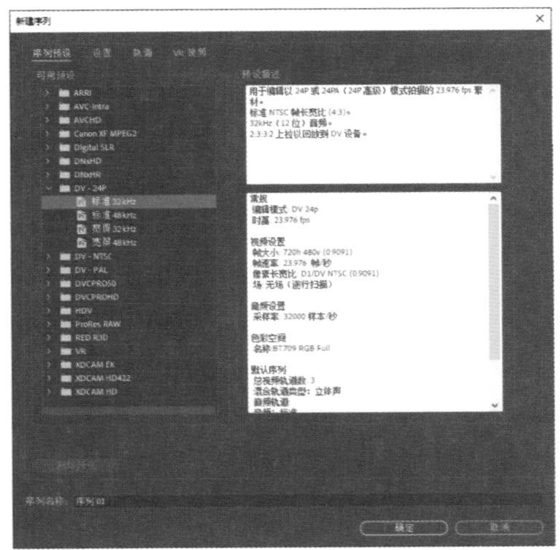

图 15-34　“新建序列”对话框

04 选择“设置”选项卡，在“编辑模式”下拉列表中选择“DV 24p”编辑模式，如图 15-35 所示。

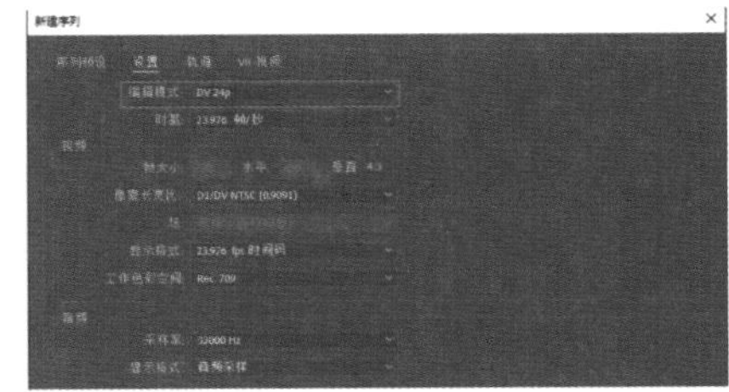

图 15-35　选择编辑模式

05 选择“轨道”选项卡，设置视频轨道数量为 4，然后单击“确定”按钮，如图 15-36 所示。

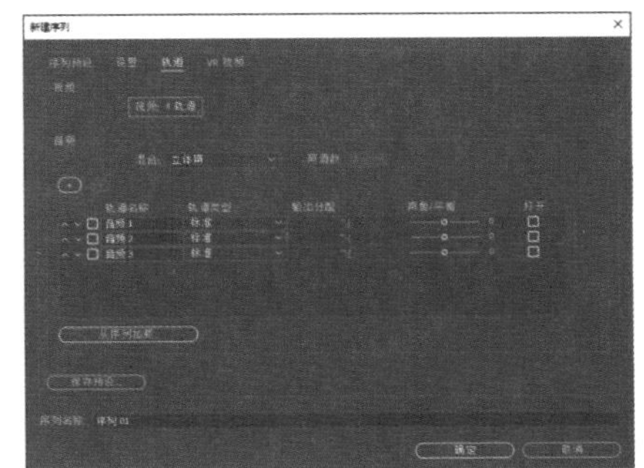

图 15-36　设置视频轨道数量

2. 添加素材

01 选择“文件”|“导入”命令，打开“导入”对话框，导入本例中需要的素材，如图 15-37 所示。

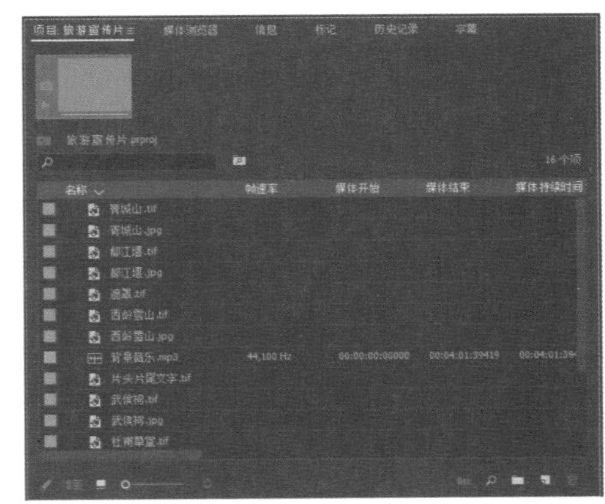

图 15-37　导入素材

02 在项目面板中单击“新建素材箱”按钮，创建两个新素材箱，然后分别对其进行命名，如图 15-38 所示。

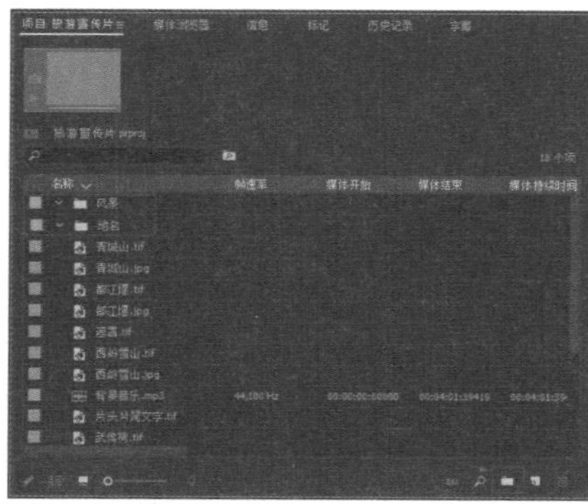

图 15-38 创建素材箱并进行命名

03 在项目面板中将风景和地名素材分别拖入对应的素材箱中，对项目中的素材进行分类管理，如图 15-39 所示。

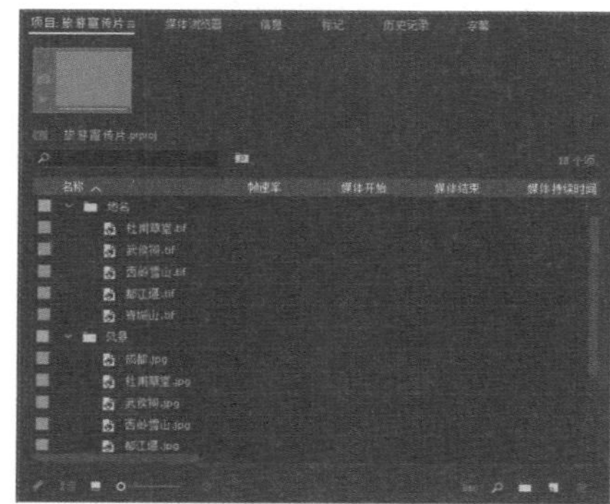

图 15-39 管理素材

3. 制作影片片头效果

01 将各个风景图片依次拖到时间轴面板的视频 1 轨道中，将第一张图片的入点设在第 0 秒的位置，如图 15-40 所示。

图 15-40 添加素材

02 打开效果面板，展开“视频过渡”|“溶解”素材箱，选择“白场过渡”过渡效果，如图 15-41 所示。

03 将“白场过渡”过渡效果拖动到时间轴面板的视频 1 轨道中第一个素材的出点处，如图 15-42 所示。

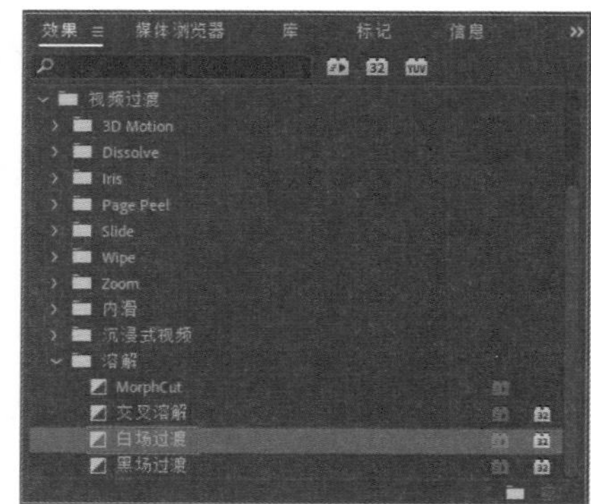

图 15-41 选择过渡效果

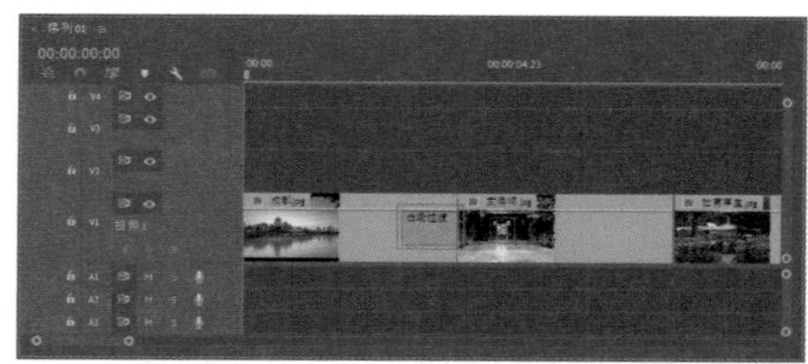

图 15-42 添加过渡效果

04 将 Cross Zoom（交叉缩放）、Additive Dissolve（叠加溶解）、Slide（内滑）和 Split（拆分）过渡效果依次添加到其他素材的出点处，如图 15-43 所示。

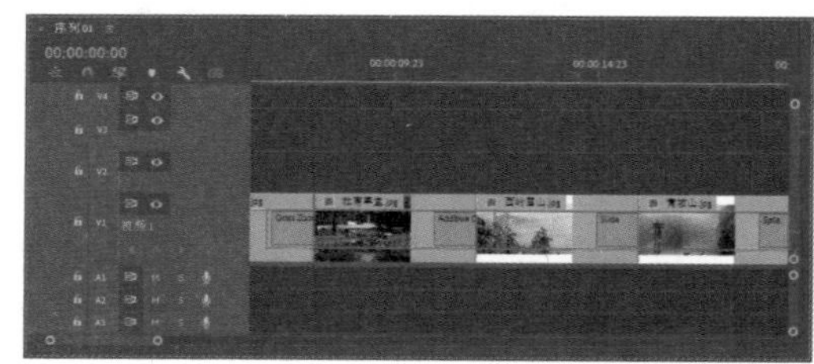

图 15-43 添加其他过渡效果

05 将遮罩图片和片头片尾文字依次添加到视频 2 轨道和视频 3 轨道中，如图 15-44 所示。

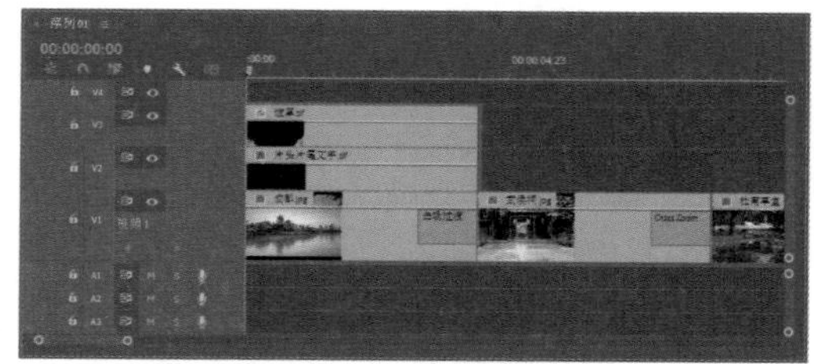

图 15-44 添加素材

06 选择时间轴面板中的片头片尾文字，打开效果控件面板，在第 2 秒的位置为“不透明度”选项添加一个关键帧，保持不透明度为100%，如图15-45所示。

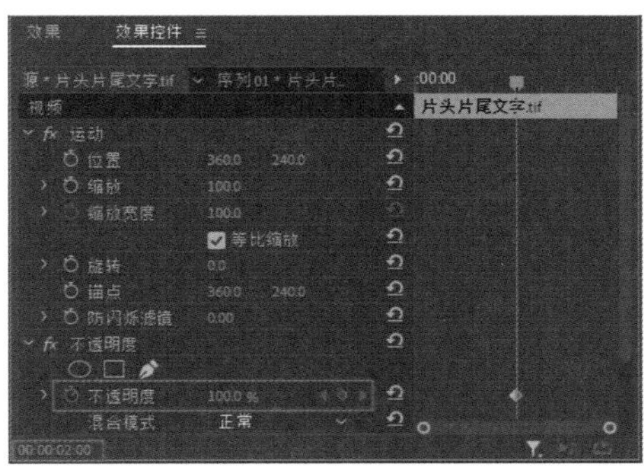

图15-45 添加关键帧(一)

07 在第3秒的位置为“不透明度”选项添加一个关键帧，设置该关键帧的不透明度为0，如图15-46所示。

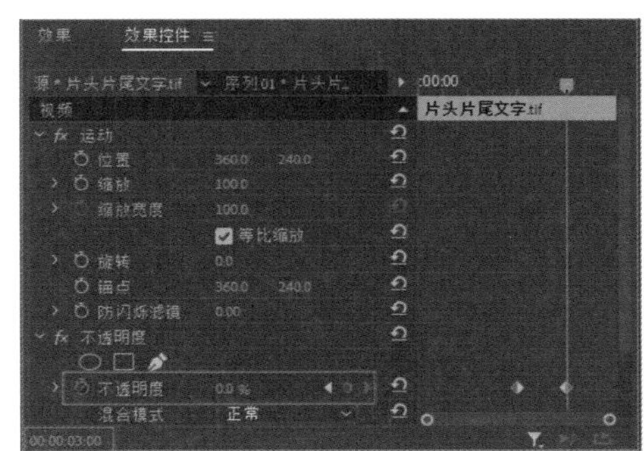

图15-46 添加并设置关键帧(一)

08 选择时间轴面板中的遮罩图片，打开效果控件面板，在第0秒的位置分别为“缩放”和“不透明度”选项各添加一个关键帧，如图15-47所示。

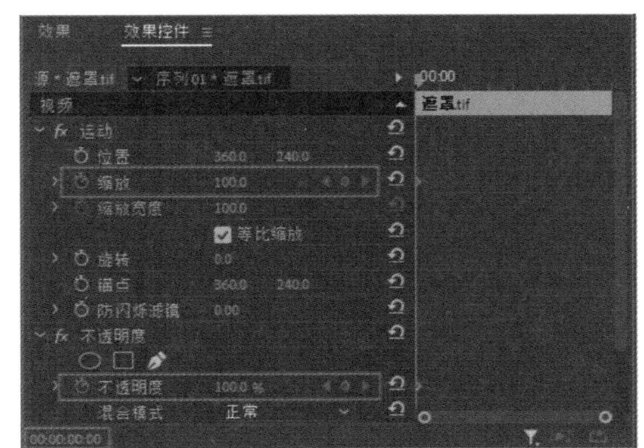

图15-47 添加关键帧(二)

09 在第3秒的位置分别为“缩放”和“不透明度”选项各添加一个关键帧，设置缩放值为150、不透明度为80%，如图15-48所示。

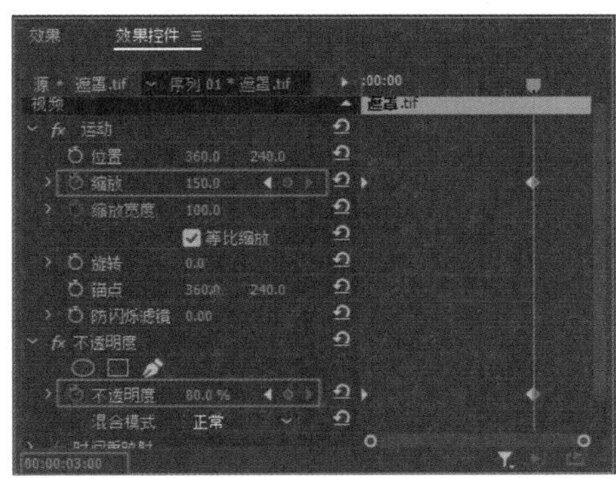

图15-48 添加并设置关键帧(二)

10 在第4秒的位置为“不透明度”选项添加一个关键帧，设置不透明度为0，如图15-49所示。

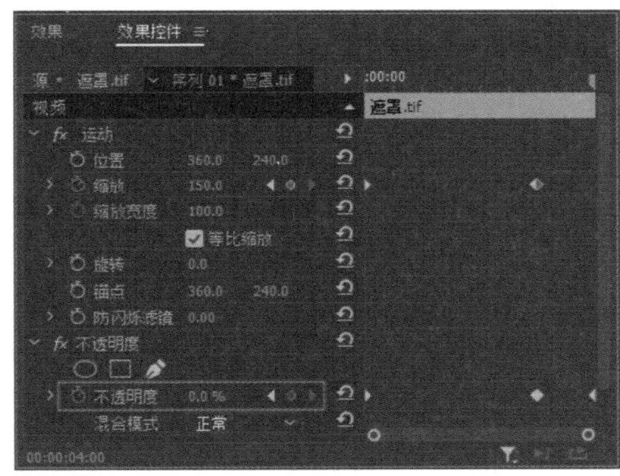

图15-49 添加并设置关键帧(三)

11 在节目监视器面板中单击“播放-停止切换”按钮，预览片头影片，效果如图15-50所示。

图15-50 预览片头效果

4. 创建字幕

01 选择“文件”|“新建”|“旧版标题”命令，在打开的“新建字幕”对话框中输入字幕名称并单击“确定”按钮，如图15-51所示。

02 在字幕设计器中输入文字内容，参照背景视频内容适当调整文字的位置和字体大小，如图15-52所示。

图 15-51 “新建字幕”对话框

图 15-52 输入并设置文字

03 关闭字幕设计器，然后继续创建名为“杜甫草堂”的字幕，其文字及属性如图 15-53 所示。

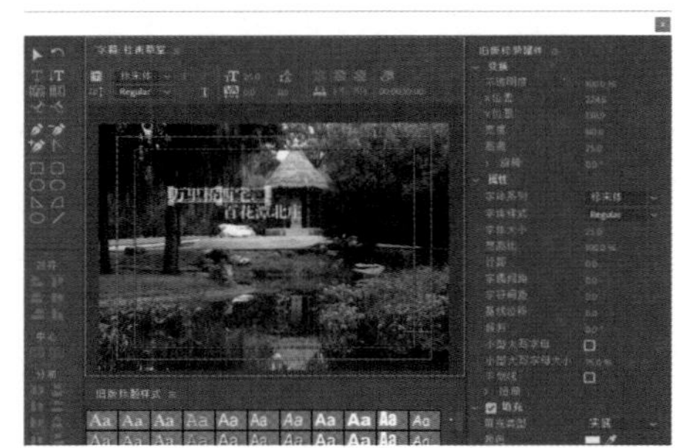

图 15-53 创建文字 (一)

04 创建名为“西岭雪山”的字幕，其文字及属性如图 15-54 所示。

图 15-54 创建文字 (二)

05 创建名为“青城山”的字幕，其文字及属性如图 15-55 所示。

图 15-55 创建文字 (三)

06 创建名为“都江堰”的字幕，其文字及属性如图 15-56 所示。

图 15-56 创建文字 (四)

07 在项目面板中创建一个名为“描述”的素材箱，然后将创建好的字幕放入“描述”素材箱中，如图 15-57 所示。

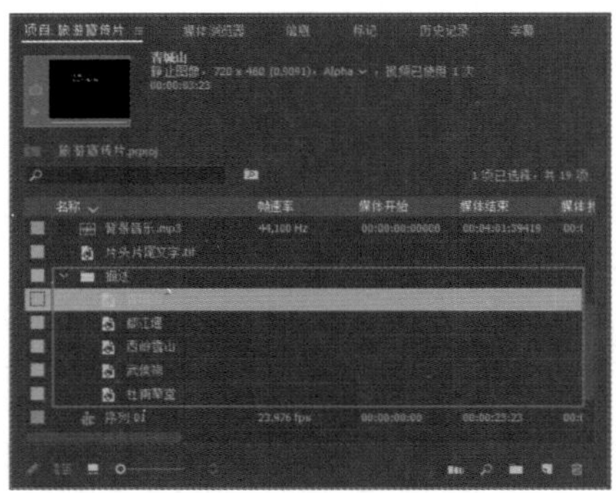

图 15-57 管理字幕

5. 编辑影片文字

01 将各个文字素材依次添加到时间轴面板的视频 2 轨道和视频 3 轨道中，各个文字与视频 1 轨道中的图片相对应，如图 15-58 所示。

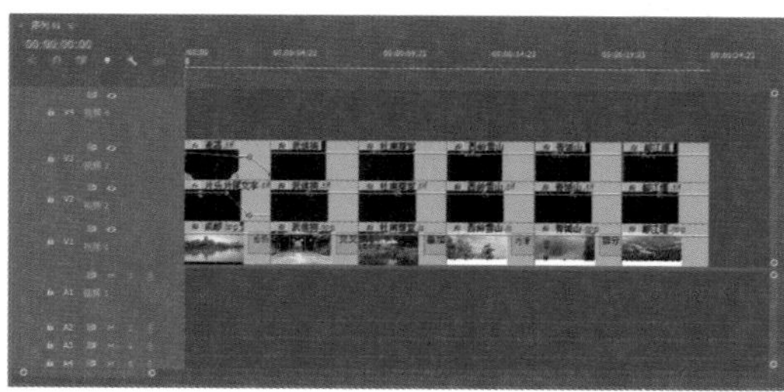

图 15-58　添加文字素材

02 选择视频 2 轨道中的“武侯祠.tif”素材，然后打开效果控件面板，在第 4 秒的位置为“不透明度”选项添加一个关键帧，设置不透明度为 0，如图 15-59 所示。

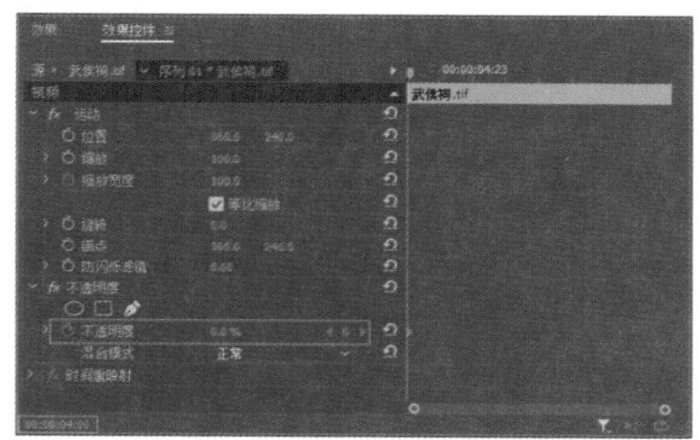

图 15-59　添加并设置关键帧 (一)

03 在第 5 秒的位置为“不透明度”选项添加一个关键帧，设置不透明度为 100%，如图 15-60 所示。

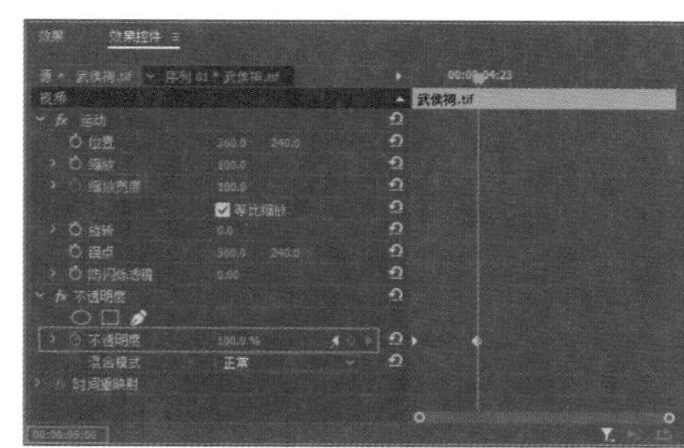

图 15-60　添加并设置关键帧 (二)

04 分别在第 6 秒和第 7 秒的位置为“不透明度”选项各添加一个关键帧，保持第 6 秒的关键帧参数不变，设置第 7 秒的关键帧的不透明度为 0，如图 15-61 所示。

05 在效果控件面板中选择设置的不透明度关键帧，然后单击鼠标右键，在弹出的快捷菜单中选择“复制”命令，如图 15-62 所示。

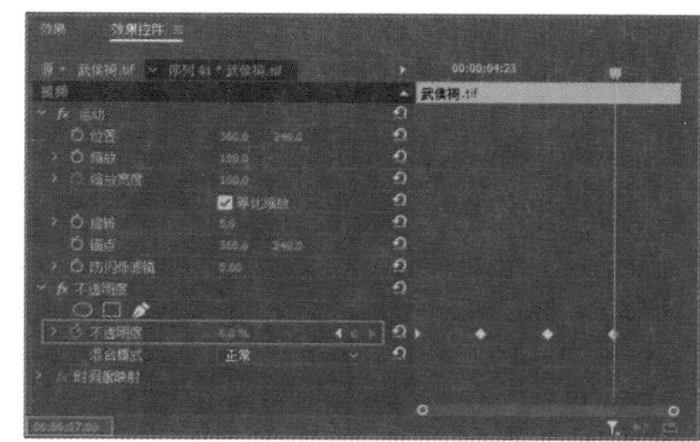

图 15-61　添加并设置关键帧 (三)

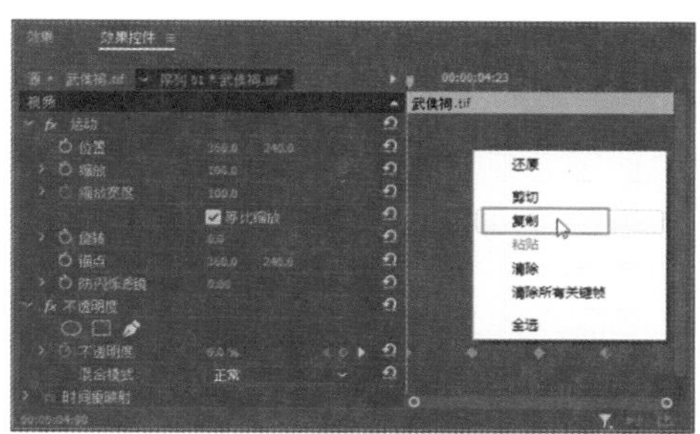

图 15-62　选择“复制”命令

06 在时间轴面板中选择视频 2 轨道中的“杜甫草堂.tif”素材，将当前时间指示器移到第 8 秒的位置，然后在效果控件面板中单击鼠标右键，在弹出的快捷菜单中选择“粘贴”命令，如图 15-63 所示。复制并粘贴得到的关键帧效果如图 15-64 所示。

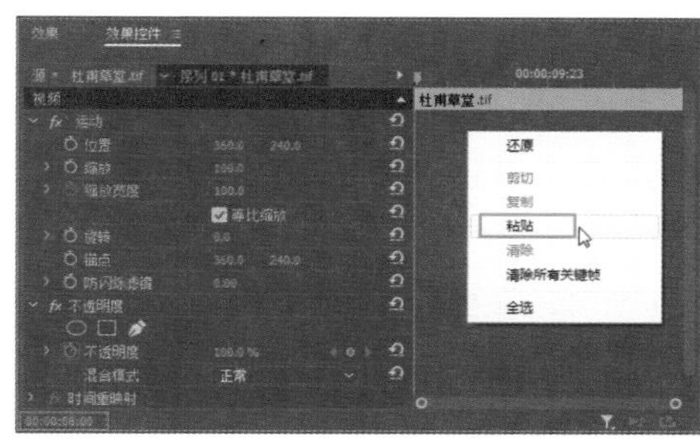

图 15-63　选择“粘贴”命令

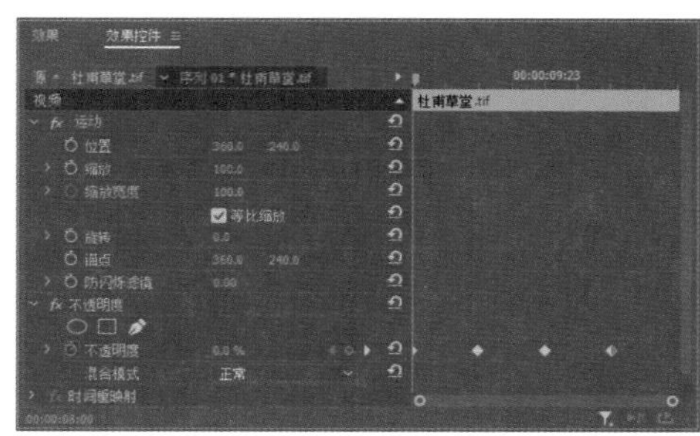

图 15-64　复制并粘贴关键帧 (一)

07 在第 12 秒、第 16 秒、第 20 秒的位置分别为“西岭雪山 .tif”“青城山 .tif”和“都江堰 .tif”素材粘贴不透明度关键帧，在时间轴面板中的效果如图 15-65 所示。

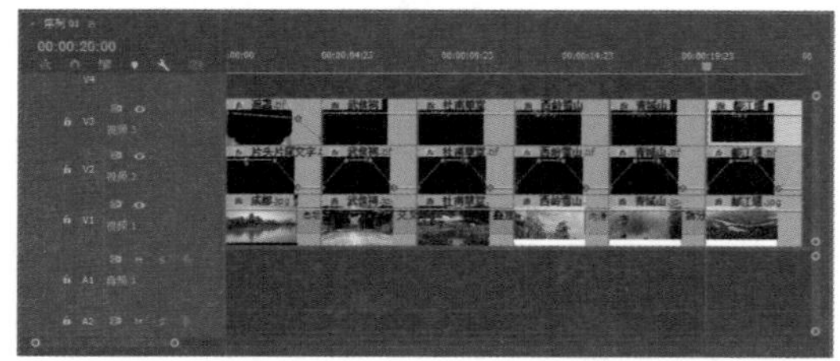

图 15-65 复制并粘贴其他关键帧

08 选择视频 3 轨道中的“武侯祠”字幕素材，然后打开效果控件面板，在第 5 秒的位置为“不透明度”选项添加一个关键帧，设置不透明度为 0，如图 15-66 所示。

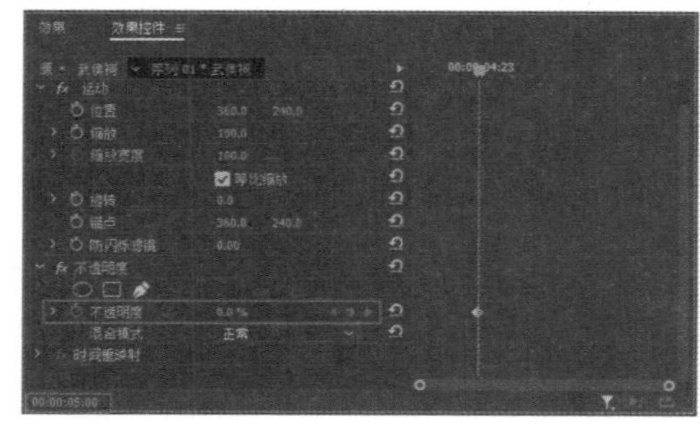

图 15-66 添加并设置关键帧 (四)

09 在第 5 秒 12 帧的位置为“不透明度”选项添加一个关键帧，设置不透明度为 100%，如图 15-67 所示。

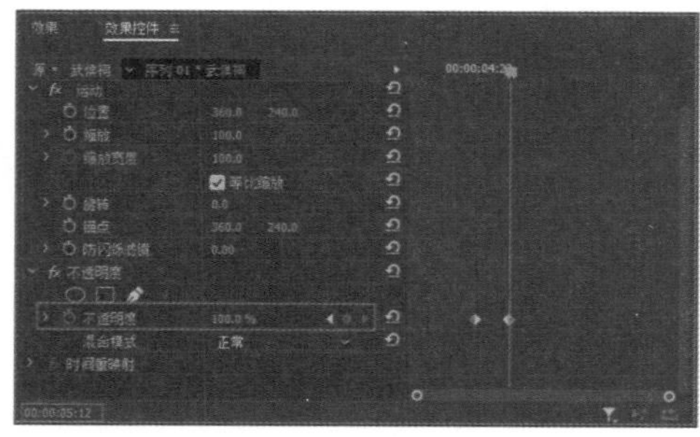

图 15-67 添加并设置关键帧 (五)

10 分别在第 6 秒 12 帧和第 7 秒的位置为“不透明度”选项各添加一个关键帧，保持第 6 秒 12 帧的关键帧参数不变，设置第 7 秒关键帧的不透明度为 0，如图 15-68 所示。

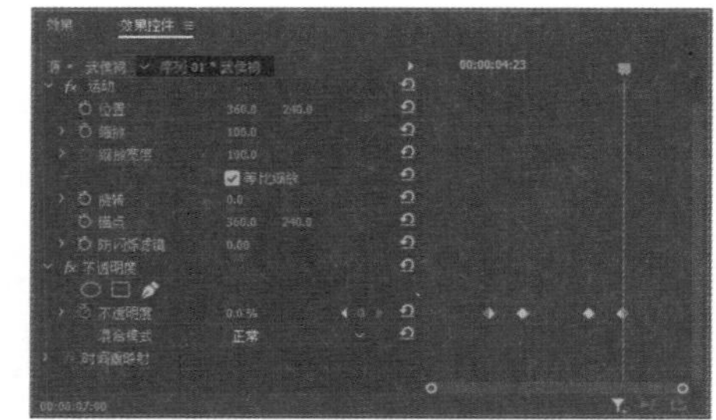

图 15-68 添加并设置关键帧 (六)

11 在效果控件面板中复制设置的不透明度关键帧，然后在第 9 秒、第 13 秒、第 17 秒、第 21 秒的位置分别为“武侯祠”“西岭雪山”“青城山”和“都江堰”字幕素材粘贴不透明度关键帧，在时间轴面板中的效果如图 15-69 所示。

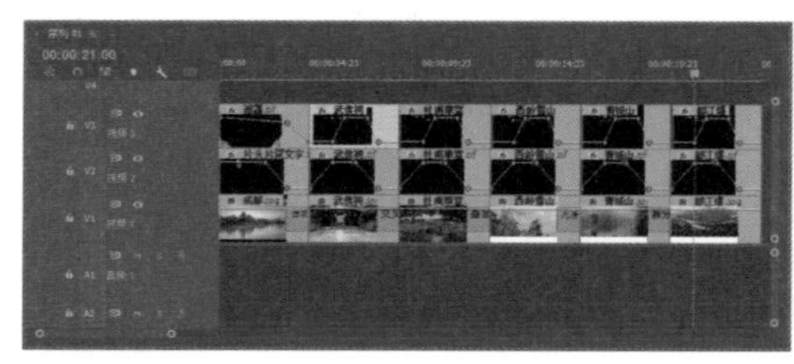

图 15-69 复制并粘贴关键帧 (二)

12 在节目监视器面板中单击“播放 - 停止切换”按钮 ▶，预览编辑的影片效果，如图 15-70 所示。

图 15-70 预览影片效果

6. 制作影片片尾效果

01 将当前时间指示器移到第 24 秒的位置，然后在视频 1 轨道和视频 2 轨道中分别添加片尾图片和片尾文字，如图 15-71 所示。

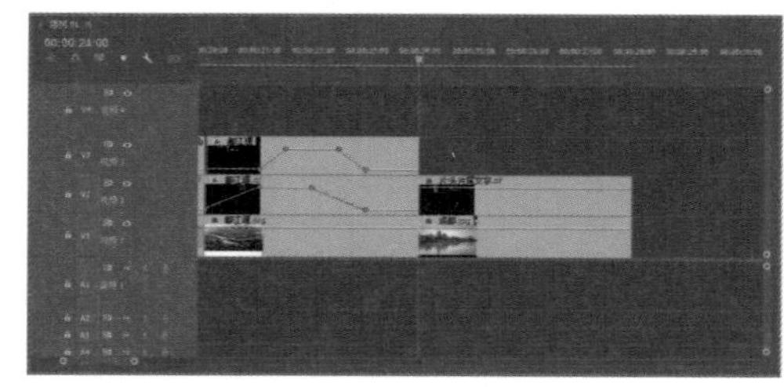

图 15-71 添加素材 (一)

02 参照如图 15-72 所示的效果，将“交叉溶解”和“黑场过渡”视频过渡效果添加到相应素材的入点和出点处。

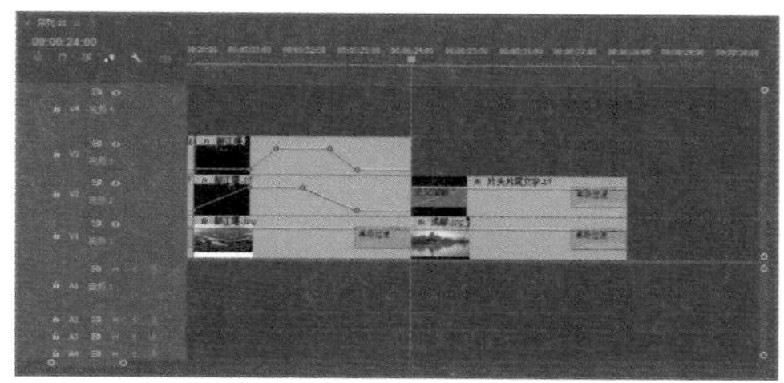

图 15-72　添加过渡效果

03 将当前时间指示器移到第 23 秒 12 帧的位置，然后在视频 4 轨道中添加云雾图片，如图 15-73 所示。

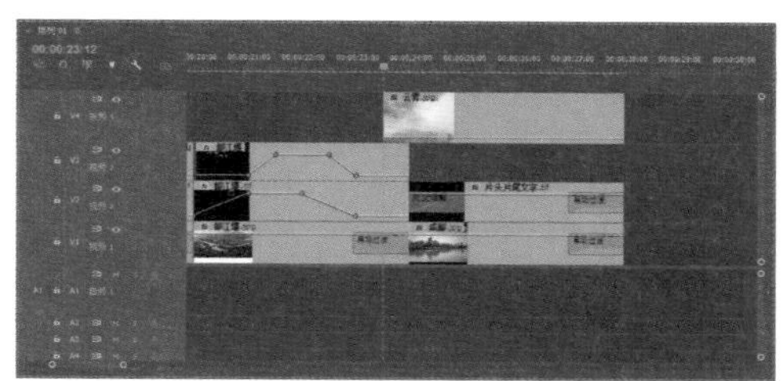

图 15-73　添加素材 (二)

04 将“亮度键”视频效果添加到视频轨道 4 中的云雾素材上，打开效果控件面板，在第 23 秒 12 帧的位置分别为“缩放”和“不透明度”选项各添加一个关键帧，设置不透明度为50%，如图 15-74 所示。

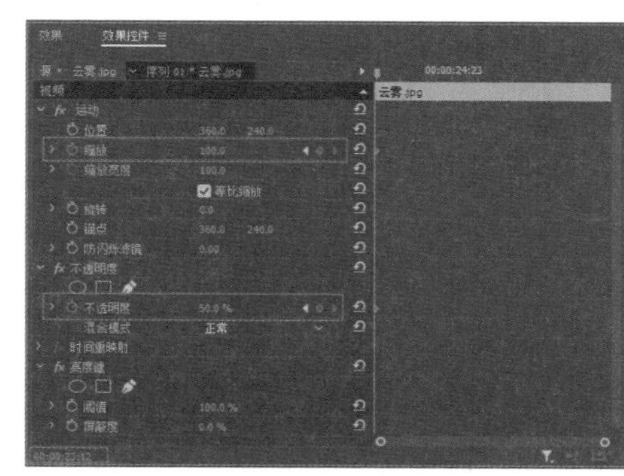

图 15-74　添加并设置关键帧 (一)

05 将当前时间指示器移到第 24 秒的位置，为“不透明度”选项添加一个关键帧，设置不透明度为100%，如图 15-75 所示。

06 将当前时间指示器移到第 26 秒的位置，分别为“缩放”和“不透明度”选项各添加一个关键帧，设置缩放为200，设置不透明度为0，如图 15-76 所示。

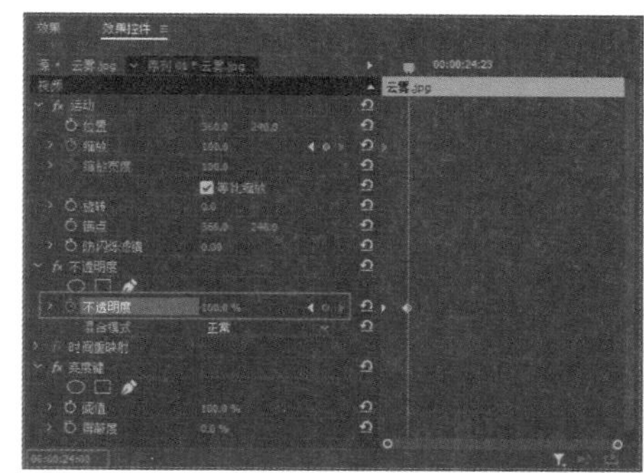

图 15-75　添加并设置关键帧 (二)

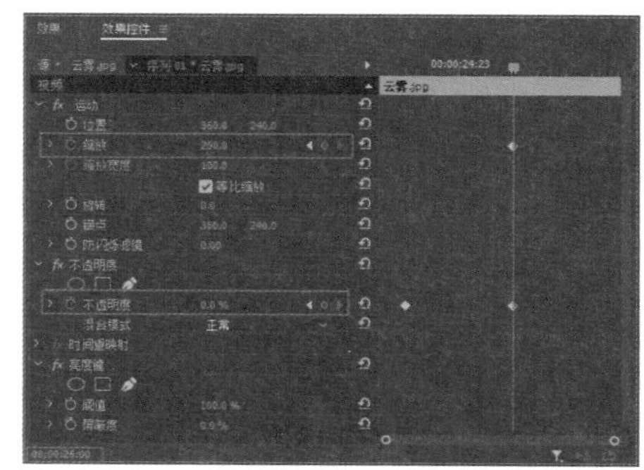

图 15-76　添加并设置关键帧 (三)

07 在节目监视器面板中单击“播放 - 停止切换”按钮 ▶，预览片尾影片效果，如图 15-77 所示。

图 15-77　预览影片效果

7. 编辑音频素材

01 将项目面板中的“背景音乐.mp3”素材添加到时间轴面板的音频 1 轨道中，将其入点放置在第 0 秒的位置，如图 15-78 所示。

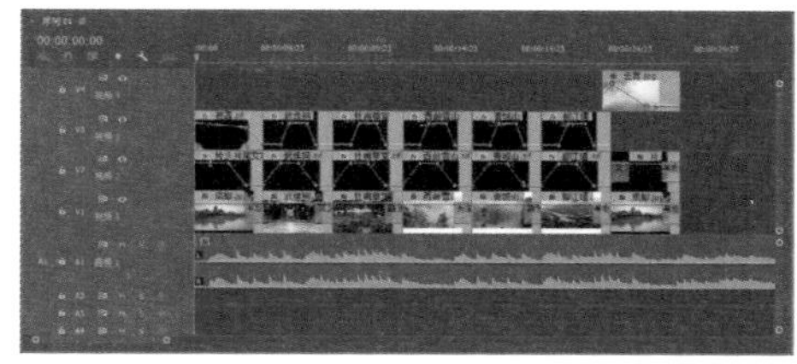

图 15-78　添加音频素材

02 将时间线移到第 27 秒 23 帧的位置，单击工具

箱中的“剃刀工具”按钮，然后在此时间位置单击鼠标，将音频素材切割开。

03 单击工具箱中的“选择工具”按钮，然后选择音频素材后面的部分，按 Delete 键将其清除，如图 15-79 所示。

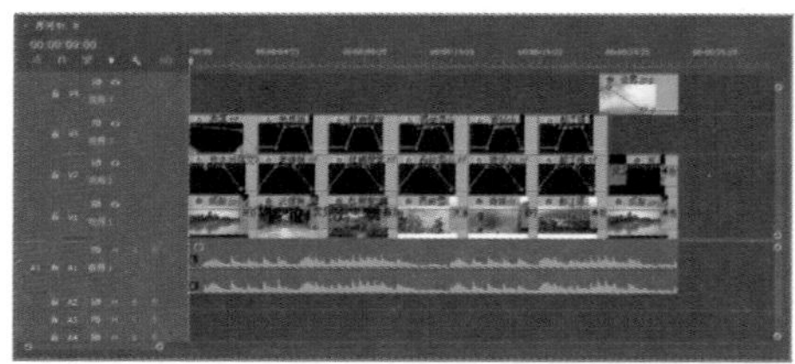

图 15-79　删除多余音频素材

04 在效果面板中展开“音频过渡”素材箱，选择“交叉淡化”|“指数淡化”过渡效果，如图 15-80 所示。

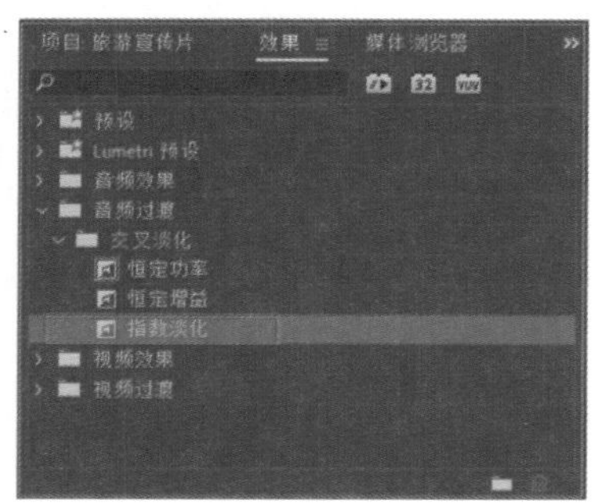

图 15-80　选择音频过渡效果

05 将“指数淡化”音频过渡效果拖动到时间轴面板中音频 1 轨道上的素材出点处，如图 15-81 所示。

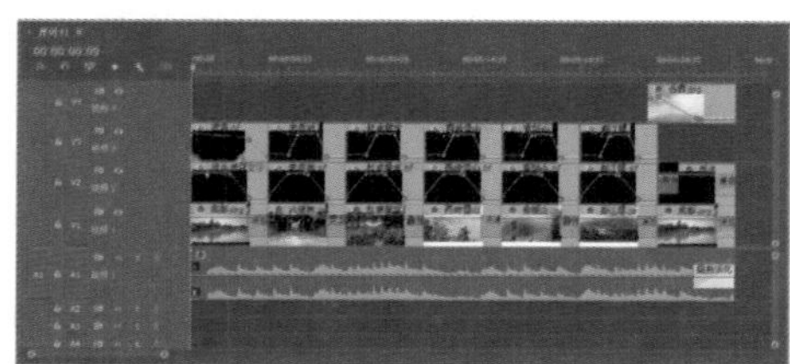

图 15-81　添加音频过渡效果

8. 输出影片文件

01 选择“文件”|“导出”|“媒体”命令，打开“导出设置”对话框，在“格式”下拉列表中选择一种影片格式 (如 H.264)，如图 15-82 所示。

02 在“输出名称”选项中单击输出的名称，在打开的“另存为”对话框中设置存储文件的名称和路径，然后单击“保存”按钮，返回“导出设置”对话框。

图 15-82　选择影片格式

03 在“音频”选项卡中设置音频的参数，如图 15-83 所示，然后单击“导出”按钮，将项目文件导出为影片文件。

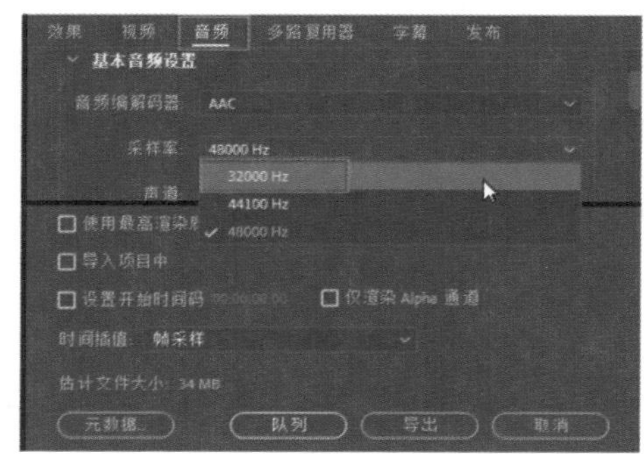

图 15-83　设置音频参数

04 将项目文件导出为影片文件后，可以在相应的位置找到导出的文件，并且可以使用媒体播放器对该文件进行播放，效果如图 15-84 所示，完成本实例的制作。

图 15-84　播放影片